Python

算法设计、实现、优化与应用

微课版·在线学习软件版

董付国 ◎ 著

清華大学出版社
北京

内容简介

全书分为两篇，共18章。第1篇介绍算法分析与设计基础、算法测试方法与优化技巧，以及枚举算法、解析算法、递推与迭代算法、递归与回溯算法、排序算法、查找算法、贪心算法、分治法、动态规划算法的基本原理、实现源码与优化思路。第2篇介绍数论、线性代数、概率论与随机过程、益智游戏、图论、机器学习、计算机图形学、密码学等多个领域的常见算法与实现。所有例题都进行详细讲解并提供了Python源码，全部源码均在Python主流开发环境中测试通过。

本书案例丰富，实用性强，深入浅出，理论与应用结合，学习路线清晰，配套资源立体化、多元化，可以作为高等院校计算机类专业本科与研究生算法类课程的教材，其他专业本科或研究生以及计算机专业专科学生可以选讲部分章节。本书也适合算法工程师、爱好者以及参加算法竞赛的学生参考学习。

图书在版编目（CIP）数据

Python算法设计、实现、优化与应用：微课版：在线学习软件版 / 董付国著. --北京：清华大学出版社，2025. 4.
ISBN 978-7-302-68606-4

Ⅰ. TP312.8

中国国家版本馆CIP数据核字第2025NQ0268号

策划编辑：白立军
责任编辑：杨　帆
封面设计：刘　键
责任校对：郝美丽
责任印制：刘　菲

出版发行：清华大学出版社
网　　址：https://www.tup.com.cn，https://www.wqxuetang.com
地　　址：北京清华大学学研大厦A座　　邮　　编：100084
社 总 机：010-83470000　　邮　　购：010-62786544
投稿与读者服务：010-62776969, c-service@tup.tsinghua.edu.cn
质量反馈：010-62772015, zhiliang@tup.tsinghua.edu.cn
课件下载：https: //www.tup.com.cn, 010-83470236

印 装 者：三河市铭诚印务有限公司
经　　销：全国新华书店
开　　本：185mm×260mm　　**印　张**：25.75　　**字　　数**：598千字
版　　次：2025年5月第1版　　**印　　次**：2025年5月第1次印刷
定　　价：79.00元

产品编号：107356-01

前　言

不论学习、工作还是生活中，算法无处不在，只是出场方式和表现形式不同，甚至很多时候都感觉不到算法的存在。但在大数据和人工智能时代，我们会越来越发现，算法比我们更懂这个世界，甚至可以说是这个世界的主宰。

算法是武林高手的内功，是程序的灵魂，编程语言则是手中的刀剑。精妙的招式固然重要，但没有深厚的内功作为支撑也只是花拳绣腿，在绝对的实力面前一切技巧都是浮云。具备深厚的内功之后，再有一把得心应手的兵器则是锦上添花。程序员水平的高低，最终还是看其算法功底以及对所用语言和系统底层知识的理解。一个人往下钻得越深，基础越扎实，他的上升空间越大。

深入分析问题、重新表述问题和重新表示数据并在一定程度上简化问题，是一项非常重要的能力，描述问题和表示数据的方式对于算法设计与优化非常重要，好的数据结构和表示方法可以起到化繁为简的作用。如果不能使用简单易懂的方式描述和解释一个算法，很可能是描述者本人并没有真正理解算法，甚至没有真正理解问题本身。

当我们编写程序成功解决问题之后，不应该满足于此，功能正确只是最低要求。还应该从算法设计、数据类型选择、数据结构设计、语言底层运行机制等方面进行全方位优化，让程序更快、更好、更优雅，发挥精益求精、迎难而上的工匠精神，同时也训练自己的抽象思维、逻辑思维、计算思维，毕竟算法设计和优化是非常灵活又充满智慧的过程。另外，很多算法在问题规模较小时表现很好，但问题规模变大时算法性能就会急剧恶化，这也是我们不断优化算法和设计新算法的重要原因和主要目的之一。

虽然算法推导和证明对于理解、改进和优化旧算法以及设计新算法也很重要，但限于篇幅，本书并没有把重点放在此处，甚至个别算法的原理也没有展开详细解释，更多的是算法的实现、优化和应用。尽管如此，作者仍然强烈建议有能力的读者阅读更多扩展资料理解算法原理以及证明过程，这样更有助于进一步优化和设计算法。

有人可能会说，既然选择使用 Python 语言，内置类型、内置函数、标准库、扩展库已经封装和实现了大量的算法，并且现在计算机内存和 CPU 性能也比前些年高了成百上千倍，我们自己还有必要在算法上花费这么多精力吗？非要硬抠细节的话，干脆改回去用 C 语言算了。这样想是不对的。不管使用什么语言，良好的算法功底对程序员来说都是非常重要的。尽管 Python 已经提供了强大的计算生态，越来越符合低代码开发的要求，但并没有覆盖人类全部的需求，仍有很多核心功能和外围功能需要我们自己编写代码来实现，良好的算法设计与优化意识会促使我们去探索底层工作原理和高级用法。Python 本身有些操作会引入一些隐形的开销，其中有些开销是可以避免的，这需要非常熟悉 Python 底层运行机制。虽然 CPU 性能和各种硬件配置已经有了翻天覆地的变化，但仍不能满足大数据时代信息爆炸式增长和人工智能时代对算力的需求，该节省还是要节省。由于 Python 内置对象、标准库对象以及扩展库对象提供了非常强大的功能，很多人已经慢慢习惯了调用现成的模块，自己经常动手实现一些算法不仅可以防止变懒变傻，还可以防止过度依赖别人尤其是防止被国外“卡脖子”。

书中很多算法的实现和优化利用了 Python 语言特有的语法和数据结构，不一定适用于其他编程语言。尽管真正的算法应该是超脱和凌驾于具体的编程语言之上的，但借助于编程语言提供的功能快速实现算法如虎添翼，何乐而不为呢？并且，既然选择使用 Python 语言，充分发挥和利用这门语言的优势也是程序员的义务和优秀品质之一。

可能你听到过很多人抱怨说 Python 虽然是门很好的编程语言但实在是太慢了，可能你也是这么认为的，但通过学习本书你应该会改变这个看法。一个好的程序不仅需要好的算法，还需要对代码本身进行反复优化，充分利用 Python 提供的功能，同时还要避免一些会拖慢程序的坑。即使你不专门从事算法设计和分析行业，也会从本书中介绍的一些思路和 Python 语言知识中受益。

授人以鱼不如授人以渔，很多人懂这个道理，但却忽略了一个重要前提，那就是传授的“渔”必须是经过反复验证有效的，传授者已经使用这样的方法捕到了足够多的鱼，而不是纸上谈兵的空洞理论和不切实际的想法。只见过几次猪跑就大谈猪肉味道的做法更是不可取的，这是在教学过程中特别需要注意的问题。另外，作为建议，应尽量编写优雅、高效、可读性强的代码，不做“防御性编程”（加引号是因为这里不是指原本的意思），故意把代码写得难以阅读和维护来避免自己被辞退，虽然确实有人这样做。踏踏实实做事，坚信单位是公正的，或者说会越来越公正的，至少我们都希望是这样也朝这个方向去努力。

每个领域都有大量的算法，仅仅计算机相关领域的算法也不是一本教材能覆盖的，同一个算法又在不同的领域有不同的应用。但限于篇幅，也限于作者熟悉的领域，不可能在一本书中包含全部，只能精挑细选了很小的一部分来讲解和实现，希望能起到抛砖引玉的作用。任何算法都有局限性和适用范围，没有放之四海而皆准的通用算法，如果问题不符合特定条件或者不具备特定性质，相应的算法也就不适用了。另外，很少有问题是只使用一种算法就可以解决的，大部分问题的求解都是同时使用了多个算法的思想或结构。书中有些案例仅使用了一种算法，更多案例则使用多种不同算法进行求解，有些算法的思想在多个案例中都有体现，有些案例又可以使用不同的算法来解决，有些案例还同时综合使用了多种算法。本书在组织内容时大体以算法类型和案例所属领域来安排章节，但并不严格，仍存在不同章节内容交叉的情况。很多案例和算法之间是互相交织和关联的，你中有我，我中有你。除第 1 章外，本书其他章节之间没有严格的先后关系，但也不是并列关系，有的章节是算法思想，有的章节是算法结构，有的章节是算法应用，教学或自学时可以随意安排顺序。尽管如此，仍建议在时间允许的前提下从前向后按章节顺序学习。

本书假设读者已有 Python 基础，这样阅读和理解代码时会轻松很多。如果需要系统学习 Python 基础知识和其他领域的应用，请参考作者编著的其他教材或者微信公众号“Python 小屋”阅读技术文章。

Python 语言快速入门

本书适合作为计算机类专业的算法课程教材，也可以作为算法工程师与爱好者的自学教材或算法竞赛选手的参考资料。用书教师可以在清华大学出版社官方网站下载配套资源，也可以通过微信公众号联系作者获取。为便于 Python 零基础的读者学习，可扫描本页二维码快速入门 Python 语言。

由于水平有限和时间仓促，书中难免出现错误，欢迎各界同行和广大师生交流反馈。

董付国

2025 年 2 月

目 录

第1篇 常用算法的原理、实现与优化

第2篇　算法在不同学科中的应用

第 1 篇

常用算法的原理、实现与优化

本篇介绍常用算法的原理、实现与优化，包括算法分析、设计、测试、优化等基础知识，以及枚举算法、解析算法、递推与迭代算法、递归与回溯算法、排序算法、查找算法、贪心算法、分治法、动态规划算法等。这些算法思想和算法结构是非常重要的基础，也是设计各领域算法的根本。在学习时，除了算法原理，还应多体会算法实现及其优化的思路和方法。必要时可以参考 Python 语言基础方面的书籍和算法分析方面的文章。

第 1 章　算法分析与设计基础

本章主要介绍算法的概念、特征、性能指标、测试方法、优化思路，建议在学习后面章节时经常翻看本章内容。

1.1　基 本 概 念

算法（algorithm）可以简单理解为描述问题解决方案的一系列准确、清晰且完整的步骤，可以用来解决数值计算、数据处理、逻辑推理等不同类型的问题。有些算法或者思想是各学科通用的，不同学科领域又有大量的专门算法。

算法是指解决问题的一系列步骤，其含义和应用并不仅限于计算机与数学相关学科。早在石器时代，算法就已经是人类生活的一部分。把一块精心挑选的石头制作成锋利的兵器，编制毛衣、手套，制作家具，组装大型设备或精密仪器，烘焙面包，制作美食，搬家时打包行李如何充分利用空间以及决定哪些东西可以扔掉，整理混乱的衣柜时考虑如何充分利用空间，开车临近目的地时把车停在哪里才能既少走路又不至于到头后因没车位而掉头，填报高考志愿时如何选择最心仪的城市、学校和专业，学生几点去食堂吃饭才能既不拥挤又不会吃残羹冷炙，在众多追求者中如何选择最佳的终身伴侣，保姆或钟点工如何安排做菜顺序以确保用时最短甚至还能利用空隙拖一下地板，球场与战场上如何根据态势调整策略和资源配备以最终取得胜利，大型商场促销活动时选购商品，节假日外出时选择最佳路线，都遵循着一定的算法。

一般认为算法应具有以下特征。

（1）输入（input）。算法可以有 0 个或多个输入。

（2）输出（output）。算法必须有一个或多个输出。

（3）确定性（determinacy）。算法的描述必须没有歧义，每个步骤都必须有明确的含义。

（4）有限性（finiteness）。算法必须在有限个步骤内完成。

（5）可行性（feasibility）。也称有效性，算法中描述的每个操作可以通过确定的基本运算来实现并且在有限时间（一般指多项式时间）内完成。

除了上面几条，一个好的算法还应该是正确的、高效的、健壮的、可理解的。另外，算法可以使用多种不同的方式进行描述，例如自然语言、流程图、NS 图、伪代码、程序设计语言等，由于篇幅限制，本书不展开介绍这些内容。

1.2 算法复杂度指标

算法复杂度主要研究问题规模变大时算法所需时间和空间的变化情况，也就是平时所说的时间复杂度和空间复杂度。时间复杂度、空间复杂度等因素是互相制约的，很难找到所有指标同时达到最优的算法，在实际应用时总是要做一些权衡和取舍。相对来说，分析与设计算法时往往关注时间复杂度更多一些。

1.2.1 时间复杂度

时间复杂度主要研究和分析问题规模大到一定程度之后算法运行所需要的时间与问题规模之间的关系，问题规模很小时纠结使用 $O(n^2)$ 算法还是 $O(n\log n)$ 算法几乎毫无意义。

注：log 函数没有底数时表示与底数无关，余同。

设函数 $T(n)$ 表示某个算法在问题规模为 n 时最坏情况下所需要的时间，给定另一个函数 $f(n)$，如果对于足够大的 n 都有 $T(n)$ 不超过 $f(n)$ 的常数倍，则称 $T(n)$ 是 $O(f(n))$ 的（读作"$T(n)$ 是 $f(n)$ 阶的"），O 符号指阶（Order），表示数量级（Order of magnitude）。用数学语言描述可以这样定义：如果存在常数 $n_0 \geqslant 0$ 和不依赖于 n 的 $c>0$，使得对于所有的 $n \geqslant n_0$ 都有 $T(n) \leqslant c \cdot f(n)$，则称 $T(n)$ 是 $O(f(n))$ 的，f 是 T 的渐进上界。

如果存在常数 $n_0 \geqslant 0$ 和不依赖于 n 的 $\varepsilon>0$，使得对于所有的 $n \geqslant n_0$ 都有 $T(n) \geqslant \varepsilon \cdot f(n)$，那么称 $T(n)$ 是 $\Omega(f(n))$ 的，f 是 T 的渐进下界。

如果 $T(n)$ 既是 $O(f(n))$ 的又是 $\Omega(f(n))$ 的，那么称 $T(n)$ 是 $\Theta(f(n))$ 的，f 是 T 的渐进的紧的界，二者的增长是一致的，仅差一个常数。

这 3 个符号（一般使用大 O 符号较多）都剔除了细枝末节的内容，其目的不是使用分钟和秒来衡量算法的性能，而是方便讨论问题规模和算法运行时间的关系，并且只考虑时间复杂度最大的项。例如，不会有 $O(3n)$、$O(n+1)$、$O(n^2+6n)$ 这样的复杂度表示形式。

常见的时间复杂度有以下几种。

1. $O(1)$ 时间复杂度

$O(1)$ 指常数时间，算法运行时间与问题规模几乎无关，问题规模对算法所需时间的影响非常小。例如，使用关键字 in 测试一个元素是否存在于集合中，集合规模变大 100 倍后所需要时间几乎不变。

2. $O(\log n)$ 时间复杂度

$O(\log n)$ 指对数时间复杂度，算法运行时间与问题规模的对数大致成正比。例如，二分法查找算法（见 7.2 节）的时间复杂度就是 $O(\log n)$。

3. $O(n)$ 时间复杂度

$O(n)$ 指线性时间复杂度，算法运行时间与问题规模大致成正比，问题规模变大几倍以后，运行时间也基本增加相同倍数。例如，使用关键字 in 测试一个元素是否存在于列表或元组中就属于线性时间复杂度，随着列表或元组变长，所需要的时间也会越长。再例如，选择法排序（见 6.1.2 节）中内层扫描每次查找剩余元素的最小值或最大值，归并排序算法（见 6.1.7 节）中合并两个已排序的列表,集合的并集和交集运算,聚类算法（见 16.4 节）中用来计算未知样本与哪个聚类的距离最近，也属于线性时间复杂度。

4. $O(n\log n)$ 时间复杂度

$O(n\log n)$ 指线性对数时间复杂度，算法运行时间与问题规模的对数大致成正比例关系。例如，归并排序算法属于 $O(n\log n)$ 时间复杂度，其中把原列表不停地一分为二的操作属于 $O(\log n)$ 时间复杂度，而合并两个已排序的列表为一个列表的操作属于 $O(n)$ 时间复杂度。

5. $O(n^2)$ 时间复杂度

$O(n^2)$ 指平方时间复杂度，算法运行时间与问题规模的平方大致成正比。这样的算法往往会涉及两层循环的嵌套，并且外层循环和内层循环都是 $O(n)$ 时间复杂度。例如，选择法排序，查找空间中已知的多个点中哪两个点距离最近，都属于平方时间复杂度。

6. $O(n^3)$ 时间复杂度

$O(n^3)$ 指立方时间复杂度，算法运行时间与问题规模的立方大致成正比。这样的算法往往会涉及三层循环的嵌套，并且每层循环都是 $O(n)$ 时间复杂度。

7. $O(n^k)$ 时间复杂度

$O(n^k)$ 指 k 次方时间复杂度，算法运行时间与问题规模的 k 次方大致成正比。这样的算法往往会涉及 k 层循环的嵌套，并且每层循环都是 $O(n)$ 时间复杂度。

8. 超多项式时间复杂度

某些算法所需时间与问题规模之间的关系无法使用多项式表示，称为超多项式时间复杂度，例如 $O(k^n)$ 和 $O(n!)$。一般来说，这样的属于 NP 完全问题，往往认为不存在有效的算法。

需要特别说明的是，Python 属于高级程序设计语言，具有高度封装的特性。分析 Python 程序的时间复杂度时不能仅关注 Python 语言层面的“基本”操作，这会有非常大的误差。例如，内置函数 sum() 对可迭代对象中的数字求和时在底层是线性复杂度的计算，对可迭代对象中的容器对象求和时还会额外占用大量空间，这些额外的开销对 Python 程序员是透明的，但在高性能应用场景却是不能忽视的。内置函数 sorted() 和列表方法 sort() 在 Python 语言层面上属于基本操作，但内部实现也是非常复杂的。再例如，使用内置模块 itertools 中的函数 product() 创建多个可迭代对象中元素的笛卡儿积时，虽然形式上没有循环结构，但内部实现是多层循环的嵌套，其时间复杂度并不是线性的，类似的函数还有很多。

1.2.2 测量程序运行时间和空间使用情况

1.2.1 节最后提到，使用 Python 语言实现算法时，复杂度分析有时候不是很明显，某些看似简洁的操作会在无形中引入额外的时间和空间开销，还有些运算的实际开销很可能与很多人的第一感觉不一样（例如，表达式 '0'<='5'<='9' 和表达式 '5' in '0123456789' 哪个快？表达式 sum([x*y for x,y in zip(range(1000),range(90))]) 和表达式 sum(map(lambda x, y: x*y, range(1000), range(90))) 哪个快？把答案写下来防止反悔，然后编写几行代码测试一下，看看结果是否和自己之前写的一样），如果只根据代码表面来估计程序运行时间很可能会得出错误的结论，不少其他高级语言也存在类似的特点。

1.2.2

为了比较解决同一个问题的不同算法之间的优劣，除了在理论上分析其时间复杂度和空间复杂度之外，在工程上也会关注程序的执行时间。虽然速度提高几倍对于算法复杂度而言没有太大意义，但对于工程实现还是很重要的。

Python 内置模块 time 和标准库 timeit、profile 经常被用来测试代码运行时间。time 模块中的 time() 函数返回的实数表示从纪元时间（格林尼治时间 1970 年 1 月 1 日 0 时 0 分 0 秒，同时也是北京时间 1970 年 1 月 1 日 8 时 0 分 0 秒）到现在经过了多少秒，两次调用该函数的返回值之差即为中间代码运行了多少秒。下面代码演示了 time() 函数的用法，另一个函数 time_ns() 返回的整数表示从纪元时间到现在经过了多少纳秒，用法与函数 time() 类似。

```
from time import time

start = time()
result = []
for i in range(9999):
    result.append(i**i)
result.clear()
print(f'运行时间为：{round(time()-start, 3)}秒')
```

Python 标准库 timeit 中的函数 timeit() 也常用来测试代码运行时间，返回值单位为秒，其完整语法为

```
timeit(stmt='pass', setup='pass', timer=<built-in function perf_counter>,
       number=1000000, globals=None)
```

其中，参数 stmt 为待测试的代码，参数 setup 用来设置代码中变量的初始值，参数 number 用来设置代码的运行次数，参数 globals 也可以用来设置代码中变量的值。例如：

```
import timeit

print(timeit.timeit('x+5', 'x=3'))
print(timeit.timeit('x.index(y)', 'x=[1,2,3,4,5];y=3'))
print(timeit.timeit('x.index(y)', globals={'x':[1,2,3,4,5], 'y':3}))
```

使用时需要注意，参数 stmt 中的代码会执行 number 次，但参数 setup 和 globals 只初始化一次，使用不当会引发错误抛出异常。例如，下面的代码会抛出异常并提示下标越界，因为列表中只有 3 个元素，而语句 del x[0] 默认执行 1000000 次，执行 3 次之后列表为空，再删除就出错了。

```
from timeit import timeit

print(timeit('del x[0]', setup='x=[1,2,3]'))
```

Python 标准库 profile 中的函数 run() 可以给出更多信息，用法如下。

```
from profile import run

def func():
    result = []
    for i in range(9999):
        result.append(i**i)
    result.clear()
run('func()')
```

运行结果如图 1-1 所示，第一列 ncalls 为函数或方法调用次数，第二列 tottime 为运行总时间（除去函数中调用的函数运行时间），第四列 cumtime 表示函数总计运行时间（含函数中调用的函数运行时间），第三、五列 percall 表示每次运行的时间，第六列 filename:lineno(function) 表示程序文件名、行号和函数名称。

```
         10005 function calls in 3.531 seconds

   Ordered by: standard name

   ncalls  tottime  percall  cumtime  percall filename:lineno(function)
        1    3.516    3.516    3.531    3.531 20240129.py:3(func)
     9999    0.000    0.000    0.000    0.000 :0(append)
        1    0.016    0.016    0.016    0.016 :0(clear)
        1    0.000    0.000    3.531    3.531 :0(exec)
        1    0.000    0.000    0.000    0.000 :0(setprofile)
        1    0.000    0.000    3.531    3.531 <string>:1(<module>)
        1    0.000    0.000    3.531    3.531 profile:0(func())
        0    0.000             0.000          profile:0(profiler)
```

图 1-1　程序运行时间测试结果

Python 扩展库 memory_profiler 中的函数 profile() 可以用来测试程序运行过程内存占用情况，用法如下。

```
from memory_profiler import profile as memory_profile

@memory_profile
def func():
    result = []
    for i in range(9999):
        result.append(i**i)
    result.clear()
func()
```

运行结果如图 1-2 所示。顺便提一句，从第四列 Occurrences 可以看到，虽然 for 循环中的语句执行了 9999 次，但 for 循环实际却测试了 10000 次。在编写嵌套循环结构时，如果交换内外循环不影响结果的话，把循环次数小的作为外循环，总的测试次数会少一些，但代码整体性能主要取决于循环体代码的操作和解释器对循环结构的优化。另外，跟踪内存占用情况本身也需要时间，会使得程序运行比正常慢，应避免同时测试程序运行时间和空间占用。

```
Line #    Mem usage    Increment  Occurrences   Line Contents
=============================================================
     3     53.9 MiB     53.9 MiB           1   @memory_profile
     4                                         def func():
     5     53.9 MiB      0.0 MiB           1       result = []
     6    143.9 MiB      0.0 MiB       10000       for i in range(9999):
     7    143.9 MiB     90.0 MiB        9999           result.append(i**i)
     8     55.5 MiB    -88.5 MiB           1       result.clear()
```

图 1-2　程序运行过程中内存占用情况

在测试时应特别注意过程与结果的公平、公正，具体来说至少应做到：①使用相同的编程语言和版本实现算法；②尽自己所能把代码写到最优；③在同样的硬件平台上运行程序；④测试方法要正确；⑤全盘考虑优化时减少的计算量和额外引入的计算量。前面 3 点比较容易理解，下面我们着重解释一下最后 2 点。

测试方法要正确，否则可能会被欺骗而得到错误的结论。例如：

```
from timeit import timeit

print(timeit('1000 in set(range(100))'))
print(timeit('1000 in set(range(1000))'))
```

从运行结果来看，第二行代码所需时间大致为第一行代码的 10 倍，但这主要是因为把 range(1000) 转换为集合所需要的时间是把 range(100) 转换为集合所需时间的 10 倍，并不是关键字 in 作用于大集合时需要的时间比小集合多。如果要测试和验证关键字 in 作

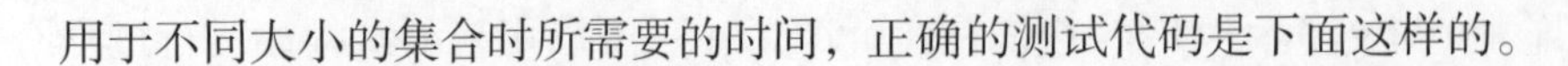

用于不同大小的集合时所需要的时间，正确的测试代码是下面这样的。

```
from timeit import timeit

x, y = set(range(100)), set(range(1000))
print(timeit(f'1000 in {x}'), timeit(f'1000 in {y}'), sep='\n')
```

或者下面这样，

```
from timeit import timeit

print(timeit('1000 in x', setup='x=set(range(100))'))
print(timeit('1000 in y', setup='y=set(range(1000))'))
```

另一个要注意的问题是，不能只看核心操作在优化之后减少了多少计算量，还要看为了减少这些计算量有没有额外引入了辅助操作以及这些额外操作增加了多少计算量和存储空间，要综合考虑算法整体的时间复杂度与空间复杂度。例如，在设计屏幕广播系统时，如果每次都广播整个屏幕的内容会比较花费时间和带宽，除了压缩图像数据之外，还有个思路是把屏幕切分为多个小矩形并且每次只传输发生变化的小矩形区域中的屏幕图像，这看起来是个不错的思路。需要传输的数据量确实是减少了，却额外引入了一些开销，需要逐个测试哪个小矩形区域中的图像发生了变化（这需要至少保存两帧图像并比对是否发生变化），接收端收到数据之后要确保放到正确的位置，这些都需要额外时间和空间。如果额外引入的开销比核心操作减少的开销还大，那么所谓的优化就不是优化了。本书多个例题讲解中也提到了这一点，学习时要注意体会。

1.3 算法优化常用思路

不管是算法还是程序，功能正确只是最基本的要求，更快、更好、更省地完成任务则是更高的目标，尽最大可能降低时间复杂度和空间复杂度。

1.3.1 算法层面优化

如果能从算法层面进行优化，那是最好不过的，算法层面的优化也是应该优先考虑的。本节只给出大概的优化思路，详细设计与实现见本书各章节案例。

1. 减小搜索空间

搜索是指在某个范围的可能解中寻找最佳答案或者符合条件的解，是一种重要的算法思想，也是很多算法中常见的操作。解空间特别大时，即使测试每个可能解需要的时间非常少，整个过程需要的时间也是难以接受的。如果能把搜索的范围或者可能的解空间减小一个或更多数量级，那无疑是非常重大的突破。

要实现这一目的，往往需要深厚的数学理论和业务背景知识作为支撑，也有时候需要逆向思维的训练。例如，判断一个自然数是否为素数（见 11.3 节）本来需要检查是否存在 1 和自然数本身之外的其他因数，但实际上只需要检查从 2 以及 3 到平方根之间的奇数中是否存在因数即可，大幅度减少了枚举范围。再例如，二分法查找（见 7.2 节）每次都把下一步的查找范围减小一半，从而可以快速结束查找过程。

2．提前放弃不可能的解

这个思路主要用于判断一个解是否有可能满足条件时，对约束策略进行优化。如果约束策略由多个子条件组成，并且通过其中某个或某几个条件的检查已经确定不可能，那么剩余的条件就没必要检查，从而减少计算量。例如，百钱买百鸡问题（见 2.1 节）中小鸡 1 元三只，这里其实隐含着一个条件，那就是小鸡数量必然为 3 的倍数，如果这个条件不成立就没必要检查其他条件。检查若干自然数的和是否等于某个给定的值（见 5.2 节）时，如果发现有大于给定值的自然数就没必要对全部数字求和再测试是否相等了。查找数字中各位数字最大值时，如果某位为 9 则不可能有更大的，也就不需要再检查后面的数字（见例 7-12）。

3．剪枝

剪枝思路也属于提前放弃不可能的解，但力度更大，一般是放弃特定的解子空间，不是仅仅放弃一个解。例如，在树的搜索中如果能够直接判定某个节点为根的整个子树都不满足条件从而直接丢弃或忽略，可以减少大量的计算。分治法的众多具体应用也是类似的思想。

4．充分利用相邻项的关系

如果算法以迭代和递推为主，可以挖掘表达式中相邻项之间是否存在某种关系，如果能充分利用这个关系的话可以减少计算量，就不用逐项分别单独计算。例如，秦九韶算法（见 4.1 节）就是通过改写多项式减少乘法次数从而实现快速计算高次多项式的值。在极端情况下，甚至有可能把迭代公式直接化简为解析公式一步求解，例如，等差数列和等比数列前 n 项和。

5．空间换时间

在某些问题中，可以牺牲一点空间来换取大量时间，提前存储一些计算好的数据然后直接取用从而避免重复计算，也是算法优化的重要思路之一，例如动态规划算法（见第 10 章）。

6．采用随机算法

当问题规模特别大并且没有高效的确定算法时，可以考虑采用随机算法寻找可能的解。在这样的场景中，随机算法和种子的确定就变成了关键。

随机算法并不是完全碰运气，巧妙设计和精心选择的随机数生成公式结合贪心算法、枚举法等其他算法，可以达到出奇的效果。通过引入随机算法，可以快速求解数值近似值或者尽量避免算法最坏情况的发生。例如，用于计算圆周率近似值的算法（见 13.2 节）

和素性检测的算法（见 11.3 节）。

1.3.2 代码层面优化

只有好的算法还远远不够，需要能写出优雅、巧妙、高效的代码才能发挥其优势和展现其魅力。本节以 Python 语言为载体简单介绍几个思路，更多详细内容见本书其他章节的具体案例。

1. 标准库与扩展库对象的导入

使用 import 导入模块时确定模块的加载地址，通过模块名作前缀访问其中的对象时需要先确定模块加载地址，然后再根据偏移量计算和查找对象的地址。

一般来说，更推荐使用 from…import…的方式导入程序中确实用到的对象，这样不仅可以简化代码和减小打包后程序的体积，还可以稍微提高对象访问速度。但这一点并不是特别明显，尤其是对象使用次数较少时几乎可以忽略这二者之间运行速度的区别。

2. 充分利用逻辑运算符的惰性求值特点

逻辑运算符 and 和 or 以及条件运算符和关系运算符都具有惰性求值或逻辑短路的特点，多个表达式的先后顺序会在一定程度上影响代码的执行速度。例如，表达式 exp1 and exp2 仅当 exp1 等价于 True 时才会计算 exp2 的值，表达式 exp1 or exp2 仅当 exp1 等价于 False 时才会计算 exp2 的值，充分利用这个特点，and 连接的表达式中把成立概率低的表达式放在前面，or 连接的表达式中把成立概率大的放到前面，可以减少计算量和提高代码执行速度。同理，在多层嵌套的选择结构中，应把成立概率较低的条件放在外层。

3. 避免使用或少使用全局变量

全局变量不仅会降低程序的可读性，难以确定某一时刻的值是什么，并且访问速度略慢于局部变量。不过局部变量与全局变量的访问速度相差并不是特别大，尤其是变量访问次数较少时几乎可以忽略这二者的速度区别。

4. 选用合适的数据类型和相关运算

数据类型选择与数据结构设计对于算法非常重要，缺少了这些基础支撑，算法就是空中楼阁，正如著名计算机科学家尼古拉斯 · 沃斯（Nicklaus Wirth）所说“算法 + 数据结构 = 程序”。好的数据类型和数据结构能够简化计算，加快任务处理速度。例如，集合的元素测试速度比列表和元组快很多，元组又比列表略快且占用更少的内存空间。再例如，连接大量字符串时使用字符串方法 join() 比使用加号运算符要快很多，使用内置函数 sum() 连接多个列表时效率不如循环结构 +extend() 方法快，自然数比较大时使用内置函数 pow() 计算幂模比使用运算符 ** 和 % 快，但自然数较小时后者反而更快。

5. 改写循环结构

检查循环体代码，是否可以把某些运算提前到循环结构之前完成，或者把内循环中的重复计算尽量往外提，避免在循环中不必要的重复计算。

对于内外层循环次数相差非常大的嵌套循环结构，如果交换内外层循环不影响代码功能，可以把循环次数少的作为外循环、循环次数多的作为内循环，可以适当提高执行效率。如果二者均较大则可以把循环次数更多的作为外循环，Python 解释器会对内循环进行优化。

避免反复遍历同一个容器对象，必要时可以把多个循环合并到一起。例如，下面的代码合并后运行速度略快。

```
from random import choices

data = choices(range(99999), k=500)
# 合并前的写法，扫描列表两次
max_ = data[0]
for num in data[1:]:
    if num > max_:
        max_ = num
min_ = data[0]
for num in data[1:]:
    if num < min_:
        min_ = num
print(max_, min_)

# 合并后的写法，扫描列表一次
max_, min_ = data[0], data[0]
for num in data[1:]:
    if num > max_:
        max_ = num
    elif num < min_:
        min_ = num
print(max_, min_)
```

对于循环次数可以提前确定的任务，使用 for 循环比 while 循环略快。例如，下面第一段代码运行时间大约是第二段代码的 3 倍，

```
m, n = 10000, 10000
i = 0
while i < m:
    j = 0
    while j < n:
        1+1
        j = j + 1
    i = i + 1
for i in range(m):
    for j in range(n):
        1+1
```

6. 适当使用位运算代替算术运算

某些简单的算术运算使用位运算改写之后会略快一点。例如，设 x 为整数，则表达式 x>>1 比 x//2 略快，x&1 比 x%2 略快。但复杂的算术运算不建议改写，例如，表达式 x*10 改写为 (x<<1)+(x<<3) 之后效率反而会降低。

7. 适当使用加法代替乘法

单次加法比单次乘法快一些，例如表达式 x+x 比 x*2 略快，但 x+x+x 比 x*3 略慢，倍数再多时还是建议直接使用乘法。类似地，x*x 比 x**2 略快，但 x*x*x*x 略慢于 x**4。

8. 合理使用嵌套定义函数

在嵌套定义函数的语法中，每次调用外层函数时都会重新定义内层函数，但外层函数调用内层函数比调用与外层函数同级别的普通函数略快一点点。所以，如果外层函数被调用次数很少但在外层函数中调用内层函数次数非常多，使用嵌套定义函数是合适的。如果外层函数被调用次数非常多但在外层函数中调用内层函数次数很少，这种情况不适合使用嵌套函数定义的语法。

9. 关注隐式开销

由于 Python 高度封装的特点，某些看上去很简单的操作可能其底层实现很复杂并且引入了一些额外的开销。例如，列表在非尾部位置插入和删除元素时后面的所有元素都会自动移动来保证相邻元素之间没有缝隙，为列表增加元素时如果超出了之前申请的内存空间容量限制会重新申请更大的内存空间并且把元素全部复制到新的内存中，尤其是内存不是很大或者内存碎片较多的场合。类似这样的开销在优化代码时要特别关注和避免、消除。例如下面的代码，第一段效率不如第二段高。

```
M, N = 10000, 999999
for _ in range(M):
    data = []
    for i in range(N):
        data.append(i)
for _ in range(M):
    data = [None] * N
    for i in range(N):
        data[i] = i
```

10. 空间换时间

提前计算出一些中间结果然后在需要的时候直接使用，或者在计算过程中存储和动态更新缓存，是一个重要的算法优化思路。但是使用什么数据结构存储、存储哪些数据、存储空间有限时如何更新，这些就属于具体的技术问题。Python 标准库 functools 提供的基于最近最少使用算法的缓冲区装饰器函数 lru_cache() 是一个非常简洁且有效的机制，运用得当的话仅牺牲少量空间就可以大幅度加快代码执行速度。

11. 减少扫描次数

遍历可迭代对象中的元素本身也需要时间，如果能够改写算法或程序结构并减少扫描次数，也可以加快速度。6.1.2 节的双向选择排序算法就是利用了这个技巧，第 7 章习题中编程题第 7 个使用这个技巧可以快速求解，其他章节的例题中也有所体现。

12. 充分利用 Python 标准库和扩展库对象

严格来说，算法设计与优化时不需要考虑编程语言的具体实现，但在具体实现时如果能利用编程语言已经提供的数据类型以及内置模块、标准库和扩展库对象，那无疑是一件美好的事情，何乐而不为呢？再说了，既然我们选择了 Python 语言，也有义务深入挖掘和充分运用 Python 语言及其生态带来的优势。其实，使用任何语言都会这样做，使用 C 语言编写程序时我们也不会自己去实现平方根函数而是调用 sqrt() 函数，更不会自己编写代码去实现三角函数的计算。使用 JavaScript 语言编写程序时也不会自己实现随机数函数，而是直接调用 Math.random()。Python 内置模块 math、itertools、time 以及标准库 random、functools、collections、heapq、datetime、re、operator 和扩展库 NumPy 在算法设计中用得较多一些，在学习算法原理时建议自己编写代码实现来加深理解，熟练之后不妨直接运用标准库和扩展库快速解决问题。

Python 语言官方网站首页有一句话“Python is a programming language that lets you work quickly and integrate systems more effectively.”，Python 程序员应时刻牢记这句话。虽然在学习和分析算法原理时我们经常会自己动手编写代码来实现和验证算法，但真正解决问题时应尽量避免重复这些工作，要么自己平时整理和积累一些函数库，要么灵活运用已有的扩展库，以最快速度解决问题才是最终目的。

习　　题

一、判断题

1. 时间复杂度为 $O(n^2)$ 的算法一定比时间复杂度为 $O(n)$ 的算法慢。(　　)

2. 当问题规模非常大时，时间复杂度为 $O(n)$ 的算法一定比时间复杂度为 $O(n^2)$ 的算法快，应优先考虑使用。(　　)

3. 时间复杂度为 $O(5n)$ 的算法一定比时间复杂度为 $O(3n)$ 的算法慢。(　　)

4. 某个算法分为两个阶段，第一个阶段的子算法时间复杂度为 $O(n^2)$，第二个阶段的子算法时间复杂度为 $O(n)$，那么整个算法的时间复杂度为 $O(n^2+n)$。(　　)

5. 某个算法分为两个阶段，第一个阶段的子算法时间复杂度为 $O(n^2)$，第二个阶段的子算法时间复杂度为 $O(n)$，那么整个算法的时间复杂度为 $O(n^2)$。(　　)

6. 某个算法分为两个阶段，第一个阶段的子算法时间复杂度为 $O(n)$，第二个阶段的子算法时间复杂度为 $O(n\log n)$，那么整个算法的时间复杂度为 $O(n\log n)$。(　　)

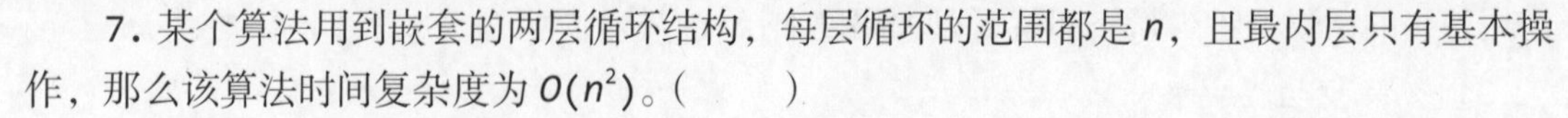

7. 某个算法用到嵌套的两层循环结构，每层循环的范围都是 n，且最内层只有基本操作，那么该算法时间复杂度为 $O(n^2)$。（　　）

8. 某个算法用到嵌套的三层循环结构，每层循环的范围都是 n，且最内层只有基本操作，那么该算法时间复杂度为 $O(n^3)$。（　　）

9. 形式上只有一层循环结构的程序对应的算法时间复杂度一定是 $O(n)$。（　　）

10. 形式上只有两层循环结构的程序对应的算法时间复杂度一定不低于 $O(n^2)$。（　　）

11. 算法复杂度可以有 $O(3n)$、$O(n^2+6n)$ 这样的表示形式，也更加准确。（　　）

12. Python 运算符 `in` 作用于列表和元组时是线性时间复杂度，列表和元组长度增加时，测试需要的时间也大致按比例增加。（　　）

13. Python 标准库 `time` 的函数 `time()` 返回纪元时间到现在经过的秒数，在程序中两次调用 `time()` 函数得到的返回值之差可以用来反映中间代码运行的时间。（　　）

14. 对于任意自然数x和y，语句 `a, b = divmod(x, y)` 的执行速度比 `a, b = x//y, x%y` 的速度慢。（　　）

15. 对于不太大的自然数 x 和 y，语句 `a, b = divmod(x, y)` 的执行速度比 `a, b = x//y, x%y` 略慢。（　　）

16. 对于非常大的自然数 x 和 y，语句 `a, b = divmod(x, y)` 的执行速度比 `a, b = x//y, x%y` 略快。（　　）

17. Python 列表在尾部追加元素的速度比在中间位置插入元素的速度快。（　　）

18. Python 列表在尾部删除元素的速度比在中间位置删除元素的速度快。（　　）

19. 列表的下标访问比字典的下标访问略快一点。（　　）

20. 当自然数 a、q 较大时，表达式 `pow(a, q, p)` 的计算速度比 `(a**q) % p` 的计算速度快。（　　）

21. 当自然数 a、q 较小时，表达式 `pow(a, q, p)` 的计算速度比 `(a**q) % p` 的计算速度快。（　　）

22. 当自然数 a、q 较大时，表达式 `pow(a, q)` 的计算速度比 `a**q` 的计算速度快。（　　）

23. 对于任意大自然数 x，表达式 `x//2` 的计算速度比 `x>>1` 的计算速度要慢很多。（　　）

24. 对于任意大自然数 x，表达式 `x%2` 的计算速度比 `x&1` 的计算速度要慢很多。（　　）

25. 当自然数 x 变大时，计算表达式 `x%2` 的时间越来越长，但计算表达式 `x&1` 的时间变化非常小。（　　）

26. 对于任意两个自然数 x>y，表达式 `x//y*y` 的值与表达式 `x-x%y` 的值相等，但后者更快一些。（　　）

27. 设 x 为任意自然数，那么表达式 `x<<1` 的计算速度比 `x*2` 略快，但不明显。（　　）

28. 设 x 为任意自然数，那么表达式 `x*10` 的值与 `(x<<1)+(x<<3)` 相等，但前者略快。（　　）

29. 设 x 为任意自然数，那么表达式 `x*100` 的值与 `(x<<2)+(x<<5)+(x<<6)` 相等，

但前者略快。(　　)

30. 表达式 'a'<='y'<='z' 的计算速度比 'y' in 'abcdefghijklmnopqrstuvwxyz' 要快很多。(　　)

31. 假设已执行导入语句 from timeit import timeit，那么表达式 timeit('a, b = b, a', setup='a, b = 3, 5') 的值比 timeit('a, b = 5, 3', setup='a, b = 3, 5') 的值略小。(　　)

32. 假设已执行导入语句 from timeit import timeit，那么表达式 timeit('a, b = 5+3, 3+3', setup='a, b = 3, 5') 的值比 timeit('a, b = b+3, a+3', setup='a, b = 3, 5') 的值略小。(　　)

33. 假设已执行导入语句 from timeit import timeit，那么表达式 timeit('x+x+x+x+x+x', setup='x=999999999999999999999999999999999999999999999999999') 的结果比 timeit('x*6', setup='x=99999999999999999999999999999999999999999999999') 略小。(　　)

34. 假设已执行导入语句 from timeit import timeit，那么表达式 timeit('x+x', setup='x=999999999999999999999999999999999999999999999999') 的结果比 timeit('x*2', setup='x=99999999999999999999999999999999999999999999999999')略小。(　　)

35. 对于任意整数 x，表达式 x*x 的计算速度比 x**2 略快一些。(　　)

36. 对于任意整数 x，表达式 x*x*x*x*x*x*x*x*x*x*x*x*x*x*x*x*x*x*x 的计算速度比 x**19 慢一些。(　　)

37. 在函数中访问局部变量的速度比全局变量略快。(　　)

38. 已知函数 A 和 B 的定义是平行的、同级别的，C 是 A 中定义的嵌套函数且与函数 B 的功能相同，那么函数 A 调用 C 函数的速度比 B 函数略快。(　　)

39. 表达式 1+2+3 的计算速度比 sum([1,2,3]) 快一些。(　　)

二、填空题

1.Python 标准库 timeit 的函数________________可以用来测试代码运行时间。

2.Python 标准库 timeit 中 timeit() 函数的________________参数用来指定代码执行次数。

3.Python 标准库 profile 的函数________________可以用来跟踪和统计代码执行时间，但不能使用全局变量和局部变量。

4.Python 扩展库 memory_profiler 中的函数________________可以用来测试程序运行过程的内存占用情况。

5.Python 标准库 timeit 中 timeit() 函数的________________参数指定的代码只会执行一次。

6.Python 标准库 timeit 中 timeit() 函数的________________参数指定的代码执行次数由另一个参数 number 确定。

三、多选题

1. 下面属于算法优化思路的有（　　）。

   A. 减小搜索空间　　　　B. 提前放弃不可能的解

   C. 充分利用相邻项的关系　　　　D. 空间换时间

2. 下面属于 Python 程序优化思路的有（　　）。

   A. 使用 from…import…代替 import…

   B. 调整运算符 and 连接的表达式顺序，充分利用惰性求值特点

   C. 尽量减少使用全局变量

   D. 把算术乘法运算 x*2 改写为 x+x

3. 下面说法正确的有（　　）。

   A. 逻辑运算符 and、or 连接的多个表达式应该精心设计先后顺序

   B. 连接大量字符串时使用字符串方法 join() 比加号要快很多

   C. 使用内置函数 sum() 连接多个列表时效率不如循环结构 +extend() 方法快

   D. 自然数比较大时使用内置函数 pow() 计算幂模比使用运算符 ** 和 % 快但自然数较小时后者反而更快

4. 设 x 为整数，下面说法正确的有（　　）。

   A. 表达式 x>>1 比 x//2 略快，x&1 比 x%2 略快

   B. 表达式 x*10 改写为 (x<<1)+(x<<3) 之后效率反而会降低

   C. 表达式 x+x 比 x*2 略快，但 x+x+x 比 x*3 略慢

   D. x*x 比 x**2 略快，但 x*x*x*x 略慢于 x**4

第 2 章　枚举算法

枚举算法也叫穷举算法，严格来讲，枚举并不是算法，只是一种使用蛮力求解的思路，把单调枯燥的重复操作交给高速运算且不知疲倦的计算机，一个不漏地枚举某类事件所有可能的情况，逐个测试并查找符合条件的解，通过牺牲时间来换取答案的正确性和全面性。枚举算法体现不出我们对问题结构和性质的深层次分析，也没有什么技巧可圈可点，属于无奈的选择和最后的依仗。

枚举算法总是可以得到正确的答案或最优解，只是时间问题。当问题规模非常大时，枚举算法需要的时间有可能是无法忍受的。尽管如此，当问题规模较小或者使用分治法分解为较小的问题后枚举算法仍是非常有效的，并且枚举算法本身也存在优化的可能。例如，从算法层面或代码编写技巧层面避免一些不必要的计算和搜索，提前跳过不可能满足条件的情况，减少搜索范围、提前结束约束条件的检查或者提前结束枚举过程。类似的优化思路在很多种不同的算法中都有所体现，只是针对不同的问题处理方式略有不同。

本章通过一些简单问题来介绍和演示枚举算法的思想和应用，后面章节中很多算法和问题也有枚举算法的影子，建议读者学习时反复阅读并前后对照。

2.1　数学类问题算法设计与应用

为方便内容组织，本节介绍几个与数学相关的问题以及算法解析和实现，2.2 节介绍其他领域的问题。

例 2-1　求解百钱买百鸡问题。假设公鸡 5 元一只，母鸡 3 元一只，小鸡 1 元三只，现在有 100 元，想买 100 只鸡，问有多少种买法？

例 2-1

百鸡百钱是我国古代数学家张丘建在《算经》一书中提出的数学问题："鸡翁一值钱五，鸡母一值钱三，鸡雏三值钱一。百钱买百鸡，问鸡翁、鸡母、鸡雏各几何？"。下面程序中利用了关键字 and 的惰性求值特点来避免不必要的计算，从而提高算法效率，这也是程序的精华之处。所谓惰性求值特点是指，以表达式 exp1 and exp2 为例，如果表达式 exp1 的值等价于 False 则不再计算 exp2 的值并以 exp1 的值作为整个表达式的值。等价于 False 是指表达式的值作为参数传递给内置函数 bool() 时返回 False，例如 0、空列表、空元组、空字典、空集合、空字符串、空 range 对象。另外还用到了内置模块 itertools 中的函数 product()，该函数返回笛卡儿积，比自己编写嵌套循环结构的效率略高。在内置模块 itertools 中还提供了更多函数，可以使用语句 import itertools 导入模块后使用内置函数 dir() 查看所有函数名称，例如 dir(itertools)。然后使用内置函数 help() 查看函数的使用帮助，例如 help(itertools.product)。

```
from itertools import product

# 假设能买 x 只公鸡，最大为 20；假设能买 y 只母鸡，最大为 33
# 函数 product() 返回笛卡儿积，也就是所有可能购买的（公鸡，母鸡）组合
for x, y in product(range(21), range(34)):
    # 这里隐含满足一个条件，购买的鸡的数量恰好为 100
    z = 100 - x - y
    # 检查是否满足另一个条件，恰好用完 100 元
    # 这里利用了关键字 and 的惰性求值特点来避免不必要的计算
    # 如果 z%3 == 0 这个条件不成立，就不计算后面的条件了
    if z%3 == 0 and 5*x + 3*y + z//3 == 100:
        print(x, y, z)
```

上面的程序虽然进行了一定的优化，但搜索范围还是太大。随着购买公鸡的数量增加，剩余的钱越来越少，可以购买的母鸡数量也就越来越少，没有必要再搜索 0 到 33 这个完整的区间。按此思路，代码改写如下。

```
for x in range(21):
    # 动态计算可能购买的母鸡最大数量
    for y in range((100-5*x)//3):
        z = 100 - x - y
        if z%3 == 0 and 5*x + 3*y + z//3 == 100:
            print(x, y, z)
```

上面的代码还可以优化吗？答案是肯定的。仔细阅读上面的代码会发现，5*x 的计算出现了两处但实际上会计算多次，如果能够减少重复计算或者把乘法改写为加法，可以进一步提高代码性能。按此思路，代码改写如下。

```
x_money = -5
for x in range(21):
    # 每多买一只公鸡，用掉的钱数加 5，利用相邻两次循环之间的关系把乘法变成了加法
    # 使用变量 x_money 记录购买公鸡用掉的钱数，同时也避免了后面的重复计算
    x_money, y_money = x_money+5, -3
    for y in range((100-x_money)//3):
        # y_money 表示购买母鸡用掉的钱数
        z, y_money = 100-x-y, y_money+3
```

```
        if z%3 == 0 and x_money + y_money + z//3 == 100:
            print(x, y, z)
```

还可以继续优化吗？有没有可能减少加法的次数？答案是肯定的，但意义不是很大，或者说没有必要。时间复杂度、空间复杂度、代码可读性这 3 个因素是互相制约的，几乎不存在这 3 个条件同时达到最优的算法和代码。在追求其中一个条件达到最优的同时，还要考虑对另外两个条件带来的影响。

例 2-2　求解鸡兔同笼问题。假设笼子里共有鸡、兔 30 只，腿 90 只，求鸡、兔各有多少只。

例 2-2

大约 1500 年前的《孙子算经》应该是最早记载鸡兔同笼问题的书籍。虽然下面的代码使用了简单粗暴的穷举法，但仍根据问题的核心特征进行了优化。鸡兔同笼问题实际上是一个二元一次方程组的求解问题，设鸡有 x 只，兔有 y 只，则

$$\begin{cases} x + y = 30 \\ 2x + 4y = 90 \end{cases}$$

根据数学知识容易得知，二元一次方程组有解的话必然是唯一的。具体到鸡兔同笼问题，找到一组解之后可以立即停止，因为不可能有第二组解。除了下面代码使用的枚举法，还可以使用解析算法来求解这个问题，见 3.1 节。另外，除了遍历头的数量，还可以遍历腿的数量来求解，见本章习题。

```
def func1(legs, heads):
    for ji in range(0, heads+1):
        # 使用 heads - ji 来隐式保证满足其中一个条件，也就是头的数量
        tu = heads - ji
        # 下面的条件表达式又约束了腿的数量这个条件
        if ji*2 + tu*4 == legs:
            return (ji, tu)
            # 找到一个解后立即结束，下面的 break 语句可以删除
            break
    else:
        # 如果 for 循环自然结束，就继续执行这里的代码
        return '问题没有解，请检查数据。'

print(func1(90, 30))
```

例 2-3　有一箱苹果，4 个 4 个地数最后余下 1 个，5 个 5 个地数最后余下 2 个，9 个 9 个地数最后余下 7 个。编写程序，计算这箱苹果至少有多少个。

例 2-3

对于这个问题，可以从小到大依次测试每个自然数是否同时满足 3 个条件，遇到第一个满足条件的自然数就停止搜索和测试。按此思路可以编写代码如下。

```
num = 1
while True:
    if num%9==7 and num%5==2 and num%4==1:
        break
    num = num + 1
print(num)
```

上面的思路和代码虽然简单明了，但是过于粗糙，没有任何技巧和优化的痕迹，浪费了大量时间。下面我们来优化这个算法，减少不必要的搜索和计算：首先确定除以 9 余 7 的最小整数，对这个数字重复加 9（这样总是能保证除以 9 余 7），如果得到的数字除以 5 余 2 就停止；然后对得到的数字重复加 45（9 和 5 的最小公倍数），如果得到的数字除以 4 余 1 就停止，这时得到的数字就是题目的答案。在具体实现时，除以 4 余 1、除以 5 余 2、除以 9 余 7 这 3 个条件的顺序不重要（上面的代码中这个顺序对运行速度略有影响），下面的代码只实现了一种顺序，读者可以自行编写代码实现并验证另外两种顺序。

```
# 9 个 9 个地数余 7 的第一个数
num = 9 + 7
while True:
    # 5 个 5 个地数余 2，满足这个条件时停止
    if num%5 == 2:
        break
    # 跳过不可能满足条件的自然数，始终保证除以 9 余 7
    num = num + 9
while True:
    # 除以 4 余 1 时停止
    if num%4 == 1:
        break
    # 跳过不可能满足条件的自然数，始终保证除以 9 余 7 且除以 5 余 2
    num = num + 45
print(num)
```

例 2-4　求解买啤酒问题。一位酒商共有 5 桶葡萄酒和 1 桶啤酒，6 个桶的容量分别为 30 升、32 升、36 升、38 升、40 升和 62 升，并且只卖整桶酒，不零卖。第一位顾客买走了 2 整桶葡萄酒，第二位顾客买走的葡萄酒是第一位顾客的 2 倍。计算有多少升啤酒。

```
from itertools import combinations

buckets = {30, 32, 36, 38, 40, 62}
# 逐个测试，假设每一桶为啤酒，然后检查剩余 5 桶是否能满足题目要求
for beer in buckets:
    rest = buckets - {beer}
```

```
    sum_rest = sum(rest)
    # 第一个人买的两桶葡萄酒，所有可能的组合
    for wine in combinations(rest, 2):
        # 剩下的葡萄酒是第一个人购买的 2 倍
        if sum_rest == 3*sum(wine):
            # 找到一种可能的解
            print(beer, wine)
            break
```

例 2-5　获取各位数字不相同的所有 3 位自然数。

```
from timeit import timeit
from functools import reduce
from itertools import permutations

# 候选数字
digits = tuple(range(10))

def func1():
    # 没有任何优化的代码
    result = set()
    for i in digits:
        for j in digits:
            for k in digits:
                # 首位数字不能为 0
                if i!=0 and i!=j and j!=k and i!=k:
                    result.add(i*100+j*10+k)
    return result

def func2():
    # 尽量把判断和运算往外提
    result = set()
    for i in digits:
        if i == 0:
            continue
        ii = i * 100
        for j in digits:
            if j == i:
                continue
            jj = ii + j * 10
            for k in digits:
                if k!=i and k!=j:
                    result.add(jj + k)
```

```
    return result

def func3():
    digits_set, result = set(digits), set()
    for i in digits_set:
        if i == 0:
            continue
        ii = i * 100
        # 利用集合减小搜索范围，减少了判断次数，但差集运算又额外引入了计算量
        for j in digits_set-{i}:
            jj = ii + j * 10
            for k in digits_set-{i,j}:
                result.add(jj + k)
    return result

def func4():
    # 使用了标准库 itertools 提供的排列函数 permutations()
    t = set(map(lambda item: reduce(lambda a, b: a*10+b, item),
                permutations(digits,3)))
    return {num for num in t if num>100}

def func5():
    result = set()
    for num in permutations(digits, 3):
        # 提前跳过不可能符合条件的排列
        if num[0] == 0:
            continue
        # 使用了不同的拼接方法创建 3 位自然数
        num = int(''.join(map(str, num)))
        result.add(num)
    return result

def func6():
    t = set(map(lambda item: int(''.join(map(str,item))),
                permutations(digits,3)))
    return {num for num in t if num>100}

def func7():
    return {num for num in range(100,1000) if len(set(str(num)))==3}

def func8():
    return set(filter(lambda num:len(set(str(num)))==3, range(100,1000)))
```

```
print(func1()==func2()==func3()==func4()==func5()==func6()==func7()==func8())
print(timeit('func1()', globals={'func1':func1}, number=10000))
print(timeit('func2()', globals={'func2':func2}, number=10000))
print(timeit('func3()', globals={'func3':func3}, number=10000))
print(timeit('func4()', globals={'func4':func4}, number=10000))
print(timeit('func5()', globals={'func5':func5}, number=10000))
print(timeit('func6()', globals={'func6':func6}, number=10000))
print(timeit('func7()', globals={'func7':func7}, number=10000))
print(timeit('func8()', globals={'func8':func8}, number=10000))
```

例 2-6 拉格朗日定理在数学上已经证明任意大自然数可以分解为最多 4 个自然数的平方和，这也是数论和密码学领域的重要定理之一。求解任意自然数能够分解的最短组合，符合条件的最短组合可能有多个，返回其中一个即可。

很显然，对给定的任意自然数进行拆分并验证拆分得到的数字是否为自然数的平方，不是个好主意，计算量会非常巨大。反过来，提前计算出若干自然数的平方，然后从里面选择一些来相加并检查是否能够得到给定的自然数，计算量会小很多。明确了这个思路之后，问题的关键就变成需要提前计算并存储哪些数字的平方，以及如何从中选择数字来得到给定的自然数。

在下面的程序中，提前计算并存储从 1 开始的自然数的平方，每个平方数重复 4 次，直到某个自然数的平方大于给定的自然数。然后从这些平方数中选择从短到长的组合，直到选择的数字之和等于给定的自然数为止，满足条件的第一个组合即为所求。这个算法可以使用四层循环嵌套的结构来求解，但代码过于啰嗦，下面代码借助于内置模块 itertools 中的组合函数 combinations() 进行了简化。

```
from itertools import combinations

def func(num):
    # 计算所有小于最大数 n 的平方数，每个数字重复 4 次
    pingfangshu = [1] * 4
    for n in range(2, int(num**0.5)+1):
        pingfangshu.extend([n**2]*4)
    # 寻找最短组合
    for length in range(1, 5):
        for item in combinations(pingfangshu, length):
            if sum(item) == num:
                return item

print(func(2), func(4), func(9999*9999), func(12345), func(99980002),
      func(7654321), sep='\n')
```

在上面的程序中，之所以每个平方数重复 4 次，是因为已知任意自然数最多可以拆分

为 4 个平方数之和，并且 4 个平方数有可能是相等的。上面程序中使用的方式会导致大量的重复组合，搜索范围太大，并且做了很多重复计算，效率非常低。

容易得知，分解后几个平方数的顺序并不重要，这是可以优化的关键。内置模块 itertools 中的笛卡儿积函数 product() 有个参数 repeat 用来设置重复次数，可以减小搜索范围，但仍存在不少重复组合。内置模块 itertools 中允许重复的组合函数 combinations_with_replacement() 可以大幅度减小搜索范围，获得更高的效率。内置模块 itertools 中还提供了更多非常实用的函数，建议读者查阅资料了解。

```
from itertools import combinations_with_replacement

def func(num):
    # 计算所有小于最大数 n 的平方数
    pingfangshu = tuple(map(lambda n:n**2, range(1, int(num**0.5)+1)))[::-1]
    # 寻找最短组合，如果 num 本身就是平方数就直接返回，这一定是最短的
    if num in pingfangshu:
        return (num,)
    # num 本身不是平方数，开始拆分
    for length in range(2, 5):
        for item in combinations_with_replacement(pingfangshu, length):
            # 下面的循环可以改用内置函数 sum()，但会丧失提前结束判断的特点
            sum_ = item[0]
            for i in item[1:]:
                sum_ = sum_ + i
                if sum_ > num:
                    break
            else:
                if sum_ == num:
                    return item


print(func(2), func(4), func(9999*9999), func(12345), func(99980002),
      func(7654321), sep='\n')
```

其实，上面的程序还可以继续优化，例如提前计算并存储足够多的平方数，然后在函数中直接使用，就不用分解每个自然数时都去计算平方数，又可以节省一些时间。最后，这个问题有个专门的快速求解算法，详细描述与实现见 11.10 节。

例 2-7　查找所有类似于 123-45-67+89 = 100 的组合。在 123456789 这 9 个数字中间插入任意多个 + 和 - 的组合，使得表达式的值为 100，输出所有符合条件的表达式。

9 个数字之间最多有 8 个可插入加号或减号的位置（但不一定每个位置都插入），根据这些位置对 9 个数字进行切分和分组，这可以通过组合来实现。对于每个切分的组合，在切分处插入加号或减号，这可以通过排列来实现。

```
from itertools import combinations, permutations

def func1(digits='123456789', total=100):
    length = len(digits)
    # 在字符串中间一共有 length-1 个位置可以插入 +/- 符号
    # 至少插入 2 个，至多插入 length-2 个，插入 1 个或 8 个时不可能构成值为 100 的表达式
    for k in range(2, length-1):
        # 遍历从 2 到 7 的所有可能插入 +/- 的位置
        for item in combinations(range(1,length), k):
            # 对字符串进行切分，第一组
            operands = [digits[:item[0]]]
            # 中间若干组
            for i, pos in enumerate(item[:-1]):
                operands.append(digits[pos:item[i+1]])
            # 最后一组
            operands.append(digits[item[-1]:])
            # 对得到的切分结果，使用 +/- 符号的排列进行插入
            # 这里可以改用 itertools.product() 函数，参考下面第二个程序的函数 func3()
            # 转换为集合，去除重复排列，避免重复计算
            for operator in set(permutations('+-'*k, k)):
                # 这里的 join() 为字符串方法，参数为生成器表达式的语法
                # 当生成器表达式作为函数或方法的参数时，可以省略外面的括号
                exp = ''.join(d+o for d,o in zip(operands,operator))+operands[-1]
                if eval(exp) == total:
                    print(exp, '=', total)

func1()
```

尽管上面的程序进行了优化，减少了不必要的计算和重复计算，但仍需要运行大概10秒左右。中国传媒大学胡凤国老师提供了一个更快也很有意思的算法，可以瞬间得到全部结果。核心思路为：设计一个三进制加法算法，从8个0逐步加1变化到8个3，其中每一位上的数字可以是0、1、2，分别对应空格、加号、减号，然后在1到9之间的8个位置上分别插入空格、加号或减号，最后删掉表达式中的空格并求值，如果等于100则满足条件。根据胡老师的思路和第一版代码，作者进行了改写和适当优化，最终代码如下。

```
def tri_add(operators):
    # 三进制加 1 算法，以 8 个元素为例
    # 列表中的数字从 [0,0,0,0,0,0,0,0] 变到 [3,3,3,3,3,3,3,3]
    c = 1
    for i in range(len(operators)-1, -1, -1):
        c, operators[i] = divmod(operators[i]+c, 3)
        if c == 0:
```

```
            # 如果某次计算没有进位，说明尚未变成 8 个 3
            return True
    # 如果循环结束时 c 的值不为 0，表示列表已经变到 [3,3,3,3,3,3,3,3]，不再允许变化
    return False

def func2(digits='123456789', total=100):
    # 分别在 1 到 9 之间的数字之间插入空格、+ 或 -
    d, length = ' +-', len(digits)
    operators = [0] * (length-1)
    while tri_add(operators):
        # 空格数量为 0、length-1 时不可能得到满足条件的表达式
        if operators.count(0) in (0,length-1):
            continue
        # 三进制的数字列表 operators 中数字 0 对应空格，1 对应 +，2 对应 -
        # d.__getitem__ 对应于下标访问，等价于 lambda o:d[o]，但效率更高
        operator = map(d.__getitem__, operators)
        exp = ''.join(o+c for o,c in zip(digits,operator)) + digits[-1]
        # 删除表达式中的空格
        exp = exp.replace(' ', '')
        if eval(exp) == total:
            print(exp, '=', total)

func2()
```

受此思路启发，作者又得到这样的思路：不需要设计三进制加法，直接使用空格和加减号的排列即可，代码更加简洁且速度也略有提高。

```
from itertools import product

def func3(digits='123456789', total=100):
    length = len(digits)
    for operator in product(' +-', repeat=length-1):
        # 跳过不可能的运算符组合，避免不必要的计算
        if operator.count(' ') in (0,length-1):
            continue
        exp = ''.join(o+c for o,c in zip(digits,operator)) + digits[-1]
        # 删除表达式中的空格
        exp = exp.replace(' ', '')
        if eval(exp) == total:
            print(exp, '=', total)

func3()
```

例 2-8　给定一个包含若干随机整数的列表 A，求满足 $0 \leqslant a < b < \mathrm{len}(A)$ 的 $A[b]-A[a]$ 的最大值。下面的程序使用了简单粗暴的枚举法，也可以使用贪心算法来快速求解，见第 8 章。

```
from random import choices, seed
from itertools import combinations

def func1(lst):
    # 负无穷大
    diff = -float('inf')
    for index, value in enumerate(lst[:-1]):
        for v in lst[index+1:]:
            t = v - value
            if t > diff:
                result, diff = (value,v), t
    return result

def func2(lst):
    return max(combinations(lst,2), key=lambda it:it[1]-it[0])

# 设置随机数的种子数，使得每次运行结果一样
seed(20250101)
lst = choices(range(1000), k=500)
print(func1(lst), func2(lst))              # 输出：(0, 995) (0, 995)
```

例 2-9　查找给定的若干数字中差值最小的两个数。

下面的代码首先对列表中的数字进行排序，然后返回相邻元素组合中差值最小的一对。这个问题可以看作是求解一条直线上若干点中距离最近的两个点，在第 9 章我们会把这个问题扩展到二维平面上，也就是寻找二维平面上距离最近的两个点。类似的问题还可以扩展到三维空间，游戏或漫游系统中寻找最可能发生碰撞的两个物体属于这类问题的具体应用。

```
def min_dis(data):
    data.sort()
    return min(zip(data[:-1],data[1:]), key=lambda it: it[1]-it[0])

print(min_dis([3,9,4,1,18]))
```

例 2-10　检查一个包含若干整数的集合是否为和谐集，也就是从中删除任意一个元素之后，剩余元素都能分成两个集合，并且两个集合中的元素分别相加之和相等。

```
from itertools import combinations
def check(data):
```

```
    # 所有可能的拆分结果，原始数据之和
    result, sum_all = {}, sum(data)
    # 依次取出每个数，检查剩余元素是否能恰好等分
    for num in data:
        # t 是从 data 中取出 num 后的剩余元素组成的集合
        t = data - {num}
        s = sum_all - num
        # 如果剩余元素之和为奇数，肯定不是和谐集，不需要再判断
        if s%2 == 1:
            break
        half = s // 2
        # 检查剩余元素是否存在和为 half 的组合
        # 一个组合包含 1~len(t)//2 个元素，另一个组合包含 len(t)//2~len(t)-1 个元素
        for i in range(1, len(t)//2+1):
            for item in combinations(t, i):
                if sum(item) == half:
                    # 记录当前组合
                    result[num] = result.get(num, [])
                    result[num].append((set(item), t-set(item)))
                    break
            else:
                continue
            break
    # 如果 result 和 data 的长度相等，说明每个元素取出后剩余元素都能等分
    if len(result) == len(data):
        return result

# 需要检查是否为和谐集的数据，注意集合元素会自动去重，所以最后一个集合实际上是 {1}
data = ({1, 3, 5, 7, 9, 11, 13}, {2, 4, 6, 8, 10, 12, 14},
        {1, 1, 1, 1, 1, 1, 1})
for d in data:
    print('='*10, d)
    result = check(d)
    if result:
        print('拆分结果:', *result.items(), sep='\n')
    else:
        print('不是和谐集')
```

和谐集还有其他定义，例如，如果对于集合 A 中的任何元素 $x \in A$ 都有 $\frac{1}{x} \in A$，则 A 为和谐集。请自行根据定义编写代码。

例 2-11　有一座八层宝塔，每层都有一些琉璃灯，且每层的灯数都是上一层的两倍，整个宝塔上共有 765 盏琉璃灯，求解每层各有多少。

容易得知,这个问题的关键在于确定第一层上琉璃灯的数量。最笨的办法就是逐个尝试。

```
from itertools import count

factors = [2**i for i in range(8)]
# 从 1 开始计数，步长为 1
for first in count(1, 1):
    floors = [first*f for f in factors]
    if sum(floors) == 765:
        for index, value in enumerate(floors, start=1):
            print(f'第 {index} 层有 {value} 盏琉璃灯')
        break
```

由于问题中各层宝塔上琉璃灯数量之间的关系比较典型，符合下面的式子。

$$2^0x+2^1x+2^2x+2^3x+\cdots+2^6x+2^7x=765$$

$$(2^0+2^1+2^2+2^3+\cdots+2^6+2^7)x=765$$

$$255x=765$$

$$x=3$$

改写代码，直接计算第一层宝塔上琉璃灯的数量。

```
total = 765
factor = [2**i for i in range(8)]
# 第一层的琉璃灯数
first = total // sum(factor)
for index, value in enumerate(factor, start=1):
    print(f'第 {index} 层有 {value*first} 盏琉璃灯')
```

已知 $2^n-1=2^0+2^1+2^2+\cdots+2^{n-1}$，直接利用这个结论。

```
total, factor = 765, 2**8-1
first = total // factor
for floor in range(1, 9):
    print(f'第 {floor} 层有 {first} 盏琉璃灯')
    first = first * 2
```

例 2-12　求解 n 位黑洞数。黑洞数是指这样的自然数：由这个自然数每位上的数字组成的最大数减去每位数字组成的最小数仍然得到这个自然数自身。例如 3 位黑洞数是 495，因为 954-459=495，4 位数字是 6174，因为 7641-1467=6174。

例 2-12

```
def func1(n):
    # 待测试数范围的起点和结束值
```

```
    start = 10 ** (n-1)
    end = start * 10
    for i in range(start, end):
        # 由这几个数字组成的最大数和最小数
        big = ''.join(sorted(str(i), reverse=True))
        little = big[::-1]
        big, little = int(big), int(little)
        if big-little == i:
            print(i, end=',')

for n in range(2, 10):
    func1(n)
```

运行结果：

```
495,6174,549945,631764,63317664,97508421,554999445,864197532,
```

虽然上面的代码简单易懂，功能也正确，但运行时间非常长，其根本原因在于枚举的范围太大。容易得知，同一组数字能够构成的黑洞数最多只有一个。如果一组数字构成的最大数与最小数之差仍是这组数字构成的，这个差必然是黑洞数，否则这组数字构成的所有数字都不会是黑洞数，下面代码利用了这个结论大幅度减少了枚举范围，执行速度大大提高，参数 n 越大提升越明显。例如，n=28 时第一个函数的搜索范围约为 10^{27}，第二个函数搜索范围为 $C_{10+28-1}^{28}$=124403620，仅为第一个函数的$\frac{1}{10^{18}}$。n=35 时，第一个函数的搜索范围约为 10^{34}，第二个函数搜索范围为 $C_{10+35-1}^{35}$=708930508，仅为第一个函数的$\frac{1}{10^{25}}$。

```
from itertools import combinations_with_replacement

def func2(n):
    s = 10 ** (n-1)
    for comb in combinations_with_replacement('0123456789', n):
        big = ''.join(sorted(comb, reverse=True))
        little = big[::-1]
        diff = int(big) - int(little)
        if diff>s and ''.join(sorted(str(diff))) == little:
            print(diff, end=',')

for n in range(2, 10):
    func2(n)
```

运行结果：

```
495,6174,631764,549945,97508421,63317664,864197532,554999445,
```

例 2-13 验证 6174 猜想。1955 年，卡普耶卡 (D. R. Kaprekar) 对 4 位数字进行了研究，发现一个规律：对任意各位数字不完全相同的 4 位数，使用各位数字能组成的最大数减去能组成的最小数，对得到的差重复这个操作，最终会得到 6174 这个数字，并且这个操作最多不会超过 7 次。

例 2-13

```
from itertools import combinations_with_replacement

for item in combinations_with_replacement('0123456789', 4):
    # 条件表达式写作 item[0]==item[1]==item[2]==item[3] 速度会略快
    if len(set(item)) == 1:
        # 跳过各位数字相同的整数
        continue
    times = 0
    while True:
        # 当前选择的 4 个数字能够组成的最大数和最小数
        # 第一次进入循环时 item 是元组，再次进行循环时是字符串，但这并不影响代码执行
        # 确保 big 总是 4 位数
        big = int(''.join(sorted(item, reverse=True)).ljust(4,'0'))
        little = int(str(big)[::-1])
        difference, times = big-little, times+1
        # 如果最大数和最小数相减得到 6174 就退出，否则就对得到的差重复这个操作
        # 最多 7 次操作，总能得到 6174
        if difference == 6174:
            if times > 7:
                print(times)
            break
        else:
            item = str(difference)
    else:
        print(f'验证失败，{item} 构成的整数不符合猜想。')
else:
    print('验证成功。')
```

2.2 其他类问题算法设计与应用

例 2-14 检查两个列表中是否存在共同的元素。

下面代码使用了简单直接的枚举法。

```
def common1(s, t):
    for ch1 in s:
        # 这里也可以直接使用表达式 ch1 in t 进行测试
        for ch2 in t:
            if ch1 == ch2:
                return True
    return False
```

下面代码利用了集合交集运算，代码简洁且运行速度快。

```
def common2(s, t):
    return bool(set(s)&set(t))
```

例 2-15　检查给定列表中是否所有元素的值都相等。

下面程序中第一个函数使用了逐个测试的笨方法，当列表长度增加时需要的时间也越来越长。第二个函数直接使用集合去除重复的特性快速解决问题，效率极高。

```
def all_same1(lst):
    item0 = lst[0]
    # 逐个检查后面的元素是否全部等于第一个元素
    for item in lst[1:]:
        if item != item0:
            return False
    return True

def all_same2(lst):
    # 把列表转换为集合，自动去除重复元素，值相同的元素只保留一个
    return len(set(lst)) == 1

lsts = [[1]*5, [1,2,3]]
for lst in lsts:
    print('='*30)
    print(all_same1(lst), all_same2(lst))
```

例 2-16

例 2-16　计算某年第 n 个周 m 是几月几号，例如 2025 年第 52 个周五是 2025 年 12 月 26 日，2026 年第 31 个周四是 2026 年 7 月 30 日。

首先从指定年份的 1 月 1 日开始查找，7 日之内必然能找到该年第一个周 m，然后再加上 n-1 个周即可。

```
from datetime import date, timedelta

def get_date(year, weeks, weekday):
```

```
    start = date(year, 1, 1)
    # 查找第一个周 weekday 是 1 月几日
    for i in range(7):
        if start.isoweekday() == weekday:
            break
        start = start + timedelta(days=1)
    # 返回 weeks-1 周之后的日期
    return start + timedelta(weeks=weeks-1)

print(get_date(2025, 52, 5), get_date(2026, 31, 4))
```

例 2-17　判断回文，也就是正读反读都一样的字符串。

例 2-17

回文字符串的核心特征是对称，第一个字符与最后一个字符相同，第二个字符与倒数第二个字符相同，以此类推。于是，可以从前往后扫描字符串的前面一半并检查每个字符是否与其对称位置上的字符相同，如果在扫描结束之前就发现不符合要求的字符则认为不是回文，如果扫描结束了仍未发现有不符合要求的字符则认为是回文。

```
def is_palindrome1(text):
    length = len(text)
    for i in range(length//2+1):
        if text[i] != text[-1-i]:
            return False
    return True
```

例 2-18　检测给定字符串作为密码的安全强度。一个安全的密码不仅要求足够长，还应尽量复杂，也就是包含尽可能多的字符种类且没有规律可循。

可以作为密码的字符有大写英语字母、小写英语字母、阿拉伯数字和几个标点符号，如果一个密码长度足够大且同时包含这 4 种字符则认为安全性非常高，包含的字符种类越少越不安全。为了测试一个字符串作为密码的安全性，程序有很多种写法，下面的代码对字符串中的字符进行逐个测试，并统计不同类型字符的数量。

```
from string import digits, ascii_lowercase, ascii_uppercase

def check1(pwd):
    # 密码必须为字符串且至少包含 6 个字符
    # 这里两个条件的顺序不能交换，否则当参数 pwd 不是容器对象时计算长度会出错
    if not isinstance(pwd,str) or len(pwd)<6:
        return '不适合作为密码。'
    # 如果密码字符串同时包含小写字母、大写字母、数字、标点符号中的 4 种，则为强密码
    # 包含 3 种表示中等偏高，包含 2 种表示中等偏低，包含 1 种为弱密码
    d = {1:'弱密码', 2:'中等偏低', 3:'中等偏高', 4:'强密码'}
```

```
    # 分别用来标记 pwd 是否含有数字、小写字母、大写字母和指定的标点符号
    r = [False] * 4
    # 检查字符串中的每个字符
    for ch in pwd:
        # 测试当前字符是否为数字，如果前面已经出现过数字就不再测试当前字符是否为数字
        # 这里使用关键字 in 测试比 '0' <= ch <= '9' 略快
        if not r[0] and ch in digits:
            r[0] = True
        # 测试当前字符是否为小写字母
        elif not r[1] and ch in ascii_lowercase:
            r[1] = True
        # 测试当前字符是否为大写字母
        elif not r[2] and ch in ascii_uppercase:
            r[2] = True
        # 测试当前字符是否为指定的标点符号
        elif not r[3] and ch in ',.!;?<>':
            r[3] = True
    # 统计包含的字符种类，返回密码强度
    return d.get(r.count(True), 'error')

print(check1('a2Cd,'))
```

下面的代码使用集合运算提高可读性和效率。第 1 章曾经提到，数据结构选择与设计对于算法设计和优化非常重要，本书中有很多例题体现了这一思想。

```
from string import (ascii_lowercase as lowercase,
                    ascii_uppercase as uppercase, digits)

possible = (lowercase, uppercase, digits, '.,_')
security = {1:'弱密码', 2:'中等偏低', 3:'中等偏高', 4:'强密码'}

def check2(pwd):
    if len(pwd) < 6:
        return '不适合作为密码。'
    pwd = set(pwd)
    # 检查密码字符串集合与小写字母、大写字母、数字字符、标点符号等集合的交集情况
    # 当表达式的值为非空集合时 bool() 函数返回 True，否则返回 False
    # 在 Python 内部，True 为 1，False 为 0，所以可以对多个 True/False 求和
    num = sum(map(lambda x: bool(pwd.intersection(x)), possible))
    return security.get(num, '不适合作为密码。')

print(check2('abcdefj234,.JE'))
```

例 2-19　一辆卡车从路边疾驰而过，当时旁边有 4 个人，前 3 个人没有记住车牌号，

只记下了一些特征。甲说：前 2 位数字相同并且不是 0；乙说：后 2 位数字是相同的，并且与前 2 位不同；丙是数学家，他说：4 位的车牌号恰好是一个整数的平方。最后一个人是美术家并且上过“超强大脑”节目还取得了不错的成绩，只有他凭借那瞬间的印象记住了车牌号。请根据前 3 人提供的线索推理车牌号。

对于这样的问题，一个很直接的思路是枚举所有 4 位自然数并检查是否符合上面 3 个人的描述。

```
for num in range(1000, 10000):
    # 分解 4 位数字，序列解包的语法
    a, b, c, d = str(num)
    # 注意各条件的顺序，最后一个条件不要放到前面
    if a==b and c==d and a!=c and int(num**0.5)**2==num:
        print(num)
```

充分利用丙提供的线索，考虑到 100*100=10000，可以改写代码缩小循环的范围。

```
for num in range(1, 100):
    # 不足 4 位的前面补 0
    temp = '{:04d}'.format(num**2)
    if temp[0] == '0':
        continue
    if temp[0]==temp[1] and temp[2]==temp[3] and temp[0]!=temp[3]:
        print(temp)
```

下面代码思路与上一段相同，只是检查方式略有不同。

```
for num in range(1, 100):
    num_square = num ** 2
    if num_square < 1000:
        continue
    a, b, c, d = '{:d}'.format(num_square)
    if a==b and c==d and a!=c:
        print(num_square)
```

4 位数实在是个很小的数字，不需要具备太多数学知识就可以知道 1~31 自然数的平方都小于 1000，于是干脆就从 32 开始测试，进一步简化代码。

```
for num in range(32, 100):
    temp = '{:d}'.format(num**2)
    if temp[0]==temp[1] and temp[2]==temp[3] and temp[0]!=temp[3]:
        print(temp)
```

容易得知，以 2、3、7、8 结尾的整数肯定不是平方数。

```
from itertools import permutations

# 10 个数字中任选 2 个不同数字的所有排列
digits = '0123456789'
for ch1, ch2 in permutations(digits, 2):
    # 前两位为 0 时不符合甲的描述，以 2、3、7、8 结尾的数字肯定不是平方数
    # 以 5 结尾的平方数一定以 25 结尾，不可能以 55 结尾，所以也排除 5 结尾的自然数
    if ch1=='0' or ch1==ch2 or ch2 in '23578':        # 第 2 个条件可以删除
        continue
    # 前两位相同，后两位相同，前后不相同
    num = int(ch1*2+ch2*2)
    num_sqrt = num ** 0.5
    # 平方根为自然数
    if int(num_sqrt) == num_sqrt:
        print(num)
```

提前过滤，避免生成不可能的排列。

```
s1, s2 = set('123456789'), set('01469')
for ch1 in s1:
    for ch2 in s2-{ch1}:
        num = int(ch1*2+ch2*2)
        num_sqrt = num ** 0.5
        # 平方根为自然数
        if int(num_sqrt) == num_sqrt:
            print(num)
```

例 2-20　给定一个包含若干整数的元组，要求返回其中的整数减 3 之后的结果组成的新元组，如果某个整数减 3 之后为 0，就立即停止计算，元组中该整数以及后面的所有整数都不再处理。

下面第一个函数使用最原始的遍历，第二个函数使用了内置函数 iter() 的高级用法，创建包含可调用对象返回值的迭代器对象，直至得到第二个参数指定的值。

```
def func1(data):
    result = []
    for num in data:
        t = num - 3
        if t == 0:
            break
        result.append(t)
    return tuple(result)
```

```
def func2(data):
    inner_data = iter(data)
    return tuple(iter(lambda:next(inner_data)-3, 0))
```

例 2-21　给定一个列表 data 作为参数，其中包含 12 个数字模拟某商店一年中每个月的销售数据，要求按季度分组求和并返回结果列表。例如，func([54, 83, 58, 82, 79, 56, 14, 29, 85, 43, 29, 29]) 返回 [195, 217, 128, 101]。

下面的代码枚举获取每个季度的销售数据并求和，是比较直接的思路。

```
def func1(data):
    result = []
    for i in range(0, 12, 3):
        result.append(sum(data[i:i+3]))
    return result
```

下面的代码使用扩展库 NumPy 把列表转换为数组并切分为 4 个子数组表示每个季度的销售数据，然后再对每个季度的销售数据进行求和。其中列表推导式中的表达式 sum(row) 也可以改写为 row.sum()。

```
from numpy import split, array

def func2(data):
    return [sum(row) for row in split(array(data),4)]
```

下面的代码使用扩展库 NumPy 把列表转换为数组并修改形状为 4 行 3 列的二维数组，再利用 NumPy 数组的方法 sum() 对每个季度的销售数据求和，参数 axis=1 表示沿第 2 个维度的方向求和，对于二维数组来说第 2 个维度指横向，也就是对每行数据求和。

```
from numpy import array

def func3(data):
    return array(data).reshape(4,3).sum(axis=1).tolist()
```

习　　题

一、判断题

1. 只要算法正确，枚举算法一定能够得到最优解。(　　)
2. 枚举算法不适合求解大规模的问题。(　　)

3. 百钱买百鸡问题最多有一个解，不可能有多个解。（　　）

4. 鸡兔同笼问题最多有一个解，不可能有多个解。（　　）

5. 求解同一个问题的不同枚举算法之间效率不会相差太多，优化空间很小。（　　）

二、编程题

1. 给定任意自然数，将其分解为最多 4 个平方数之和，要求使用的平方数最少，输出所有符合条件的最短组合。

2. 给定包含任意多个自然数的列表，求解这些自然数能构成的最长等差数列以及对应的公差，如果有多个长度相同的最长等差数列就返回公差最大的一个。例如，[1, 8, 5, 7, 9, 6, 13] 得到的最长等差数列为 [1, 5, 9, 13]，公差为 4。

3. 改写例 2-2 鸡兔同笼问题的代码，不遍历头的数量，改为遍历腿的数量。

4. 给定若干自然数，使用枚举法检查是否能构成素数环，如果可以就返回所有素数环。所谓素数环是指给定若干数字的某个排列（每个数字只使用一次）首尾相接后相邻两个数字相加之和为素数，例如 (1, 2, 3, 8, 5, 6, 7, 4)。要求同一个素数环进行移位或反向得到的不同结构只保留最小的一个，对于 (1, 2, 3, 8, 5, 6, 7, 4) 移位和翻转得到的变形 (2, 3, 8, 5, 6, 7, 4, 1)(3, 8, 5, 6, 7, 4, 1, 2)(4, 7, 6, 5, 8, 3, 2, 1)(7, 6, 5, 8, 3, 2, 1, 4) 等都不保留。

5. 改写例 2-4 卖酒问题的代码进行优化，减少内置函数 sum() 的调用次数。

6. 使用枚举法求解八皇后问题所有解，每个解使用一个元组表示，其中每个数字的下标表示皇后在棋盘上的行下标、数字本身表示皇后在棋盘上的列下标。在 8 行 8 列的棋盘上放置 8 个皇后，要求任意两个皇后都不能在同一行、同一列、同一条 45° 或 135° 斜线上。

7. 编写程序，统计指定的左闭右开区间 [start,stop) 中有多少自然数与区间 [1,9] 中某个自然数 a 无关。如果一个自然数能被 a 整除、某位数为 a 或各位数字之和能被 a 整除，则认为该自然数与 a 相关。

8. 某天下雨时有 n 个顾客到超市购物，每个人都随意把雨伞放在门口，离开时随意拿起一把雨伞。编写程序，使用枚举法求解这些顾客全部拿错雨伞的所有可能情况。

9. 编写程序，使用枚举法求解任意两个字符串的最长公共子序列，也就是两个字符串中的每个字符分别选或不选能够构成的所有字串中最长且一样的字串，如果有多个的话全部返回。

10. 编写程序，使用枚举法求解任意字符串的最长非递减子序列，也就是序列中每个元素选或不选构成的所有子序列中元素非递减且最长的那些。

11. 编写程序，给定包含若干整数的列表，使用枚举法将其分为两个子列表，使得两个子列表分别求和的差最小。

12. 编写程序，使用枚举法计算区间 [1,n) 所有数字中，0~9 每位数字分别出现了多少次。要求使用循环结构。

13. 编写程序，使用枚举法计算区间 [1,n) 所有数字中，0~9 每位数字分别出现了多少次。要求不能使用循环结构。

第 3 章　解析算法

解析算法是指，对于给定的问题有明确的公式可以使用或者可以简单地一步给出结果。对问题进行深入分析之后，选择或设计合适的公式，把已知数据代入公式进行计算即可得到问题的答案。

3.1　数学类问题算法设计与应用

例 3-1　计算给定半径的圆面积、球表面积和球体积。

圆面积计算公式 $S=\pi r^2$，球表面积计算公式为 $S=4\pi r^2$，球体积计算公式为$V=\frac{4}{3}\pi r^3$。

```
from math import pi as PI

def area_volumn(r):
    if not (isinstance(r, (int, float)) and r>0):
        return '半径必须为大于 0 的整数或实数'
    else:
        circle_area = round(PI*r*r, 3)
        # 等价于 sphere_area = round(4*circle_area, 3)
        sphere_area = round(4*PI*r*r, 3)
        # 等价于 sphere_volumn = round(sphere_area*r/3, 3)
        sphere_volumn = round(4*PI*r*r*r/3, 3)
    return (circle_area, sphere_area, sphere_volumn)

print(area_volumn(3))
```

例 3-2　求解鸡兔同笼问题。

例 3-2

这个问题在第 2 章使用枚举法进行了讨论和求解，因为题目中的数字都比较小，枚举法速度也很快。鸡兔同笼本质上是一个二元一次方程组求解问题，也可以直接根据数学上的求解公式来编写代码。再回顾一下原始问题对应的二元一次方程组：

$$\begin{cases} x+y=30 \\ 2x+4y=90 \end{cases}$$

对第一个方程两边同时乘以 2（第二个方程中变量的最小系数），再用第二个方程减第一个方程，得出 $2y=30$ 进而得出 $y=15$，将其代入第一个方程得 $x=15$。在下面的程序中还考虑到了一个细节，也就是在数学上二元一次方程组的解有可能是整数或实数，也有可能是正数或负数，但具体到鸡兔同笼问题时解只能是非负整数。

```
def func1(legs, heads):
    # 结果必须为整数，但这里不能使用整除运算符，否则可能得到错误结果
    rabbits = (legs - heads*2) / 2
    if int(rabbits)==rabbits and 0<=rabbits<=heads:
        return (int(heads-rabbits), int(rabbits))
    else:
        return '数据错误，无法求解。'

print(func1(90,30), func1(90,31), func1(90,32), end='\n')
```

对于中学生和大学生来说，枚举法和解析法求解过程都不难理解。如果鸡兔同笼问题出现在小学一、二年级的数学作业上，我们给出答案并不难，但如何才能让孩子听明白求解过程呢？

可以把上面的求解过程和下面的场景结合起来：由于长期饲养，鸡和兔子都能听懂饲养员说话并能按照口令做一些简单动作。饲养员下达口令“所有鸡、兔听口令，抬起一条腿，再抬起一条腿”，只有两条腿的鸡现在全都目瞪口呆地坐地上了，站着的都是兔子并且每只兔子还有两条腿是站立的，也就是说站立着的腿的数量的一半是兔子。

作为补充，Python 扩展库 NumPy 在线性代数模块中提供了求解线性方程组 $ax=b$ 的函数 solve()，下面代码演示了相关用法，请自行补充代码调用函数。

```
import numpy as np

def func2(legs, heads):
    result = np.linalg.solve([[1,1], [2,4]], [heads,legs])
    # 求解结果都是非负整数才有效
    if (result==np.uint64(result)).all():
        return result
    else:
        return '数据错误，无法求解。'
```

例 3-3　求解二元一次方程组的解。

本例可以看作是鸡兔同笼问题的一般化。另外，一个二元一次方程对应一条直线，所以本例也适用于求解两条直线的交点。按照数学上求解二元一次方程组的思路，使用元组 (a,b,c) 表示方程 $ax+by+c=0$ 的系数，然后通过一定的计算使得两个方程中 x 项的系数

相等，两个方程相减后 x 项的系数变为 0，从而只剩 y 项和常数项，计算得到 y 的值，将其代入第一个方程并计算 x 的值。计算 y 的过程如下面的公式推导过程所示，然后将其代入任意一个方程即可得到 x 的值。

$$\begin{cases} a_1x+b_1y+c_1=0 \\ a_2x+b_2y+c_2=0 \end{cases} \Rightarrow \begin{cases} a_1a_2x+b_1a_2y+c_1a_2=0 \\ a_1a_2x+a_1b_2y+a_1c_2=0 \end{cases}$$

$$\Rightarrow (b_1a_2-a_1b_2)y+(c_1a_2-a_1c_2)=0$$

$$\Rightarrow y=\frac{a_1c_2-c_1a_2}{b_1a_2-a_1b_2}$$

```
def solve(c1, c2):
    y = (c1[0]*c2[2] - c1[2]*c2[0]) / (c1[1]*c2[0] - c1[0]*c2[1])
    x = -(c1[2]+c1[1]*y) / c1[0]
    return (x,y)

print(solve((3,4,-2), (2,1,2)))       # 输出：(-2.0, 2.0)
```

例 3-4　输入一个三位自然数，计算并输出其百位、十位和个位上的数字。

可以使用运算符来求解各位数字，对于三位数而言并不是难事。使用运算符也有很多种求解方法，下面只是其中一种。

```
# 内置函数 input() 返回字符串，使用 int() 转换为整数，如果输入的不是整数会出错
x = int(input('请输入一个三位自然数：'))
a, b, c = x//100, x//10%10, x%10
print(a, b, c)
```

Python 内置函数 divmod() 可以同时计算整商和余数，代码可以改写如下。

```
x = int(input('请输入一个三位自然数：'))
a, b = divmod(x, 100)
b, c = divmod(b, 10)
print(a, b, c)
```

使用内置函数 map()+ 序列解包的语法可以进一步简化代码。

```
x = input('请输入一个三位自然数：')
# 使用内置函数 map() 把函数 int() 映射到字符串 x 的每个字符，将每个数字字符转换为整数
# 然后使用序列解包（sequence unpack）把 map 对象中的每个整数赋值给变量 a、b、c
a, b, c = map(int, x)
print(a, b, c)
```

如果不限位数怎么办呢？也就是求任意大整数的各位数字。这是解决一类问题的基础，

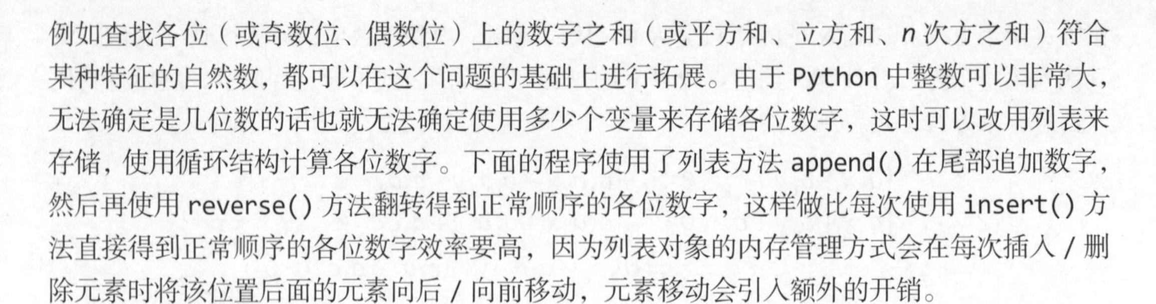

例如查找各位（或奇数位、偶数位）上的数字之和（或平方和、立方和、*n* 次方之和）符合某种特征的自然数，都可以在这个问题的基础上进行拓展。由于 Python 中整数可以非常大，无法确定是几位数的话也就无法确定使用多少个变量来存储各位数字，这时可以改用列表来存储，使用循环结构计算各位数字。下面的程序使用了列表方法 append() 在尾部追加数字，然后再使用 reverse() 方法翻转得到正常顺序的各位数字，这样做比每次使用 insert() 方法直接得到正常顺序的各位数字效率要高，因为列表对象的内存管理方式会在每次插入 / 删除元素时将该位置后面的元素向后 / 向前移动，元素移动会引入额外的开销。

```
x = int(input('请输入一个 n 位自然数：'))
digits = []
while x > 0:
    # 计算最低位数字和高位剩余部分
    x, r = divmod(x, 10)
    # 记录最低位数字
    digits.append(r)
    # 也可以使用运算符 // 和 % 改写上面两行代码
    # digits.append(x%10)
    # x = x // 10
# 翻转列表
digits.reverse()
# 序列解包语法，把列表 digits 中的元素解包为普通位置参数
print(*digits)
```

也可以使用内置函数 map()+ 序列解包的语法直接输出各位数字，如果需要存储的话可以把 map 对象转换为列表。

```
x = input('请输入一个 n 位自然数：')
# 在可迭代对象前面加一个星号表示把其中的元素都取出来作为位置参数传递给函数
print(*map(int, x))
```

下面的代码使用了序列解包语法和一点点欺骗，因为使用 print() 输出字符串时没有引号，看上去和数字没有区别，但实际数据类型是不一样的。

```
x = input('请输入一个 n 位自然数：')
print(*x)
```

例 3-5　函数接收一个任意大的自然数 *n* 作为参数，要求返回其位数。

对于这个问题，可以参考前面例题的思路把各位数字都求出来再统计个数，但如果只要求得到位数而不关心各位数字是什么的时候就没必要那么做了。根据数学知识可知，一个数字对 10 的对数加 1 取整后即为十进制数位数，同理，一个数字对 2 的对数加 1 取整后即为该数字二进制形式的位数。另外，也可以把自然数转化为字符串然后使用内置函数 len() 返回其位数，请自行编写代码实现。

```
from math import log10

def func(n):
    return int(log10(n)+1)

print(func(999999))              # 输出：6
```

例 3-6　自然常数（自然对数的底）e 在微积分和复分析相关领域中有着重要作用和广泛的科学应用，其定义为

$$\mathrm{e}=\lim_{n\to\infty}\left(1+\frac{1}{n}\right)^n$$

```
def func(n):
    r = (1+1/n) ** n
    # 保留最多 6 位小数
    return round(r, 6)

print(func(800000))              # 输出：2.71828
```

例 3-7　公元 263 年，我国数学家刘徽提出可以利用多边形逼近圆周来计算圆周率的近似值，计算时间几乎与问题规模无关，属于常数级时间复杂度，可以瞬间给出结果。

绘制给定圆周的内接正 n 边形，容易得知，n 越大，正 n 边形的周长越接近于圆的周长。在图 3-1 中，假设 O 为圆心，AB 是正 n 边形的一条边，OA 和 OB 为圆的半径，作线段 OD 垂直于 AB 并交 AB 于点 D。线段 AD 的长度为 $AD=OA\times\sin\angle AOD$，而夹角 $\angle AOD$ 是 360° 圆周平分为 $2n$ 份中的一份，多边形周长为 $L=n\times2\times AD$，如果 n 足够大，可以认为多边形周长近似等于圆的周长。同时，作为圆的周长又有 $L=2\pi\times OA$。综合上面的分析有，$L=2\pi\times OA\approx n\times2\times OA\times\sin\frac{360}{2n}$简化可得 $\pi\approx n\times\sin\frac{360}{2n}$。

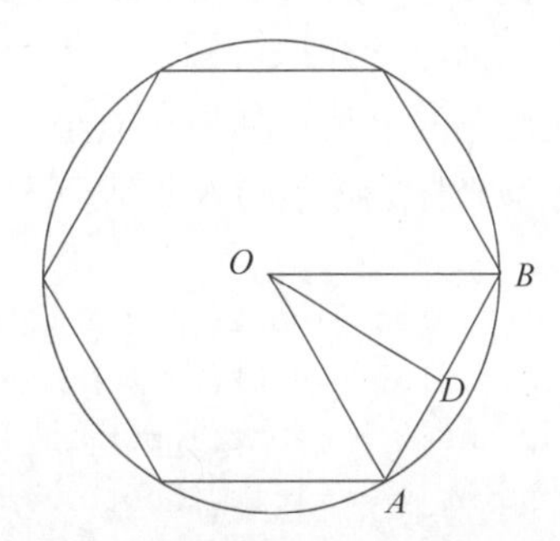

图 3-1　正 n 边形与圆周长的关系示意图

图 3-1 的彩图

```
from math import sin, radians

# 列表中数字表示正多边形的边数
for n in list(range(6,15)) + [100, 1000, 1500, 2000, 3000, 5000, 80000]:
    # radians() 用来把角度转换为弧度，sin() 用来计算弧度的正弦值
    print(sin(radians(360/2/n))*n, end=',')
```

运行结果如下，可以看到随着多边形边数的增加，圆周率越来越接近真实值。但由于浮点数精度的限制（标准库函数 sin()、radians() 的返回值均为 float 类型），当边数超过一定数量之后，这个数值就不会更加逼近圆周率的真实值了，无法计算小数点后面任意位。在使用 Python 实现该方法时还有个问题，那就是使用 radians() 函数把角度转换为弧度时实际已经使用到了圆周率。

```
    2.9999999999999996,3.037186173822907,3.0614674589207183,3.0781812899310186,3.090169943749474,3.0990581252557265,3.105828541230249,3.111103635738251,3.1152930753884016,3.141075907812829,3.141587485879563,3.141590356829061,3.1415913616617575,3.1415920793995156,3.141592446881286,3.1415926527823377,
```

例 3-8　给定任意 3 个非零整数 num、m、n 作为参数，判断 num 是否能恰好被 m 或 n 中的一个整除。如果 num 能被 m 或 n 中的一个整除则返回 True，如果 m 和 n 同时能整除或同时不能整除 num 则返回 False。

表示两个条件恰好满足其中一个的逻辑表达式可以写作 (a and not b) or (not a and b)，稍微啰嗦一点。下面的代码使用了“位异或”运算符，代码简洁了很多。

```
def func(num, m, n):
    return (num%m==0) ^ (num%n==0)
```

例 3-9　判断平面上点与直线的关系。

根据数学知识可知，对于给定的直线，把某点 x 坐标代入直线显式方程 $y=kx+b$ 计算得到对应的 y 值，如果该值小于该点的实际 y 坐标则该点位于直线上方；如果大于该点的实际 y 坐标则该点位于直线下方；如果等于该点的实际 y 坐标则该点恰好位于直线中。

```
k = float(input('请输入直线斜率:'))
b = float(input('请输入直线截距:'))
point_x = float(input('请输入点的 x 坐标:'))
point_y = float(input('请输入点的 y 坐标:'))
y = k*point_x + b
print('Result'.center(20, '='))
if point_y == y:
    print('恰好在直线中。')
elif point_y > y:
    print('在直线上方。')
else:
    print('在直线下方。')
```

例 3-10　计算点与直线、平面或超平面的位置关系。

在机器学习算法中，分类算法的目标是判断样本所属的类别，线性分类器是最简单的分类算法之一。

在二维平面中，直线把二维平面分为两部分，即直线上方和直线下方。对于平面中的任意一点 (x_0,y_0)，把坐标代入直线隐式方程 $ax+by+c=0$，如果值大于 0 则该点在直线上方，小于 0 则该点在直线下方，等于 0 表示正好在直线中。

在三维空间中，平面把三维空间分为两部分，即平面上方和平面下方。对于三维空间中任意一点 (x_0,y_0,z_0)，把坐标代入平面的隐式方程 $ax+by+cz+d=0$，如果值大于 0 则该点在平面上方，小于 0 则该点在平面下方，等于 0 表示正好在平面中。

在 n 维空间中，超平面把 n 维空间分为两部分，即超平面上方和超平面下方。对于 n 维空间中任意一点 $(x_1,x_2,x_3,\cdots,x_n)$，把坐标代入超平面隐式方程 $w_1x_1+w_2x_2+w_3x_3+\cdots+w_nx_n+b=0$，如果值大于 0 则该点在超平面上方，小于 0 则该点在超平面下方，等于 0 表示正好在超平面中。

下面程序中的函数 func() 接收元组 w、实数 b、元组 x 作为参数，其中 w 中每个数值表示二维平面中的直线、三维空间中的平面以及 n 维空间中的超平面隐式方程中变量的系数，b 表示隐式方程中的偏置项或常数项，x 中的数值表示 n 维空间中某点的坐标，元组 w 和 x 的长度相同。要求判断 x 表示的点与 w、b 共同表示的直线、平面或超平面的位置关系，根据情况返回字符串 '上'、'中' 或 '下'。代码中直接使用了扩展库 NumPy 的内积函数 dot()，读者也可以自定义内积函数，参考 12.1 节。

```
import numpy as np

def func1(w, b, x):
    v = np.dot(w, x) + b
    if v > 0:
        return '上'
    if v == 0:
        return '中'
    return '下'

def func2(w, b, x):
    # 三种位置的顺序很重要
    positions = '中上下'
    # np.sign() 函数用于获取符号，参数为 0 返回 0，参数为正数返回 1，参数为负数返回 -1
    return positions[np.sign(np.dot(w, x) + b)]

values = (((1, -2, 1, -3), 1, (1, 1, 1, 1)), ((1, -2), 6, (-1, 1)),
          ((1, -2), 6, (2, 4)), ((1, -2), 6, (1, 4)),
          ((1, -2, 1, -3, 7), -30, (1, 2, 3, 4, 5)),
          ((1, -2, 1, -3, 6), -30, (6, -2, 5, -3, 1)))
for value in values:
    print(func1(*value), func2(*value))
```

例 3-11　计算点到直线、平面或超平面的距离。

二维平面中某点 (x_0,y_0) 到直线 $ax+by+c=0$ 的距离计算公式为 $\frac{|ax_0+by_0+c|}{\sqrt{a^2+b^2}}$。三维空间中某点 (x_0,y_0,z_0) 到平面 $ax+by+cz+d=0$ 的距离计算公式为 $\frac{|ax_0+by_0+cz_0+d|}{\sqrt{a^2+b^2+c^2}}$。$n$ 维空间中某点 $(x_1,x_2,\cdots,x_n)$ 到超平面 $w_1x_1+w_2x_2+\cdots+w_nx_n+b=0$ 的距离计算公式为 $\frac{|w_1x_1+w_2x_2+\cdots+w_nx_n+b|}{\sqrt{w_1^2+w_2^2+\cdots+w_n^2}}$。

下面程序中函数 func() 的参数含义与例 3-10 相同，要求计算点 x 到由 w 和 b 共同确定的直线、平面或超平面的距离，结果保留最多 3 位小数。

```
import numpy as np

def func(w, b, x):
    return round(abs(np.dot(w, x) + b) / np.dot(w, w) ** 0.5, 3)
```

例 3-12　计算若干数字的几何平均数，即 n 个数字连乘结果的 n 次方根。

这个问题涉及两个计算：一个是 n 个数字连乘；另一个是 n 次方根。后者可以使用幂运算符“**”或者内置函数 pow() 实现，前者可以使用循环结构进行迭代计算，也可以使用内置模块 math 中的 prod() 函数实现，请自行查阅资料改写代码。下面代码使用标准库 operator 中的乘法函数 mul() 和标准库 functools 中的 reduce() 函数实现了连乘计算。

```
from operator import mul
from random import choices
from functools import reduce

data = choices(range(1,100), k=5)
result = reduce(mul,data) ** (1/len(data))
print(data, result, sep='\n')
```

例 3-13　计算若干数字的加权平均值。

加权平均是指每个数字与其权值的乘积之和再除以权值之和，算术平均值可以看作所有数字的权值都为 1 的特殊情况。下面的程序首先根据定义进行计算，然后又直接调用扩展库 NumPy 的函数 average() 实现了同样功能。

```
from operator import mul
import numpy as np

values, weights = [85, 95, 60, 80], [30, 30, 25, 15]
```

```
print(sum(map(mul, values, weights)) / sum(weights))
print(sum([i*j for i,j in zip(values, weights)]) / sum(weights))
print(np.average(values, weights=weights))
```

例 3-14　给定三角形的两边长及其夹角，求第三边长。

求解这个问题需要用到余弦定理，即

$$c=\sqrt{a^2+b^2-2ab\cos\theta}$$

```
from math import sqrt, cos, radians

x = input('输入两边长及夹角（度），使用逗号分隔：')
a, b, theta = map(float, x.split(','))
c = sqrt(a**2 + b**2 - 2*a*b*cos(radians(theta)))
print(f'{c=}')
```

例 3-15　确定任意多项式的次数和系数，假设系数为自然数。

对于以自然数为系数的多项式，只需要两步即可确定全部系数：①计算未知数 $x=1$ 时多项式的值，假设结果是 k 位数；②计算未知数 $x=10^{k+1}$ 时多项式的值，对结果从右向左每 $k+1$ 位为一组进行划分，每组的值即为多项式的系数，同时也就确定了多项式的最高次数。例如，多项式 $p=2x^3+7x^2+9x+13$，把 $x=1$ 代入多项式得到 31 为两位数。然后把 $x=10^3=1000$ 代入多项式得到 2007009013，从右向左每 3 位一组划分得到 [2, 007, 009, 013]==>[2, 7, 9, 13] 即多项式的系数。

下面的函数 func() 接收一个 NumPy 多项式，返回多项式所有系数从高次到低次组成的列表。例如，func(poly1d([1,2,3,4])) 返回 [1, 2, 3, 4]。要求不能使用 NumPy 多项式的 coef 或类似的属性。

```
from numpy import poly1d

def func(p):
    # 把 x=1 代入多项式
    r1_len = len(str(int(p(1)))) + 1
    # 把 x=10^(k+1) 代入多项式
    r2 = str(int(p(10**r1_len)))
    # 截取前面的系数，也就是最高次项系数
    first_len = len(r2) % r1_len
    first = r2[:first_len]
    # 剩余部分按 r1_len 一组进行分组，得到其他项的系数
    rest = r2[first_len:]
    rest = tuple(map(lambda i: rest[i:i+r1_len], range(0,len(rest),r1_len)))
    return [int(first), *map(int, rest)]
```

```
print(func(poly1d([1,2,3,4])))
```

3.2 物理类问题算法设计与应用

本节从中学物理课程中挑选了一些案例，都有明确的公式可以使用，非常适合用来演示解析算法。

例 3-16 有 3 个大小和材质完全相同且相距较远的金属球 A、B、C，已知 A 和 B 的电荷量，让不带电荷的金属球 C 先与 A 接触后移开，然后再与 B 接触后移开，此时 C 携带的电荷量是多少？

两个金属球接触时，电荷会发生转移，在物体之间重新分布。如果接触的两个金属球材质和体积相同，则会平均分配原有的电荷量。如果两个金属球带的电荷异号，则平均分配中和后剩余的电荷量。

```
A = float(input('金属球 A 的电荷量:'))
B = float(input('金属球 B 的电荷量:'))
# 接触 A 球，平分 A 球的电荷
C = A / 2
# 接触 B 球，平分 B 球和 C 球的电荷
C = (B+C) / 2
print('金属球 C 的电荷量:', C)
```

例 3-17 甲、乙两个导体球，甲球带有 $+4.8\times10^{-16}$C 的正电荷，乙球带有 -3.2×10^{-16}C 的负电荷，放在真空中相距 10cm 的地方，并且两个球的半径远小于 10cm。计算两球之间的静电力大小，并说明是斥力还是引力。

两个球的半径远小于二者之间的距离，可以看作点电荷，根据库仑定律 $F=k\frac{q_1q_2}{r^2}$ 进行计算，其中常数 $k=9.0\times10^9\text{N}\cdot\text{m}^2/\text{C}^2$。

```
q1, q2 = 4.8e-16, -3.2e-16
k, r = 9e9, 0.1
F = k * q1 * q2 / r / r
if F > 0:
    print('斥力: {0}N'.format(F))
else:
    print('引力: {0}N'.format(-F))
```

例 3-18 计算并联电路的电阻。

并联电路电阻的计算公式$\frac{1}{R}=\frac{1}{R_1}+\frac{1}{R_2}+\cdots+\frac{1}{R_n}$，下面的代码充分发挥了 Python 函数式编程的优势，比使用循环结构实现更加简洁。

```
lst = [50, 30, 20]
r = sum(map(lambda x:1/x, lst))
print(round(1/r, 3))            # 输出：9.677
```

例 3-19 有一个水平方向的匀强电场，场强为 9×10^3V/m。在电场内某水平面上画一个半径 10cm 的圆，在圆周上取如图 3-2 所示的 *A*、*B* 两点，*OB* 与水平向右方向的夹角为 60°，在圆心 *O* 处放置一个电荷量为 10^{-8}C 的点电荷。求 *A*、*B* 两点间的电势差。

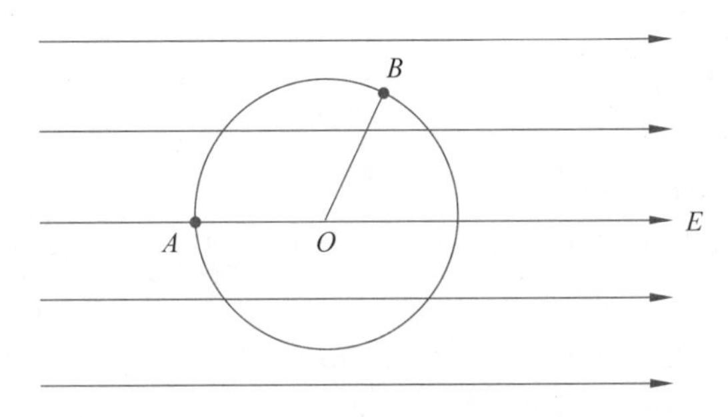

图 3-2 匀强电场中的点电荷

题目中的电场是由匀强电场和点电荷电场叠加而成的，电场中某两点间的电势差是两个电场中这两点间电势差的代数和。对于点电荷的电场，圆周上任意两点之间的电势差为 0。所以本题中 *A*、*B* 两点间的电势差完全由匀强电场决定，可以使用公式 $U_{AB}=Ed$ 计算，其中 *d* 为 *A*、*B* 两点沿电场方向的距离，即水平距离。

```
from math import cos, radians

E, r = 9e3, 0.1
d = r + r*cos(radians(60))
U = round(E*d, 3)
print(U)
```

例 3-20 燕子每年秋天都要从北方飞向南方过冬，研究燕子的科学家发现，两岁燕子的飞行速度 *v*（单位：m/s）可以表示为 $v=5\log_2\frac{Q}{10}$，其中 *Q* 表示燕子的耗氧量。编写程序，输入耗氧量，输出燕子飞行的速度。

```
from math import log2

q = float(input('请输入耗氧量：'))
```

```
v = 5 * log2(q/10)
print(v)
```

例 3-21　规格为“220V　36W”的排气扇，线圈电阻为 40Ω，编写程序求解：①接上 220V 的电压后，排气扇转化为机械能的功率和发热功率；②已接上 220V 的电压，但是扇叶被卡住转不动，此时电动机消耗的功率和发热功率。

发热功率计算公式为 $P_{热}=I^2R$，转化为机械能的功率计算公式为 $P_{机械能}=P_{电机}-P_{热}$，当电动机不转动时，可视为纯电阻。

1. 电动机转动时发热功率和转化为机械能的功率

```
P, U, R = 36, 220, 40
I = P / U
PHot = round(I*I*R, 3)
PMechanical = round(P-PHot, 3)
print('发热功率：{}W，转化为机械能的功率：{}W'.format(PHot, PMechanical))
```

2. 电动机不转动时发热功率和电动机消耗的功率

```
U, R = 220, 40
I = U / R
PHot = round(I*U, 3)
print('发热功率：{}W，电动机消耗的功率：{}W'.format(PHot, PHot))
```

例 3-22　已知滑动变阻器 R_1 的最大阻值是 200Ω，且 R_2=300Ω，A、B 两端电压 U_{AB}=8V，如图 3-3 所示。求解滑动滑片 P 时 R_2 两端可获得的电压变化范围是多少。

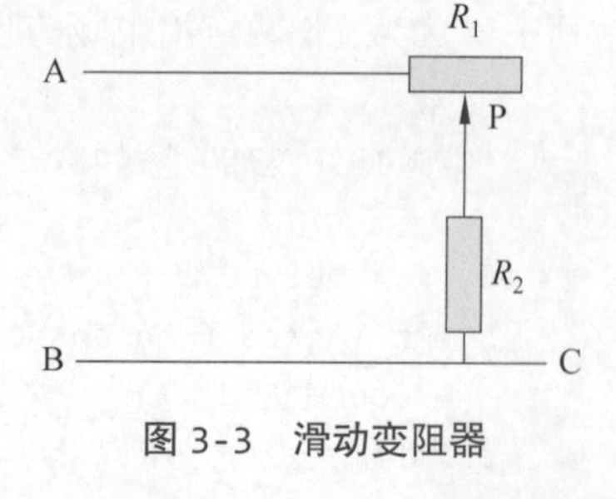

图 3-3　滑动变阻器

当滑片 P 滑动到最左端时，U_{AB} 全部分配给电阻 R_2，此时电阻 R_2 获得最大电压 8V。当滑片 P 滑动到最右端时，电阻 R_2 获得最小电压，此时电阻 R_1 和 R_2 为串联电路，R_2 获得的电压为 $\frac{R_2}{R_1+R_2}U_{AB}$。

```
R1max, R2, U = 200, 300, 8
Ur2 = round(R2 / (R1max+R2) * U, 3)
print('Min:{},Max:{}'.format(Ur2, 8))        # 输出：Min:4.8,Max:8
```

例 3-23　两金属板 P、Q 之间的电势差为 50V，板间存在方向水平向左的匀强电场，板间距离为 10cm，且 Q 板接地，如图 3-4 所示。已知两板之间的 A 点距离 P 板 4cm，求该点的电势。

首先使用公式$E=\frac{U}{d}$计算两板间的场强，然后使用公式 $U_{QA}=Ed'=E(d-0.04)$ 计算 Q、A 之间的电势差。由于 Q 板接地且电场方向向左，所以 Q 板与 A 点之间电势差的相反数即为 A 点的电势。也可以使用公式$-U\times\frac{0.1-0.04}{0.1}$直接计算。

```
U, d = 50, 0.1
E = U/d
Uqa = round(E*(d-0.04), 3)
print('A点电势为{}V'.format(-Uqa))    # 输出：A点电势为 -30.0V
```

例 3-24　如图 3-5 所示，足够长的平行光滑金属导轨水平放置，宽度 L=60cm，一端连接 R=1Ω 的电阻。导轨所在空间中存在竖直向下的匀强磁场，且磁感应强度 B=1T。导体棒 MN 放在导轨上，其长度恰好等于导轨间距，与导轨接触良好，且导轨和导体棒的电阻均可忽略不计。导体棒在平行于导轨的拉力作用下沿导轨向右匀速运动，速度 v=5m/s。求：①感应电动势 E 和感应电流 I 的大小；②若导体棒的电阻 r=2Ω，在其他条件不变的情况下，导体棒两端的电压 U。

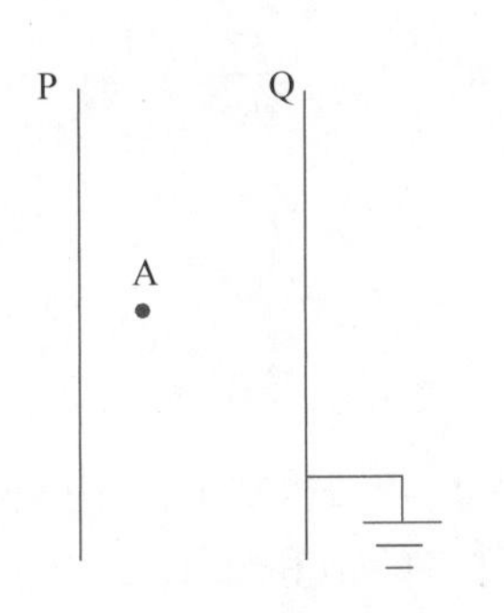

图 3-4　金属板之间的匀强电场

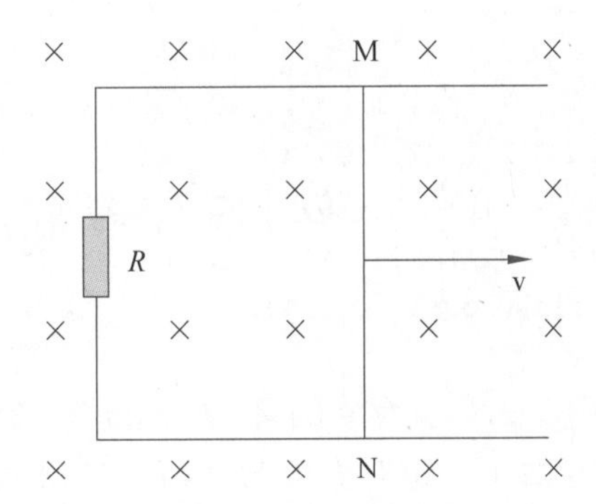

图 3-5　在匀强磁场中运动的导体棒

感应电动势可以使用法拉第电磁感应定律 $E=BLv$ 计算，感应电流计算公式为$I=\frac{E}{R}$；若不忽略导体棒的电阻，导体棒与电阻 R 构成串联电路，导体棒两端的电压计算公式为$U=E\times\frac{r}{r+R}$。

```
B, L, v, R, r = 1, 0.6, 5, 1, 2
E = B * L * v
I = round(E/R, 3)
U = round(E*r/(r+R), 3)
print('E={}V\nI={}A\nU={}V'.format(E, I, U))
```

例 3-25　一定质量的气体，27℃时的体积为 $1.0\times10^{-2}m^3$，在压强不变的情况下，温度升高 100℃，体积是多大？

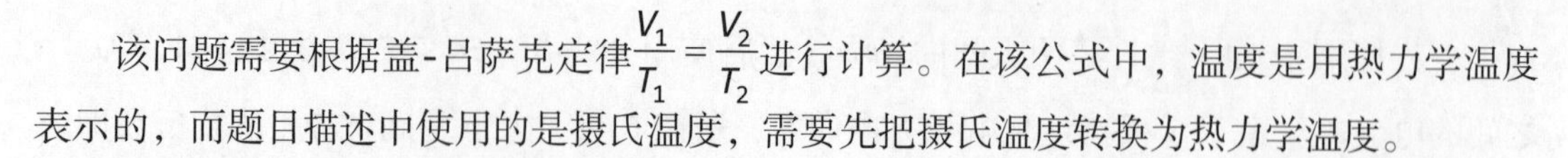

该问题需要根据盖-吕萨克定律$\frac{V_1}{T_1}=\frac{V_2}{T_2}$进行计算。在该公式中，温度是用热力学温度表示的，而题目描述中使用的是摄氏温度，需要先把摄氏温度转换为热力学温度。

```
k0 = 273
t1, v1 = 27, 1e-2
t2 = t1 + 100
v2 = (t2+k0) / (t1+k0) * v1
print('{0:.2e}'.format(v2))        # 输出：1.33e-02
```

例 3-26　某房间容积为 20m³，在温度为 7℃、大气压强为 9.8×10⁴Pa 时，室内空气质量为 25kg。当温度升高为 27℃、大气压强变为 1.0×10⁵Pa 时，室内空气的质量是多少？

首先根据理想气体状态方程 $\frac{p_1V_1}{T_1}=\frac{p_2V_2}{T_2}$ 计算状态发生改变后室内气体的新体积 V_2，如果 $V_2>V_1$ 表示有气体流出室外使得室内气体变少，如果 $V_2<V_1$ 表示有气体流入室内使得室内气体变多。然后根据公式$m_2=\frac{V_1}{V_2}m_1$计算新状态下室内气体的质量。

```
k0 = 273
t1, v1, p1, m1 = 7, 20, 9.8e4, 25
t2, p2 = 27, 1e5
v2 = p1 * (t2+k0) / p2 / (t1+k0) * v1
m2 = v1 / v2 * m1
print(round(m2, 2))             # 输出：23.81
```

例 3-27　某食堂的厨房内温度为 30℃，绝对湿度为 p_1=2.1×10³Pa，同一时间的室外温度为 19℃，绝对湿度为 p_2=1.3×10³Pa。已知 30℃时水的饱和气压为 p_3=4.2×10³Pa，19℃时水的饱和气压为 p_4=2.2×10³Pa。厨房内和厨房外哪个感觉更潮湿一些？

水蒸气距离饱和的程度越远，相对湿度越低，人会感觉越干燥。根据相对湿度计算公式$B=\frac{p_{绝对湿度}}{p_{饱和气压}}$，分别得出室内和室外的相对湿度，再进行比较，相对湿度大则感觉更潮湿一些。

```
p1, p2, p3, p4 = 2.1e3, 1.3e3, 4.2e3, 2.2e3
B1, B2 = p1/p3, p2/p4
print('室内' if B1>B2 else '室外')                      # 输出：室外
```

例 3-28　有一个 10m 高的瀑布，水流在顶端时速度为 2m/s，在瀑布底部与岩石的撞击过程中，有 10% 的动能转化为水的内能，计算水的温度上升了多少摄氏度。（已知水的比热容为 4.2×10³ J/(kg · ℃)，重力加速度近似为 g=10m/s²）

由机械能守恒定律可知，水流到达瀑布底部时动能为$E_K=\frac{1}{2}mv^2+mgh$，水吸收的热量 Q 与温度变化 Δt 满足关系 $Q=cm\Delta t$，由此得出$\Delta t=\left(\frac{1}{2}v^2+gh\right)\times 0.1\div c$。

```
v, g, h, c = 2, 10, 10, 4.2e3
dt = (0.5*v*v+g*h) * 0.1 / c
print('{:.3e}'.format(dt))          # 输出：2.429e-03
```

3.3 其他类问题算法设计与应用

例 3-29 计算任意两个日期之间相差多少天。

如果使用传统方式来解决这个问题的话，要考虑两个日期是否跨月、跨年，还要考虑闰年、平年的 2 月天数不一样，这样写出来的程序会是一个庞大的嵌套选择结构。我们既然已经选择使用 Python 语言，那么就要充分发挥 Python 语言的优势，充分利用它提供的高级数据结构和对象，例如使用标准库 datetime 来解决这个问题。

```
from datetime import date

def func(year1, month1, day1, year2, month2, day2):
    diff = date(year1, month1, day1) - date(year2, month2, day2)
    return abs(diff.days)

print(func(2025, 3, 23, 2023, 10, 24))
```

例 3-30 检查今天是今年的第几天。

例 3-30

```
import time

# 获取今天的年月日
year, month, day = time.localtime()[:3]
# 一年 12 个月，每个月的天数，2 月暂定 28 天
day_month = [31, 28, 31, 30, 31, 30, 31, 31, 30, 31, 30, 31]
# 闰年 2 月有 29 天，也可以直接使用标准库 calendar 的函数 isleap() 判断是否为闰年
if year%400==0 or (year%4==0 and year%100!=0):
    day_month[1] = 29
if month == 1:
    # 1 月的第几天就是今年的第几天
    print(day)
else:
    # 前面已经过完的完整的月份天数之和，再加上本月第几天
    print(sum(day_month[:month-1])+day)
```

也可以直接使用下面的方法直接获取今天是今年的第几天，或者指定日期是当年的

第几天。其中，localtime() 返回的具名元组 struct_time 中还包含了 tm_mday、tm_wday 等成员，标准库 time 和 datetime 还提供了更多对象和功能，请自行查阅资料学习。

```
import time
import datetime


print(time.localtime().tm_yday)
print(datetime.date.today().timetuple().tm_yday)
print(datetime.date(2025, 10, 26).timetuple().tm_yday)
```

例 3-31　墙上灯的开关状态。

假设墙上有一排共 *N* 个灯，分别从 1 到 *N* 编号，每个灯都有独立开关，一开始所有灯都是关闭的。然后执行下面的操作：切换（开变关、关变开）所有编号为 1 的倍数的开关，然后切换所有编号为 2 的倍数的开关，……，最后切换所有编号为 *N* 的倍数的开关。假设 *N* 足够大，要求确定第 *n*（*n*<*N*）个灯的状态，使用 True 表示开，False 表示关。

对于这个问题，如果使用传统方法求解的话，可以考虑使用列表表示灯的状态，初始状态时列表中所有元素都是 False，然后按照题目中描述的操作方式不停地切换灯的开关状态，最后根据指定编号去查询列表即可。

```
def func1(n):
    lights = [False] * n
    for i in range(1, n+1):
        lights = [not status if index%i==0 else status
                  for index, status in enumerate(lights, start=1)]
    return lights[n-1]
```

上面代码虽然简洁，但存在大量不必要的求余数计算，并且每次都要遍历每个灯的状态，效率较低。下面的代码把列表推导式改写为循环结构，利用倍数关系减少了内循环次数，同时减少了求余数运算。

```
def func2(n):
    # 第一个下标不使用，后面多放 1 个灯，使得 N>n
    N = n + 2
    lights = [False] * N
    for p in range(1, N):
        q = p
        # 切换编号为 p 的倍数的灯的开关状态
        while q < N:
            lights[q] = not lights[q]
            # 利用加法运算实现倍数关系
            q = q + p
    return lights[n]
```

根据数学知识可知，一个自然数的因数总是成对出现的，除了平方根之外。这样的话，如果 n 为平方数，那么它的因数只有奇数个，所以编号为 n 的灯是开的。如果 n 不是平方数，它必然有偶数个因数，开关状态必然被切换偶数次回到初始的关闭状态。

```
def func3(n):
    # 个位数为 2、3、7、8 的不是平方数，不可能有整数平方根，减少不必要的计算
    if n%10 in (2,3,7,8):
        return False
    return int(n**0.5)**2 == n
```

下面我们来稍微增加一下问题难度，要求返回完成 n 次上面的开关切换操作后第 m 个灯的状态，假设灯的数量足够多，且 n 和 m 的大小关系是任意的。

根据前面的分析，第 m 个灯的状态切换次数等于 $[1,n]$ 区间中 m 的因数数量，如果在这个范围中有偶数个因数则切换偶数次最终回到关闭状态，否则为打开的状态。

```
def func4(n, m):
    num = len(tuple(filter(lambda i:m%i==0, range(1,min(m,n)+1)))) % 2
    return bool(num)
```

例 3-32　阿凡提与国王比赛下棋，国王说如果自己输了的话阿凡提想要什么都可以。阿凡提说那就要点米吧，棋盘一共 64 个小格子，在第一个格子里放 1 粒米，第二个格子里放 2 粒米，第三个格子里放 4 粒米，第四个格子里放 8 粒米，以此类推，后面每个格子里的米都是前一个格子里的 2 倍，一直把 64 个格子都放满。一共需要多少粒米？

使用 $h(n)$ 表示第 n 个小格子里的米数，有

$$\begin{cases} h(1)=1=2^0 \\ h(n)=2\times h(n-1)=2^{n-1} \end{cases}$$

使用 $s(n)$ 表示前 n 个小格子里的米数之和，有

$$\begin{cases} s(1)=1=2^0 \\ s(2)=2^0+2^1=2^2-1 \\ s(3)=2^0+2^1+2^2=2^3-1 \\ \quad\vdots \\ s(n)=2^0+2^1+2^2+\cdots+2^{n-1}=2^n-1 \end{cases}$$

根据公式可以直接计算 64 个小格子需要的总米数。

```
print(2**64 - 1)
```

例 3-33　一个有 m 行 n 列的矩形网格，小明从左下角出发，每一步只能向右或向上

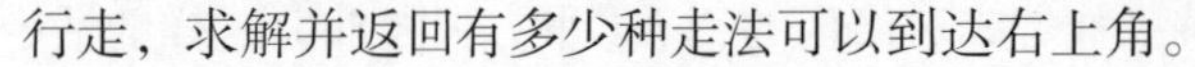

行走，求解并返回有多少种走法可以到达右上角。

从左下角到右上角一共需要走 $m+n$ 步，其中有 m 步是向上的，n 步是向右的，所以走法的数量为组合数 C_{m+n}^{m} 或 C_{m+n}^{n}。利用 Python 内置模块 math 中的组合数函数 comb() 直接求解即可。

```
from math import comb

def func(m, n):
    return comb(m+n, n)
```

例 3-34　判断回文，也就是正读反读都一样的字符串。

求解该问题有很多种方法，例如枚举法、分治法、递归法等。下面的代码利用 Python 语言的切片语法直接根据定义进行判断，其他实现方法请参考本书其他章节的案例。

```
def is_palindrome2(text):
    return text == text[::-1]
```

例 3-35　百分制成绩转换为字母等级制成绩。区间 [90,100] 的分数对应字母 A，区间 [80,90) 的分数对应字母 B，区间 [70,80) 的分数对应字母 C，区间 [60,70) 的分数对应 D，区间 [0,60) 的分数对应字母 F。

```
def convert1(score):
    # 语句块中只有一条语句时可以不换行缩进，但不建议这样写，这里是为了节约篇幅
    if score > 100 or score < 0: return '无效成绩。'
    elif score >= 90: return 'A'
    elif score >= 80: return 'B'
    elif score >= 70: return 'C'
    elif score >= 60: return 'D'
    else: return 'F'
```

下面代码使用了一点技巧来简化代码。

```
def convert2(score):
    # 第一个 A 是为 [90,100) 区间的分数服务的，第二个 A 是专门为 100 分服务的
    degree = 'DCBAAF'
    if score > 100 or score < 0:
        return '无效成绩。'
    else:
        index = int((score-60) // 10)
        if index >= 0:
```

```
            return degree[index]
        else:
            return degree[-1]
```

在实际应用时上面的两种代码就足够了，下面的代码主要为了演示 Python 3.10 新增的软关键字 match、case 组合构成多分支选择结构的用法。软关键字只在特殊场合中有特殊含义，普通场合可以用作变量名，而关键字在任何场合都不能用作变量名。另外，Python 3.10 开始才有了真正意义上的多分支选择结构，之前的版本中不存在这个叫法。

```
def convert3(score):
    match score:
        case s if 90<=s<=100: return 'A'
        case s if 80<=s<90: return 'B'
        case s if 70<=s<80: return 'C'
        case s if 60<=s<70: return 'D'
        case s if 0<=s<60: return 'F'
        case _: return '无效成绩。'

score = float(input('请输入一个成绩:'))
print(convert1(score), convert2(score), convert3(score), sep=' ')
```

例 3-36　山东省新高考选考科目卷面原始成绩与等级成绩的转换。

山东省新高考政策中，考生必考科目有语文、数学、英语，然后在物理、化学、生物、地理、历史、思想政治这 6 科中任选 3 个科目，自主选择的 3 个科目按等级赋分后计入高考总成绩并按总分降序排列得到升序位次，按照位次数字从小到大（即总分从高到低）依次进行投档和录取。把每个科目的卷面原始成绩参照正态分布原则划分为 8 个等级，确定每个考生成绩所处的比例和等级，然后把原始成绩转换为对应的等级成绩。考生原始成绩所处的位次越靠前，计算得到的等级成绩越高。原始成绩的等级划分与等级成绩的对应关系如下：

A 等级（占比 3%）==>[91,100]；

B+ 等级（占比 7%）==>[81,90]；

B 等级（占比 16%）==>[71,80]；

C+ 等级（占比 24%）==>[61,70]；

C 等级（占比 24%）==>[51,60]；

D+ 等级（占比 16%）==>[41,50]；

D 等级（占比 7%）==>[31,40]；

E 等级（占比 3%）==>[21,30]。

例如，小明选了化学，卷面原始成绩为 77 分，全省选考化学成绩从高到低排序后，小明的分数落在 B+ 等级这个区间，这个区间内的考生实际最高分和最低分分别为 79 分

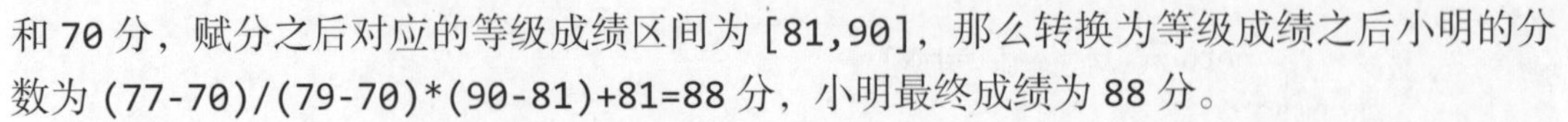

和 70 分，赋分之后对应的等级成绩区间为 [81,90]，那么转换为等级成绩之后小明的分数为 (77-70)/(79-70)*(90-81)+81=88 分，小明最终成绩为 88 分。

函数 convert_score() 接收参数 score、grade、high、low 分别表示考生卷面原始分数、所处等级、该等级卷面原始分数的最高分和最低分，要求计算并返回考生的等级成绩，结果保留最多 3 位小数。例如，main(77, 'B+', 79, 70) 返回 88.0。

```
grades = {'A': (91,100), 'B+': (81,90), 'B': (71,80), 'C+': (61,70),
          'C': (51,60), 'D+': (41,50), 'D': (31,40), 'E': (21,30)}

def convert_score(score, grade, high, low):
    ratio = (score-low) / (high-low)
    low_new, high_new = grades[grade]
    result = ratio * (high_new - low_new) + low_new
    return round(result, 3)

print(convert_score(77, 'B+', 79, 70))        # 输出：88.0
print(convert_score(77, 'B', 78, 70))         # 输出：78.875
print(convert_score(73, 'C', 74, 70))         # 输出：57.75
```

例 3-37　编写程序，首先模拟山东省 2023 年高考招生各志愿的计划人数和选科要求，然后模拟考生位次、选科情况以及填报的志愿，最后模拟投档和录取过程。

每个志愿（学校 + 专业或专业类）都有计划人数和选考科目要求，每个考生可以填报 96 个志愿，当投档进行到某个考生时按照其填报的志愿顺序进行检查，如果该志愿尚未录满并且符合选科要求则录取，否则检查考生填报的下一个志愿，如果考生填报的所有志愿都无法录取则滑档。如果某个志愿没有录取到预期人数，则需要继续征集志愿。代码以 2023 年规则为例，自 2024 年开始对选考科目进行了更多约束（例如化学与物理绑定），各省的赋分与投档规则也略有不同，请自行根据情况修改代码。

代码一：模拟生成各志愿的计划人数与选科要求。

```
from random import randint, sample, choice

# 所有选考科目
courses = ('物理', '化学', '生物', '历史', '地理', '思想政治')
# 选考科目之间的关系，| 表示“或”，+ 表示“和”
relations = '|+'
# 计划人数之和
total = 0
with open('各志愿计划人数与选科要求.csv', 'w', encoding='utf8') as fp:
    fp.write('志愿名称,计划人数,选科要求\n')
    # 假设有 1000 个志愿
```

```
    for i in range(1, 1001):
        # 每个志愿至少招生 1 人，至多招生 20 人
        rnd = randint(1, 20)
        total = total + rnd
        line = f'志愿{i},{rnd},'
        # 当前志愿的选考科目要求
        my_choices = sample(courses, randint(0,3))
        if not my_choices:
            line = line + '不限'
        else:
            # 随机生成选考科目之间的关系
            line = line + choice(relations).join(my_choices)
        fp.write(line+'\n')
print(total)
```

代码二：模拟考生位次、选科以及志愿填报情况。

```
from json import dump
from random import randint, sample, shuffle

# 所有选考科目
courses = ('物理', '化学', '生物', '历史', '地理', '思想政治')
# 存放考生志愿填报数据
# 格式为 {'考生 1':( 位次 , '选科情况','志愿 1', '志愿 2', ..., '志愿 96')}
data = {}
# 假设有 10000 个考生，每个考生可以报 96 个志愿，共有 1000 个志愿可以选择
N, M, total = 10000, 96, 1000
# 生成考生位次
positions = list(range(1, N+1))
shuffle(positions)

for i in range(1, N+1):
    # 当前考生的选考科目
    my_choices = '+'.join(sample(courses, 3))
    # 当前考生填报的 M 个平行志愿，每个志愿不一样
    zhiyuan = tuple(f'志愿{i}' for i in sample(range(1,total+1),M))
    data[f'考生{i}'] = (positions.pop(), my_choices,) + zhiyuan

with open('考生位次选科与志愿填报.json', 'w', encoding='utf8') as fp:
    # 写入文件，保存
    dump(data, fp, ensure_ascii=False, indent='    ')
```

代码三：模拟投档与录取过程。

```
from json import load

def main(zhiyuan_fn, kaosheng_fn):
    failure = 0
    # 读取志愿信息
    zhiyuan_result = {}
    with open(zhiyuan_fn, encoding='utf8') as fp:
        # 跳过第一行的表头
        fp.readline()
        for line in fp:
            key, num, course = line.split(',')
            # 计划人数，选科要求，拟录取学生名单，设置每个志愿的初始状态
            zhiyuan_result[key] = (int(num), course.strip(), [])

    # 读取学生位次、选科情况以及志愿填报信息
    # 格式为：{'考生 1':( 位次 , '选科情况','志愿 1', '志愿 2', ..., '志愿 96), ...}
    with open(kaosheng_fn, encoding='utf8') as fp:
        data = load(fp)
    # 按位次升序排序
    # 格式为：[('考生 1',( 位次 ,'选科情况','志愿 1', '志愿 2', ..., '志愿 96)),...]
    data = sorted(data.items(), key=lambda item:item[1][0])

    # 开始投档
    for kaosheng, (weici, xuanke, *tianbaozhiyuan) in data:
        xuanke = set(xuanke.split('+'))
        # 按顺序遍历该考生填报的志愿名称
        for zhy in tianbaozhiyuan:
            # 获取该志愿的计划人数、选科要求、已录取考生名单
            renshu, xuanke_yaoqiu, mingdan = zhiyuan_result[zhy]
            if renshu == len(mingdan):
                # 该志愿已录满，检查下一个志愿
                continue
            else:
                # 选科要求可能的形式有：不限、物理、物理 + 化学、
                # 物理 + 化学 + 生物、物理 | 化学、物理 | 化学 | 生物
                condition = ((xuanke_yaoqiu == '不限') or
                             (xuanke_yaoqiu in xuanke) or
                             ('+' in xuanke_yaoqiu and
                               set(xuanke_yaoqiu.split('+')) <= xuanke) or
                             ('|' in xuanke_yaoqiu and
```

```
                                set(xuanke_yaoqiu.split('|')) & xuanke))
                if condition:
                    zhiyuan_result[zhy][2].append(kaosheng)
                    print(f'{kaosheng} 被 {zhy} 录取。')
                    break
        else:
            # 填报的所有志愿都没有录取
            failure += 1
            print(f'{kaosheng} 录取失败。')
    func = lambda key:zhiyuan_result[key][0]>len(zhiyuan_result[key][2])
    zhengjizhiyuan = tuple(filter(func, zhiyuan_result.keys()))
    # 返回录取失败的考生人数和需要征集志愿（即没招满）的志愿数量
    return (failure, len(zhengjizhiyuan))

print(main('各志愿计划人数与选科要求 .csv', '考生位次选科与志愿填报 .json'))
```

习　题

一、判断题

1. 所有问题都能找到解析算法快速求解。（　　）

2. 表达式 `sum(map(int,str(1234)))` 的值为 10。（　　）

3. 表达式 `list(map(int,str(1234)))` 的值为 [1, 2, 3, 4]。（　　）

4. 表达式 `len(str(1234))` 的值为 4。（　　）

5. 假设已执行语句 `from math import log10` 导入 `log10()` 函数，那么表达式 `int(log10(1234)+1)` 的值为 4。（　　）

6. 在例 3-7 描述的算法中，多边形边数超过一定数量之后，计算结果不会无限接近圆周率真实值。（　　）

7. 把点 P(x,y) 的坐标代入某直线方程 $y=kx-b$，如果值为 0 则表示该直线恰好经过点 P。（　　）

8. Python 标准库 math 中的 `sin()`、`cos()` 函数要求参数的单位为弧度。（　　）

9. 平方数的因数有奇数个，非平方数的因数有偶数个。（　　）

10. 表达式 `int("1"*100,2)` 与 `2**100-1` 的值相等，但后者计算速度更快。（　　）

11. 假设已执行语句 `from itertools import combinations, combinations_with_replacement` 导入对象，那么表达式 `len(tuple(combinations('12345', 3)))` 的值一定小于表达式 `len(tuple(combinations_with_replacement('12345', 3)))` 的值。（　　）

二、编程题

1. 编写程序，判断二维平面上一个点与圆周的位置关系。

2. 编写程序，计算边长分别为 a、b、c 的三角形面积，如果三个边长无法构成三角形则输出 None。

3. 编写程序，给定包含若干整数的列表，查找其中相加之和恰好等于给定值的两个数，如果有多个就全部返回并按其在原列表中出现的先后顺序排列。要求使用两层循环结构。

4. 重做上一题，要求改用 Python 标准库 itertools 中的组合函数 combinations()，减少一层循环结构。

5. 编写程序，给定若干 4- 元组，每个元组中的 4 个数字分别表示一个图像放置在二维平面上以后的左、下、右、上坐标，也就是图像左下角和右上角的坐标，这些图像之间可能会有重叠。要求统计并返回这些图像放置到平面上以后一共多少个像素，重叠部分的像素只统计一次。

第 4 章　递推与迭代算法

递推算法适合从一个初始值开始，根据小规模问题的解逐步推导大规模问题的解，当规模达到要求时停止推导。在使用递推法解决问题时，设计递推公式和选择初始值是关键所在。很多问题既可以使用递推算法求解，也可以使用递归算法（见第 5 章）求解，并且使用的公式也往往是一样的。二者的区别在于方向不同，递推是从下向上计算，递归是从上向下设计。递推算法没有函数调用和返回的开销，效率比递归算法更高一些。

迭代算法（也称辗转法）也是从一个初始值开始，根据迭代公式计算新值，然后把新值代入迭代公式计算更新的值，重复这个过程，直到迭代次数或数值精度满足给定的条件。

从代码结构上讲，递推算法、迭代算法和枚举算法都使用循环结构来实现，把大量的重复操作交给不知疲倦的计算机去做。区别在于枚举算法每个步骤是相对独立的，递推算法和迭代算法每个步骤往往是关联的，不断地根据已知的值推算下一个值，计算结果越来越逼近某个预期，很多时候并不严格区分递推算法和迭代算法这两个概念。

4.1　数学类问题算法设计与应用

例 4-1　计算表达式 1+2+…+*n* 的值。

下面代码忠实地按照表达式定义进行计算。

```
r, n = 0, 100
for i in range(1, n+1):
    r = r + i
print(r)
```

下面代码使用了内置函数 range() 和 sum()，速度提高数十倍。

```
print(sum(range(1,n+1)))
```

下面代码使用了等差数列前 *n* 项求和公式，没有使用循环结构（内置函数 sum() 实际上也使用了循环结构，只不过封装在了底层），速度又提高了上百倍，表达式越长速度提升越明显。

```
print((1+n)*n//2)
```

例 4-2　计算表达式$\frac{1}{1\times2}+\frac{1}{2\times3}+\frac{1}{3\times4}+\cdots+\frac{1}{99\times100}$的值。

该式可以化简为$\left(\frac{1}{1}-\frac{1}{2}\right)+\left(\frac{1}{2}-\frac{1}{3}\right)+\left(\frac{1}{3}-\frac{1}{4}\right)+\cdots+\left(\frac{1}{99}-\frac{1}{100}\right)=1-\frac{1}{100}=0.99$，但在这里我们并没有进行化简，而是使用循环结构进行迭代计算。由于在计算过程中有些中间数无法整除，并且计算机无法存储和表示任意精度的实数，所以结果会有些误差，可以借助于标准库 decimal 来缓解这个问题。

```
result = 0
for i in range(1, 101):
    result = result + 1/(i*(i+1))
print(result)
```

例 4-3　使用秦九韶算法快速计算多项式的值。

秦九韶算法是一种高效计算多项式值的算法，其核心思想是通过改写多项式和充分利用相邻两项之间的关系来减少计算量。例如，多项式 $f(x)=3x^5+8x^4+5x^3+9x^2+7x+1$ 直接逐项计算需要 15 次乘法和 5 次加法，改写成 $f(x)=((((3x+8)x+5)x+9)x+7)x+1$ 之后只需要 5 次乘法和 5 次加法。

下面代码中的函数接收一个元组，其中的元素分别表示多项式从高阶到低阶各项的系数，缺少的项用系数 0 表示，然后使用秦九韶算法计算多项式的值并返回。

例 4-3

```
from functools import reduce

def func1(factors, x):
    result = factors[0]
    for factor in factors[1:]:
        result = result*x + factor
    return result

def func2(factors, x):
    return reduce(lambda a, b: a*x+b, factors)

print(func1((3,0,0,0,1), 2), func2((3,0,0,0,1), 2))
```

例 4-4　根据莱布尼茨公式计算圆周率近似值。

近似算法是很重要的一种算法思想，在很多领域有着广泛的应用，本书中也有不少例题采用了这一思想。圆周率的近似值有很多种不同的递推公式，德国数学家戈特弗里德·威廉·莱布尼茨（Gottfried Wilhelm Leibniz）提出的公式是其中一种，即

$$\frac{\pi}{4}=\frac{1}{1}-\frac{1}{3}+\frac{1}{5}-\frac{1}{7}+\frac{1}{9}-\cdots$$

这个公式由英国天文学家詹姆斯·格雷果里（James Gregory）在1671年提出的反正切函数幂级数展开式变形而来，即

$$\arctan x=x-\frac{x^3}{3}+\frac{x^5}{5}-\frac{x^7}{7}+\cdots，其中|x|\leqslant 1$$

已知 $\tan\frac{\pi}{4}=1$，也就是 $\frac{\pi}{4}=\arctan 1$，把 x=1 代入上面的格雷果里级数即得计算圆周率近似值的莱布尼茨公式。

Python内置实数类型float的精度有限，不能表示太多小数位数。为了弥补这一遗憾，可以使用标准库decimal。另外，上面的公式只是计算近似值，等号右边的式子越长，也就是下面代码中的 *n* 越大越接近真实值。要特别注意的是，虽然代码设置了小数位数，但实际上只有前几位是准确的，*n* 越大精确的位数越多。

```
from decimal import Decimal, getcontext

def estimatePI(n):
    # 设置精度，其实是除小数点之外所有数字的个数
    # 这里虽然设置了小数位数，但并不是每位都是精确的，这是算法本身决定的
    getcontext().prec = n
    # 应使用整数或整数字符串来创建Decimal对象，不能使用float类型数据创建
    pi, sign = Decimal(0), Decimal(1)
    for i in range(1, n*2, 2):
        pi = pi + sign/Decimal(i)
        sign = -sign
    return pi * Decimal(4)
```

例4-5　使用梅钦公式计算圆周率的值。

莱布尼茨公式的收敛速度非常慢，即使 *n* 非常大，也很难精确计算太多小数位。很多学者都提出过改进算法，我国清朝数学家曾纪鸿（曾国藩次子）也对此做出过不小的贡献。1706年英国天文学家约翰·梅钦（John Machin）提出了一个非常巧妙的公式可以精确且快速计算圆周率的任意小数位，即

$$\frac{\pi}{4}=4\arctan\left(\frac{1}{5}\right)-\arctan\left(\frac{1}{239}\right)$$

将其使用格雷果里幂级数展开，得

$$\frac{\pi}{4}=4\times\left(\frac{1}{1\times5^1}-\frac{1}{3\times5^3}+\frac{1}{5\times5^5}-\frac{1}{7\times5^7}+\cdots\right)-\left(\frac{1}{1\times239^1}-\frac{1}{3\times239^3}+\frac{1}{5\times239^5}-\frac{1}{7\times239^7}+\cdots\right)$$

```
from decimal import Decimal, getcontext

def estimatePI(n):
    # 多保留一些小数位，获取更大的精度
    getcontext().prec = n + 10
    x1, x2 = Decimal(4)/Decimal(5), Decimal(1)/Decimal(-239)
    result = x1 + x2
    for i in range(3, n*2, 2):
        # 25 为 5 的平方，57121 为 239 的平方
        x1, x2 = x1 / Decimal(-25), x2 / Decimal(-57121)
        result = result + (x1+x2)/i
    result = result * Decimal(4)
    return str(result)[:n+2]
```

下面代码把算法改写为整数运算，更容易控制精度，这也是改进和优化算法时一个很重要的思路（该思路的其他应用见第 4 章的斐波那契数列第 *n* 项计算方法和第 17 章的 Bresenham 直线生成算法）。

```
from sys import set_int_max_str_digits

# 设置整数转换为字符串时的最大长度，突破默认的 4300 位限制
set_int_max_str_digits(999999)
def estimatePI(n):
    # 多计算 10 位，后面再去掉，最终仍保留前 n 位，防止尾数取舍时影响结果精度
    b = 10 ** (n + 10)
    x1, x2 = b*4//5, b//-239
    s = x1 + x2
    for i in range(3, 2*n, 2):
        x1, x2 = x1//-25, x2//-57121
        s = s + (x1+x2) // i
    # 把最后多算的 10 位数去掉
    pi = str(s*4 // 10**10)
    return f'{pi[0]}.{pi[1:]}'

# 计算小数点后面 5 万位
print(estimatePI(50000))
```

还有很多类似的公式可以用来计算圆周率的值，下面是常见的几个，请自行编写代码实现。这些公式每个都有名字，请自行查阅资料。

$$\frac{2}{\pi}=\sqrt{\frac{1}{2}}\times\sqrt{\frac{1}{2}+\frac{1}{2}\sqrt{\frac{1}{2}}}\times\sqrt{\frac{1}{2}+\frac{1}{2}\sqrt{\frac{1}{2}+\frac{1}{2}\sqrt{\frac{1}{2}}}}\times\cdots$$

$$\frac{\pi}{2}=\frac{2}{1}\times\frac{2}{3}\times\frac{4}{3}\times\frac{4}{5}\times\frac{6}{5}\times\frac{6}{7}\times\frac{8}{7}\times\frac{8}{9}\times\cdots$$

$$\pi=\cfrac{4}{1+\cfrac{1^2}{2+\cfrac{3^2}{2+\cfrac{5^2}{2+\cfrac{7^2}{2+\cdots}}}}}$$

$$\frac{\pi^2}{6}=1+\frac{1}{2^2}+\frac{1}{3^2}+\frac{1}{4^2}+\frac{1}{5^2}+\cdots$$

$$\frac{\pi^3}{32}=1-\frac{1}{3^3}+\frac{1}{5^3}-\frac{1}{7^3}+\frac{1}{9^3}-\frac{1}{11^3}+\cdots$$

$$\frac{\pi^4}{90}=1+\frac{1}{2^4}+\frac{1}{3^4}+\frac{1}{4^4}+\frac{1}{5^4}+\frac{1}{6^4}+\cdots$$

$$\frac{1}{\pi}=\frac{2\sqrt{2}}{9801}\sum_{n=0}^{\infty}\left(\frac{(4n)!}{(n!)^4}\times\frac{1103+26390n}{(4\times99)^{4n}}\right)$$

$$\pi=\sum_{n=0}^{\infty}\left[\left(\frac{4}{8n+1}-\frac{2}{8n+4}-\frac{1}{8n+5}-\frac{1}{8n+6}\right)\left(\frac{1}{16}\right)^n\right]$$

例 4-6　实现伪随机数生成算法。

实际上我们不能生成真正的随机数，标准库 random 中的函数也是根据公式生成伪随机数，只要我们猜对了种子数和伪随机数计算公式，就可以“预知”接下来会获得的所有数字。标准库 secrets 提供了生成安全随机数的对象，但也不是严格意义上的随机。

伪随机数生成算法有很多种方法，其中一个是这样的：r_new = (a*r_old + b) % (end-start) + start,然后设置r_old = r_new,再代入上面的公式生成下一个随机数。一般要求用户精心选择种子数 r_old 以及 a 和 b，如果 a 和 b 选择的不好，可能会影响数字的随机性，有可能只在有限的几个数之间切换甚至会产生不动点（某个数字代入公式

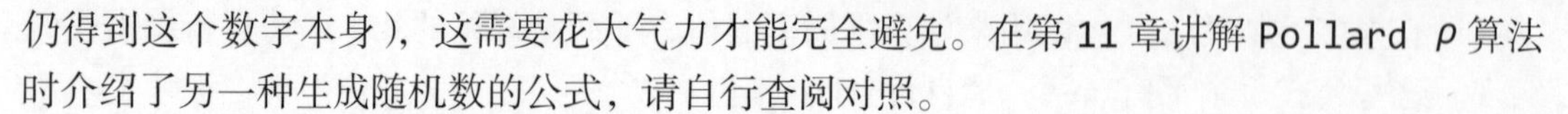

仍得到这个数字本身），这需要花大气力才能完全避免。在第 11 章讲解 Pollard ρ 算法时介绍了另一种生成随机数的公式，请自行查阅对照。

在下面的程序中，定义了一个普通函数和一个生成器函数。其中函数 randint() 用来直接生成指定范围里的一个随机整数，函数 randint_generator() 用来创建一个生成器对象，然后可以使用内置函数 next() 获取一个随机整数，也可以使用 for 循环直接遍历生成器对象来获取随机整数。

```
from time import time_ns

def randint(start, end, seed=None):
    # a 和 b 的不同选择会改变随机数的生成规律
    a, b = 32310901, 1729
    # 最后加 1 是为了生成 [start,end] 闭区间的数字，包括 end
    r_old, m = seed, end-start+1
    if r_old is None:
        # 如果没有设置种子数，就使用当前时间戳
        r_old = time_ns()
    return (a*r_old + b) % m + start

def randint_generator(start, end, seed=None):
    a, b = 32310901, 1729
    r_old, m = seed, end-start+1
    if r_old is None:
        r_old = time_ns()
    while True:
        r_new = (a*r_old + b) % m + start
        # 包含 yield 语句的函数为生成器函数
        yield r_new
        r_old = r_new

print(randint(3, 5))
# 创建生成器对象
rnd = randint_generator(3, 101)
for _ in range(5):
    # 使用内置函数 next() 获取生成器对象生成的下一个数
    print(next(rnd))
rnd = randint_generator(3, 101)
for i in rnd:
    print(i)
    if i == 35:
        break
```

例 4-7　计算自然数阶乘。

阶乘是基斯顿卡曼（Christian Kramp）于 1808 年发明的运算符号，其定义为 $n!=1\times2\times3\times\cdots\times(n-1)\times n=(n-1)!\times n$，根据定义不难写出下面的代码。

```
def fac(n):
    result = 1
    for i in range(1, n+1):
        result = result * i
    return result

print(fac(64))
```

作为 Python 编程技巧，可以把上面的函数体替换为

```
return eval('*'.join(map(str, range(1, n+1))))
```

或者使用内置模块 math 的函数 prod() 来计算阶乘。

```
math.prod(range(1, n+1))
```

当然，既然已经用到了内置模块 math，在解决实际问题时如果其中一步只是孤立地计算阶乘，更建议直接使用函数 factorial 来计算。

```
math.factorial(n)
```

例 4-8

例 4-8　计算前 n 个自然数的阶乘之和，即表达式 $1!+2!+\cdots+n!$ 的值。

对于这样非常规则的表达式，逐项计算并求和绝对不是一个好主意。充分利用相邻两项之间的关系（前一项乘以一个数得到下一项）来减少不必要的计算，是优化算法的重要思路，这个思路在本书很多例题中有所体现。函数 func2() 中循环体的代码一般会写成两行分别计算和更新遍历 each 和 result 的值，这里只是为了演示 Python 3.8 开始提供的赋值运算符“:=”以及赋值表达式的用法，并不是为了提高执行速度。后面两个函数中主要用来展示一些 Python 编程技巧，用到的算法思路和 func2() 没有区别。

```
from timeit import timeit
from math import factorial
from functools import reduce

def func1(n):
    # 每一项单独计算再求和
    return sum(map(factorial, range(1, n+1)))
```

```
def func2(n):
    # 充分利用相邻两项之间的关系
    result, each = 0, 1
    for i in range(1, n+1):
        result = result + (each := each * i)
    return result

def func3(n):
    each = 1
    def nested(a, b):
        # nonlocal 关键字用来声明要用外层函数中定义的变量
        nonlocal each
        each = each * b
        return a + each
    return reduce(nested, range(1,n+1))

def func4(n):
    return sum(reduce(lambda a, b: (a[0]+a[1],b*a[1]), range(1, n+1), (-1,1)))

for n in range(500, 1001, 100):
    print(n, func1(n)==func2(n)==func3(n)==func4(n), sep=':', end=':')
    print(round(timeit(f'func1({n})',globals={'func1':func1},number=1000),6),
          end=',')
    print(round(timeit(f'func2({n})',globals={'func2':func2},number=1000),6),
          end=',')
    print(round(timeit(f'func3({n})',globals={'func3':func3},number=1000),6),
          end=',')
    print(round(timeit(f'func4({n})',globals={'func4':func4},number=1000),6))
```

运行结果：

```
500:True:1.683087,0.068981,0.086726,0.106514
600:True:2.80397,0.102967,0.12924,0.150659
700:True:4.274623,0.141044,0.171725,0.194493
800:True:6.073072,0.185978,0.225899,0.251349
900:True:8.481614,0.231234,0.2732,0.30256
1000:True:11.403999,0.289407,0.327406,0.366479
```

例 4-9　计算自然常数 e 的近似值。

对例 3-6 中给出的自然常数定义式进行泰勒展开，得到无穷级数

$$e=\frac{1}{0!}+\frac{1}{1!}+\frac{1}{2!}+\frac{1}{3!}+\frac{1}{4!}+\frac{1}{5!}+\frac{1}{6!}+\cdots$$

```
import math
import decimal

def func1(n, k):
    # 计算 n+1 项，保留 k 位小数
    decimal.getcontext().prec = k + 1
    result, each = decimal.Decimal(1), decimal.Decimal(1)
    for i in range(1, n+1):
        each = each / decimal.Decimal(i)
        result = result + each
    return result

def func2(n, k):
    decimal.getcontext().prec = k + 1
    s = math.factorial(n)
    result, each = s, s
    for i in range(1, n+1):
        each = each // i
        result = result + each
    return str(decimal.Decimal(result)/decimal.Decimal(s))
```

例 4-10 计算组合数。

例 4-10

组合数（也称二项式系数）C_n^i 表示从 n 个元素中任选 i 个有多少种选法。尽管 Python 3.8 开始在内置模块 math 中已经提供了计算组合数的函数 comb() 和计算排列数的函数 perm() 可以直接使用，但本例中涉及的问题分析和算法优化的思路还是非常有参考价值的。

根据组合数定义$C_n^i=\frac{n!}{i!(n-i)!}$，需要计算 3 个数的阶乘。在很多编程语言中都很难直接使用整型变量表示大数的阶乘结果，虽然 Python 并不存在这个问题，但是计算大数的阶乘仍需要相当多的时间。本例提供一种通过分数化简实现的快速计算方法：以 C_8^3 为例，按定义式展开如下，对于 (5,8] 区间的数，分子上出现一次而分母上没出现；(3,5] 区间的数在分子、分母上各出现一次，可以化简掉；[1,3] 区间的数分子上出现一次而分母上出现两次，化简掉以后只有分母上有。

$$C_8^3=\frac{8!}{3!\times(8-3)!}=\frac{8\times7\times6\times5\times4\times3\times2\times1}{3\times2\times1\times5\times4\times3\times2\times1}=\frac{8\times7\times6}{3\times2\times1}$$

在下面的代码中，有两个需要特别注意的技术细节。一个是在 for 循环中必须从大到小遍历和处理自然数，否则结果为 0。另一个是必须使用整除运算符“//”，否则会因为结果转换为实数而引入误差或者结果太大时会因为超出实数表示能力而抛出异常。只在第一段代码中保留了函数参数的有效性检查，另外几个函数请自行补充。

```
def comb1(n, i):
    if not (set(map(type,(n,i)))=={int} and n>=i):
        print('n and i must be integers and n >= i.')
        return
    result, (min_, max_) = 1, sorted((i, n-i))
    # 这里必须从大到小遍历自然数
    for i in range(n, 0, -1):
        if i > max_:
            result = result * i
        elif i <= min_:
            # 这里必须使用整除运算符 “//”
            result = result // i
    return result

print(comb1(2000, 300))
```

下面的代码使用了一点技巧来减少循环次数和测试次数。

```
def comb2(n, i):
    min_ni = min(i, n-i)
    result = 1
    for j in range(0, min_ni):
        result = result * (n-j) // (j+1)
    return result
```

下面的代码思路与上一段相同，只是利用了标准库 functools 中的 reduce() 函数来简化代码，消除了循环结构。但要注意的是，标准库 functools 的函数 reduce() 实际上也是使用的循环结构，只是进行了封装，所以这两段代码的效率并没有多大差别。

```
from functools import reduce

def comb3(n, i):
    min_ni = min(i, n-i)
    func = lambda r, j: r*(n-j)//(j+1)
    return reduce(func, [1]+list(range(min_ni)))
```

例 4-11　计算形如 a + aa + aaa + aaaa + … + aaa…aaa 的表达式的前 n 项之和，其中 a 为小于 10 的自然数。根据前面几个例题的分析，这样的规则表达式可以利用相邻项之间的关系来高效求解，如函数 func1() 所示。作为算法训练，函数 func2() 与 func3() 处理加法竖式每位相加结果得到最终结果，当 n 较小时函数 func1() 效率优势非常明显，当 n 变大时 3 个函数执行速度反而越来越快。

```
def func1(a, n):
    result, each = a, a
    for _ in range(n-1):
        # 利用相邻项的关系，根据前一项快速计算得到下一项
        each = each*10 + a
        result = result + each
    return result

def func2(a, n):
    result, c = [a], 0
    for _ in range(n-1):
        # 加法竖式，列表中每个元素为竖式中每位相加结果
        result.append(result[-1]+a)
    for i in range(n-1, -1, -1):
        # 处理进位
        t = result[i] + c
        c, result[i] = t//10, t%10
    if c > 0:
        result.insert(0, c)
    # 拼接为自然数
    return int(''.join(map(str,result)))

def func3(a, n):
    # num 的值为竖式中个位数相加的结果，n 个 a 相加
    num, result, c = a * n, [], 0
    while num > 0:
        t = num + c
        c, mod = t//10, t%10
        result.append(mod)
        # 每向前一位，a 的个数少一个
        num = num - a
    result.reverse()
    return int(''.join(map(str,result)))

a, n = 6, 1512
print(func1(a,n)==func2(a,n)==func3(a,n))
```

例 4-12　求解函数 $y=9-x^2$ 在第一象限的曲线与 x 轴以及 y 轴包围的区域的面积。

类似的问题可以采用逐步逼近的方法来解决。如图 4-1 所示，把区间 [0,3] 分成 n 等份，在每个分点作 y 轴平行线与函数曲线相交，然后从交点往左作 x 轴平行线与 y 轴相交。这样一来，就构成了 n-1 个矩形，这些矩形面积之和接近于函数曲线与坐标轴包围的面积。n 越大，二者越接近。

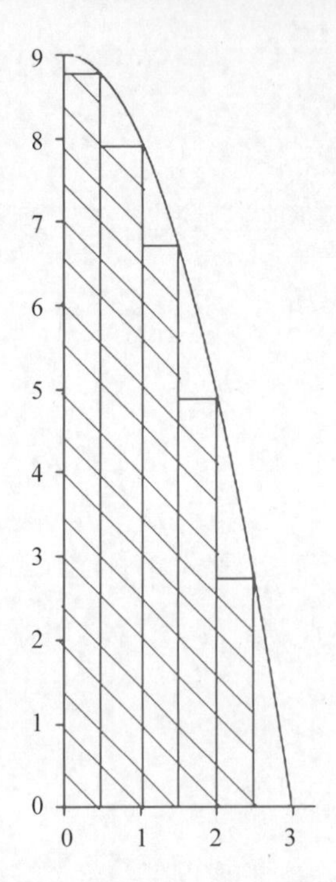

图 4-1　多个矩形面积之和接近于函数曲线与坐标轴包围的面积

```
def area(n):
    width, total, x = 3/n, 0, 0
    while x < 3:
        x = x + width
        y = 9 - x**2
        total = total + width*y
    return total

for n in range(3, 20):
    print(area(n))
```

例 4-13　连接若干自然数为一个更大的自然数。

给定若干自然数，将其按先后顺序连接为一个自然数。例如，把 [1, 22, 333, 4444] 拼接为 1223334444。下面几个函数使用不同的方式解决了这个问题，除最后一个函数之外的其他函数对于一位数的连接效率几乎一样。随着列表中每个自然数的位数增加，第一个函数效率越来越差，其他几个函数变化不大。不论列表中自然数的结构和长度如何，最后一个函数的效率都远高于前面几个。

```
from time import time
from math import log10
from random import choices
```

```
from functools import reduce
from sys import set_int_max_str_digits

set_int_max_str_digits(99999999)
# 待连接的若干正整数
data = choices(range(100000,100000000), k=100)

def func1(data):
    # 把[1, 22, 333, 4444]转换为[1, 2, 2, 3, 3, 3, 4, 4, 4, 4]再连接起来
    t = []
    for item in data:
        tt = []
        while item:
            item, m = divmod(item, 10)
            tt.append(m)
        t.extend(tt[::-1])
    result = 0
    for num in t:
        result = result*10 + num
    return result

def func2(data):
    result = 0
    for num in data:
        # 假设num是k位数，前面的结果乘以10的k次方，然后再加num
        result = result*(10**len(str(num))) + num
    return result

def func3(data):
    # reduce()函数也是使用的Python层面的循环结构
    # 所以并没有提高效率，只是代码简洁一些
    return reduce(lambda x, y: x*(10**len(str(y)))+y, data)

def func4(data):
    # 使用对数计算是几位数
    return reduce(lambda x, y: x*(10**int(log10(y)+1))+y, data)

def func5(data):
    # 提前存储10的k次方，可以根据需要存储更多
    powers = (1, 10, 100, 1000, 10000, 100000, 1000000, 10000000, 100000000)
    return reduce(lambda x, y: x*powers[int(log10(y)+1)]+y, data)

def func6(data):
    # 重新设计实现方法，避免了幂运算、乘法运算、加法运算
```

```
    return int(''.join(map(str, data)))

results = set()
for func in (func1, func2, func3, func4, func5, func6):
    # 这里使用 time 模块测试代码运行时间，没有使用 timeit
    # 实际上 timeit 也是封装了循环
    start = time()
    for _ in range(100000):
        results.add(func(data))
    print(func.__name__, time()-start)
# 测试几种方法得到的结果是否相同
print(len(results)==1)
```

运行结果：

```
func1 15.36499834060669
func2 2.4889984130859375
func3 2.8369994163513184
func4 3.1399946212768555
func5 2.7450027465820312
func6 1.2729997634887695
True
```

例 4-14　黄金比例与斐波那契数列。

小明买回来一对兔子，从第 3 个月开始就每个月生一对兔子，生的每一对兔子长到第 3 个月也开始每个月都生一对兔子，那么每个月小明家的兔子总数（单位：对）构成一个数列，这就是著名的斐波那契数列，如图 4-2 所示。

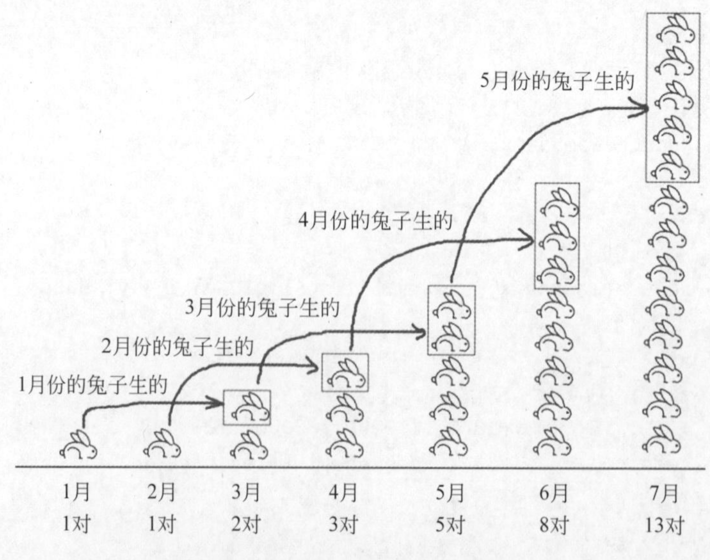

图 4-2　斐波那契数列示意图

除了在物理、化学、生物、数学、计算机科学中的广泛应用，斐波那契数列和很多自然现象也有着密切关系（其中也有些属于牵强附会的），例如百合花有 3 枚花瓣、毛茛有 5 枚花瓣、翠雀花有 8 枚花瓣、金盏花有 13 枚花瓣、紫苑有 21 枚花瓣、大多数雏菊有 34 或 55 或 89 枚花瓣、向日葵往往有 55 或 89 或 144 枚花瓣，这些都恰好是斐波那契数列中的数字。另外，相邻两项的比值越来越接近黄金分割比例 0.618。

黄金比例或黄金分割在古希腊称为“中末比”，即在线段 *AB* 上找一个点 *P*，使得 *AP*:*AB*=*PB*:*AP*，这个比值即为黄金比例，*P* 点称为黄金分割点。黄金比例有个很有趣的性质是其倒数减去 1 仍为黄金比例本身。另外，边长为 1 的正五边形所有对角线长度均为黄金比例的倒数。

斐波那契数列前两个数字都是 1，后面每个数字是紧邻的前两项数字之和，即 1、1、2、3、5、8、13、21、34、55、…下面程序运行后输入一个正整数，输出斐波那契数列中小于该整数的所有整数。

```
number = int(input('请输入一个正整数:'))
a, b = 1, 1
while a < number:
    print(a, end=' ')
    a, b = b, a+b
```

接下来稍微增加一下难度，假设每一对兔子的寿命都是 72 个月，并且只要活着就坚持每个月生一对小兔子。第 *n* 个月有多少对兔子呢？

```
def func1(n):
    months, data = 72, [1,1]
    for i in range(2, n):
        t = data[-1] + data[-2]
        if i == months:
            t = t - data[i-months]*2
        elif i > months:
            t = t - data[i-months]
        data.append(t)
    return data[-1]
```

继续加大难度，现在假设每一对兔子开始生育的月份、停止生育的月份以及兔子的寿命都是可以任意指定的参数，要求计算任意第 *n* 个月有多少对兔子。

```
def func2(start_produce, stop_produce, life_span, n_month):
    '''从第 start_produce 个月开始生兔子，从第 stop_produce 个月停止生兔子
       兔子寿命为 life_span 个月，计算并返回第 n_month 个月的兔子总数（单位：对）'''
    # alive_rabbits 存放处于存活状态的兔子
```

```
    # 下标 0 表示 1 个月大的兔子，下标 1 表示 2 个月大的兔子
    alive_rabbits = [1]
    # 存放每个月的兔子数量
    fib_numbers = [1]
    for _ in range(n_month-1):
        # 超过寿命的兔子死亡
        if len(alive_rabbits) == life_span:
            alive_rabbits.pop(-1)
        # 处于生育期内的成年兔子数量，每对兔子生一对
        new_rabbits = sum(alive_rabbits[start_produce-2:stop_produce-2])
        alive_rabbits.insert(0, new_rabbits)
        fib_numbers.append(sum(alive_rabbits))
        print(alive_rabbits, fib_numbers, sep='\n', end='\n\n')
    return fib_numbers[-1]
```

例 4-15　快速计算斐波那契数列第 n 项。

从斐波那契数列第 n 项的通项公式入手，进行简化和推导，得到一个递推公式，并且消除了原通项公式中的浮点数运算，改写成了纯整数运算。

$$
\begin{aligned}
f(n) &= \frac{\left(\frac{1+\sqrt{5}}{2}\right)^n - \left(\frac{1-\sqrt{5}}{2}\right)^n}{\frac{1+\sqrt{5}}{2} - \frac{1-\sqrt{5}}{2}} \\
&= \frac{1}{2^n\sqrt{5}}\left[\left(1+\sqrt{5}\right)^n - \left(1-\sqrt{5}\right)^n\right] \\
&= \frac{1}{2^n x}\left[(1+x)^n - (1-x)^n\right]\text{，变量替换，设}x=\sqrt{5} \\
&= \frac{1}{2^n x}\left[\sum_{i=0}^{n} C_n^i 1^{n-i} x^i - \sum_{i=0}^{n} C_n^i 1^{n-i}(-x)^i\right]\text{，二项式展开} \\
&= \frac{1}{2^n x}\left[\sum_{i=0}^{n} C_n^i x^i - \sum_{i=0}^{n} C_n^i (-x)^i\right]\text{，1的任意次幂仍为1} \\
&= \frac{1}{2^n x}\left[\sum_{i=0}^{n} C_n^i \left(x^i - (-x)^i\right)\right] \\
&= \frac{1}{2^n x}\left[\sum_{i=1}^{n} C_n^i \left(1 - (-1)^i\right) x^i\right] \\
&= \frac{1}{2^n x}\sum_{i=1}^{n} 2C_n^i x^i,\ i = 1,3,5,7,9,\cdots \\
&= \frac{1}{2^{n-1}}\sum_{i=1}^{n} C_n^i x^{i-1},\ i = 1,3,5,7,9,\cdots
\end{aligned}
$$

$$= \frac{1}{2^{n-1}}\sum_{i=1}^{n} C_n^i 5^{(i-1)//2}, i = 1, 3, 5, 7, 9, \cdots$$

$$= \frac{1}{2^{n-1}}\sum_{k=0}^{(n-1)//2} C_n^{2k+1} 5^k, \text{变量替换}, k = (i-1)//2, i = 2k+1$$

为了减少计算量，对上式中的组合数 C_n^{2k+1} 也可以整理得到一个递推公式。

$$C_n^1 = n$$

$$C_n^3 = \frac{n(n-1)(n-2)}{1\times 2\times 3} = C_n^1 \times \frac{(n-1)(n-2)}{2\times 3}$$

$$C_n^5 = \frac{n(n-1)(n-2)(n-3)(n-4)}{1\times 2\times 3\times 4\times 5} = C_n^3 \times \frac{(n-3)(n-4)}{4\times 5}$$

$$\vdots$$

$$C_n^{k+2} = C_n^k \times \frac{(n-k)(n-k-1)}{(k+1)(k+2)}$$

根据上面的两个式子（作者与山东工商学院厉玉蓉老师共同推导），写出下面的代码。

```
def fibo(n):
    # k=0 时第一项作为变量初始值
    result, t = n, n
    for k in range(1, (n-1)//2+1):
        k = 2*k - 1
        t = t * 5 * (n-k) * (n-k-1) // (k+1) // (k+2)
        result = result + t
    return result // (2**(n-1))

for n in range(1, 200):
    print(fibo(n), end=' ')
```

例 4-16　计算并输出杨辉三角形中的数字。

例 4-16

杨辉三角形是二项式系数的一种几何排列形式，最早出现于我国南宋数学家杨辉1261年所著的《详解九章算术》中，并在书中注明参考了北宋时期贾宪1050年的著作《释锁算术》，1654年法国数学家与物理学家帕斯卡（Pascal）也发现了这个规律，所以杨辉三角形也称贾宪三角形和帕斯卡三角形。该三角形的主要特点之一是，将所有数字排列为等腰三角形时，两个腰上的数字都是1，内部每个数字为其左上与右上两个数字之和，并且每行都是左右对称的，如图4-3所示。将每行数字都左对齐的话，左侧直角边与右侧斜边上都是1，内部每个数字为其左上方与正上方两个数字之和，如图4-4所示。下面3个函数都是利用这个规律来计算杨辉三角形的数字，利用组合数计算的方法与实现见例5-3。另外，杨辉三角形与斐波那契数列还有密切的关系，请自行查阅资料。

```
              1
            1   1
          1   2   1
        1   3   3   1
      1   4   6   4   1
    1   5   10  10  5   1
  1   6   15  20  15  6   1
1   7   21  35  35  21  7   1
```

图 4-3　杨辉三角形的等腰三角形排列

```
1
1   1
1   2   1
1   3   3   1
1   4   6   4   1
1   5   10  10  5   1
1   6   15  20  15  6   1
1   7   21  35  35  21  7   1
```

图 4-4　杨辉三角形的直角三角形排列

下面代码使用了标准库 collections 中带默认值的字典类 defaultdict，也可以使用内置字典类的方法 get() 来实现类似的功能，请自行尝试。

```
from collections import defaultdict

def yanghui1(n):
    # 创建带整型默认值的字典，使用不存在的“键”作为下标时返回 0
    c = defaultdict(int)
    for row in range(n+1):
        # 每行第一个数字是 1
        c[row,0] = 1
        print(c[row,0], end=' ')
        for col in range(1, row+1):
            # 该行后面每个数字为其左上方和正上方两个数字之和
            c[row,col] = c[row-1,col-1] + c[row-1,col]
            print(c[row,col], end=' ')
        print()

yanghui1(10)
```

下面的代码先计算每行数字中除去首尾两个数字之外的内部数字，然后再接上首尾两个 1 后输出。

```
def yanghui2(t):
    # 直接输出前两行
    print([1])
    print(line:=[1, 1])
    for i in range(2, t):
        # 计算第 i 行除去首尾两个数字之外的内部数字
        r = []
```

```
        for j in range(0, len(line)-1):
            r.append(line[j] + line[j+1])
        # 接上首尾两个 1 后输出
        line = [1] + r + [1]
        print(line)

yanghui2(10)
```

下面程序使用内置函数 map()、实现加法运算的 lambda 表达式和切片实现了同样的功能，减少了一层循环。

```
def yanghui3(t):
    print([1])
    print(line:=[1, 1])
    for i in range(2, t):
        # 错位相加，得到每行内部的数字
        line = list(map(lambda x, y: x+y, line[:-1], line[1:]))
        # 接上首尾的 1
        line.insert(0, 1)
        line.append(1)
        print(line)

yanghui3(10)
```

参考上一个例题中的组合数推导过程，不难得到下面的递推公式，也可以根据类似的思路得到 C_{n+1}^{i} 与 C_{n}^{i} 之间的递推公式，感兴趣的读者请自行尝试。

$$C_n^i=\begin{cases}1, & i=0\\ n, & i=1\\ C_n^{i-1}\times(n-i+1)\div i, & i=2,3,4,\cdots,n\end{cases}$$

```
def yanghui4(n):
    for i in range(2, n+2):                    # 变量取值范围与上式不同
        value = 1
        for j in range(1, i):
            print(value, end=' ')
            value = value * (i-j-1) // j       # 所以这里的表达式也略有不同
        print()

yanghui4(10)
```

下面代码利用了每行数字的对称性，进一步减少了计算量。

```
def yanghui5(n):
    for i in range(2, n+2):
        value, line = 1, [1]*(i-1)
        for j in range(1, i//2):
            value = value * (i-j-1) // j
            line[j] = line[i-1-j-1] = value
        print(*line)

yanghui5(10)
```

例 4-17　因数分解。

因数分解也称因子分解，是指把一个自然数分解为若干个素因数相乘的式子。因数分解在代数、密码学、计算复杂性理论和量子计算机等领域中有重要意义。

下面代码中生成随机整数并进行因数分解，每次运行时生成的随机整数不同，请自行运行程序观察结果。3 个函数都是迭代法结合试除法或者穷举法的思路，先查找最小素因数，然后继续分解对应的另一个因数，当待分解的数字不大或者因数都比较小时可以工作得很好，但数字变得非常大以后运行时间会长得无法忍受。尽管自然数中有 50% 能够被 2 整除、33% 能被 3 整除、20% 能被 5 整除、大约 88% 的自然数存在小于 100 的素因数、91% 的自然数有 1000 以内的素因数，这样看上去似乎试除法还不错，但对于因数比较大的情况几乎无能为力，使用试除法对大数进行因数分解在计算上是不可行的。第 2 个函数中用到的递归算法见第 5 章，对于超大自然数的因数分解见第 11 章。

```
from random import randint

def func1(num):
    # 把所有素因数都添加到 result 列表中
    result = []
    for p in primes:
        if p > num:
            break
        # 可能存在重复的素因数，连续整除，直到除不尽为止
        while num%p == 0:
            num = num // p
            result.append(p)
    # 考虑参数本身就是素数的情况，没法分解就返回参数本身
    return result or [num]

def func2(num):
    result = []
    def nested(num):
```

```
        # 每次都从最小的素数开始寻找因数
        for p in primes:
            if p > num:
                break
            # 找到一个素因数
            if num%p == 0:
                result.append(p)
                # 递归调用函数，继续分解，重复这个过程
                nested(num//p)
                # 这个 break 非常重要
                break
        else:
            # 不可分解了，自身也是个因数
            result.append(num)
    nested(num)
    return result

def func3(num):
    result, p = [], 2
    # 检查 2 是否为因数，是的话就一直用 2 整除，直到变为奇数为止
    while num > 0:
        if num%p == 0:
            result.append(p)
            num = num // p
        else:
            break
    # 检查从 3 开始的奇数是否为因数
    p = 3
    while num > 1:
        if num%p == 0:
            result.append(p)
            num = num // p
        else:
            p = p + 2
    return result

test_data = [randint(10, 1000000) for i in range(50)]
# 随机数中的最大数
max_data = max(test_data)
# 筛选法查找小于 max_data 的所有素数，当 max_data 非常大时无法存储，列表会崩溃
primes, m = list(range(2, max_data)), int(max_data**0.5)+1
for index, value in enumerate(primes):
    # 如果当前数字已大于最大整数的平方根，结束判断
```

```
        if value>m or primes[index+1:]==[]:
            break
        # 对该位置之后的元素进行过滤和替换
        primes[index+1:] = filter(lambda x: x%value!=0, primes[index+1:])
for num in test_data:
    # 使用三个函数分别进行分解，并比较两种分解的结果是否一样
    r1 = eval('*'.join(map(str, func1(num))))
    r2 = eval('*'.join(map(str, func2(num))))
    r3 = eval('*'.join(map(str, func3(num))))
    print(f'{num:<7d}', r1, r1==r2==r3, sep='\t')
```

例 4-18　使用迭代法计算大自然数平方根近似值。

Python 语言中整数可以任意大，但实数不能。使用运算符“**”或者内置模块函数 math.sqrt() 都无法计算超大整数的平方根，会抛出异常并提示溢出错误（Python 3.8 新增加了标准库函数 math.isqrt() 可以计算任意大自然数的平方根整数部分），这在一定程度上限制了相关算法的使用（例如素性检测，见 11.3 节）。如果需要计算大自然数平方根，可以使用牛顿迭代法来求解近似值（最接近平方根的自然数）。超大自然数平方根也可以使用二分法求解（详见 7.2 节），这里先介绍牛顿迭代法的原理和实现。对于方程 $f(x)=0$，在 $x=t$ 处进行泰勒展开，得

$$f(x)=0=f(t)+f'(t)(x-t)+\cdots$$

取其线性部分进行近似，得

$$f(t)+f'(t)(x-t)=0$$

整理得

$$x=t-\frac{f(t)}{f'(t)}$$

转换为迭代方程，得

$$x_{n+1}=x_n-\frac{f(t)}{f'(t)}$$

应用到平方根求解中，方程为 $f(x)=x^2-n$，导数为 $f'(x)=2x$，代入上面的迭代方程，有

$$x_{n+1}=x_n-\frac{x_n^2-n}{2x_n}=x_n-\frac{x_n}{2}+\frac{n}{2x_n}=\frac{x_n+\dfrac{n}{x_n}}{2}$$

```
def sqrt(n):
    # 使用整除运算符，确保结果为自然数
    # 假设平方根为n//2，初始值是什么并不是特别重要
    root = n // 2
```

```
    # 迭代计算
    while not root**2 <= n <= (root+1)**2:
        root = (root + n//root) // 2
    # 返回最接近平方根的一个自然数
    return min((root,root+1), key=lambda num:abs(num**2-n))

print(sqrt(10**2000))
```

4.2 其他类问题算法设计与应用

例 4-19 使用滑动窗口处理明文整数进行加密，对明文进行分组处理，每组中每个数字与密钥中对应数字相加作为加密结果。

例 4-19

```
def func1(source, key):
    # 对 key 元组进行重复，使得其长度略大于 source 元组
    key = key * (len(source)//len(key)+1)
    func = lambda x, y: x + y
    # 内置函数 map() 具有自动左对齐功能，且以短的元组为准，长元组后面多余元素丢弃
    return tuple(map(func, source, key))

print(func1(tuple(range(15)), (8793, 2265, 3333)))
```

下面代码使用求余数确定密钥中对应位置的数字，实现了同样的功能。

```
def func2(source, key):
    result, n = [], len(key)
    for i, v in enumerate(source):
        result.append(v+key[i%n])
    return tuple(result)
```

下面代码利用了标准库 itertools 中的函数 cycle()，该函数把有限长的可迭代对象头尾相接，创建可以生成无穷多个值的 cycle 对象，再利用 map() 函数以短参数为准的特点来完成上面的任务。

```
from operator import add
from itertools import cycle

def func3(source, key):
    return tuple(map(add, source, cycle(key)))
```

例 4-20　假设一段楼梯共 15 个台阶，小明一步最多能上 3 个台阶，那么小明上这段楼梯一共有多少种方法？

像这样的问题，使用枚举法从下往上逐个台阶计算肯定不是个好主意，前面几个台阶还行，随着台阶数量增加，就不是口算和纸笔能完成的了，需要找到问题的规律才行。

从第 15 个台阶上往回看，有 3 种方法可以上来（从第 14 个台阶上一步迈 1 个台阶上来，从第 13 个台阶上一步迈 2 个台阶上来，从第 12 个台阶上一步迈 3 个台阶上来），同理，第 14 个、13 个、12 个台阶都可以这样推算，从而得到公式 $f(n) = f(n-1) + f(n-2) + f(n-3)$，其中 n = 15、14、13、…、5、4。如果把这个式子看作递归公式，前 3 个台阶就是结束条件。如果把这个式子看作递推公式，前 3 个台阶就是初始条件。第一个台阶只有 1 种上法，第二个台阶有 2 种上法（一步迈 2 个台阶上去、一步迈 1 个台阶分两步上去），第三个台阶有 4 种上法（一步迈 3 个台阶上去、一步 2 个台阶 + 一步 1 个台阶、一步 1 个台阶 + 一步 2 个台阶、一步迈 1 个台阶分三步上去）。下面给出递推法的代码，这其实也是动态规划的思想，每个子问题只求解一次，且记录了计算后面子问题所需要的中间结果。

```
def climb_stairs1(n):
    a, b, c = 1, 2, 4
    for i in range(n-3):
        c, b, a = a+b+c, c, b
    return c
```

例 4-21　猜数游戏。系统随机产生一个数，玩家来猜，系统根据玩家的猜测进行提示，玩家根据系统的提示对下一次的猜测进行适当调整。

例 4-21

这个游戏本身的设计并不需要什么算法（玩家在猜数时很可能会使用二分法来快速缩小范围），主要介绍 Python 安全编程。运行下面的程序，然后输入 value，不论产生的随机数是什么都可以一击命中直接猜对。之所以出现这个情况是因为使用了可以对任意字符串进行求值的函数 eval()，输入 value 时该函数直接得到了变量 value 的值，如果把代码中的 eval() 函数改为 int() 可以避免这个问题，也可以修改代码避免把输入的字符串转换为整数，直接比较字符串来检查猜测的情况，请自行完成这个任务。

```
from random import randint

def guess(max_value=10, max_times=3):
    value = randint(1, max_value)
    for i in range(max_times):
        prompt = '开始猜吧：' if i==0 else '再猜一次：'
        try:
            x = eval(input(prompt))
        except:
            print(f'必须输入 1 到 {max_value} 之间的自然数：')
```

```
        else:
            if x == value:
                print('恭喜，猜对了！')
                break
            elif x > value:
                print('猜大了。')
            else: print('猜小了。')
    else:
        print(f'游戏结束，正确的值为：{value}')

guess()
```

例 4-22　约瑟夫环问题，报数游戏。

有 n 个人围成一圈，按顺时针顺序编号，从第一个人开始从 1 到 k（例如 k=3）报数，报到 k 的人退出圈子，圈子缩小，从下一个人继续游戏从 1 到 k 报数，重复这个过程，问最后留下的一个人的编号是什么。图 4-5 演示了 n=8 和 k=3 的游戏过程，右上角的箭头表示顺时针报数，同心圆从外向内表示人数越来越少、圈越来越小，圆上的数字表示人的编号，斜线表示当前编号的人出圈，浅色背景表示下一个开始报数的人。最内圈深色背景的数字 7 表示最后剩下的一个人的编号。

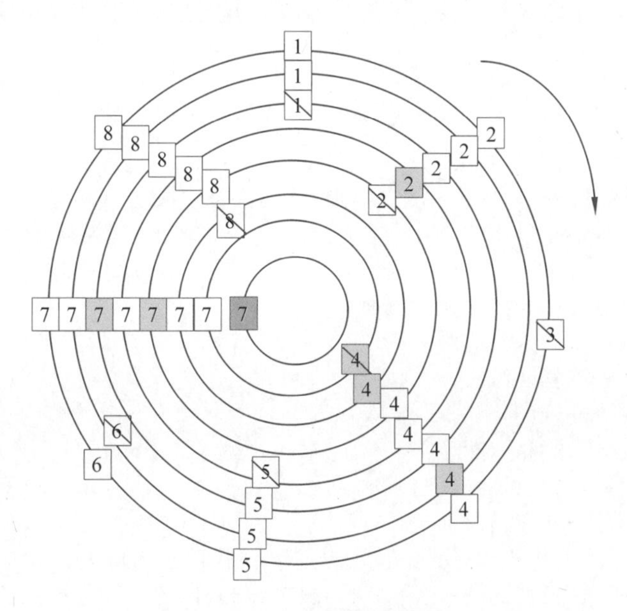

图 4-5
的彩图

图 4-5　约瑟夫问题示意图

下面我们介绍求解这个问题的 6 种方法及其实现。为方便学习和阅读，对 6 种方法逐个进行介绍，读者在运行时可以把代码放在一个程序文件中运行和比较。

下面函数 func1() 的思路是使用列表来模拟环，每次第一个人报数之后如果不是 k 就移动到列表尾部，否则就出圈不再回到列表中。由于列表在删除和插入元素时自动收缩

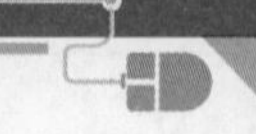

和扩展内存的特点导致大量元素移动，这些开销会影响效率。

```
from random import randint
from timeit import timeit
from itertools import cycle

def func1(lst, k):
    # 切片，不影响原来列表中的数据
    t_lst, n = lst[:], len(lst)
    # 每次一个人出圈，共有 n-1 个人需要出圈，最后剩下一个人
    for i in range(n-1):
        for j in range(k-1):
            # 循环左移，pop(0) 会额外引入大量元素移动，增加开销，效率较低
            # 参数 k 的值越大，这里引入的额外开销越大
            t_lst.append(t_lst.pop(0))
        t_lst.pop(0)
    # 游戏结束，返回最后一个人的编号
    return t_lst[0]
```

下面函数 func2() 使用标准库 itertools 中的 cycle 类把列表转换为环，避免了频繁地移动元素，但每次有人出圈时的切片和列表连接操作开销也很大，效率提升不明显。

```
def func2(lst, k):
    t_lst, n = lst[:], len(lst)
    # 使用变量 n 表示剩余人数，避免每次都使用 len(t_lst)，可以提高效率
    # 可以参考函数 func1() 使用 for 循环改写，这里只是为了演示 while 循环的用法
    while n > 1:
        # 创建 cycle 对象，模拟从 1 到 k 报数
        c = cycle(t_lst)
        for i in range(k):
            t = next(c)
        # 获取需要出圈的人的下标
        index = t_lst.index(t)
        # 一个人出局，圈子缩小
        # 这个操作会额外引入大量元素复制操作，增加了时间和空间开销
        t_lst = t_lst[index+1:] + t_lst[:index]
        n = n - 1
    return t_lst[0]
```

下面函数 func3() 的思路是使用求余运算来模拟环，同时直接定位要出圈的人，减少了大量元素移动且避免了列表连接操作，效率提升非常明显。

```
def func3(lst, k):
    # 每次从当前位置开始报数，所以设置 k=k-1
    t_lst, n, pos, k = lst[:], len(lst), 0, k-1
    for _ in range(n-1):
        # 这里的计算属于常数级运算，总开销比较稳定，与参数 k 的大小几乎无关
        pos = (pos+k) % n
        # 这个操作也会额外引入元素移动操作，但次数较少
        t_lst.pop(pos)
        n = n - 1
    return t_lst[0]
```

下面代码使用面向对象程序设计自定义了循环链表来模拟环，使用节点删除操作来避免元素移动带来的开销，但循环链表的节点遍历操作耗时比列表下标计算要大。

```
class Node:
    def __init__(self, value, next_=None):
        self.value = value
        self.next_ = next_

class JosephRing:
    def __init__(self, n):
        assert isinstance(n, int) and n>0, '人数必须为正整数'
        # 创建头节点
        self.head = Node(1)
        t = self.head
        # 创建其他节点
        for i in range(2, n+1):
            t.next_ = Node(i)
            t = t.next_
        # 首尾相接，创建环
        t.next_ = self.head

    def play(self, k):
        node = self.head
        # 报数为 1 时，最后剩下最后一个人
        if k == 1:
            while True:
                if node.next_ == self.head:
                    return node.value
                # 沿着环遍历，到下一个节点
                node = node.next_
        # 节点指针不指向自身，也就是剩余节点数量大于 1
```

```
        while node.next_ != node:
            # 从当前节点开始报数，后面删除链表中下一个节点，所以这里是 k-2
            for _ in range(k-2):
                node = node.next_
            # 当前节点指向下下个节点，这样就把下一个节点从环中删除了
            # print(f'{node.next_.value}出局')
            node.next_ = node.next_.next_
            node = node.next_
        return node.value

def func4(lst, k):
    return JosephRing(len(lst)).play(k)
```

下面代码没有存储人员编号，也没有模拟报数和出圈的操作，而是根据规律进行推算。设 $f(n,k)$ 表示 n 个人参加游戏且报数为 k 的人出圈时最后一个人的编号（从 0 开始编号），则有 $f(n,k)=(f(n-1,k)+k)\%n$，容易得知 $f(1,k)=0$，即只有一个人时最后出圈的人编号为 0。

例如，n=8 且 k=3 时，初始编号为 [0, 1, 2, 3, 4, 5, 6, 7]，第一个出圈的人编号为 2，出圈后从下一个人继续游戏，这时圈里的编号为 [3, 4, 5, 6, 7, 0, 1]，可以看作 [(0+3)%8, (1+3)%8, (2+3)%8, (3+3)%8, (4+3)%8, (5+3)%8, (6+3)%8]，去掉括号里的 3 和求余运算的除数 8 将其改写为 [0, 1, 2, 3, 4, 5, 6]，即 $f(8,3) = (f(7,3)+3)\%8$。下一个出圈的人编号为 2，出圈后从下一个人继续游戏，这时圈里的编号为 [3, 4, 5, 6, 0, 1]，可以看作 [(0+3)%7, (1+3)%7, (2+3)%7, (3+3)%7, (4+3)%7, (5+3)%7]，将其改写为 [0, 1, 2, 3, 4, 5]，即 $f(7,3) = (f(6,3)+3)\%7$。下一个出圈的人编号为 2，出圈后从下一个人继续游戏，这时圈里的编号为 [3, 4, 5, 0, 1]，可以看作 [(0+3)%6, (1+3)%6, (2+3)%6, (3+3)%6, (4+3)%6]，将其改写为 [0, 1, 2, 3, 4]，即 $f(6,3) = (f(5,3)+3)\%6$。下一个出圈的人编号为 2，出圈后从下一个人继续游戏，这时圈里的编号为 [3, 4, 0, 1]，可以看作 [(0+3)%5, (1+3)%5, (2+3)%5, (3+3)%5]，将其改写为 [0, 1, 2, 3]，即 $f(5,3) = (f(4,3)+3)\%5$。下一个出圈的人编号为 2，出圈后从下一个人继续游戏，这时圈里的编号为 [3, 0, 1]，可以看作 [(0+3)%4, (1+3)%4, (2+3)%4]，将其改写为 [0, 1, 2]，即 $f(4,3) = (f(3,3)+3)\%4$。下一个出圈的人编号为 2，出圈后从下一个人继续游戏，这时圈里的编号为 [0, 1]，可以看作 [(0+3)%3, (1+3)%3]，将其改写为 [0, 1]，即 $f(3,3) = (f(2,3)+3)\%3$。下一个出圈的人编号为 0，出圈后从下一个人继续游戏，这时圈里的编号为 [1]，可以看作 [(0+3)%2]，将其改写为 [0]，即 $f(2,3) = (f(1,3)+3)\%2$。已知 $f(1,k)=0$，把上面的过程反推回去得到 $f(8,3)=((((((0+3)\%2+3)\%3+3)\%4+3)\%5+3)\%6+3)\%7+3)\%8=6$。上面的推算过程假设编号从 0 开始，如果从 1 开始的话最后一个出圈的人编号为 6+1=7。下面代码分别使用递推和递归（详见第 5 章）两种方法实现了上面的算法。

```
def func5(n, k):
    result = 0
    for i in range(2, n+1):
        result = (result+k) % i
    # 递推过程是以 0 为第一个下标开始的，所以加 1
    return result+1

def func6(n, k):
    # func5() 的递归写法，函数调用会有额外开销，不如 func5() 的递推算法快
    def nested(n, k):
        if n == 1:
            return 0
        # 递归调用函数会增加一点开销，效率不如递推算法快
        return (nested(n-1,k)+k) % n
    return nested(n,k) + 1
```

下面的代码用于测试上面 6 种方法的功能和性能。

```
lst = list(range(1, 200))
for _ in range(100):
    k = randint(1, len(lst))
    if not (func1(lst,k)==func2(lst,k)==func3(lst,k)
            ==func4(lst,k)==func5(len(lst),k)==func6(len(lst),k)):
        print(k)
        break
else:
    print('六种方法的结果一样。')

print(timeit('func1(lst,9)', globals={'func1':func1,'lst':lst}), end=',')
print(timeit('func2(lst,9)', globals={'func2':func2,'lst':lst}), end=',')
print(timeit('func3(lst,9)', globals={'func3':func3,'lst':lst}), end=',')
print(timeit('func4(lst,9)', globals={'func4':func4,'lst':lst}), end=',')
print(timeit('func5(len(lst),9)', globals={'func5':func5,'lst':lst}), end=',')
print(timeit('func6(len(lst),9)', globals={'func6':func6,'lst':lst}), end=',')
```

运行结果如下。为全面比较几种方法的效率，还应测试不同的情况，例如人数非常多以及 *k* 远大于人数等，感兴趣的读者可以完成更多测试。

```
六种方法的结果一样。
123.4458133999724,206.16708549999748,15.058815600001253,94.65515799997956,4.86
4484400022775,17.156687699985923
```

例 4-23　凯撒加密算法原理、实现与应用。

凯撒加密算法是一种古老的加密算法，基本思路是把大写字母表和小写字母表分别首尾相接，然后把原文中每个英文字母替换为其在字母表中后面第 *k* 个字母。例如，当 *k* = 3 时，a 替换为 d、b 替换为 e、c 替换为 f、x 替换为 a、y 替换为 b、z 替换为 c，大写字母也做类似的处理。在该算法中密钥 *k* 非常关键，同一篇英文文本使用不同的 *k* 值加密得到的密文不同。由于英文字母自身数量的限制，密钥 *k* 的取值范围只有 1 到 25，再利用一些统计特性（例如在统计意义出现次数最多的前几个字母依次为 E、T、A、O、I、N、S、H、R、D、L、U，出现次数最多的两字母组合依次为 TH、TA、RE、IA、AK、EJ、EK、ER、GJ、AD、YU、RX、KT），凯撒加密算法的抗攻击能力非常弱，很容易破解，在现代密码学中单独使用已经不具备任何意义。

```
from string import ascii_letters, ascii_lowercase, ascii_uppercase

def kaisa_encrypt1(text, k):
    # assert 为断言语句，要求条件必须成立，否则就抛出异常
    assert 0<k<26, '参数 k 的值必须在 1~25'
    result = ''
    for ch in text:
        if 'A'<=ch<='Z' or 'a'<=ch<='z':
            ch = chr(ord(ch)+k)
            if ch>'z' or 'Z'<ch<'a':
                ch = chr(ord(ch)-26)
        result = result + ch
    return result

def kaisa_encrypt2(text, k):
    assert 0<k<26, '参数 k 的值必须在 1~25'
    result = ''
    for ch in text:
        if 'A'<=ch<='Z':
            t = (ord(ch) - ord('A') + k) % 26
            ch = ascii_uppercase[t]
        elif 'a'<=ch<='z':
            t = (ord(ch) - ord('a') + k) % 26
            ch = ascii_lowercase[t]
        result = result + ch
    return result

def kaisa_encrypt3(text, k):
    assert 0<k<26, '参数 k 的值必须在 1~25'
    lower = ascii_lowercase[k:] + ascii_lowercase[:k]
    upper = ascii_uppercase[k:] + ascii_uppercase[:k]
```

```
    # 构造映射表
    table = ''.maketrans(ascii_letters, lower+upper)
    # 根据映射表对字符串中的字符进行置换
    return text.translate(table)

text, k = 'Beautiful is better than ugly.', 5
print(kaisa_encrypt1(text, k))
print(kaisa_encrypt2(text, k))
print(kaisa_encrypt3(text, k))
```

例 4-24　角谷猜想。角谷猜想也称冰雹猜想。对于一个自然数，如果是偶数就除以 2，如果是奇数就乘以 3 再加 1，对得到的数字重复这个操作，一定能够最终得到 1。计算任意自然数经过多少次操作之后会得到 1，输出所需要的次数。

```
num = int(input('请输入一个自然数:'))
times = 0
while num != 1:
    if num%2 == 0:
        num = num // 2
    else:
        num = num*3 + 1
    times = times + 1
print(times)
```

例 4-25　李白买酒。李白闲来街上走，提着酒壶去买酒。遇店加一倍，见花喝一斗。店不相邻开，花不成双长。三遇店和花，喝光壶中酒。请问此壶中，原有多少酒？

李白买酒问题示意图如图 4-6 所示，类似的问题适合从后往前推，最后把酒都喝光了也就是 0，计算 3 次遇到花店（加 1 斗）和酒店（变为 1/2）即为最初的酒。

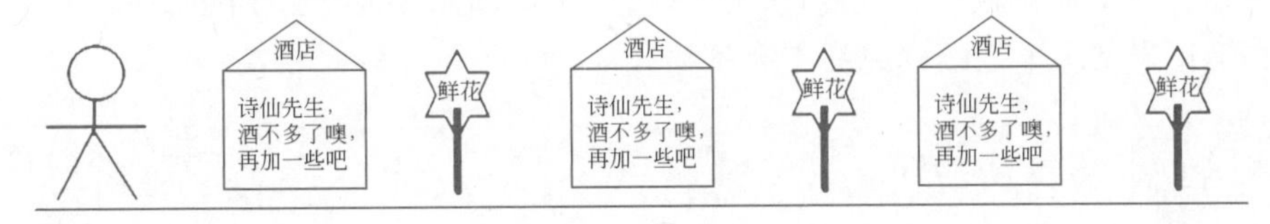

图 4-6　李白买酒问题示意图

```
num = 0
for i in range(3):
    # 遇到鲜花，正向走时喝一斗，反向推导时加一斗
    num = num + 1
    # 遇到酒店，正向走时加一倍，反向推导时减为二分之一
    num = num / 2
print(num)                          # 输出: 0.875
```

例 4-26　小猴子有一天摘了很多桃子，一口气吃掉一半还不过瘾，就多吃了一个；第二天又吃掉剩下桃子的一半多一个，以后每天都是吃掉前一天剩余桃子的一半还多一个，到了第五天再想吃的时候发现只剩下一个了。问小猴子最初摘了多少个桃子。

和上一个例题一样，从后向前推导，每天剩余桃子的数量加上 1 再乘以 2 就是前一天桃子的数量。

```
num = 1
for i in range(4):
    num = (num+1) * 2
print(num)                          # 输出：46
```

例 4-27　编写程序，输入一个二进制数，对输入内容进行检查，如果为有效二进制数就使用按权展开式转换为十进制数，否则输出“你输入的不是二进制数”。

```
number = input('请输入一个二进制数：')
# 检查输入的每位数是否都为 0 或 1，先写代码少的分支，避免头重脚轻
if not set(number) <= set('01'):
    print('你输入的不是二进制数')
else:
    # 按权展开式，转换为十进制数，也可以使用标准库函数 functools.reduce() 改写
    result = 0
    for d in map(int, number):
        result = result*2 + d
    print(result)
# 直接使用内置函数 int() 进行转换，验证结果
print(int(number, 2))
```

例 4-27

除了上面演示的方法，还可以使用内置函数 eval() 实现同样的功能，速度比 int() 函数慢一些，比上面按权展开式的代码快一些。下面演示了 eval() 的用法，只给出了核心代码，请读者参考上面的代码补充完整并运行。

```
print(eval('0b'+'1'*100))
```

例 4-28　使用迭代法计算放满 8 行 8 列棋盘格子所需要的米数。

下面代码使用列表推导式（List Comprehension，也称列表解析式）得到每个格子里的米数，然后使用内置函数 sum() 对列表中的数字求和。

```
print(sum([2**i for i in range(64)]))
```

上面的代码虽然简洁，但存在大量重复计算，没有充分利用相邻两项之间的关系。下面的代码虽然略长，但计算量小了很多。

```
result, each = 1, 1
for _ in range(63):
    # 每个格子里米数是前一个格子的二倍，使用加法计算二倍，比乘以 2 略快
    each = each + each
    result = result + each
print(result)
```

下面代码利用了内置函数 int()，把 64 个 1 当作二进制数将其转换为十进制数，恰好对应 64 个小格子每个里面都放米且是前一个小格子的两倍，每个格子里的米数作为按权展开式的权重。

```
print(int('1'*64, 2))
```

明白了这个道理以后，可以直接使用二进制数，输出时自动转换为十进制数，速度又提高几十倍。

```
print(0b1111111111111111111111111111111111111111111111111111111111111111)
```

例 4-29　阿拉伯数字转换为汉字数字。给定一个字符串 s，要求把其中的阿拉伯数字 0、1、2、3、4、5、6、7、8、9 分别变为零、壹、贰、叁、肆、伍、陆、柒、捌、玖，其他非阿拉伯数字字符保持不变，返回处理后的新字符串。

例 4-29

下面第一个函数依次处理字符串中的每个字符并进行必要的替换，循环次数与字符串长度相同，并且如果字符串中包含大量数字会因为重复转换而稍微影响处理速度。第二个函数使用反向思维直接替换阿拉伯数字，不管原字符串中包含多少数字字符都是循环 9 次，再结合字符串方法 replace() 的批量替换功能，速度略快一些。第三个函数先使用字符串方法 maketrans() 来构造映射表，然后使用字符串方法 translate() 根据映射表替换字符串中的字符，代码非常简洁。请自行增加代码并构造不同长度和结构（主要指包含不同数量和密度的数字字符）的字符串测试 3 个函数的运行速度。

```
def func1(s):
    t, result = {str(i):v for i, v in enumerate('零壹贰叁肆伍陆柒捌玖')}, ''
    for ch in s:
        if ch.isdigit():
            ch = t[ch]
        result = result + ch
    return result

def func2(s):
    t = '零壹贰叁肆伍陆柒捌玖'
    for num, ch in enumerate(t):
```

```
        s = s.replace(str(num), ch)
    return s

def func3(s):
    table = ''.maketrans('0123456789', '零壹贰叁肆伍陆柒捌玖')
    return s.translate(table)

s = '123123789055564Python小屋'
print(func1(s), func2(s), func3(s), sep='\n')
```

例 4-30　把列表中的所有子列表连接成为一个大列表。

看到这个问题，Python 初学者有可能会面露惭愧地写出下面的代码。

```
def func1(data):
    result = []
    for row in data:
        for num in row:
            result.append(num)
    return result
```

具有一定 Python 基础的读者会想到列表有个 extend() 方法可以用来完成上面代码中内层循环的功能。

```
def func2(data):
    result = []
    for row in data:
        result.extend(row)
    return result
```

非常熟悉 Python 的读者很有可能会写出下面的代码，并且还会有点小得意，因为代码看上去是那么简洁、优雅、赏心悦目。

```
def func3(data):
    return sum(data, [])
```

但是，我不得不非常遗憾地告诉你，如果要解决的问题中需要频繁地连接大量列表为一个列表，上面的第三个函数并不适合，因为它涉及大量元素的复制，不仅会增加空间开销，还会降低执行速度，效率甚至远低于第一个函数。对于时间、空间要求较高的场合，上面第二个函数是最佳的设计。

例 4-31

例 4-31　处理文本，对垃圾邮件过滤算法进行语义攻击。

本书第 16 章会介绍朴素贝叶斯算法进行垃圾邮件分类的原理与应用，在第 7 章会介绍如何插入干扰字符破坏分词环节导致朴素贝叶斯算法失效以及如何检测这种攻击。这里介绍另一种基于语义的攻击方法来对抗第 7 章和第 16 章介绍的算法。语义攻击的原理是利用人类大脑超强的查错与自动纠错能力，一段文字中少部分字的顺序颠倒以后并不影响人类阅读和理解，甚至有可能察觉不到这少量的颠倒。

下面代码先使用扩展库 jieba 对文本进行分词，然后把其中约 30% 的两字词语中的两个字交换顺序，再把处理后的所有词语拼接起来。由于每次被交换的两字词语是随机的，所以每次运行程序处理同样的文本生成的最终文本是不一样的。

```
from random import randint
from jieba import cut

def swap(word):
    # 交换长度为 2 的单词中的两个字顺序，随机选择 30% 进行交换
    if len(word)==2 and randint(1,100)>70:
        word = word[1] + word[0]
    return word

def anti_check(text):
    # 分词，处理长度为 2 个单词，然后再连接起来
    return ''.join(map(swap, cut(text)))

text = ('由于人们阅读时一目十行的特点，有时候个别词语交换'
        '一下顺序并不影响，甚至无法察觉这种变化。'
        '更有意思的是，即使发现了顺序的调整，也不影响对内容的理解。')
print(anti_check(text))
```

下面代码先使用扩展库 jieba 对文本进行分词，然后把所有两字词语中的两个字按拼音升序排列，再把所有词语拼接起来。也可以对两字词语中的两个字按 Unicode 编码进行排序，感兴趣的读者请自行改写代码。

```
from jieba import cut
from pypinyin import pinyin

def swap(word):
    # 处理长度为 2 的单词中的两个字顺序，按拼音顺序升序排列
    if len(word) == 2:
        word = ''.join(sorted(word, key=pinyin))
    return word

def anti_check(text):
    # 代码与上一个程序一样，略

# 测试代码与上一个程序相同，略
```

习　题

一、判断题

1. 递推算法最重要的两个要素是恰当的初始值和正确的递推公式。(　　)

2.Python 标准库 decimal 中的 Decimal 类比内置类型 float 具有更高的精度。(　　)

3. 充分利用相邻项之间的关系是递推算法中减少计算量的重要思路。(　　)

4. 通过重新设计算法把实数运算转换为整数运算，是提高计算精度的重要思路。(　　)

5. 下面 3 种拼接子列表的代码功能相同，前面两种方法速度相差不大，第 3 种方法要慢很多。(　　)

```
from itertools import chain

data = [[0]*100 for _ in range(10000)]
t1 = []
for item in data:
    t1.extend(item)
t2 = list(chain(*data))
t3 = sum(data, [])
```

6. 已知 x=[[i] for i in range(10)] 且已导入模块 itertools 中的 chain() 函数，则表达式 sum(x, []) 和 list(chain(*x)) 功能相同，但后者略慢。(　　)

7. 已知 x=[[i] for i in range(1000)] 且已导入模块 itertools 中的 chain() 函数，则表达式 sum(x, []) 和 list(chain(*x)) 功能相同，但后者略慢。(　　)

8. 表达式 3+5 的功能与 sum((3,5)) 相同，但前者快很多。(　　)

9. 表达式 3*100+4*10+5 的功能与 int("".join(map(str,(3,4,5)))) 相同，但前者快很多。(　　)

10. 下面两个函数的功能相同，n 较小时 func2() 更快一些，n 较大时 func1() 更快一些。(　　)

```
def func1(num):
    return list(map(int, str(num)))

def func2(num):
    digits = []
```

```
    while num > 0:
        digits.append(num%10)
        num = num // 10
    digits.reverse()
    return digits
```

二、编程题

1. 改写计算圆周率近似值的莱布尼茨公式为整数运算，并编写程序实现。

2. 斐波那契数列有很多性质，其中一条是这样的:数列前两项为 1，且从第二项开始，偶数项的平方比其前后两项的乘积少 1,奇数项的平方比其前后两项的乘积多 1。编写程序，根据这个性质生成斐波那契数列的前 n 项。

3. *n* 个同学点外卖，外卖员放在学校门口同学们自己去拿，编写程序计算 *n* 个人全部拿错的可能有多少种。

4. 对任意自然数 *n*，使用包含若干个 2 的幂的列表进行划分，且每个列表中的自然数之和恰好为 *n*。例如,1 划分为 [1],2 划分为 [1,1] 和 [2],3 划分为 [1,1,1] 和 [1,2]，4 划分为 [1,1,1,1]、[1,1,2]、[2,2] 和 [4]。编写程序，计算任意自然数 *n* 有多少种划分方法。

5. 帕多文数列，其中前 3 个数字都是 1，从第 4 个数开始每个数字都是前面第 2 个和第 3 个数字之和，即 $f(n)=f(n-2)+f(n-3)$。当 *n* 足够大时，$f(n)/f(n-1)$ 的值约等于 1.324718，称为塑性数（plastic number）。编写程序，使用递推法计算帕多文数列中第 *n* 项的值。

6. 编写函数，接收一个自然数 *n* 作为参数，把 *n* 与其翻转得到的自然数相加，对得到的结果重复这个操作，直到结果为回文数，也就是正看反看都一样的自然数。例如，当 *n*=69 时有 69+96=165，165+561=726，726+627=1353，1353+3531=4884。如果给定的 *n* 通过上述操作能够得到回文数就返回操作次数和得到的回文数，如果连续操作 500 次还没有得到回文数就返回 None 和当前数字的长度。例如，*n*=69 时返回 (4, 4884)，*n*=79 时返回 (6, 44044)，*n*=196 时返回 (None, 216)。

7. 对于任意自然数，统计各位数字中偶数的个数、奇数的个数以及二者之和，把得到的 3 个数字拼接为新的数字，重复这个操作，一定能得到 123。例如，1234567890==>5510==>134==>123，1==>11==>22==>202==>303==>123。编写程序，计算任意自然数需要几次操作可以得到 123。

8. 一个猜想：对于任意自然数，使用各位数字组成的最大数减去各位数字组成的最小数，对得到的差重复这个操作，最终会到达一个不动点或者陷入一个圈中。不动点是指进行上面的操作总是得到自身，不再变化，或者理解为该数字自己到自己的圈，这样的数字往往称为黑洞数。陷入圈中是指到达一个数字之后，就会一直在固定的几个数字之间循环。例如，从 12345678 开始依次可以得到 12345678, 75308643, 84308652, 86308632, 86326632, 64326654, 43208766, 85317642, 75308643，从第二个数字

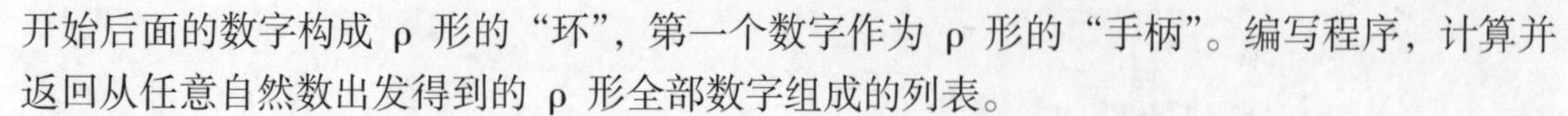

开始后面的数字构成 ρ 形的“环”，第一个数字作为 ρ 形的“手柄”。编写程序，计算并返回从任意自然数出发得到的 ρ 形全部数字组成的列表。

9. 在 8 行 8 列的棋盘上，第 1 个格子里放 1 粒米，第 2 个格子里放 3 粒米，第 3 个格子里放 9 粒米，第 4 个格子里放 27 粒米，每个格子里的米是前一个格子的 3 倍，以此类推，直到 64 个格子都放完。编写程序，求解一共需要多少粒米。假设 500 克米大概有 26000 粒，同时计算这些米有多少吨，换算过程中全部使用整数运算。

10. 编写程序，给定一个介于区间 [1,9] 的自然数 a，计算至少多少个全 a 自然数才能被另一个给定的自然数整除，如果超过 1 万位仍不能整除则返回 None。

11. 编写程序，给定 3 个自然数 a0、n、k，返回一个数列中第 k 个数字，数列中第一个数为 a0，后面数字的生成规则为 a[i]=(a[i-1]**2+a0)%n。

12. 小明设计了一个游戏，先往空碗里放一粒黑芝麻，然后开始下面的操作：把碗里的芝麻倒出来逐个检查，每遇到 1 粒黑芝麻就放 1 粒黑芝麻和 3 粒白芝麻到碗里，每遇到 1 粒白芝麻就放 1 粒白芝麻和 2 粒黑芝麻到碗里，检查完之后再把原来的所有芝麻放回到碗里。编写程序，计算第 n 次操作之后碗里一共有多少粒芝麻。

13. 编写程序，给定两个非 0 整数 a 和 b 表示真分数 a/b，对其进行约分至最简分数形式，如果分子和分母均为负整数则最终结果为正分数。

14. 给定区间 [1,n] 上所有自然数的一个排列，相邻两个数字相加得到一个新的序列，对新的序列重复上面的操作，最终得到一个数字。例如，假设 n=5 且初始排列为 1、2、3、4、5，计算过程如下：

```
1     2     3     4     5
   3     5     7     9
      8    12    16
        20    28
           48
```

编写程序，对给定的数列完成上面的计算，使用递推法求解最终得到的数字。

15. 重做上一个题目，分析三角形计算过程与杨辉三角形以及组合数的关系，根据关系直接计算最终得到的数字。

16. 假设一段楼梯有 15 个台阶，小明每步可以上 1 个或 2 个台阶，并且前两个台阶总是会一步迈上去，那么小明一共有多少种方法可以到达第 15 个台阶。

17. 设有矩阵 $\boldsymbol{A}=\begin{bmatrix}1 & 1\\1 & 0\end{bmatrix}$，则有 $\boldsymbol{A}^n=\begin{bmatrix}F_{n+1} & F_n\\F_n & F_{n-1}\end{bmatrix}$，其中 F_n 为斐波那契数列中第 n 个数字。理解该算法原理，并编写程序使用扩展库 NumPy 进行实现。

第5章　递归与回溯算法

递归是一种重要的算法结构和编程技巧，常用来实现回溯法、分治法（见第9章）和动态规划算法（见第10章），在分形几何学等众多领域中也有广泛应用。递归算法的主要思路是，在保证问题性质不变的前提下把大问题转化为小问题（这个过程为“递”），不断地减小问题规模，直到问题规模小到可以直接处理，然后再一层一层地返回并合成得到原问题的解（这个过程为“归”）。

在程序设计中，如果一个函数中又调用这个函数自己，自己又调用自己，……，这样的函数称为递归函数。在具体实现时，递归算法有个限制，那就是递归深度不能太深。虽然在Python中可以通过内置模块sys的函数setrecursionlimit()来修改最大递归深度，但也不能设置得太大，因为线程栈的大小还受操作系统的限制，并且参数也不能超过C语言整数大小的限制，否则会抛出异常并提示“OverflowError: Python int too large to convert to C int”。

回溯是一种重要的算法思想，根据问题描述和给定的数据创建一棵隐式的树或图并进行深度优先搜索（这个技术在后面多个章节的例题中都有应用），沿着一条路往前试探，能进则进，不能进就换旁边一条路再试，无路可换就往回退一步到上一个路口再换一条路继续尝试，不停地选择、尝试和撤回。回溯法类似于穷举法，试图在所有可能的解中寻找最优解，但区别在于回溯法会构造约束函数（不同问题的约束函数也不同，具体问题具体分析）进行剪枝，提前结束不可能得到答案的搜索。如果没有剪枝，回溯法就变成了穷举法。

具体编程实现时，回溯往往通过递归来实现（也可以使用非递归实现），时间复杂度一般为指数级别，不会记录已经计算的子问题解，已经计算过的结果无法得到有效复用，存在大量的重复计算，除非采用额外的技巧。

回溯法代码可以抽象为下面的框架：

```
result = []
def backtrack(路径, 选择列表)
    if 路径满足结束条件
        result.add(路径)
        return
```

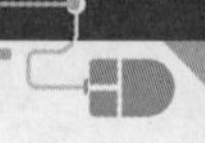

```
for 遍历下一步可能的每个选择
    做选择，如果需要的话可以在这里进行剪枝，某些情况下不再递归调用函数
    backtrack(更新后的路径，更新后的选择列表)
    撤销选择
```

5.1 数学类问题算法设计与应用

例 5-1　计算 3 的 n 次方。

在 Python 中使用乘法运算符“*”、幂运算符“**”或者内置函数 pow() 可以解决这个问题，这里主要介绍递归算法的应用和优化。下面的代码把幂运算转换成了递归函数和加法，并且使用空间换时间来减少重复计算。标准库 functools 中的修饰器函数 lru_cache() 用来给函数增加辅助缓存，用来保存一定数量的中间结果，需要再次计算时如果缓冲区中已经存在就直接使用，效率提升非常明显。如果缓冲区满了就把最近使用次数最少的一个数据删除，腾出空间来存储新的数据。

```
from functools import lru_cache

# 缓冲区大小范围为 1~128，可以删除下一行 @lru_cache(maxsize=64) 并比较速度差别
@lru_cache(maxsize=64)
def func(n):
    if n == 0:
        return 1
    # 下面表达式写成 func(n-1) * 3 的效率更高，这里主要体现缓冲区的作用
    return func(n-1) + func(n-1) + func(n-1)

print(func(5), func(25), func(225), sep=',')
```

例 5-1

例 5-2　计算斐波那契数列中第 n 个数字。

已知斐波那契数列中的数字具有以下特点：

$$F(n)=\begin{cases}1, & n=1,2\\ F(n-1)+F(n-2), & n>2\end{cases}$$

根据上面公式使用递归算法计算数列中的值，属于从上向下的设计，存在大量重复计算。以 $F(5)$ 为例，其计算过程可以使用图 5-1 中的二叉树来描述。从图中容易看出，这样的求解过程存在大量的重复计算，效率非常低。缓解这一问题的一种方法是利用缓存适当记忆中间结果，基于记忆的搜索是动态规划算法的实现方式之一，详见第 10 章。

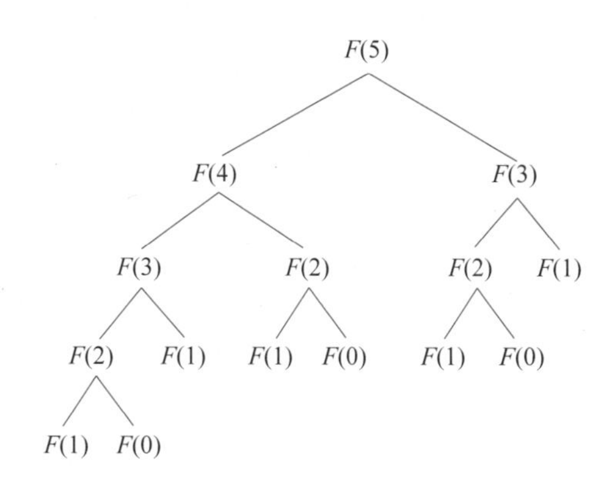

图 5-1　生成斐波那契数列的递归算法对应的二叉树

```
from functools import lru_cache

@lru_cache(maxsize=64)
def fib(n):
    if n <= 2:
        return 1
    return fib(n-1) + fib(n-2)

print(fib(5), fib(25), fib(225), fib(555), sep=',')
```

下标的代码使用列表作为自定义缓冲区来保存中间数据，感兴趣的读者参考其中的思路改为使用字典作为缓冲区。

```
def fib(n):
    # 第一个元素不使用
    buffer = [0] * (n+1)
    buffer[1] = 1
    def nested(n):
        if n < 2:
            return buffer[n]
        if buffer[n] == 0:
            buffer[n] = nested(n-1) + nested(n-2)
        return buffer[n]
    nested(n)
    return buffer[n]
```

例 5-3　使用递归算法计算杨辉三角形中的数字。

杨辉三角形的递推算法实现见第 4 章，这里使用递归算法重新实现。杨辉三角形中的数字与组合数、二项式系数有关，是一个非常有价值的三角形，把“数形结合”引入了计算数学，通过二项式展开式系数计算公式来计算系数称为“式算”，通过杨辉三角形计算系数称为“图算”。假设行号和列号都从 0 开始，那么杨辉三角形第 m 行的数字就是二项式 $(x+y)^m$ 展开后的每项系数，第 m 行 n 列的数字就是组合数 C_m^n。

根据帕斯卡公式 $C_n^i=C_{n-1}^i+C_{n-1}^{i-1}$，可以把 C_n^i 看作二叉树的根，把 C_{n-1}^i 和C_{n-1}^{i-1}分别看作左右子节点，这两个节点又可以按照同样的规律得到各自的左右子节点，如图 5-2 所示。随着二叉树的向下扩展，左子节点最终会变成 $C_i^i=1$，右子节点最终会变成 $C_{n-i}^0=1$，这两个特殊情况可以作为递归结束条件。

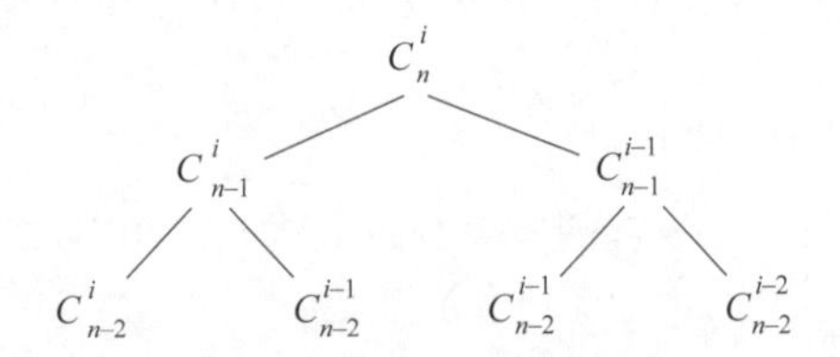

图 5-2　帕斯卡公式示意图

从图 5-2 可知，这棵二叉树上有两个相同的节点C_{n-2}^{i-1}，并且它们分裂的方式也完全相同，也就是说存在两棵一模一样的子树，这就意味着存在重复计算。对于类似的问题，适合使用标准库 functools 提供的修饰器函数 lru_cache() 来优化。

```
from functools import lru_cache

@lru_cache(maxsize=64)
def cni(n, i):
    if n==i or i==0:
        return 1
    return cni(n-1,i) + cni(n-1,i-1)

def yanghui(num):
    for n in range(num):
        for i in range(n+1):
            print(str(cni(n, i)).ljust(4), end=' ')
        print()
yanghui(8)
```

例 5-4　连接若干自然数为一个大自然数。

在例 4-13 中用来连接自然数的几个函数都属于递推和迭代算法，下面的函数使用递归法和分治法（见第 9 章）解决同样的问题，并且速度比例 4-13 中 func2()、func3()、func4()、func5() 略快，原因在于减少了大数相乘的次数，转换为若干次小自然数相乘。例如，对于 [1,2,3,4]，连接过程为 [1*10**1+2,3*10**1+4]==>[12,34]==>[12*10**2+34]==>1234。

下面函数延续了例 4-13 中的函数编号，读者可以很容易地放到一起来测试和比较几个函数的执行速度。

```
from math import log10

def func7(data):
    n = len(data)
    if n == 0:
        return 0
    if n == 1:
        return data[0]
    if n == 2:
        return data[0]*10**int(log10(data[1])+1) + data[1]
    middle = n // 2
    pre, aft = func7(data[:middle]), func7(data[middle:])
    return pre*10**int(log10(aft)+1) + aft
```

5.2　其他类问题算法设计与应用

例 5-5　使用递归算法求解小明爬楼梯问题，问题描述与分析见例 4-20。

```
from functools import lru_cache

@lru_cache(maxsize=64)
def climb_stairs2(n):
    first3 = {1:1, 2:2, 3:4}
    return (first3.get(n) or
            climb_stairs2(n-1) + climb_stairs2(n-2) + climb_stairs2(n-3))
```

例 5-6　使用递归法判断回文。

回文的其他判断方法见例 2-17 和例 3-34，这里给出递归法的两种不同实现。

```
def is_palindrome3(text):
    if len(text) <= 1:
        return True
    if text[0] != text[-1]:
        return False
    return is_palindrome3(text[1:-1])

def is_palindrome4(text, start=None, end=None):
    if start==None or end==None:
        start, end = 0, len(text)-1
    if start >= end:
```

```
        return True
    if text[start] != text[end]:
        return False
    return is_palindrome4(text, start+1, end-1)
```

例 5-7　求解汉诺塔问题中盘子的移动过程。

汉诺塔由法国数学家弗朗索瓦 · 爱德华 · 阿纳托尔 · 卢卡斯（François Édouard Anatole Lucas）于 1883 年提出，其灵感来自一个传说。从前有座山，山上有个庙，庙里有一个梵塔，塔内有 3 个柱子 A、B、C，在 A 柱子上有 64 个盘子，盘子大小不等，大的盘子在下，小的盘子在上。有一个和尚想把这 64 个盘子从 A 柱子移到 C 柱子，每次只能移动一个盘子，移动过程中可以利用 B 柱子，任何时刻 3 个柱子上的盘子都必须始终保持大盘在下、小盘在上的顺序。如果只有一个盘子，则不需要利用 B 柱子，直接将盘子从 A 移动到 C 即可。和尚应该如何完成这个任务呢？

假设庙里有很多和尚，对其从 1 开始编号。1 号和尚的想法是让 2 号和尚帮忙把最上面的 63 个盘子按照规则从 A 柱子拿到 B 柱子，然后自己把最下面的那个盘子从 A 柱子拿到 C 柱子，最后再请 2 号和尚帮忙把 B 柱子上的 63 个盘子拿到 C 柱子上，就完成任务了，如图 5-3~ 图 5-6 所示。

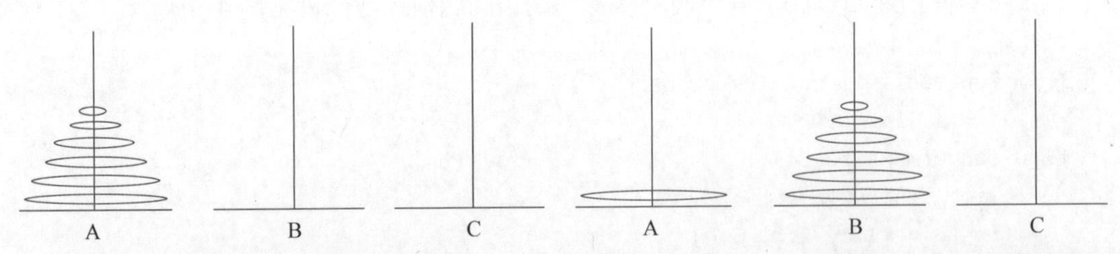

图 5-3　汉诺塔问题示意图（初始状态）

图 5-4　移动 A 柱子上面的 n–1 个盘子到 B 柱子，可以借助 C 柱子

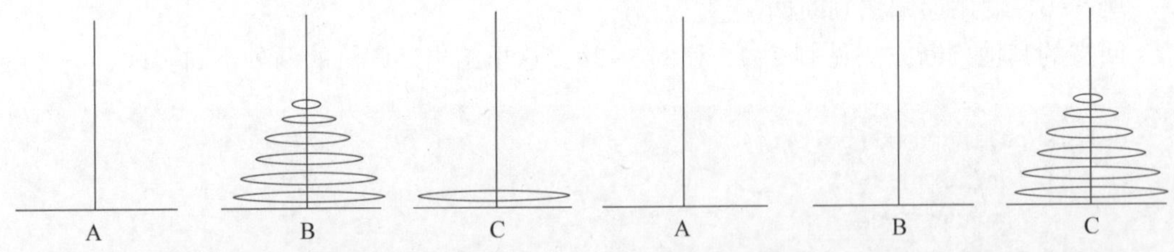

图 5-5　移动 A 柱子上最下面的 1 个盘子到 C 柱子

图 5-6　移动 B 柱子的 n–1 个盘子到 C 柱子，可以借助 A 柱子

2 号和尚面对 63 个盘子也很为难，于是找来 3 号和尚请他帮忙把最上面的 62 个盘子按照规则拿到 C 柱子，然后自己把第 63 个盘子拿到 B 柱子，3 号和尚再帮忙把 C 柱子上的 62 个盘子拿到 B 柱子，这样 2 号和尚也完成任务了。以此类推，每个和尚都请别人帮自己把上面的 n–1 个盘子拿到正确的柱子上，自己只需要处理第 n 个盘子就可以了。同

题逐步简化，最后一个和尚只需要处理最顶上的一个盘子即可，不需要再请别人帮忙，可以直接完成任务。

这是一个非常巨大的工程，是一个不可能完成的任务。根据数学知识我们可以知道，移动 n 个盘子需要 2^n-1 步，64 个盘子需要 18446744073709551615 步。如果每步需要一秒的话，至少也需要 584942417355.072 年才能完成。

下面的程序使用递归算法实现了盘子移动过程的求解。

```
def hannoi1(num, src, dst, temp=None):
    # 确认参数类型和范围
    assert type(num)==int and num>0, 'num 必须为正整数'
    # 声明用来记录移动次数的变量为全局变量
    global times
    # 只有一个盘子需要移动，这也是函数递归调用的结束条件
    if num == 1:
        print(f'The {times} Times move:{src}==>{dst}')
        times = times + 1
    else:
        # 递归调用函数自身，先把除最后一个盘子之外的所有盘子移动到临时柱子上
        hannoi1(num-1, src, temp, dst)
        # 把最后一个盘子直接移动到目标柱子上
        hannoi1(1, src, dst)
        # 把除最后一个盘子之外的其他盘子从临时柱子上移动到目标柱子上
        hannoi1(num-1, temp, dst, src)

# 用来记录移动次数的变量
times = 1
# A 表示最初放置盘子的柱子，C 是目标柱子，B 是临时柱子
hannoi1(3, 'A', 'C', 'B')
```

下面程序改用字典并输出了每次移动后 3 根柱子上的盘子，算法核心仍然是递归。

```
def hannoi2(num, src, dst, temp=None):
    if num < 1:
        return
    global times
    # 递归调用函数自身，先把除最后一个盘子之外的所有盘子移动到临时柱子上
    hannoi2(num-1, src, temp, dst)
    # 移动最后一个盘子
    print(f'The {times} Times move:{src}==>{dst}')
    towers[dst].append(towers[src].pop())
    for tower in 'ABC':
        # 输出 3 根柱子上的盘子
```

```
        print(tower, ':', towers[tower])
    times = times + 1
    # 把除最后一个盘子之外的其他盘子从临时柱子上移动到目标柱子上
    hannoi2(num-1, temp, dst, src)

times, n = 1, 3
# 初始状态，所有盘子都在 A 柱上
towers = {'A':list(range(n, 0, -1)), 'B':[], 'C':[]}
# n 表示盘子数量，A 表示最初放置盘子的柱子，C 是目标柱子，B 是临时柱子
hannoi2(n, 'A', 'C', 'B')
```

下面程序使用非递归算法重新求解汉诺塔问题，可以解除输出语句的注释方便理解。

```
def hannoi3(n):
    # top 表示 3 个柱上的盘子数量，tower 表示 3 个柱上的盘子，初始时盘子都在第一个柱上
    top, tower = [3,0,0], [[n+1-i,n+1,n+1] for i in range(n+1)]
    # print(*tower, sep='\n')
    b, bb, min_ = (n%2==1, True, 0)
    # 移动盘子，直到所有盘子都移动到中间的柱上
    while top[1] < n:
        # print(top)
        if bb:
            x = min_
            # n 为奇数时顺时针移动盘子，偶数时逆时针移动盘子
            y = (x+1) % 3 if b else (x+2) % 3
            min_, bb = y, False
        else:
            x, y, bb = (min_+1)%3, (min_+2)%3, True
            if tower[top[x]][x] > tower[top[y]][y]:
                x, y = y, x
        # 从 x 柱子上移动一个盘子到 y 柱子上
        print(chr(65+x), chr(65+y), sep='==>')
        tower[top[y]+1][y] = tower[top[x]][x]
        # 更新每个柱子上盘子数量
        top[x], top[y] = top[x] - 1, top[y] + 1
    # print(top)
    # print(*tower, sep='\n')

hannoi3(3)
```

下面代码使用了同样的算法，但更加简洁，原始代码由国防科技大学刘万伟老师提供，本书略做修改。

```
def hannoi4(n):
    # L 用来记录移动过程中每个盘子的当前位置
    # L[i] 值为 0、1、2 分别表示第 i 个盘子在 A、B、C 柱子上
    # 初始都在 A 柱子上，即 chr(65+0)
    L = [0] * n
    # n 个盘子一共需要移动 2^n-1 次才能完成
    for i in range(1, 2**n):
        # 假设盘子编号分别为 0,1,2,...,n-1
        # 第 i 步应该移动的盘子编号，正好是 i 的二进制形式中最后连续的 0 的个数
        b_i = bin(i)
        j = len(b_i[b_i.rfind('1')+1:])
        print(f'第{i}步：移动盘子{j+1},{chr(65+L[j])}->', end=' ')
        # 把 A、B、C 三根柱子摆成三角形，把第 j 个盘子移动到下一根柱子上
        # 根据 j 的奇偶性决定是顺时针移动还是逆时针移动
        L[j] = ((L[j]+1)%3 if j%2 == 0 else (L[j]+2)%3)
        # 下一根柱子，这里 65 是 A 的 ASCII 码
        print(chr(65+L[j]))

hannoi4(3)
```

例 5-8　求解八皇后问题。

八皇后问题是一个经典的回溯算法问题，由国际象棋棋手马克斯·贝瑟尔（Max Bezzel）于 1848 年提出，德国数学家约翰·卡尔·弗里德里希·高斯（德文名字为 Johann Carl Friedrich Gauß）对该问题做了大量研究。该问题核心要求为：在国际象棋棋盘（8 行 8 列）上摆放 8 个皇后，其中任意两个都不能位于同一行、同一列或同一斜线上。

例 5-8

```
def is_conflict(perm, last):
    # 如果行下标 last 的皇后与前面的皇后有冲突就返回 True，否则返回 False
    for i in range(last):
        if perm[i]==perm[last] or last-i==abs(perm[last]-perm[i]):
            return True
    return False

def queen8_1(n):
    # perm 中 -1 表示没有放置皇后，非负整数表示皇后位置的列下标
    result, perm, current = [], [-1]*n, 0
    while current >= 0:
        perm[current] = perm[current] + 1
        while perm[current]<n and is_conflict(perm,current):
            # 寻找一个不冲突的位置
            perm[current] = perm[current] + 1
```

```
        if perm[current] == n:
            # 所有位置都冲突，该行无法放置皇后，回退
            perm[current] = -1
            current = current - 1
        elif current < n-1:
            # 放置成功，继续尝试下一个皇后
            current = current + 1
        else:
            # 找到一个有效解，记录
            result.append(tuple(perm))
    return sorted(result)

print(queen8_1(8))
```

下面代码演示了另一种实现方式。

```
def is_valid(perm, col):
    # 当前皇后所在的行号，这里已经隐式保证每个皇后的行号不同
    row = len(perm)
    # 检查 (row,col) 这个位置是否可以放皇后，与 perm 中已经放好的皇后们是否有冲突
    for r, c in enumerate(perm):
        # 如果这一列已有皇后，或者某个皇后与当前皇后的水平与垂直距离相等
        # 就表示当前皇后位置不合法，不允许放置
        if c == col or abs(row-r) == abs(col-c):
            return False
    return True

def queen8_2(n, perm=()):
    # 参数 perm 为已经有皇后的列号，每个元素的下标对应行号
    # (3,5,6) 表示第 0 行皇后列下标为 3，第 1 行皇后列下标为 5，第 2 行皇后列下标为 6
    # 已是最后一个皇后，保存本次结果
    if len(perm) == n:
        return [perm]
    res = []
    for col in range(n):
        # 检查 perm 指定的位置已经有皇后的情况下，下一行的 col 列位置能不能放皇后
        if not is_valid(perm, col):
            continue
        for r in queen8_2(n, perm+(col,)):
            res.append(r)
    return res

# 形式转换，最终结果中包含每个皇后所在的行号和列号
```

```
result = [[(r, c) for r, c in enumerate(s)] for s in queen8_2(8)]
# 输出合法结果的数量
print(len(result))
# 输出所有可能的结果，也就是所有皇后的摆放位置
# 结果中每个皇后的位置是一个元组，里面两个数分别是行号和列号
for r in result:
    print(r)
```

例 5-9 （根据中国传媒大学胡凤国老师交流的题目改写）学校举办亲子趣味运动会，规定每个孩子必须有一个家长陪同。所有的家长一组，孩子一组，为确保孩子们的安全，上场后每位家长最多只能照看一个孩子（不必须是自己的孩子），每个孩子上场时必须保证场上至少有一个家长能照看他。例如，假设每队 3 个人，那么可能的出场方案有 5 种：

大大大小小小

大大小小大小

大大小大小小

大小大大小小

大小大小大小

编写函数，参数 n 表示孩子的数量（3<=n<=15），计算并返回有多少种出场方案。

在下面的程序中，使用 1 表示家长，-1 表示小孩。如果场上表示家长的 1 和表示小孩的 -1 之和大于 0 则表示有空闲的家长，如果为 0 则表示没有空闲的家长，根据游戏规则不能小于 0。

```
def func1(n):
    # 出场方案数量，允许上场的最大总人数
    result, n2 = 0, n*2
    def nested(sum_, len_):
        # sum_ 表示前面已安排的元素之和，len_ 表示元素个数
        # nonlocal 关键字用于在内层函数中声明要使用和修改外层函数定义的变量
        nonlocal result
        # 人数符合要求
        if len_ == n2:
            # sum_=0 表示父子或母子组合是闭合的，符合要求
            if sum_ == 0:
                result = result + 1
            return
        if sum_ == 0:
            # 前面的组合已闭合，下一个只能是家长
            nested(sum_+1, len_+1)
        elif sum_ > 0:
            # 前面的家长比孩子多，下一个可以是家长或孩子
            # 注意，这里可能会产生场上全是家长这样明显不符合要求的情况
```

```
            nested(sum_+1, len_+1)
            nested(sum_-1, len_+1)
    nested(1, 1)
    return result
```

下面的代码优化了剪枝算法，提前结束不可能的组合，进一步减少了不必要的计算，从而加快了处理速度。

```
def func2(n):
    result, n2 = 0, n*2
    def nested(sum_, len_, parent):
        # sum_表示already中所有元素之和，len_表示元素个数
        # parent表示场上大人的数量，用于后面剪枝减少计算量
        nonlocal result
        if len_ == n2:
            # 所有人都已上场
            result = result + 1
            return
        if sum_ == 0:
            # 已上场的父子组合已闭合，下一个只能是大人
            nested(1, len_+1, parent+1)
        elif sum_ > 0:
            # 已上场的大人比小孩多，下一个可以是大人或小孩
            if parent < n:
                # 还有家长没上场时才可以安排家长上场
                nested(sum_+1, len_+1, parent+1)
            nested(sum_-1, len_+1, parent)
    nested(1, 1, 1)
    return result

print(func1(3), func2(3))
print(func1(13), func2(13))
```

例 5-10

例 5-10　基于深度优先遍历和广度优先遍历的目录树遍历。

目录树遍历是非常有用的技术，下面两个函数可以作为框架，补充代码可以完成很多任务，例如在目录树中查找特定的文件、磁盘垃圾文件清理、合并文件、文件批量自动备份等。其中用到的深度优先遍历和广度优先遍历技术在本书多个例题中有应用。

```
from os import listdir
from os.path import isdir, join, isfile
from collections import deque
```

```
def depth_first(directory):
    print(directory)
    for subPath in listdir(directory):
        path = join(directory, subPath)
        if isfile(path):
            print(path)
        elif isdir(path):
            depth_first(path)

def width_first(directory):
    # 双端队列，内部是 C 语言实现的双向链表，左侧操作速度比 Python 列表快
    dirs = deque([directory])
    while dirs:
        current = dirs.popleft()
        for subPath in listdir(current):
            path = join(current, subPath)
            # 这个选择结构可以简化，这里没有简化是为了做框架扩展代码时更方便
            if isfile(path):
                print(path)
            elif isdir(path):
                print(path)
                dirs.append(path)

root = r'e:\test'
depth_first(root)
print('='*20)
width_first(root)
```

例 5-11　给定若干正整数，寻找其中 *k* 个元素之和为指定值的所有组合。

这个问题优化的关键有两点：一是减少要测试的组合数量，二是测试组合时减少计算量。由于检查每个组合是否符合要求所需要的计算量很小，所以如何减少要测试的组合数量是关键。另外，为了减少组合数量和计算量，可能会额外引入一些辅助操作和计算，这时必须要综合考虑，如果减少的计算和额外引入的计算不能互相抵消，反而会导致效率下降，这是在优化任何算法时都必须考虑的问题。为方便阅读，我们分段学习下面的程序，读者运行时请把几段代码放到同一个程序文件中运行。

下面函数使用最原始的枚举法生成所有可能的组合，然后逐个检查每个组合是否满足条件，最后的排序操作是为了比较几个函数的返回值是否相同，实际使用时并不是必需的。

```
from time import time
from random import choices
from collections import deque
from itertools import combinations
```

```
def func1(numbers, k, sum_):
    comb = combinations(numbers, k)
    # 逐个检查，只保留符合条件的组合
    result = [item for item in comb if sum(item)==sum_]
    return sorted([sorted(item) for item in result])
```

下面函数依然是生成所有可能的组合，只是在检查某个组合是否满足条件时采用了一点技巧，没有使用内置函数 sum() 对组合中的数字求和，而是使用循环结构逐个相加，一旦发现超过指定的数字就提前结束检查。虽然代码增加了，但计算量略小。

```
def func2(numbers, k, sum_):
    result = []
    for item in combinations(numbers, k):
        # 逐个计算每个组合的元素之和，提前跳过不可能的组合
        t = 0
        for num in item:
            t = t + num
            if t > sum_:
                # 执行 break 后内循环结束，不再执行 else 中的代码
                break
        else:
            # 如果内循环自然结束，没有执行 break 语句，就继续执行 else 中的代码
            if t == sum_:
                result.append(item)
    return sorted([sorted(item) for item in result])
```

下面函数首先对原始数据升序排列，然后生成所有可能的组合。在检查某个组合是否满足条件时分为 3 步，如果组合中最大的数字已经超过要求的和就立即结束检查，如果假设组合中所有数字都与最大值相等但相加之和仍小于要求的和也立即结束检查，这样的预处理可以再减少一些计算量。

```
def func3(numbers, k, sum_):
    # 这个排序是灵魂，可以保证后面所有的组合都是升序排列
    numbers.sort()
    result = []
    for item in combinations(numbers, k):
        # 每个组合都是升序排列，这一点非常重要
        if item[-1] > sum_:
            continue
        if item[-1]*k < sum_:
            continue
        if sum(item) == sum_:
```

```
            result.append(item)
    return sorted([sorted(item) for item in result])
```

下面函数综合了上面两个函数的优点，进一步减少了计算量。

```
def func4(numbers, k, sum_):
    # 这个排序是灵魂，可以保证后面所有的组合都是降序排列
    numbers.sort(reverse=True)
    result = []
    for item in combinations(numbers, k):
        # 每个组合都是降序排列，这一点非常重要
        # 尽量提前结束判断
        if item[0] > sum_:
            continue
        if item[0]*k < sum_:
            break
        t = 0
        for num in item:
            t = t + num
            if t > sum_:
                break
        else:
            if t == sum_:
                result.append(item)
    return sorted([sorted(item) for item in result])
```

下面函数首先删除原始数据中大于给定数字的数字（这样的数字不可能出现在有效组合中），然后再生成可能的组合并逐个检查，大幅度减少了组合的数量，循环次数大量减少，这是效率提升的关键所在。

```
def func5(numbers, k, sum_):
    # 删除大于 sum_ 的单个数字，然后降序排列
    numbers = sorted([num for num in numbers if num<=sum_], reverse=True)
    result = []
    for item in combinations(numbers, k):
        if item[0]*k < sum_:
            break
        t = 0
        for num in item:
            t = t + num
            if t > sum_:
                break
```

```
        else:
            if t == sum_:
                result.append(item)
    return sorted([sorted(item) for item in result])
```

下面代码中函数是在与华东理工大学罗勇军老师交流过程中反复优化的结果，把待测试组合的数量减少到了极致，在几种方法中效率最高。代码中首先删除不可能的数字，然后使用深度优先遍历的方式生成多叉树，并且在生成过程中及时剪枝，每次剪枝会直接丢弃多个不符合要求的组合。例如，在 [1, 2, 7, 4, 5, 12, 6, 15, 1] 中查找相加之和为 10 的 4 个数字，首先删除 12 和 15，然后使用剩余数字 [1, 2, 7, 4, 5, 6, 1] 来生成多叉树，最终结果如图 5-7~ 图 5-10 所示，带阴影的部分为所求的解。

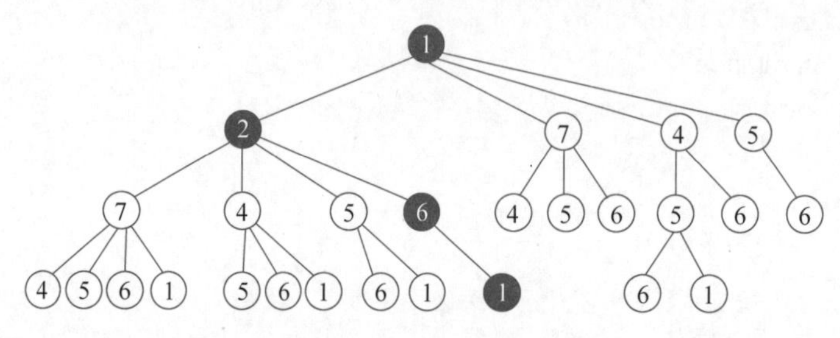

图 5-7　以 1 开头的多叉树

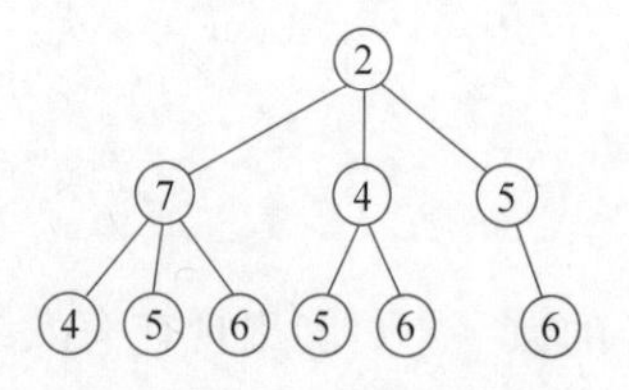

图 5-8　以 2 开头的多叉树

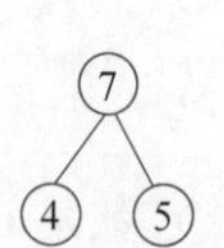

图 5-9　以 7 开头的多叉树

图 5-10　以 4 开头的多叉树

图 5-7~
图 5-10
的彩图

```
def func6(numbers, k, sum_):
    # 删除大于 sum_ 的元素，降序排序也有助于尽早剪枝
    numbers = sorted([num for num in numbers if num<=sum_], reverse=True)
    result, length = [], len(numbers)
    def nested(comb, sum_comb, n, start):
        if n > k:
            return
        if n == k:
            if sum_comb == sum_:
                # 符合要求，记录
                result.append(comb)
        else:
            # 继续扩展，尝试把后面的元素加入组合
```

```
        for index, num in enumerate(numbers[start:], start=start):
            # 后面元素数量不够或元素之和大于指定值，剪枝
            if index+(k-n)>length or sum_comb>sum_:
                break
            # 组合，组合中元素之和，组合中元素数量，下一个元素的下标
            nested(comb+(num,), sum_comb+num, n+1, index+1)
    # 开始组合为空，元素之和为 0，元素数量为 0，起始下标为 0
    nested((), 0, 0, 0)
    return sorted([sorted(item) for item in result])
```

下面代码中的函数思路与上一段类似，但使用了广度优先遍历的算法，没有使用递归函数，空间开销非常大，对内存操作次数也较多。

```
def func7(numbers, k, sum_):
    numbers = sorted([num for num in numbers if num<=sum_], reverse=True)
    length = len(numbers)
    # bfs_tree 也可以使用列表来实现，但在头部弹出元素的效率要低一些
    result, bfs_tree = [], deque([])
    # 初始化，组合中可能的第一个元素，后面元素数量不够时直接不考虑
    for index, num in enumerate(numbers[:-k+1]):
        bfs_tree.append([index, 1, num, num])
    while bfs_tree:
        # bfs_tree 中每个元素为一个可能的组合，形式为
        # [最后一个元素在 numbers 中的下标 , 元素数量 , 元素之和 , 元素 1, 元素 2, ...]
        start, n, sum_comb, *comb = bfs_tree.popleft()
        # 尝试在当前组合的后面追加后面的元素作为下一个元素
        start = start + 1
        for index, num in enumerate(numbers[start:], start=start):
            # 后面元素数量不够时结束，当前组合中元素数量已达 k 个时结束
            if index+(k-n) > length:
                break
            # 当前元素无法加入组合，跳过，继续尝试后面更小的元素
            sn = sum_comb + num
            if sn > sum_:
                continue
            # 当前元素作为组合中的下一个元素
            t = [index, n+1, sn, *comb, num]
            if t[1]==k and t[2]==sum_:
                # 满足要求，记录
                result.append(t[3:])
            elif t[1] < k:
                # 当前组合中元素数量小于预期，继续扩展
```

```
                bfs_tree.append(t)
    return sorted([sorted(item) for item in result])
```

编写代码测试几个函数的执行速度。

```
numbers, n, k, sum_ = choices(range(100), k=60), 1, 7, 50
result = set()
for func in (func1,func2,func3,func4,func5,func6,func7):
    start = time()
    result.add(str(func(numbers, k, sum_)))
    print(time()-start)
# 如果几个函数返回值相同，最终集合中只有一个元素
print(len(result)==1)
```

某次运行结果如下。修改程序中变量 numbers、n、k、sum_ 的值以及 range() 函数的范围再重新运行程序会发现，几个函数的速度变化是不一样的，当问题规模变大时组合数量急剧增加，前面的 4 个函数不管怎么优化都很难有大的成效，最后两个函数的运行时间总是最短的。要注意的是，如果原始数据中允许包含负整数，只有第一个函数的结果是正确的，后面的几个函数都不适合列表中存在负数的场景。

```
50.06993293762207
30.203981161117554
19.075972318649292
15.416975498199463
0.421004056930542
0.0009999275207519531
0.0
True
```

当问题规模变大时，前面 4 个函数的运行时间会变得非常慢，为测试最后两个函数的性能，把测试代码改写如下：

```
from time import time
from random import choices
from collections import deque

def func6(numbers, k, sum_):
    numbers = [num for num in numbers if num<=sum_]
    numbers.sort(reverse=True)
    # 这里 result 为整型变量，不再是列表
    result, length = 0, len(numbers)
    def nested(comb, sum_comb, n, start):
```

```
        nonlocal result
        if n > k:
            return
        if n == k:
            if sum_comb==sum_:
                # 只记录组合的数量，不记录具体的组合
                result = result + 1
        else:
            for index, num in enumerate(numbers[start:], start=start):
                if index+(k-n)>length or sum_comb>sum_:
                    break
                nested(comb+(num,), sum_comb+num, n+1, index+1)
    nested((), 0, 0, 0)
    return result

def func7(numbers, k, sum_):
    numbers = [num for num in numbers if num<=sum_]
    numbers.sort(reverse=True)
    length = len(numbers)
    # 这里 result 是整型变量，不再是列表
    result, bfs_tree = 0, deque([])
    for index, num in enumerate(numbers[:-k+1]):
        bfs_tree.append([index, 1, num, num])
    while bfs_tree:
        start, n, sum_comb, *comb = bfs_tree.popleft()
        start = start + 1
        for index, num in enumerate(numbers[start:], start=start):
            if index+(k-n)>length:
                break
            sn = sum_comb + num
            if sn > sum_:
                continue
            t = [index, n+1, sn, *comb, num]
            if t[1]==k and t[2]==sum_:
                # 只记录组合的数量，不记录具体的组合
                result = result + 1
            elif t[1] < k:
                bfs_tree.append(t)
    return result

numbers, k, sum_ = choices(range(100), k=80), 20, 300
for func in (func6,func7):
    start = time()
    print(func(numbers, k, sum_), time()-start)
```

某次运行结果如下：

```
77885 339.69126200675964
77885 450.3695447444916
```

把上面的代码倒数第 4 行修改如下：

```
numbers, k, sum_ = choices(range(100), k=85), 20, 300
```

重新运行程序，结果如下：

```
7434388 1725.0640943050385
7434388 2701.4538288116455
```

最后，本例的问题也可以看作 0-1 背包问题，也就是列表中每个元素选或不选，使得被选元素之和恰好等于给定的值。

5.3 尾递归优化

尾递归是递归算法的一种优化技巧，需要编程语言和编译器或解释器的支持。尾递归不具有通用性，有些问题的求解过程可以利用尾递归的特性来优化，有些则无法改写。尾递归是指函数调用出现在函数的尾部最后一条语句，并且函数返回值不作为其他表达式的一部分。如果编译器支持尾递归优化的话，这种情况下将不会保存返回位置，从而避免线程栈空间不够的问题，并且提高代码运行速度。Python 默认没有进行尾递归优化，可以自己实现。

例 5-12　使用尾递归求解斐波那契数列中的第 *n* 项。

```
import sys

# 默认情况下整数不能超过 4300 位，设置突破这个限制
sys.set_int_max_str_digits(9000000)

# 自定义异常类
class TailRecurseException(BaseException):
    def __init__(self, args, kwargs):
        self.args, self.kwargs = args, kwargs

# 定义尾递归修饰器
def tail_call_optimized(g):
```

```
    def func(*args, **kwargs):
        # 获取栈帧
        f = sys._getframe()
        if f.f_back and f.f_back.f_back and\
           f.f_back.f_back.f_code == f.f_code:
            raise TailRecurseException(args, kwargs)
        else:
            while True:
                try:
                    # 使用修改后的参数
                    return g(*args, **kwargs)
                except TailRecurseException as e:
                    args, kwargs = e.args, e.kwargs
    return func

# 这里不加尾递归修饰器会提示超出递归深度限制
@tail_call_optimized
def tail_fib(n, a=0, b=1):
    # 尾递归，用迭代的思路去理解
    if n == 1:
        return b
    # 符合尾递归的要求
    return tail_fib(n-1, b, a+b)

print(tail_fib(500000))
```

例 5-13　使用尾递归重新实现小明爬楼梯问题的求解。

```
@tail_call_optimized
def climb_stairs3(n, a=1, b=2, c=4):
    # 尾递归
    if n == 3:
        return c
    return climb_stairs3(n-1, b, c, a+b+c)
```

下面的代码使用嵌套函数定义 + 生成器函数实现了小明爬楼梯问题的尾递归优化。

```
import types

def climb_stairs4(n):
    def nested(n, a=1, b=2, c=4):
        # 尾递归
        if n == 1: yield a
```

```
        elif n == 2: yield b
        elif n == 3: yield c
        yield nested(n-1, b, c, a+b+c)
    g = nested(n)
    while isinstance(g, types.GeneratorType):
        g = next(g)
    return g

print(climb_stairs4(15))
```

习　题

一、判断题

1. 递归算法分为“递”和“归”两个阶段，“递”是指不断地调用函数自己，“归”是指函数执行结束不断地返回。（　　）

2. 递归算法不适合大规模问题，否则会因为递归深度超出限制而导致程序崩溃。（　　）

3. 回溯法一定比穷举法效率高。（　　）

4. 编写程序时回溯法只能通过递归来实现，不能使用非递归实现。（　　）

5. 递归算法中往往存在大量的重复计算，这在一定程度上影响了算法效率。（　　）

6. 增加缓冲区记录中间计算结果，使用空间换时间，可以大幅度提高递归算法的速度。（　　）

7. 递归算法和递推算法是互斥和对立的，既能使用递归算法又能使用递推算法解决同一个问题是不可能的。（　　）

8. Python 标准库 collections 中的 deque 对象左端操作比内置的列表快。（　　）

9. 遍历任意多叉树时，深度优先遍历和广度优先遍历访问的节点顺序是一样的。（　　）

二、编程题

1. 编写程序，使用递归法把十进制数转换为 2~36 的任意进制。

2. 编写程序，使用递归法获取任意自然数的各位数字。

3. 编写程序，使用回溯法生成若干元素的全排列。

4. 小明上楼梯时每步最多可以上 3 个台阶，编写程序求解小明上 *n* 个台阶的一段楼梯时所有可能的方式。

5. 编写程序，把任意自然数分解为若干自然数之和，输出所有可能的分解方式。例如，4 可以分解为 (2, 2)、(1, 3)、(1, 1, 1, 1)、(1, 1, 2) 这几种方式。

6. 使用递归法重做第 4 章猴子摘桃的例题。

7. 使用递归法重做第 4 章帕多文数列的习题。

8. 给定若干自然数，使用回溯法检查是否能构成素数环，如果可以就返回所有素数环。所谓素数环是指给定若干数字的某个排列（每个数字只使用一次）首尾相接后相邻两个数字相加之和为素数，例如 (1, 2, 3, 8, 5, 6, 7, 4)。要求同一个素数环进行移位或反向得到的不同结构只保留最小的一个，对于 (1, 2, 3, 8, 5, 6, 7, 4) 移位和翻转得到的变形 (2, 3, 8, 5, 6, 7, 4, 1)、(3, 8, 5, 6, 7, 4, 1, 2)、(4, 7, 6, 5, 8, 3, 2, 1)、(7, 6, 5, 8, 3, 2, 1, 4) 等都不保留。要求使用递归函数实现。

9. 重做上题素数环问题，要求使用回溯法但不能使用递归函数。

10. 重做第 4 章编程题第 12 题芝麻数量的题目，要求使用递归算法。

11. 已知背包容量为 30，6 个物品的重量分别为 3、2、8、7、15、4，价值分别为 12、8、13、17、10、8。编写程序，使用回溯法求解能够放进背包的物品最大总价值。

12. 某天下雨时有 *n* 个顾客到超市购物，每个人都随意把雨伞放在门口，离开时随意拿起一把伞。编写程序，使用回溯求解这些顾客全部拿错雨伞的所有可能情况。

13. 给定区间 [1,*n*] 上所有自然数的一个排列，相邻两个数字相加得到一个新的序列，对新的序列重复上面的操作，最终得到一个数字。例如，假设 *n*=5 且初始排列为 1、2、3、4、5，计算过程如下：

```
1     2     3     4     5
   3     5     7     9
      8    12    16
        20    28
           48
```

编写程序，给定两个自然数 n 和 sum_ 作为参数，要求分别使用枚举法、深度优先搜索算法、回溯法返回 [1,*n*] 区间上所有自然数全排列中能使得按照上面规则计算最终得到 sum_ 的排列数量。

14. 编写程序，模拟填充图像中封闭区域颜色。首先生成包含 20 个子列表的列表，每个子列表中包含 20 个数字，每个数字为 0 或 1，0 表示空白区域，1 表示非空白区域。指定一个位置，以该位置为中心向四周填充，把与该位置连成片的相同颜色区域填充为指定的颜色。

PYTHON

第6章　排序算法

排序是数据分析与处理等多个领域的重要操作和基本操作之一，使得数据从杂乱无章的初始状态最终变为有序状态，可以提高数据的可理解性、易用性以及数据筛选、处理、分析、计算的效率。在介绍和学习排序算法时，一般会以最简单的整数排序为例，有些排序算法不用修改就直接适用于其他类型的数据，有些需要稍做修改，还有些要做较大修改才能适用于其他类型的数据。

6.1　排序算法的原理与实现

本章介绍几种常见的内部排序算法（完全在内存中完成排序，不和硬盘等外部存储设备交换数据）的原理与实现，主要以数值型数据的升序排序为例，这也是自定义规则排序的基础。解决实际问题时，经常需要自定义排序规则，例如按照所有数字对3的余数进行排序，按照文本的颜色进行排序，字符串按字母排序或按长度排序，汉字按拼音或笔画进行排序，城市按人口、面积、邮政编码、GDP、景点数量进行排序，学校按师生比、年度预算、科研进账经费等不同指标进行排序，同一批物品按体积、重量、密度、价值、不同材料的含量或者几个因素的组合进行排序，图书销售网站按图书的出版日期、定价、销量、评价这几个因素或者它们的组合进行的排序。

6.1.1

6.1.1　冒泡排序算法

假设所有数字放在列表中，以升序排列为例，冒泡排序算法每次从列表开始处向后扫描并交换不符合预期顺序要求的两个相邻元素，一遍扫描结束后把最大的元素下沉到最后的位置，然后再从头到尾扫描未排序的元素并把这些元素中的最大值下沉到倒数第二个位置（即未排序部分的最后一个位置），重复这个过程，直至未排序部分为空。冒泡排序算法中每次交换两个相邻元素只能消除一个逆序，需要大量元素交换操作才能完成排序，最坏情况（所有数据的初始顺序与预期顺序完全相反）下效率非常低，但用于只需要几次遍历就可以完成排序的数据时却很有优势。作为优化，如果在某次扫描过程中没有元素需要交换则认为所有元素均已按要求排列，可以提前结束。冒泡排序算法的时间复杂度为

$O(n^2)$，属于稳定排序算法，同一个排序规则下相等的元素保持原来的相对顺序。算法原理如图 6-1 所示，初始时整个列表为未排序部分，已排序部分为空，算法结束时整个列表为已排序部分，未排序部分为空。

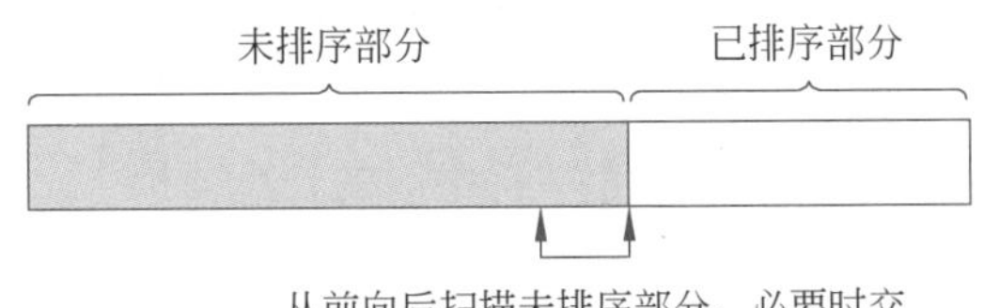

图 6-1　冒泡排序算法示意图

为了更好地理解算法原理与排序过程，下面代码中适当插入 print() 语句输出数据状态，其他排序算法的代码也可以参考这样的做法帮助理解。

例 6-1　实现冒泡排序算法。

```
def bubble_sort(data):
    # 切片，不影响原来的列表
    data, last = data[:], len(data)-1
    # 这个循环用来控制最大扫描次数
    for i in range(0, last):
        # 假设剩余元素已排序
        flag = True
        # 这里进行了优化，逐步缩小遍历的范围，每次扫描结束后下沉一个元素
        for j in range(0, last-i):
            # 比较相邻两个元素大小，并根据需要进行交换
            if data[j] > data[j+1]:
                # 假设不成立，有元素需要交换
                flag = False
                data[j], data[j+1] = data[j+1], data[j]
        # 这里进行了优化，如果本次扫描没有元素发生交换，提前结束
        if flag:
            break
        # 输出数据状态，帮助理解算法原理与排序过程，实际使用时删除下一行代码
        print(data)
    return data

print(bubble_sort([1111, 222, 33, 4, 3, 2, 1, 111, 22]))
```

理论上，这段代码还可以继续优化，例如每次扫描时记录最后一次交换元素的位置并将其作为下一次扫描时的结束位置。但大量测试显示，这样的优化仅在绝大部分数据已排序的情况下才会获得略高一点点的效率，在平均情况以及最坏情况下反而会降低效率。在作者微信公众号“Python 小屋”发送消息“冒泡排序算法”可以了解几种情况下不同优

化代码的实际运行效率以及冒泡排序算法原理的可视化动画，更多可视化的知识可以参考作者另一本教材《Python 数据分析与数据可视化》（微课版）或微信公众号的技术文章。

作为扩展，对上面的代码稍做修改即可实现自定义规则的排序。例如，下面代码按照若干自然数转换为字符串后的长度升序排列，其他排序算法和其他自定义规则可以类似地进行改写。

例 6-2 使用冒泡法按自然数转换为字符串后的长度排序。

```
def bubble_sort(data):
    # 提前计算每个数字的长度，避免重复计算造成的浪费
    data, last = [(len(str(num)),num) for num in data], len(data)-1
    for i in range(0, last):
        flag = True
        for j in range(0, last-i):
            if data[j][0] > data[j+1][0]:
                flag = False
                data[j], data[j+1] = data[j+1], data[j]
        if flag:
            break
    return [item[1] for item in data]

print(bubble_sort([1111, 222, 33, 4, 3, 2, 1, 111, 22]))
```

6.1.2 选择排序算法

选择排序算法是对冒泡排序算法的改进，最坏情况下二者具有相同的遍历和比较次数，但选择排序算法每遍历一次只需要交换一次元素即可消除多个逆序，平均时间复杂度低于冒泡排序算法。选择排序算法的思路是，把数据分为前面的已排序部分（或子序列）和后面的未排序部分，初始时已排序部分为空而未排序部分为原始数据，然后每次从未排序部分选择一个最小值与未排序部分的第一个元素交换位置，重复这个过程，不断地扩大已排序部分和减小未排序部分，直到未排序部分为空，如图 6-2 所示。选择排序算法的时间复杂度为 $O(n^2)$，属于不稳定排序算法，同一个排序规则下相等的元素可能无法保持原来的相对顺序。

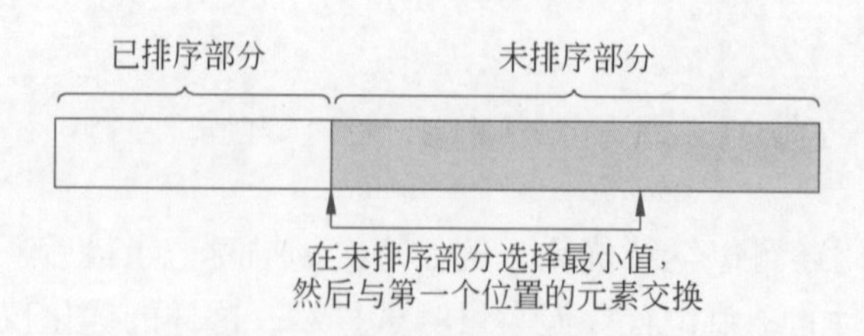

图 6-2 选择排序算法示意图

在下面的程序中，除了实现经典的选择排序算法，还给出了一个优化版本的双向选择排序算法的实现。在双向选择排序算法中，把序列分为三部分，第一部分和第三部分是升序排列的，中间部分是未排序的，每次扫描未排序部分同时选择最小值和最大值，最小值与未排序部分的第一个元素交换位置，最大值与未排序部分的最后一个元素交换位置，从而减少扫描次数。重复上面的步骤，中间的未排序部分越来越小，两端的已排序部分越来越大，直到未排序部分为空。

例 6-3　实现选择排序算法与双向选择排序算法。

例 6-3

```
from random import choices
from timeit import timeit

def selection_sort(data):
    data, length = data[:], len(data)
    for i in range(0, length-1):
        # 假设剩余元素中第一个元素最小
        m = i
        # 扫描剩余元素
        for j in range(i+1, length):
            # 如果有更小的元素，就记录下它的位置
            if data[j] < data[m]:
                m = j
        # 如果发现更小的元素，就交换值
        if m != i:
            data[i], data[m] = data[m], data[i]
    return data

def bi_selection_sort(data):
    data, start, end = data[:], 0, len(data)-1
    # 从两头往中间处理，每次选择一个最大值和一个最小值
    while start < end:
        # 防止第一个最大或者最后一个最小，那样的话交换两次会复位导致错误
        if data[start] > data[start+1]:
            data[start], data[start+1] = data[start+1], data[start]
        if data[end] < data[end-1]:
            data[end], data[end-1] = data[end-1], data[end]
        min_pos, max_pos = start, end
        for i in range(start+1, end):
            if data[i] < data[min_pos]:
                min_pos = i
            elif data[i] > data[max_pos]:
                max_pos = i
        # 把本次扫描中找到的最小值和最大值放到正确的位置
```

```
        if min_pos != start:
            data[min_pos], data[start] = data[start], data[min_pos]
        if max_pos != end:
            data[max_pos], data[end] = data[end], data[max_pos]
        # 缩小范围
        start, end = start+1, end-1
    return data

for kk in choices(range(20,1000), k=5):
    data = choices(range(1000), k=kk)
    r1, r2 = selection_sort(data), bi_selection_sort(data)
    print(kk, r1==r2, sep=':', end=':')
    print(timeit('selection_sort(data)', number=100000,
                 globals={'selection_sort':selection_sort, 'data':data}),
          end=',')
    print(timeit('bi_selection_sort(data)', number=100000,
                 globals={'bi_selection_sort':bi_selection_sort, 'data':data}))
```

运行结果如下，可以看出，改进后的双向选择排序算法比经典选择排序算法略快一些。

```
896:True:1162.7282027000037,887.811672699987
894:True:1149.5834613000043,880.0205710000009
802:True:919.3530936999887,707.7997253999929
311:True:123.1388041000173,98.2150893000071
309:True:122.47889800000121,97.72379590000492
```

6.1.3 插入排序算法

插入排序算法的思路是，初始时把第一个元素看作已排序部分，剩余元素看作未排序部分。从前向后逐个处理未排序部分的元素，为每个元素在已排序部分中查找一个合适的位置将其插入，重复这个过程，直至未排序子序列为空，类似于打扑克牌时摸到新牌将其插入正确位置的过程，如图 6-3 所示。插入排序算法的时间复杂度为 $O(n^2)$，属于稳定排序算法。

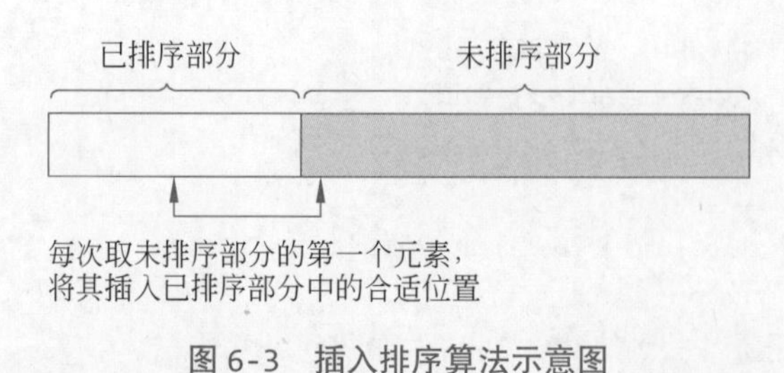

图 6-3　插入排序算法示意图

例 6-4 实现插入排序算法。

例 6-4

```
def insertion_sort(data):
    data = data[:]
    # 处理第 i 个元素
    for i, value in enumerate(data[1:], start=1):
        j = i-1
        # 为第 i 个元素寻找合适的插入位置
        while j>=0 and data[j]>value:
            data[j+1] = data[j]
            j = j - 1
        data[j+1] = value
    return data
```

6.1.4 侏儒排序算法

侏儒排序算法的核心思路是，假设一个人沿列表从头到尾走，如果发现有相邻元素顺序不对的就将其交换，然后后退一步，否则继续往前走，当走到列表尾部时，所有元素就排好序了。侏儒排序算法的时间复杂度为 $O(n^2)$，属于稳定排序算法。

例 6-5 实现侏儒排序算法。

```
def gnome_sort(data):
    data, i, length = data[:], 0, len(data)
    while i < length:
        # 回头看，如果当前元素比前面的元素大或者相等，就继续往前走
        if i==0 or data[i-1]<=data[i]:
            i = i + 1
        else:
            # 如果当前元素比前面的元素小，就交换位置，然后后退一步
            data[i-1], data[i] = data[i], data[i-1]
            i = i - 1
    return data
```

6.1.5 希尔排序算法

希尔排序算法是插入排序算法的改进，其思路是对原始数据进行分组，把相距 k（称为跨度）的数据分为一组并在组内使用插入排序算法，k 的初始值为数据个数的一半并且每次减半，最终为 1。插入排序算法中元素的移动距离始终为 1，在希尔排序算法中元素可以长距离移动，从而获得更高的效率。希尔排序算法的时间复杂度为 $O(n^{1.5})$，属于不稳定排序算法。

例 6-6　实现希尔排序算法。

```
def shell_sort(data):
    data, length = data[:], len(data)
    # 增量 k 从 length//2 开始，逐渐减小，最后一次增量为 1
    k = length // 2
    while k > 0:
        for j in range(k, length):
            t = data[j]
            # 向前查找合适的插入位置，每次向前跨越 k 个元素
            i = j - k
            while i>=0 and data[i]>t:
                data[i+k] = data[i]
                i = i - k
            # 插入
            data[i+k] = t
        k = k // 2
    return data
```

6.1.6　堆排序算法

对于给定的序列 $a_i(i=0,1,2,\cdots,n-1)$，如果对于每个元素都有

$$\begin{cases} a_i \geqslant a_{2i+1} \\ a_i \geqslant a_{2i+2} \end{cases}, i=0,1,2,\cdots,n/2-1 \text{或} \begin{cases} a_i \leqslant a_{2i+1} \\ a_i \leqslant a_{2i+2} \end{cases}, i=0,1,2,\cdots,n/2-1$$

则称序列 a_i 符合堆的特征要求。如果把序列看作完全二叉树的话，每个非叶子节点的值都同时大于或同时小于其两个子节点的值。

堆排序算法是选择排序算法的改进和优化，效率提升的关键是通过记录元素比较结果来减少比较的次数。堆排序算法的思路是，对于给定的序列，重新排列其中的元素使其符合堆的特征要求（这个过程称为建堆），然后把第一个元素和最后一个元素交换，对除最后一个元素之外的所有剩余元素重新建堆，然后把第一个元素和倒数第二个元素交换，对除最后两个元素之外的所有剩余元素重新建堆，然后把第一个元素和倒数第三个元素交换，对除最后三个元素之外的所有剩余元素重新建堆，重复这个过程，直到没有剩余元素。堆排序算法的时间复杂度为 $O(n\log n)$，属于不稳定排序算法。

例 6-7　实现堆排序算法。

```
def heapify(data, start, stop):
    # 注意，参数 start 和 stop 是左闭右开区间
    dad = start
    # 左子节点下标
```

```
    son = dad*2 + 1
    while son < stop:
        # 比较左子节点和右子节点，选择值最大的一个
        # 始终保证父节点的值同时大于两个子节点的值
        if son+1<stop and data[son]<data[son+1]:
            son = son + 1
        if data[dad] < data[son]:
            # 不符合堆的特征要求，交换父节点和子节点
            data[dad], data[son] = data[son], data[dad]
            # 继续检查和处理二叉树的下一层
            dad = son
            son = dad*2 + 1
        else:
            # 已符合堆的特征要求，结束
            break

def heap_sort(data):
    data, length = data[:], len(data)
    # 对二叉树中的节点从下往上建堆，从最后一个非叶子节点开始
    for pos in range(length//2-1, -1, -1):
        heapify(data, pos, length)
    for pos in range(length-1, 0, -1):
        # 把最大值交换到最后
        data[0], data[pos] = data[pos], data[0]
        # 对剩余元素重新建堆
        heapify(data, 0, pos)
    return data
```

6.1.7　归并排序算法

归并排序算法属于分治法（见第 9 章）的典型应用，其核心思路是，把原始数据等分为两个子序列，两个子序列再分为四个子序列，四个再分成八个，重复这个过程直到不可再分（长度为 1 或者 0），此时每个子序列必然是排好序的。然后再反向处理，把拆分得到的两个子序列按元素升序合并为一个序列，重复这个过程直至最初划分的两个子序列排好序并合并为一个完整的序列。归并排序算法的时间复杂度为 $O(n\log n)$，空间复杂度为 $O(n)$，属于稳定排序算法。

例 6-8　实现归并排序算法。

```
def merge_sort(data):
    # 把数据分成两部分
    mid = len(data) // 2
```

例 6-8

```
    left, right = data[:mid], data[mid:]
    # 根据需要进行递归
    if len(left) > 1:
        left = merge_sort(left)
    if len(right) > 1:
        right = merge_sort(right)
    # 现在前后两部分都已排序，进行合并
    result, i, j = [], 0, 0
    len_left, len_right = len(left), len(right)
    while i<len_left and j<len_right:
        if left[i] <= right[j]:
            result.append(left[i])
            i = i + 1
        else:
            result.append(right[j])
            j = j + 1
    result.extend((left[i:] or right[j:]))
    return result
```

例 6-9　使用归并排序算法模拟 Python 内置函数 sorted() 的语法和功能。

```
from random import choices, choice

def merge_sort(data, *, reverse=False, key=lambda x:x):
    # 把数据分成两部分
    mid = len(data) // 2
    left, right = data[:mid], data[mid:]
    # 根据需要进行递归
    if len(left) > 1:
        left = merge_sort(left, reverse=reverse, key=key)
    if len(right) > 1:
        right = merge_sort(right, reverse=reverse, key=key)
    # 现在前后两部分都已排序，进行合并
    result, i, j = [], 0, 0
    len_left, len_right = len(left), len(right)
    while i<len_left and j<len_right:
        expr = ('key(left[i]) >= key(right[j])' if reverse
                else 'key(left[i]) <= key(right[j])')
        if eval(expr):
            result.append(left[i])
            i = i + 1
        else:
            result.append(right[j])
```

```
            j = j + 1
    result.extend((left[i:] or right[j:]))
    return result

for _ in range(10000):
    data = choices(range(10000), k=20)
    reverse = choice((True,False))
    key = str
    if (merge_sort(data, reverse=reverse, key=key) !=
        sorted(data, reverse=reverse, key=key)):
        print(data, reverse)
        break
    else:
        print('全部正确。')
```

6.1.8 快速排序算法

快速排序算法也使用了分治策略且借助于递归来实现，这一点与归并排序算法类似，与之不同的地方是快速排序算法不需要使用额外的存储空间，其思路为：从所有元素中任意选择一个作为枢点，整理所有元素，把比该元素小的都放到前面，比该元素大的都放到后面，以该元素为分界线把所有元素划分为两部分，然后对两部分重复这个过程，直到无法继续划分为止。快速排序算法的时间复杂度为 $O(n\log n)$，属于不稳定排序算法。

例 6-10 实现快速排序算法。

例 6-10

```
def quick_sort(data, start=0, stop=None):
    if stop is None:
        stop = len(data) - 1
    # 注意，参数 start 和 stop 限定的是闭区间
    if start >= stop:
        return
    i, j = start, stop
    # 使用第一个元素作为支点，也可以随机选择，或者取几个特殊位置的中位数
    key = data[start]
    while i < j:
        # 从后向前寻找第一个比指定元素小的元素
        while i<j and data[j]>=key:
            j = j - 1
        data[i] = data[j]
        # 从前向后寻找第一个比指定元素大的元素
        while i<j and data[i]<=key:
            i = i + 1
```

```
            data[j] = data[i]
        data[i] = key
        quick_sort(data, start, i-1)
        quick_sort(data, i+1, stop)
```

在上面的实现中有一点小小的瑕疵，当枢点选择不合适时，难以做到均匀划分，无法获得最高的效率，最坏情况下如果每次都选择到两端的元素作枢点甚至会导致效率下降到 $O(n^2)$。一个改进的方法是三数取中法，也就是每次选择第一个、最后一个、中间位置这三个位置上元素的中位数作为枢点，可以尽最大可能做到均匀划分。

6.1.9 基数排序算法

基数排序算法是非比较型排序算法，核心操作是分配和回收，仅适用于待处理数据为整数或者能转换为整数的场合。首先处理所有整数使其长度一样并且高位补 0，然后扫描所有整数，将个位数为 0 的整数放到一组、个位数为 1 的整数放到一组、个位数为 2 的整数放到一组、……、个位数为 9 的整数放到一组，把所有分组按照个位数从小到大的顺序合并为一组。然后扫描合并后的所有整数，将十位数为 0 的整数放到一组、十位数为 1 的整数放到一组、十位数为 2 的整数放到一组、……、十位数为 9 的整数放到一组，把所有分组按照十位数从小到大的顺序合并为一组。然后扫描合并后的所有整数，将百位数为 0 的整数放到一组、百位数为 1 的整数放到一组、百位数为 2 的整数放到一组、……、百位数为 9 的整数放到一组，把所有分组按照百位数从小到大的顺序合并为一组。重复这个过程，从低位到高位（也可以从高位到地位）依次处理，直至处理完最高位。基数排序算法的时间复杂度为 $O(nr)$，空间复杂度为 $O(n)$，其中 n 为问题规模，r 为基数（一般为 10），属于稳定排序算法。

例 6-11　实现基数排序算法。

```
def radix_sort(data):
    div = 1
    while True:
        # 10 个子列表分别存放原始数据中第 k 位数是 0、1、2、...、9 的整数
        temp = [[] for _ in range(10)]
        # 假设没有更长的整数了
        flag = True
        for num in data:
            first_part = num // div
            if first_part:
                # 还有更长的整数
                flag = False
                # 获取第 k 位数
                radix = first_part % 10
```

```
            else:
                # 如果当前整数没有那么长，认为该位为 0
                radix = 0
            # 把整数分散到相应的子列表中
            temp[radix].append(num)
        # 连接到一起，代码虽然简洁，但效率不如循环结构 + 列表方法 extend() 高
        data = sum(temp, [])
        if flag:
            # 没有更长的整数了，结束循环
            break
        # 尝试处理更长的整数
        div = div * 10
    return data
```

6.1.10　计数排序算法

计数排序算法的思路是把原始数据中某些特征相同的数据划分到一组，然后再根据特征从小到大的顺序把每个分组中的数据合并到一起。计数排序算法一般要求特征或者特征的组合能够表示为整数或者其他可以直接比较大小的数据，时间复杂度为 $O(n+k)$，其中 n 为原始数据个数，k 为特征的个数。该算法的空间开销较大（如例 6-12），但通过一些技巧可以尽量减少空间开销（如例 6-13~ 例 6-15）。

例 6-12　使用计数排序算法对若干数字进行升序排列，使用列表作为辅助空间。

```
def counting_sort(data):
    # 获取列表中的最大值，为演示算法原理没有使用内置函数 max()
    max_ = data[0]
    for value in data[1:]:
        if value > max_:
            max_ = value
    # 用来存放计数的辅助空间，空间大小取决于 data 中的最大值
    # 原始数据非常分散时会浪费很多空间
    count = [0] * (max_+1)
    # 用来存放排序结果的辅助空间，与 data 大小相同
    result = [None] * len(data)
    # 统计每个数字的个数
    for num in data:
        count[num] = count[num] + 1
    # 可以取消下面几个输出语句的注释帮助理解算法原理
    # print(count)
    # 统计小于或等于每个数字的数字个数
    for index, value in enumerate(count[1:], start=1):
        count[index] = count[index-1] + value
```

```
    # print(count)
    # 排序，把每个数字放到正确的位置
    for num in data:
        # print(num, result)
        count[num] = count[num] - 1
        result[count[num]] = num
    return result
```

例 6-13　使用计数排序算法对若干数字进行升序排列，使用带默认值的字典作为辅助空间。

```
from collections import defaultdict

def counting_sort(data):
    result, temp = [], defaultdict(list)
    min_ = max_ = data[0]
    for num in data:
        # 把数据分散到不同的列表中，相同的值保持原来的相对顺序
        temp[num].append(num)
        # 同时获取最小值和最大值
        if num < min_:
            min_ = num
        elif num > max_:
            max_ = num
    for num in range(min_, max_+1):
        # 合并不同列表中的数字，原始数据不一定是连续的，temp[num] 有可能是空列表
        result.extend(temp[num])
    return result
```

作为扩展，接下来再给出计数排序算法的两个应用。下面的代码按字符串长度进行排序，长度相同的字符串保持原来的相对顺序。另外，下面的代码使用 Python 内置的字典替换了标准库 collections 中 defaultdict 类的功能，减少了模块导入，书中不少使用 defaultdict 类的代码都可以参考这里的思路进行改写。

例 6-14　使用计数排序算法按字符串长度升序排列，使用字典作为辅助空间。

```
def counting_sort(data):
    result, temp = [], {}
    min_ = max_ = len(data[0])
    for s in data:
        # 长度相同的字符串放到一起，保持原来的相对顺序
        t = len(s)
        temp[t] = temp.get(t, [])
```

```
        temp[t].append(s)
        # 同时记录最小长度和最大长度
        if t < min_:
            min_ = t
        elif t > max_:
            max_ = t
    for num in range(min_, max_+1):
        # 按长度升序排列
        result.extend(temp.get(num, []))
    return result

data = ['1234', '123450', '1000', '1010', '123', '223', '333', '303030']
print(counting_sort(data))
```

例 6-15 使用计数排序算法对若干自然数排序，先按数字中 0 的个数排序，再按 1 的个数排序，再按 2 的个数排序，……，最后按 9 的个数排序。

```
from collections import defaultdict

def counting_sort(data):
    result, temp, data = [], defaultdict(list), list(map(str,data))
    for i in '0123456789':
        result.clear()
        temp.clear()
        min_ = max_ = data[0].count(i)
        for num in data:
            t = num.count(i)
            # 把数据分散到不同的列表中，相同的值保持原来的相对顺序
            temp[t].append(num)
            # 同时获取最小值和最大值
            if t < min_:
                min_ = t
            elif t > max_:
                max_ = t
        for num in range(min_, max_+1):
            result.extend(temp[num])
        data = result[:]
    return list(map(int, data))

data = [1234, 123450, 1000, 1010, 123, 223, 333, 303030]
print(counting_sort(data))
```

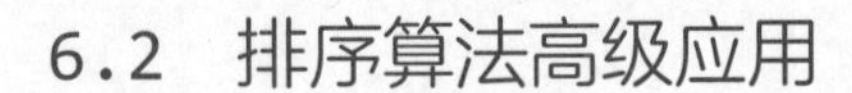

6.2 排序算法高级应用

前面几节重点介绍各种内部排序算法原理与实现，使用 Python 语言解决实际问题时还是推荐优先使用内置函数 sorted() 或列表方法 sort()，本节通过几个案例来演示它们的应用，本书其他章节的很多例题中也用到了内置函数 sorted() 和列表方法 sort()。

内置函数 max()、min()、sorted() 以及列表方法 sort() 都支持使用关键参数 key 指定排序规则，默认按数据所属类型的排序规则比较大小，key 参数的值必须为可调用对象，例如函数、lambda 表达式、类、类和对象的方法、实现了特殊方法 __call__() 的类的对象。

例 6-16　给定一个包含若干整数的元组，对其中的整数进行重新排列，要求奇数在前且升序排列，偶数在后且降序排列，返回处理后得到的新元组。例如，func((1, 2, 3, 4, 5, 6, 7)) 返回 (1, 3, 5, 7, 6, 4, 2)。

```
def func(data):
    return tuple(sorted(data, key=lambda i: (i%2!=1,-i*(-1)**(i%2))))
```

例 6-17　给定一个包含若干整数的元组，对这些整数排序。排序规则为：按每个数字中偶数位置（位置从左向右编号，从 0 开始）上数字之和升序排列，如果偶数位置上数字之和相等的话再按奇数位置上数字之和进行排序，二者都相当则保持原来的相对顺序。

```
def func(integers):
    return sorted(integers,
                  key=lambda num: (sum(map(int, str(num)[::2])),
                                   sum(map(int, str(num)[1::2]))))
```

例 6-18

例 6-18　给定包含若干整数的列表 lst 和一个小于列表长度的整数 k，处理规则为：将列表 lst 中下标 k（不包括 k）之前的元素逆序，下标 k（包括 k）之后的元素逆序，然后将整个列表 lst 中的所有元素再逆序。

逆序是指翻转，与排序不是一个意思。上面问题的描述中已经给出了解决问题的步骤，把描述的步骤直接翻译成程序，不难写出下面的代码。

```
def func1(lst, k):
    lst = lst[:]
    lst[:k] = reversed(lst[:k])
    lst[k:] = reversed(lst[k:])
    lst.reverse()
    return lst
```

```
lst = list(range(1,21))
print(func1(lst, 5))
```

运行程序观察结果，然后修改函数 func1() 的第二个参数重新运行程序，多做几次不难发现，函数 func1() 做的事情实际上是对列表 lst 进行了循环左移 k 位。得出这个结论之后，我们就可以改写函数 func() 如下。

```
def func2(lst, k):
    lst = lst[:]
    for i in range(k):
        lst.append(lst.pop(0))
    return lst
```

改写之后，功能是正确的，但效率下降了很多，原因在于 Python 对列表的内存管理。当在列表非尾部位置插入或删除元素时，会自动进行内存扩展或收缩以保证相邻元素之间没有缝隙并且列表首地址不变。在上面的代码中，每次循环都会删除列表中第一个元素，这会导致后面的元素依次前移，额外引入大量开销。标准库 collections 的双端队列对象 deque 提供了 rotate() 方法可以避免这个问题，具体用法可以参考第 5 章和第 15 章的例题。

拿到问题之后，不要急于编写程序，没有经过深入思考就匆匆忙忙写出来的程序大概率是要推翻重写的，除非问题超级简单。对于复杂一点的问题，最好先花点时间深入分析一下问题本身，设计出解决问题的算法并进行足够的优化，最后一步才是写代码实现算法解决问题。观察和分析上面程序运行结果可以发现，所谓循环左移位实际上就是把列表前 *k* 个元素整体移动到尾部。有了这个结论，就不难理解下面的程序。从代码简洁程度来看，这个代码绝对是无敌的，至于效率如何，请读者自行补充代码测试和比较本例几个函数的运行时间。

```
def func3(lst, k):
    return lst[k:] + lst[:k]
```

例 6-19　给定若干自然数，求解拼接这些自然数能够得到的最小自然数。

比较直接的思路是把这些自然数的所有排列都分别拼接为自然数，从中选择最小的一个。

```
from itertools import permutations

def func1(numbers):
    return min(map(lambda p: int(''.join(map(str,p))),
                   permutations(numbers, len(numbers))))
```

```
print(func1([5,4,3,2,2,1]))                # 输出：122345
print(func1([3, 30, 300, 3000, 30000]))    # 输出：300003000300303
```

下面代码也是从所有排列中寻找符合要求的一个，生成全排列时使用了递归算法，没有使用标准库 itertools 中的函数 permutations()。

```
def func2(numbers):
    # 使用 enumerate() 函数是为了防止转换为集合时重复元素被自动去除
    smallest, numbers = float('inf'), set(enumerate(numbers))
    def nested(rest, each):
        nonlocal smallest
        if not rest:
            t = int(''.join(map(str, each)))
            if t < smallest:
                smallest = t
            return
        for item in rest:
            nested(rest-{item}, each+(item[1],))
    nested(numbers, ())
    return smallest
```

下面代码演示了拼接最小整数的又一种实现，核心是使用非递归算法实现了标准库 itertools 中排列函数 permutations() 的功能。

```
def func3(numbers):
    numbers = list(numbers)
    # 根据下标生成全排列，初始为所有位置的第一个排列，完全升序
    positions = list(range(len(numbers)))
    # 存放可能的最小值，使用选择法
    smallest = float('inf')
    while True:
        # 当前排列的位置上所有整数首尾相接拼接成的整数
        current = int(''.join(map(lambda p: str(numbers[p]), positions)))
        # 到目前为止的最小数
        # 不如 smallest = current if current<smallest else smallest 速度快
        smallest = min(current, smallest)
        # 获取所有下标的下一个排列，按字典序，例如 13542 的下一个排列是 14235
        s = None
        # 从后向前，寻找第一个升序的位置
        for i in range(len(positions)-2, -1, -1):
            if positions[i] < positions[i+1]:
                s = i
```

```
                break
        if s is None:
            # positions 中的数字完全降序排列，已是最后一个排列，结束循环
            break
        e = None
        # 从后向前，寻找第一个比 positions[s] 位置上数字大的数字
        for i in range(len(positions)-1, -1, -1):
            if positions[i] > positions[s]:
                e = i
                break
        # 交换 s 和 e 这两个位置上的数字
        positions[s], positions[e] = positions[e], positions[s]
        # 对 s（不包含）后面的数字升序，得到下一个排列
        positions[s+1:] = sorted(positions[s+1:])
    return smallest
```

下面代码对这些自然数重新排列，使得它们能够拼接得到的自然数最小，然后再拼接起来得到自然数。

```
def func4(numbers):
    numbers, n = numbers[:], len(numbers)
    # 使得正序拼接比反序拼接得到的数字更小
    # 这里的排序算法效率不高，也可以使用其他排序算法
    for i in range(n-1):
        for j in range(i+1, n):
            iv, jv = str(numbers[i]), str(numbers[j])
            # 这里也可以不转换为整数
            if int(iv+jv) > int(jv+iv):
                numbers[i], numbers[j] = numbers[j], numbers[i]
    return int(''.join(map(str, numbers)))
```

下面代码借助于内置函数 sorted() 的 key 参数和标准库 functools 中的 cmp_to_key() 函数消除了循环结构，核心思想与上一段代码是一样的。

```
from functools import cmp_to_key

def func5(numbers):
    return int(''.join(sorted(map(str,numbers),
                              key=cmp_to_key(lambda x,y:int(x+y)-int(y+x)))))
```

解决这个问题还可以使用这样的算法：将列表中的所有整数变为相同长度（按最大的进行统一），短的右侧使用个位数补齐；然后将这些新的数字升序排列，相等的按补齐前

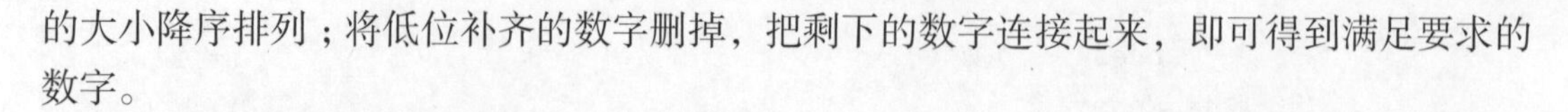

的大小降序排列；将低位补齐的数字删掉，把剩下的数字连接起来，即可得到满足要求的数字。

```
def func6(numbers):
    # 转换为字符串列表
    numbers = list(map(str, numbers))
    # 最长的数字长度，这样写速度略快：m = max(map(len, numbers))
    m = len(max(numbers, key=len))
    # 根据原来的整数得到新的列表，改造形式
    newLst = [(i,i.ljust(m,i[-1])) for i in numbers]
    # 根据补齐的数字字符串进行升序排列，一样的按补齐前的数字降序排列
    newLst.sort(key=lambda item:(item[1],-int(item[0])))
    # 对原来的数字进行拼接
    result = ''.join((item[0] for item in newLst))
    return int(result)
```

例 6-20　小明需要把一些书（多于 *n* 本）放入书架，书架上一共有 *n* 个尊贵位置，每个位置可以放 1 本书。这 *n* 个位置用来摆放自己最喜欢的书，剩余的放入书架下面的橱子里。小明每次从待整理的书或已经放入尊贵位置和橱子的书中拿起 1 本，将其放入最左侧的空尊贵位置，*n* 个位置都放满以后就把最左侧的 1 本拿走放到下面的橱子里（有可能会再次拿出来），剩余的书左移，在最右侧腾出 1 个空位置来放新书。重复这个过程直到满意为止，所有的书要么放到 *n* 个尊贵位置上，要么放到下面的橱子里。

这个问题实际上是在模拟 Python 标准库 functools 中修饰器函数 lru_cache() 最近最少使用算法的功能，下面定义的三个类略有不同，前面两个类在缓冲区已满时丢弃最后一次访问时间距离现在最远的一个元素，第三个类丢弃缓冲区中访问次数最少的一个元素。在本例代码中用到了一点 Python 面向对象程序设计的知识，这不是本书的重点内容，需要全面学习 Python 面向对象程序设计的读者请阅读作者其他教材。

```
class LRU1:
    def __init__(self, size=10):
        # None 表示空闲位置，每次都从右向左查找元素进行访问，访问后放到最右侧
        # 那么最右侧总是刚刚访问过的元素，最左侧是距离上次访问时间最久的元素
        self.__cache = [None] * size
        self.__size = size

    def get(self, item):
        # 从右向左遍历检查是否存在该元素，如果直接使用 in 来测试更简单
        # 这里不用 in 直接测试是因为 in 从左向右测试，不符合 LRU 的要求
        for i in range(self.__size)[::-1]:
            if self.__cache[i] == item:
                # 缓冲区中存在该元素，移动到最右侧
```

```
                self.__cache.append(self.__cache.pop(i))
                break
        else:
            # 缓冲区中不存在该元素，并且缓冲区已满，把下标 0 的元素删除
            if self.__cache[-1] is not None:
                del self.__cache[0]
                self.__cache.append(item)
            # 缓冲区还有空闲位置，先放在最右侧
            else:
                self.__cache[-1] = item
        # 然后移动到最后一个空闲位置
        for i in range(self.__size-1)[::-1]:
            if self.__cache[i] is not None:
                break
            self.__cache[i], self.__cache[i+1] = item, None
        return item

    def __str__(self):
        return str(self.__cache)
    __repr__ = __str__


class LRU2:
    def __init__(self, size=10):
        self.__cache = []
        # 最大容量和已用容量
        self.__size, self.__current_size = size, 0

    def get(self, item):
        # 空列表，直接放到最后
        if not self.__cache:
            self.__cache.append(item)
            self.__current_size = self.__current_size + 1
            return item
        i = self.__current_size - 1
        # 从右向左检查是否存在该元素
        while i >= 0:
            # 缓冲区存在该元素，先删除
            if self.__cache[i] == item:
                del self.__cache[i]
                break
            i = i - 1
        else:
            # 缓冲区中不存在该元素且缓冲区已满，删除最左侧元素
```

```
            if self.__current_size == self.__size:
                del self.__cache[0]
            else:
                self.__current_size = self.__current_size + 1
        # 放入缓冲区最右侧，表示最近刚刚访问过
        self.__cache.append(item)
        return item

    def __str__(self):
        return str(self.__cache)
    __repr__ = __str__


class LRU3:
    def __init__(self, size=10):
        # 使用字典作为缓冲区，值表示每个对象的访问次数
        self.__cache, self.__size = {}, size

    def get(self, item):
        # 如果缓冲区已满且不存在该元素，删除访问次数最少的元素
        # 这里用到了 Python 3.6 以及更高版本中字典元素有序的特点
        # 对于 Python 3.5 以及更低版本，存在访问次数并列最少的情况时结果会与预期不符
        if len(self.__cache)==self.__size and item not in self.__cache:
            key = min(self.__cache.keys(), key=self.__cache.get)
            self.__cache.pop(key)
        # 新元素放入缓冲区，或者已有元素的引用次数加 1
        self.__cache[item] = self.__cache.get(item, 0) + 1
        return item

    def __str__(self):
        return str(self.__cache)
    __repr__ = __str__

books = (1, 2, 3, 4, 1, 2, 5, 1, 2, 3, 4, 5)
c1, c2, c3 = LRU1(size=3), LRU2(size=3), LRU3(size=3)
for book in books:
    c1.get(book); c2.get(book); c3.get(book)
print(c1, c2, c3, sep='\n')
```

运行结果：

```
[3, 4, 5]
[3, 4, 5]
{1: 2, 2: 2, 5: 1}
```

例 6-21　一进程刚获得 3 个主存块的使用权，假设该进程访问页面的次序是 1， 2， 3， 4， 1， 2， 5， 1， 2， 3， 4， 5。当采用 LRU 算法时，求解发生的缺页次数是多少以及最后主存块中是哪 3 个页面？所谓 LRU 算法，是指在发生缺页并且没有空闲主存块时，把最后一次访问时间最早的页面换出主存块，腾出地方来调入新页面。

稍微改写上一个例题中定义的类也可以用来求解这个问题，尽管如此，下面代码还是重新进行了实现，没有使用面向对象程序设计的知识。

```
def lru(pages, max_num):
    # 缓冲区（新访问的页面放在列表尾部），缺页次数，已用主存块数量
    buffer, times, num = [], 0, 0
    for page in pages:
        if page in buffer:
            # 要访问的新页面已在主存块中，把最新访问过的页面交换到列表尾部
            pos = buffer.index(page)
            buffer[pos], buffer[-1] = buffer[-1], buffer[pos]
        else:
            # 缺页次数加 1
            times = times + 1
            if num < max_num:
                # 有空闲主存块，直接调入页面
                num = num + 1
            else:
                # 把最早访问的页面踢掉，然后调入新页面
                buffer.pop(0)
            buffer.append(page)
    return times, buffer

order = (1, 2, 3, 4, 1, 2, 5, 1, 2, 3, 4, 5)
print(lru(order, 3))                # 输出：(10, [3, 4, 5])
```

例 6-22　假设正在举行一个无声拍卖会，所有竞拍者仔细研究商品后，在纸上写下自己的出价。出价最高的人获得商品，但只需要支付次高价（排名第二的出价）即可。给定若干形如（出价人姓名，价钱）的元组，求解获得商品的竞拍者姓名和需要支付的价钱组成的元组。

```
def func(*data):
    data = sorted(data, key=lambda item:item[1], reverse=True)
    return (data[0][0], data[1][1])

print(func(('张三',600), ('李四',700), ('王五',650), ('赵六',900)))
```

例 6-23

例 6-23　判断一个字符串作为密码时的安全强度。

在例 2-18 中曾经讨论和求解过这个问题。作为编程技巧，也为了演示 Python 函数式编程的特点和优势，下面代码使用了标准库 itertools 的分组函数 groupby()。在使用该函数时要注意，待分组的原始数据应该是按照分组规则排序的，也就是属于同一组的元素连续存储，在代码中使用内置函数 sorted() 和 key 参数保证了这一点。

```
from itertools import groupby

def rules(ch):
    if '0'<=ch<='9': return 'digits'
    if 'a'<=ch<='z': return 'lowercase'
    if 'A'<=ch<='Z': return 'uppercase'
    if ch in '.,_': return 'punctrations'

def check(pwd):
    security = {1:'weak', 2:'below middle', 3:'above middle', 4:'strong'}
    # 也可以不使用 groupby() 函数，直接改写为：num = len(set(map(rules, pwd)))
    num = len(tuple(groupby(sorted(pwd,key=rules), key=rules)))
    return security.get(num, 'not suitable')

print(check('acA3Ba4,'))
```

上面的问题属于分组统计的思想，也可以使用扩展库 Pandas 快速解决，这个思想在数据分析领域非常广泛。另外，余数也暗含着周期性和分组的思想，例如所有整数可以根据对 3 的余数划分为 3 组、根据对 7 的余数划分为 7 组、根据奇偶性划分为 2 组。

例 6-24　寻找对电影排名最相似的人。有若干人观看了同一批电影，每个人都根据自己的感觉对电影进行了排名，选定一个观影者（例如张三），然后寻找其余人中哪个与张三的品位最相似，也就是两个人对电影的排名最接近。

以张三对电影的排序为标准，计算其他人对电影排序中的逆序数（先后顺序与张三排序中相反的电影对的数量），逆序数最小的人与张三最相似。代码中的两层循环可以借助于 Python 标准库 itertools 中的组合函数 combinations() 简化为一层循环，本书有不少类似的写法，请自行查阅和改写。

```
def func(data, order):
    # 把每个字母与其当前所在的下标对应起来，这里下标是严格升序的
    order = {v:i for i, v in enumerate(order)}
    def nested(value):
        count = 0
        # 把字母转换为在 order 中的下标
        value = [order[ch] for ch in value]
        # 统计每个字母后面的字母转换为数字后比当前字母对应的数字小的个数，也就是逆序数
```

```
        for i1, v1 in enumerate(value):
            for v2 in value[i1+1:]:
                if v1 > v2:
                    count = count + 1
        return count
    # 逆序数越小，表示与order对应的用户排名越接近
    return min(data.keys(), key=lambda k: nested(data[k]))

print(func({'u1':'abcde', 'u2':'cdbae', 'u3':'edacb', 'u4':'bdeac',
'u5':'ebdca'}, 'acdbe'))
print(func({'u1':'dcbafegh', 'u2':'hgfedcba', 'u3':'abcdefgh',
'u4':'eagchbdf'}, 'abcdehgf'))
```

习　题

一、判断题

1. 排序是数据分析与处理等多个领域的重要操作和基本操作之一，使得数据从杂乱无章的初始状态最终变为有序状态，可以提高数据的可理解性、易用性以及数据筛选、处理、分析、计算的效率。(　　)

2. 所有的排序算法都只能根据数据的大小进行升序或降序排列，不能自定义排序规则。(　　)

3. 冒泡排序算法每次交换只能消除一个逆序，这是影响效率的原因之一。(　　)

4. 冒泡排序算法为稳定排序算法。(　　)

5. 选择排序算法每次交换可以消除多个逆序。(　　)

6. 在冒泡算法中，某次扫描时如果没有数据需要交换，表示数据已排序，可以立即结束算法。(　　)

7. 在堆排序算法中，堆的特征是父节点的值大于左子节点的值而小于右子节点的值。(　　)

8. 归并排序算法和快速排序算法都使用了分治法。(　　)

9. 快速排序算法属于稳定排序算法。(　　)

10. 基数排序算法属于非比较型排序算法，冒泡排序、选择排序、插入排序、归并排序、快速排序这几个算法都属于比较型排序算法。(　　)

二、填空题

1. 执行下面的程序，输出结果为____________。

```
def func(data):
    data = data[:]
    n = len(data)
    for i in range(1, n):
        for j in range(n-i):
            if int(f'{data[j]}{data[j+1]}') > int(f'{data[j+1]}{data[j]}'):
                data[j], data[j+1] = data[j+1], data[j]
    return data

print(func([3, 30, 300, 3000]))
```

2. 执行下面的程序，输出结果为______________。

```
def func(data):
    data = data[:]
    n = len(data)
    for i in range(1, n):
        for j in range(n-i):
            if str(data[j]).count('0') > str(data[j+1]).count('0'):
                data[j], data[j+1] = data[j+1], data[j]
    return data

print(func([3, 30, 300, 3000]))
```

3. 执行下面的程序，输出结果为______________。

```
def func(data, item):
    index, count = data.index(item), 0
    for num in data[index+1:]:
        if num < item:
            count = count + 1
    return count

print(func([1, 1, 8, 3, 8, 9, 6, 4, 3, 7], 8))
```

4. 执行下面的程序，输出结果为______________。

```
def func(data, item):
    count = 0
    for num in data:
        if num == item:
            count = 0
```

```
        elif num < item:
            count = count + 1
    return count

print(func([1, 1, 8, 3, 8, 9, 6, 4, 3, 7], 8))
```

三、编程题

1. 编写程序，对列表中的非负整数按各位数字之和排序，各位数字之和为奇数的在前且升序排列，各位数字之和为偶数的在后且降序排列，在指定规则下相等的元素保持原来的相对顺序。要求分别使用和不使用列表方法 sort() 两种方式实现。

2. 编写程序，对列表中的非负整数进行排序，要求排序后的数字拼接起来得到的数字最大。

3. 编写程序，重做本章例 6-18，对列表中的数字循环左移 k 位。要求不能与例 6-18 中已经给出的思路和代码相同，体现空间换时间的思想。

第 7 章　查找算法

在大数据和人工智能时代，如何在海量数据中快速查找和筛选感兴趣的样本，变得越来越重要，查找也是数据分析与处理时的基本操作。例如，在某大型商超最近 5 年的销售数据中筛选出某个特定商品的销售详情，或者特定日期或时间段中所有商品的销售情况，或者某个员工负责的商品种类的进销存情况等。

所谓查找，是指确定给定元素中是否存在特定的元素，或者找出特定元素或其所在位置。对于前者，一般建议使用 Python 集合来存储元素以加快查找速度，in 作用于列表、元组、字符串时时间复杂度是线性的，对于字典、集合是常数级的。对于后者则不得不使用列表、元组这样的序列，集合没有位置的概念也不适合类似的应用场景。

在序列中查找元素或者确定其位置可以使用线性查找算法，如果序列中元素已排序可以使用二分法查找算法来快速缩小查找范围从而提高速度。除线性查找和二分法查找之外，还有哈希查找、分块查找、斐波那契查找以及基于排序的查找算法等，限于篇幅不做展开。深度优先搜索与广度优先搜索算法见第 5 章，基于树和图的遍历与搜索算法见第 15 章，其他章节部分例题也涉及了查找算法。

7.1　线性查找算法

线性查找是指从头到尾逐个元素测试是否为待查找的元素，序列越长，查找需要的时间也越长。线性查找算法属于枚举法的应用，关键字 in，内置函数 max()、min() 以及列表方法 index()、count() 和字符串方法 index()、find()、count() 都属于线性查找算法的应用。

例 7-1　给定一个序列和一个元素，查找该序列中是否包含该元素，包含的话返回其第一次出现的下标。

如果序列为列表、元组或字符串的话，可以直接使用 index() 方法来获取元素第一次出现的位置，元素不存在时该方法会抛出异常，需要结合选择结构或异常处理结构来避免代码崩溃。对于字符串对象也可以使用 find() 方法，子串不存在时返回 -1。下面的代码使用 for 循环和内置函数 enumerate() 实现了同样的功能。

```
def linear_search(seq, item):
    for i, v in enumerate(seq):
        if v == item:
            return i
    return '元素不存在'

print(linear_search([1,2,3,4,5], 5), linear_search([1,2,3,4,5], 7), sep='\n')
```

例 7-2　给定一个包含若干整数的列表，查找其中绝对值最大的整数。

```
def func(lst):
    return max(lst, key=abs)
```

例 7-3　给定一个包含若干 2- 元组的列表，每个 2- 元组表示数轴上一个区间的起点和终点，查找其中长度最大的区间，有多个时返回终点最小的一个。

```
def func(intervals):
    return max(intervals, key=lambda it: (it[1]-it[0], -it[1]))
```

例 7-4　查找字典中“值”能被 3 整除的元素的“键”。

这样的元素可能有多个，不能找到一个就立刻返回，还应继续检查其他元素。

```
# 65 为大写字母 A 的 ASCII 码，90 是大写字母 Z 的 ASCII 码
dic = {chr(asc):asc for asc in range(65,91)}
for k, v in dic.items():
    if v%3 == 0:
        print(k)
```

下面代码使用内置函数 filter() 和 lambda 表达式实现了同样功能。

```
dic = {chr(asc):asc for asc in range(65,91)}
print(tuple(filter(lambda k: dic[k]%3==0, dic.keys())))
```

例 7-5　给定一个字符串，查找每个字符的最后一次出现，返回这些字符组成的新字符串，要求每个字符保持最后一次出现的相对顺序。

下面代码使用 4 种不同的方法实现了问题求解，最后一种使用了正则表达式。正则表达式是处理文本的强有力工具，但不是本书的重点，需要系统学习正则表达式的读者请参考作者编写的其他教材。

```
from re import findall
```

```
def func1(s):
    result = []
    for ch in s:
        if ch in result:
            result.remove(ch)
        result.append(ch)
    return ''.join(result)

def func2(s):
    result = ''
    for ch in s[::-1]:
        if ch not in result:
            result = ch + result
    return result

def func3(s):
    return ''.join(sorted(set(s), key=s.rindex))

def func4(s):
    # 正则表达式，匹配后面没有再出现过的字符
    pattern = r'(\w)(?!.*\1)'
    return ''.join(findall(pattern, s))

s = '12314222536321333619'
print(func1(s)==func2(s)==func3(s)==func4(s))
```

例 7-6　查找字符串中的最长数字子串。

下面程序中第一个函数使用选择法求解，稍微改写也可以用来求解最长的英语单词（只考虑纯英语文本的情况）。第二个函数使用了正则表达式，代码更加简洁高效，把其中的正则表达式 '\d+' 改写为 '\w+' 即可实现查找最长英语单词。

```
from re import findall


def longest1(s):
    length, start, span = len(s), 0, (0,0)
    for pos in range(length):
        if s[pos].isdigit() and (pos==0 or not s[pos-1].isdigit()):
            # 数字字符开始
            start = pos
        elif ((not s[pos].isdigit()) and s[pos-1].isdigit()
             and pos-start>span[1]-span[0]):
            # 一段更长的连续数字子串结束
```

```
            span = (start, pos-1)
    # 字符串以数字结束的情况
    if s[pos].isdigit() and pos-start>=span[1]-span[0]:
        span = (start, pos)
    # 切片是左闭右开区间，所以加 1
    return s[span[0]:span[1]+1]

def longest2(s):
    return max(findall('\d+', s), key=len)

print(longest1('1abc12666d7'), longest2('1abc12666d7'), sep='\n')
```

例 7-7 给定一个包含若干整数的列表作为参数，要求返回其中最大值最后一次出现的下标。下面代码给出的两个函数都是线性查找的思路，虽然第二个函数发挥了 Python 内置函数的优势，代码简洁了很多，但效率却比第一个函数低。

```
def func1(data):
    pos, value = 0, data[0]
    for i, v in enumerate(data[1:], start=1):
        # 把 >= 改为 > 则返回最大值的第一次出现位置
        if v >= value:
            pos, value = i, v
    return pos

def func2(data):
    return max(enumerate(data), key=lambda it:(it[1],it[0]))[0]
```

例 7-8 给定一个任意字符串，要求统计并返回字符 0 两侧紧邻的连续字符 1 的个数之和的最大值。下面代码从左向右查找数字 0 的位置，然后从该位置向两侧查找连续数字 1 的数量，重复这个过程直到字符串结束，返回连续 1 的最大数量。对于代码中的示例，分别输出 6、3、5。

```
def func1(s):
    start, result = 0, 0
    # 从左向右查找第一个数字字符 0，字符串方法 find() 没找到子串时返回 -1
    while (index:=s.find('0', start)) != -1:
        num = 0
        # 向前搜索连续的 1
        for ch in s[index-1::-1]:
            if ch == '1':
                num = num + 1
            else:
```

```
                break
        # 向后搜索连续的 1
        flag = False
        for i, ch in enumerate(s[index+1:], start=index+1):
            if ch == '1':
                num = num + 1
                flag = True
            elif ch == '0':
                if not flag:
                    # 连续数字 0 的情况
                    continue
                else:
                    # 0 后面有 1，然后又遇到 0 的情况
                    flag = False
                    break
            else:
                # 遇到其他字符，结束向后搜索连续 1 的过程
                break
        else:
            if i <= index:
                # 考虑以数字 0 结尾的情况
                i = index + 1
        if num > result:
            # 选择法，取最大值
            result = num
        # 下一次搜索的起始位置
        start = i
    return result
print(func1('019023417105910102020120102020101010111110000'))
print(func1('30111320023231003010302320100021331301322231022230201001221311000013203300131230'))
print(func1('010201202121100012212121100011100022012002001202111111121101000012010101000220110010202'))
```

如果使用正则表达式解决这个问题，代码可以这样写。

```
import re

def func2(s):
    # 使用 0 和 1 之外的其他连续字符进行切分，得到多个只包含 0 和 1 的字符串
    subs = re.split('[^01]+', s)
    # 过滤掉那些只包含 0 或 1 的字符串
    subs = [ss for ss in subs if set(ss)=={'0','1'}]
```

```
    max_sum = 0
    for sub in subs:
        # 使用连续的 0 切分每个字符串，得到若干只包含 1 的字符串，计算每个字符串的长度
        ones = tuple(map(len, re.split('0+', sub)))
        # 错位求和，返回最大的和，也就是当前字符串中 0 两侧 1 的最大数量
        max_ = max(map(sum, zip(ones, ones[1:]+(0,))))
        # 选择法，查找所有字符串 sub 中 0 两侧 1 的最大数量
        if max_ > max_sum:
            max_sum = max_
    return max_sum
```

例 7-9　假设文本中有若干使用空格分隔的四字成语，从中查找所有的 ABAC 形式的四字成语。

例 7-9

```
def func1(text):
    result = []
    # 使用空白字符切分得到所有成语
    phrases = text.split()
    for phrase in phrases:
        if len(phrase) != 4:
            # 跳过不是 4 个字的成语
            continue
        a, b, c, d = phrase
        if a==c and a!=b and a!=d and b!=d:
            result.append(phrase)
    return result

print(func1('行尸走肉 平平安安 绘声绘影'))
print(func1('卧虎藏龙 偷天换日 两小无猜 相亲相爱 浩浩荡荡'))
print(func1('天下无双 春暖花开 不吐不快 背水一战 五光十色 相亲相爱'))
```

下面代码使用了正则表达式的子模式扩展语法，如果正则表达式中有圆括号定义的子模式，那么函数 findall() 只返回子模式中的内容，子模式 (?!\2) 表示后面不是第二个子模式相同的内容，子模式 (?!\2|\3) 表示后面不是与第二个或第三个子模式相同的内容，以问号加叹号组合开头的子模式内容不会被 findall() 返回。

```
import re

def func2(text):
    pattern = r'((\w)(?!\2)(\w)\2(?!\2|\3)(\w))'
    r = re.findall(pattern, text)
    return [item[0] for item in r]
```

例 7-10　统计一个数字字符串中每个数字出现的次数。

下面程序给出了 4 种统计方法（第 1 个函数和第 5 个函数的思路是一样的，只是使用的数据结构略有不同，这两个函数可以看作是 1 种方法），第 1、5 个函数扫描字符串的次数少但字典操作次数多，第 2、3 个函数使用集合来减少循环次数（是的，你没有看错，内置函数 map() 在底层封装了循环结构）但对字符串的扫描次数多，第 4 个函数直接使用了标准库 collections 中的 Counter 类。

```
from timeit import timeit
from random import choices
from string import ascii_letters, digits
from collections import Counter, defaultdict

def func1(seq):
    # 字典中的“键”表示数字字符，“值”表示出现的次数
    result = dict()
    # 只扫描字符串一次
    for ch in seq:
        # 每个字符都要访问一次字典
        result[ch] = result.get(ch,0) + 1
    return result

def func2(seq):
    # 使用集合减少了循环次数，但统计每个字符出现次数时都要扫描原字符串一次
    return {ch:seq.count(ch) for ch in set(seq)}

def func3(seq):
    s = set(seq)
    # 内置函数 map() 把循环封装到了底层
    return dict(zip(s,map(seq.count,s)))

def func4(seq):
    # 使用标准库 collections 中的 Counter 类统计字符出现的次数
    return dict(Counter(seq))

def func5(seq):
    # 使用标准库 collections 中的默认值字典类，思路与第一个函数类似
    result = defaultdict(int)
    for ch in seq:
        result[ch] = result[ch] + 1
    return result

nums = (''.join(choices(ascii_letters+digits, k=1000)),
```

```
          ''.join(choices(digits, k=1000)), ''.join(choices('01', k=1000)),
          ascii_letters+digits)
number = 100000
for num in nums:
    # 比较5个函数的返回值是否相等
    print(func1(num)==func2(num)==func3(num)==func4(num)==func5(num), end=':')
    for func in (func1, func2, func3, func4, func5):
        print(round(timeit('func(num)', globals={'func':func, 'num':num},
                           number=number),8), end=' ')
    print()
```

为了从不同角度比较代码3种方法的优劣，测试数据中设计了4种不同特征的字符串，前3个字符串中的唯一字符越来越少但每个字符的出现次数越来越多，第4个字符串中每个字符只出现1次。从下面的运行结果可以看出，一个算法或者实现代码的实际效率还和要处理的数据的特征有关系，这也是在设计和选择算法时需要考虑的一个重要因素。

```
True:4.6040594 3.69433 3.6581558 2.5699958 4.7577669
True:4.7035229 1.6723545 1.7109458 2.6815292 4.4449201
True:4.5635382 0.7792539 0.7870896 2.705808 4.1671391
True:0.3672602 0.9370243 0.9009185 0.3025307 0.8013794
```

例7-11　统计一个字符串中所有字符在另一个字符串中出现的比例。

例7-11

这个技术可以用于垃圾邮件分类。第16章会介绍朴素贝叶斯算法进行垃圾邮件分类的原理与应用，朴素贝叶斯算法用于垃圾邮件分类是基于关键词的，如果邮件文本中被插入干扰字符（例如【、】、*、#、@等）破坏了分词环节，整个算法也就失效了。

在文本中插入干扰字符属于"此地无银三百两"的做法，恰好说明文本很可能有问题。可以把这个特点作为一个判断依据，如果一封邮件中这样的干扰字符超过一定比例，则认为是垃圾邮件，不需要使用机器学习算法了，处理速度反而更快。

下面的程序中3个函数的思路是一样的，主要是演示Python语言的不同编程技巧，其中把字符串s2转换为集合的操作很重要。如果s2中存在重复字符的话，这个转换可以保证不会重复统计。

```
def check1(s1, s2):
    num = 0
    for ch2 in set(s2):
        for ch1 in s1:
            if ch1 == ch2:
                num = num + 1
    return round(num/len(s1), 2)
```

```
def check2(s1, s2):
    num = 0
    for ch2 in set(s2):
        # 使用字符串方法 count() 直接获取字符 ch2 出现的次数，把循环封装到了底层
        num = num + s1.count(ch2)
    return round(num/len(s1), 2)

def check3(s1, s2):
    # 使用字符串方法 count() 封装一层循环，使用内置函数 map() 再封装一层循环
    return round(sum(map(s1.count,set(s2)))/len(s1), 2)

s1, s2 = '这是一个测 *# 试邮 # 件，内 】含广【 告', '【 】*#/\\'
print(check1(s1,s2)==check2(s1,s2)==check3(s1,s2))
```

例 7-12　查找自然数的各位数字中最大的一个。

下面代码中给出了两个函数，第一个函数使用了一点编程技巧，代码效率非常稳定。第二个函数使用了选择法和逐位判断的方式，并且利用了自然数的一个特征来提前结束判断，也就是各位数字最大是 9。第二个函数的运行时间不稳定，具体取决于参数 num 的结构特征，例如有没有 9 以及 9 出现的位置。

```
def func1(num):
    return int(max(str(num)))

def func2(num):
    max_ = 0
    while num:
        num, mod = divmod(num, 10)
        if mod == 9:
            return 9
        if mod > max_:
            max_ = mod
    return max_
```

例 7-13　查找两个字符串首尾交叉的最大子串长度，连接两个字符串，首尾重叠部分只保留一份。例如，1234 和 2347 连接为 12347。

```
def join1(s1, s2):
    length = min(len(s1), len(s2))
    k = max(range(0,length+1), key=lambda i: i if s1[-i:]==s2[:i] else 0)
    return s1 + s2[k:]
```

上面代码利用了内置函数 max() 的 key 参数，非常优雅简洁，但效率并不高，因为

代码测试了所有可能的子串长度然后选择最大的，这在很多情况下是没必要的。下面代码使用循环结构虽然略长一点，但可以及时结束程序，避免不必要的计算，从而加快速度。

```
def join2(s1, s2):
    length = min(len(s1), len(s2))
    for k in range(length, -1, -1):
        if s1[-k:] == s2[:k]:
            break
    return s1 + s2[k:]
```

下面代码虽然使用了两层循环，但可以尽早结束判断，进一步提高了速度。

```
def join3(s1, s2):
    length = min(len(s1), len(s2))
    for k in range(length, -1, -1):
        for j in range(k):
            if s1[-k+j] != s2[j]:
                break
        else:
            break
    return s1 + s2[k:]
```

7.2　二分法查找

二分法查找也称对半查找，可以快速缩小搜索范围，效率非常高，是分治法（见第 9 章）的经典应用之一。二分法查找要求序列已排序，以升序排列为例，算法如下。

（1）测试指定范围中间位置上的元素是否为想查找的元素，是则结束算法。

（2）如果序列中间位置上的元素比要查找的元素小，则在后面一半元素中继续查找。

（3）如果中间位置上的元素比要查找的元素大，则在前面一半元素中继续查找。

（4）重复上面的过程，不断缩小搜索范围，直到查找成功或者失败（要查找的元素不在序列中）。

例 7-14　使用二分法查找某个元素在列表中的下标，不存在时返回 None。

```
from random import randint

def binary_search(lst, value):
    start, end = 0, len(lst)-1
    while start <= end:
        middle = (start + end) // 2
```

```
        # 查找成功，返回元素对应的位置
        if value == lst[middle]:
            return middle
        # 在后面一半元素中继续查找
        elif value > lst[middle]:
            start = middle + 1
        # 在前面一半元素中继续查找
        elif value < lst[middle]:
            end = middle - 1
    # 查找不成功，返回 None
    return None

lst = [randint(1,50) for i in range(20)]
lst.sort()
print(lst)
result = binary_search(lst, 30)
if result is not None:
    print('查找成功，元素位置为:', result)
else:
    print('查找失败。')
```

下面代码对二分法进行了改进，每次不是固定检查中间位置上的元素，而是根据具体的数据分布插值计算最接近实际值的位置，平均速度能提高 2~5 倍。

```
def binary_search_adv(lst, value):
    start, end = 0, len(lst)-1
    while start < end-1:
        # 计算最有可能是待查找值的位置
        pos = start + int((value-lst[start])/(lst[end]-lst[start])*(end-start))
        if pos<start or pos>end:
            break
        # 查找成功，返回元素对应的位置
        if value == lst[pos]:
            return pos
        # 在后面元素中继续查找
        elif value > lst[pos]:
            start = pos + 1
        # 在前面元素中继续查找
        elif value < lst[pos]:
            end = pos - 1
    if lst[start] == value:
        return start
    return None
```

Python 标准库 bisect 实现了二分法查找和插入的有关功能，主要函数有：①bisect_left() 和 bisect_right() 方法可以用来定位在一个有序列表中插入指定元素而保持新列表有序的正确位置；如果原列表中已存在要插入的元素，那么 bisect_left() 返回已有元素前面紧邻的位置，bisect_right() 返回已有元素后面紧邻的位置。②insort_left() 和 insort_right() 则直接在正确的位置插入新元素并且保持新列表有序。下面代码在 IDLE 交互模式中演示了这几个函数的用法。

```
>>> import bisect
>>> lst = list(range(10))                    # 创建列表，升序排列
>>> lst
[0, 1, 2, 3, 4, 5, 6, 7, 8, 9]
>>> bisect.bisect_left(lst, 5)               # 获取需要插入的新元素的正确位置
5
>>> bisect.bisect_right(lst, 5)              # 元素已存在时返回其右侧位置
6
>>> bisect.bisect_left(lst, 5.5)             # 元素不存在时两个函数返回值相同
6
>>> bisect.bisect_right(lst, 5.5)
6
>>> lst.insert(6, 5.5)                       # 在指定位置插入元素，没有返回值
>>> lst
[0, 1, 2, 3, 4, 5, 5.5, 6, 7, 8, 9]
>>> bisect.insort_left(lst, 7.9)             # 自动插入新元素到正确位置，没有返回值
>>> lst
[0, 1, 2, 3, 4, 5, 5.5, 6, 7, 7.9, 8, 9]
>>> lst = ['aaa', 'bb', 'c']
>>> lst.sort(key=len)                        # 按字符串长度升序排列
>>> print(lst)
['c', 'bb', 'aaa']
>>> bisect.insort_left(lst, 'd', key=len)
                                             # 按长度升序插入到左侧正确位置
                                             # Python 3.10 新增支持 key 参数
>>> bisect.insort_right(lst, 'a', key=len)
                                             # 按长度升序插入到右侧正确位置
>>> print(lst)
['d', 'c', 'a', 'bb', 'aaa']
```

例 7-15　使用二分查找算法计算大自然数平方根的近似值。

例 7-15

可以使用线性搜索逐个测试区间内的自然数并检查其平方是否恰好为 n 或者足够接近，这样的话当 n 变大时需要的时间非常多，收敛速度非常慢。下面的代码使用二分法查找快速缩小搜索范围并返回最接近于 n 的平方根的自然数。

```
def sqrt(n):
    # 平方根一定在 1~n
    start, end = 1, n
    while start < end:
        # 检查中间值是否为平方根
        mid = (start+end) // 2
        t = mid * mid
        if t == n:
            return mid
        elif t > n:
            # 调整范围
            end = mid - 1
        elif t < n:
            start = mid + 1
    # 有可能不存在精确的平方根，返回比较接近的一个数
    return min((start-1,start,start+1), key=lambda num: abs(num**2-n))

for n in (21, 20, 10**8, 10**8+100, 10**8+10005, 10**8+20001, 10**81):
    print(sqrt(n))
```

习　题

一、判断题

1. 使用线性查找算法时，序列变长时平均需要的时间也按比例增加。(　　)

2. 假设列表已排序并且包含 3 个 5，那么使用二分法查找元素 5 时，找到的是第一个 5。(　　)

3. 线性查找算法不需要先排序，可以直接查找。(　　)

4. 二分法对于没排序的列表一样可以总是得到正确结果。(　　)

5. 使用线性查找算法时，已排序的列表比未排序的列表速度更快。(　　)

6. 假设列表 x 的长度足够大，那么访问元素 x[10] 比访问元素 x[10000] 略快。(　　)

7. 列表的下标访问比字典的下标访问略快一点。

8. 表达式 'a'<='y'<='z' 的计算速度比 'y' in 'abcdefghijklmnopqrstuvwxyz' 要快很多。(　　)

9. 表达式 'y' in 'abcdefghijklmnopqrstuvwxyz' 的计算速度要比 'y' in set('abcdefghijklmnopqrstuvwxyz') 慢一些。(　　)

10. 表达式 'y' in 'abcdefghijklmnopqrstuvwxyz' 的计算速度要比 'y' in {'c', 'i', 'u', 'x', 't', 'f', 'w', 'j', 'h', 'k', 'a', 'd', 's', 'v', 'y',

'l', 'q', 'g', 'r', 'p', 'n', 'z', 'b', 'm', 'e', 'o'}慢一些。(　　)

11. 查找已排序的列表中任意元素时，二分法一定比线性查找速度快。(　　)

12. 例 7-15 中使用二分法一定可以得到自然数平方根的精确值。(　　)

13. 循环结构是影响 Python 程序执行速度的重要因素，使用函数式编程改写循环结构后一定会提高执行速度。(　　)

二、编程题

1. 给定一个字符串，查找并返回每个字符的第一次出现组成的新字符串，要求每个字符保持第一次出现的相对顺序。

2. 给定包含若干数字的列表 lst，查找其中介于区间 [start,stop] 的数字，返回新的列表，其中的元素保持原来的相对顺序。

3. 给定包含若干字符串的列表 lst，查找其中只包含阿拉伯数字的字符串，返回新的列表，其中的字符串按升序排列。要求不能使用内置函数 sorted() 或列表方法 sort()。

4. 编写程序，使用二分法查找列表中介于区间 [a,b] 的所有数字。

5. 编写程序，给定若干互不相同的自然数，查找其中相加之和恰好等于特定值的两个数，如果有多对就全部返回并升序排列，如果不存在就返回空值 None。提示：先排序，然后从两端向中间搜索。

6. 编写程序，给定若干互不相同的自然数，查找其中相加之和恰好等于特定值的两个数，如果有多对就全部返回并升序排列，如果不存在就返回空值 None。提示：先排序，从前向后遍历每个数字，然后使用二分法在该数字后面的数字中寻找符合要求的对应数字。

7. 编写程序，给定一个包含若干子列表的列表，每个子列表中包含若干整数，查找其中最大值最小的第一个子列表。

8. 编写程序，给定一个包含若干子列表的列表，每个子列表中包含若干整数，查找其中最小值最大的第一个子列表。

PYTHON

第 8 章　贪心算法

贪心算法（greedy algorithm）是一种算法思想，把复杂问题求解过程划分为若干阶段，求解每个阶段的最优解时根据当前的情况做出看上去最好的选择，即局部最优解（在当前来看是最佳答案即可，只关注当前，不从全局考虑问题），每次做出选择以后不再更改、不允许回溯，只进不退，最终得到原问题的解。贪心算法对于很多问题都能得到全局最优解，有些问题即使无法得到全局最优解，往往也能得到一个不错的近似解。没有通用的贪心算法，需要根据具体的问题和要求设计相应的贪心策略。贪心算法解决问题时往往会对数据进行预处理，例如排序。

贪心算法通常用于求解组合优化问题，例如图论、计算几何、网络设计等领域，冒泡排序算法和选择排序算法也暗含着贪心算法的思想。除了本章讲解的案例，其他章节不少问题求解中也用到了贪心算法的思想，请反复阅读本书并结合本章内容进行学习。

8.1　找零钱问题

我国发行和使用的人民币主要有 100 元、50 元、20 元、10 元、5 元、1 元、5 角、1 角、5 分、2 分、1 分这几种面值的纸币或硬币。给定一个表示金额的自然数 value（单位为分），求解能够恰好凑成这么多钱的所有面值人民币（单位为分）以及每种面值人民币的数量组成的列表，按面值从大到小排列且要求人民币的张数或枚数最少。例如，金额为 1234 时返回 [(1000, 1), (100, 2), (10, 3), (2, 2)]，表示 10 元 1 个、1 元 2 个、1 角 3 个、2 分 2 个。

根据上面的描述，能用大面值的就不用小面值的，这是贪心算法的思想，有可能得不到全局最优解。例如，使用面值为 (25, 21, 10, 5, 1) 的纸币或硬币找零 63 分时，贪心算法的解不是最优的。求解找零钱问题也可以使用动态规划算法并且可以得到最优解，详见第 10 章。另外，找零钱问题也可以看作完全背包问题，也就是每种面值选择 0 个或多个，使得被选面值之和恰好等于预期的值。

例 8-1

例 8-1　求解找零钱问题。

```
def func(value):
```

```
    face_values = (10000, 5000, 2000, 1000, 500, 100, 50, 10, 5, 2, 1)
    r = []
    # 从最大面额开始
    for num in face_values:
        if value >= num:
            # t 张面值 num，还剩余 value 金额
            t, value = divmod(value, num)
            r.append((num,t))
    return r

print(func(12345))
```

8.2 幼儿园加餐吃面包问题

幼儿园上午加餐吃面包，假设每个孩子的饥饿程度不同，面包大小也不同。第一轮分配中每个孩子只能吃一块面包，能吃饱（可以按需撕开一块面包，多余的面包参与第二轮分配）的孩子不再参与第二轮分配。第一轮分配中没有合适的面包能吃饱的孩子和不足以让孩子吃饱的面包都参加第二轮分配，最终让所有孩子都吃饱。已知若干孩子的饥饿程度和面包大小，求解第一轮分配中最多有多少孩子能吃饱。

例 8-2　求解幼儿园加餐吃面包问题。

```
def func(hungry, breads):
    # 这里的升序排列的操作很重要
    hungry, breads = sorted(hungry), sorted(breads)
    m, n = len(hungry), len(breads)
    if hungry[0] > breads[-1]:
        # 最大一块面包不足以让饥饿程度最小的孩子吃饱，没有人能吃饱
        return 0
    i, j = 0, 0
    while i<m and j<n:
        if hungry[i] <= breads[j]:
            # 面包 j 可以让孩子 i 吃饱
            i, j = i+1, j+1
        else:
            # 面包 j 不够孩子 i 吃饱，尝试下一个面包
            j = j + 1
    return i

data = [[[3,2,7,3,4],[3,2,1,6,5,20]], [[8,3,9,6,35,2],[10,1,10,10,5]],
```

```
        [[3,9,1,8,20,7,13,18,27,31], [5,5,5,5,5,5]],
        [[3,3,3,3,3,3,3],[1,2,3,4,5,6,7]], [[1,2,3], [1,2,3]]]
for h, b in data:
    print(func(h, b), end=' ')
```

运行结果：

```
5 4 2 5 3
```

8.3　汽车加油问题

小明从自己家自驾回老家过年有多条不同的路线，每条路线上都有几个加油站。给定一个包含若干自然数的列表 distance 和一个自然数 k，列表 distance 中第一个数字表示从家到第一个加油站的距离（单位为千米），最后一个数字表示最后一个加油站到老家的距离，中间的数字表示相邻加油站之间的距离，自然数 k 表示汽车加满油后的最大行驶距离（单位为千米）。假设小明出发前加满油并在路上尽量减少加油次数，路过加油站时如果当前剩余的油能坚持到下一个加油站就先不加油，并且每次加油都会加满，求解小明每次加油的加油站编号（从 1 开始编号）。如果路线中有距离大于 k 的加油站则返回 None，表示不能选择这条路线。

例 8-3　求解汽车加油问题。

```
def func(distance, k):
    # 加油的位置和每次加油后行驶的路程
    pos, s = (), 0
    # 遍历每个加油站的编号和距离下一个加油站或终点的距离
    for i, d in enumerate(distance):
        # 与下一个加油站距离大于满箱最大行驶距离，不可能到达
        if d > k:
            return None
        s = s + d
        # 当前剩余的油坚持不到下一个加油站，加油
        if s > k:
            s, pos = d, pos+(i,)
    return pos

print(func([50, 70, 36, 59, 40, 40], 100))          # 输出：(1, 2, 4)
print(func([50, 70, 36, 59, 40, 40], 150))          # 输出：(2, 5)
```

```
print(func([50, 70, 36, 59, 40, 40, 100, 30], 150))    # 输出: (2, 5, 7)
print(func([50, 70, 36, 59, 40, 40], 50))              # 输出: None
```

8.4 区间合并问题

区间合并问题是指，给定若干区间起点和终点，有包含关系的进行合并，有重叠的进行拼接。

例 8-4 给定数轴上若干区间，把有重叠或包含关系的区间合并到一起。

```
def func(intervals):
    # 按区间起点升序、终点降序排列
    intervals = sorted(intervals, key=lambda it:(it[0],-it[1]))
    result, (start,end) = [], intervals[0]
    for interval in intervals[1:]:
        if interval[0] > end:
            # 当前区间与前一个区间无重叠
            result.append((start,end))
            start, end = interval
        elif interval[1] > end:
            # 当前区间与前一个区间有重叠，进行合并
            end = interval[1]
        # 还有一种情况是当前区间完全包含在前一个区间中，不需要处理
        # 这也是对所有区间按起点升序、终点降序排列的原因
    result.append((start,end))
    return result

print(func(((1,3), (1,6), (5,9), (3,5), (10,15), (11,18))))
print(func(((1,3), (1,6), (5,9), (3,5), (10,15), (11,16))))
print(func(((1,3), (2,6), (5,9), (3,5), (10,15), (11,16))))
```

8.5 分数分解问题

分数分解问题是指，把一个真分数分解为若干分子为 1 的真分数之和。同一个真分数有多种分解方式，要求得到的分数数量最少，也就是每个分数的分母尽可能小。设真分数的分子为 a、分母为 b，其中 $a<b$ 且不可再约分（即 a、b 的最大公约数为 1），则有

$$b=a\times c+d$$

其中，$c=b//a$，$d=b\%a$。将上式两边同时除以 a，得

$$\frac{b}{a}=c+\frac{d}{a}<c+1$$

记 $e=c+1$，然后对上式求倒数，得

$$\frac{a}{b}>\frac{1}{e}$$

即$\frac{1}{e}$为小于$\frac{a}{b}$的最大分数（也可以逐个测试从 2 开始的自然数来寻找符合条件的自然数 e），$\frac{a}{b}$减去$\frac{1}{e}$后剩余部分为

$$\frac{a}{b}-\frac{1}{e}=\frac{a\times e-b}{b\times e}$$

继续对剩余部分进行分解，重复上面的过程，直到 a 等于 1 为止。

例 8-5　把值小于 1 的任意真分数转换为若干分子为 1 的真分数之和，要求得到的真分数数量最少。

```
from math import gcd

def fraction_reduction(a, b):
    r = gcd(a, b)
    return a//r, b//r

def func(a, b):
    # 约分
    a, b = fraction_reduction(a, b)
    result = []
    while a > 1:
        e = b//a + 1
        result.append(e)
        a, b = fraction_reduction(a*e-b, b*e)
    if a == 1:
        result.append(b)
    return result

print(func(3, 7), func(5, 10), func(30, 100), func(2, 7), func(7, 31))
```

运行结果：

```
[3, 11, 231] [2] [4, 20] [4, 28] [5, 39, 6045]
```

8.6 若干数字中前后元素最大差问题

给定一个包含若干随机整数的列表 A，求满足 0≤a<b<len(A) 的 A[b]-A[a] 的最大值。在第 2 章中使用枚举法求解这个问题，这里再给出贪心算法的实现代码，其中也用到了动态规划算法（详见第 10 章）的思想。

例 8-6 求解若干数字中前后元素最大差问题。

```
def max_difference(lst):
    # 负无穷大，已扫描元素的最小值
    diff, min_current = -float('inf'), lst[0]
    for value in lst[1:]:
        if value < min_current:
            # 第一个数字尽量小
            min_current = value
        else:
            t = value - min_current
            if t > diff:
                # 差尽量大
                diff, result = t, (min_current, value)
    return result[1]-result[0]

lst = [74, 79, 32, 37, 82, 36, 93, 57, 69, 97, 51, 4, 87, 16, 54,
       35, 53, 14, 17, 44]
print(max_difference(lst))          # 输出：83
```

8.7 活动安排问题

本节介绍两个活动安排问题：一个是活动场地安排问题；另一个是监考安排问题。

例 8-7 活动场地安排问题。有若干活动需要使用同一个场地，该场地同一时刻只能容纳一个活动，且每个活动结束后需要留出一点时间收拾之后才能开始下一个活动，为使安排的活动尽可能多，优先安排结束时间早的活动。

```
def func(activities):
    # activities 格式为 [(1,3), (2,8), (4,6), ...]
    # 其中下标为活动编号，元组中为起始时间和结束时间
    # 按结束时间升序排列，保持活动编号、起始时间、结束时间的对应关系
    # 排序后格式为 [(0,(1,3)), (2,(4,6)), (1,(2,8)), ...]
```

```
    activities = sorted(enumerate(activities), key=lambda it: it[1][1])
    # 可以安排的活动编号及其起止时间
    result = [activities[0]]
    for i, (start, end) in activities:
        # 两个活动之间至少留出 1 个单位时间的收拾时间
        if start >= result[-1][1][1]+1:
            result.append((i,(start,end)))
    # 按先后顺序返回安排的活动编号
    return [it[0] for it in result]

print(func([(1,4), (3,5), (0,6), (5,7), (3,8), (5,9), (6,10), (8,11), (8,12),
(2,13), (12,14)]))
print(func([(1,3), (4,9), (4,6), (7,9), (8,9), (6,7), (5,8), (9,12), (1,2)]))
print(func([(1,3), (3,5), (5,8), (8,11), (11,13), (13,20)]))
```

运行结果：

```
[0, 3, 7, 10]
[8, 2, 3]
[0, 2, 4]
```

例 8-8　安排监考，每场要求必须两位监考老师，每位老师监考场次尽量平均，并且每人不超过一定的次数。

```
from copy import deepcopy
from random import shuffle
from collections import Counter

def func(teacher_names, exam_numbers, max_per_teacher):
    '''teacher_names: 教师名单，列表类型
       exam_numbers: 监考总场次，整数
       max_per_teacher: 每个老师最大监考次数，整数 '''
    if len(teacher_names)//2*max_per_teacher < exam_numbers:
        return '数据不合适'
    # 字典键为教师名称，值为已安排监考次数，列表中存储已排好的监考
    teachers, result = {teacher:0 for teacher in teacher_names}, []
    # 安排监考
    for _ in range(exam_numbers):
        t = deepcopy(teacher_names)
        # 乱序，避免某两个人总是在一起
        shuffle(t)
        # 选择已安排场次最少的老师
```

```
        teacher1 = min(t, key=teachers.get)
        t.remove(teacher1)
        teacher2 = min(t, key=teachers.get)
        # 安排一场监考
        teachers[teacher1] += 1
        teachers[teacher2] += 1
        result.append((teacher1, teacher2))
    return result

teacher_names = ['教师'+str(i) for i in range(10)]
# 获取并查看监考安排情况
result = func(teacher_names, 31, 7)
print(result)
# 查看每位老师安排的监考场次，可以使用 collections.Counter 改写
if result != '数据不合适':
    t = sum(result, ())
    for teacher in teacher_names:
        print(teacher, t.count(teacher))
```

8.8　哈夫曼编码与解码

数据进行传输或存储时往往会先进行压缩，这样可以减少网络带宽或存储空间的占用。哈夫曼编码依据字符出现的次数或概率来构造异字头（任何一个字符的编码都不是其他字符编码的前缀）变长编码，具体过程通过二叉树（称为哈夫曼树或最优二叉树）来实现，出现频次越多的字符编码越短，出现频次越少的字符编码越长，可以使得平均码长达到最短，压缩率为 20%~90%。

以字符串 'aaabbbbbbcccddsfreajgafjweraaaweraaa' 为例，各字符出现频率从大到小依次为 {'a': 11, 'b': 6, 'c': 3, 'r': 3, 'e': 3, 'd': 2, 'f': 2, 'j': 2, 'w': 2, 's': 1, 'g': 1}，首先将出现次数最少的字母（这里使用了贪心策略）g 和 s 合并，如图 8-1 所示，图中括号里的数字表示字母出现总次数。

然后从剩余字符中选择出现次数最少的进行合并，由于字母 d、f、j、w 以及 gs 组合的出现次数都是 2，怎么选择和合并都是可以的，没有对错。不同的选择会导致最终不同的编码，但整体的平均编码长度都是一样的。图 8-2 显示的是其中一种合并方式，即 f 和 d 合并，w 和 j 合并。

现在的情况变成了 {'a': 11, 'b': 6, 'fd':4, 'wj': 4, 'c': 3, 'r': 3, 'e': 3, 'gs': 2}，选择出现次数最少的进行合并，由于字母 c、r、e 的出现次数都是 3，怎么合并都是可以的，不同的选择会导致最终不同的编码，但整体的平均编码长度是一样

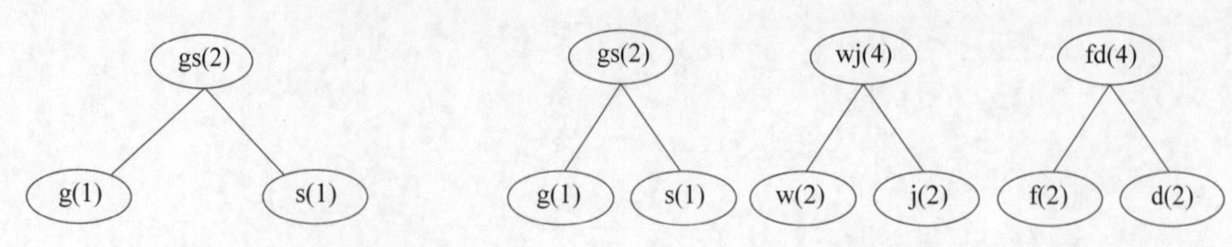

图 8-1　合并出现次数为 1 的字母　　图 8-2　合并出现次数为 2 的字母

的。图 8-3 显示的是其中一种合并方式，即 e 和 r 组合，c 和 gs 组合，然后再把两个出现次数为 4 的字母组合 wj、fd 进行合并。

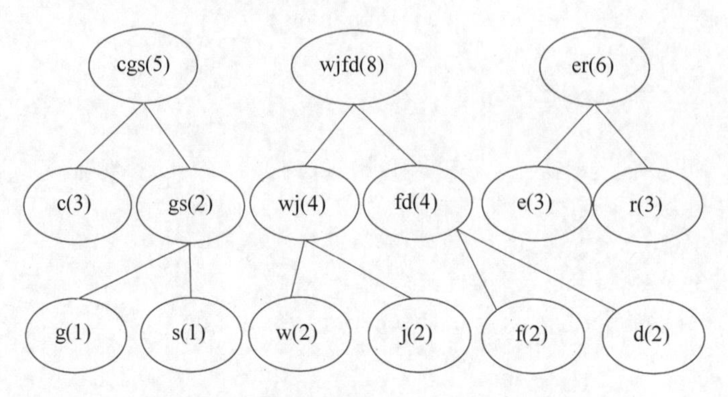

图 8-3　合并出现次数为 3、4 的字母

现在的情况变成了 `{'a': 11, 'wjfd': 8, 'b': 6, 'er': 6, 'cgs': 5}`，继续选择出现次数最小的组合进行合并，重复这个过程，最终生成的哈夫曼树如图 8-4 所示。

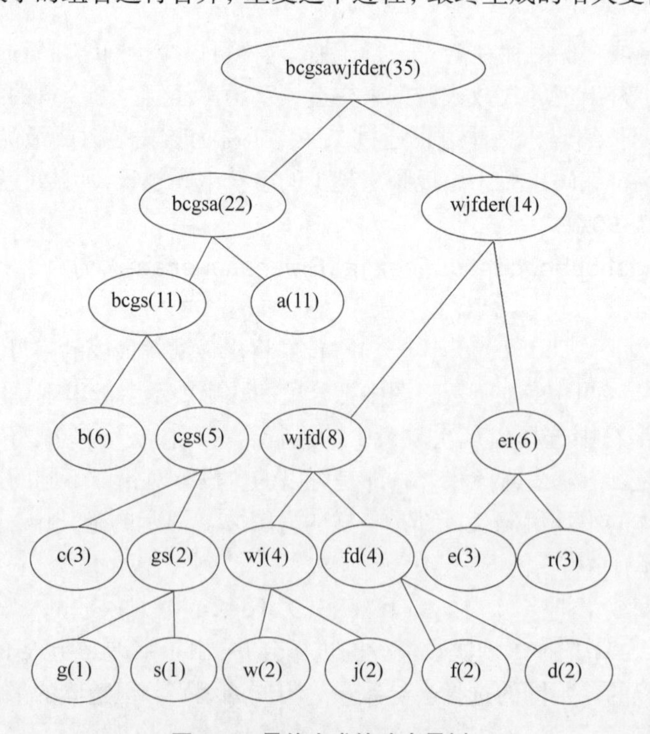

图 8-4　最终生成的哈夫曼树

最后，给哈夫曼树中每个节点的左右分支都编号 0 和 1，左分支为 0 右分支为 1 或者左分支为 1 右分支为 0 都可以，不同的编号最终导致编码不同，但整体的平均长度是一样的。这里选择后者，也就是左分支为 1 右分支为 0，得到每个唯一字符的编码为 {'a': '10', 'r': '000', 'e': '001', 'b': '111', 'd': '0100', 'f': '0101', 'j': '0110', 'w': '0111', 'c': '1101', 's': '11000', 'g': '11001'}，使用这个编码表对字符串 'aaabbbbbbcccddsfreajgafjweraaaweraaa' 进行编码得到 '1010101111111111111111111101110111010100010011000010100000110011011001100101011001110010001010100111001000101010'。

哈夫曼解码的主要依据是“异字头”这个特点，即任何一个字符的编码都不是其他字符编码的前缀。对哈夫曼编码从前向后扫描，检查子串最前面几位能匹配哪个字符的编码。仍以上面的哈夫曼编码 '1010101111111111111111111101110111010100010011000010100000110011011001100101011001110010001010100111001000101010' 为例，前面 2 位 '10' 匹配字母 a。继续扫描剩余部分，接下来 2 位和再接下来 2 位都是 '10' 匹配字母 a。继续扫描剩余部分，接下来连续 6 组 '111' 匹配 6 个字母 b，再接下来连续 3 组 '1101' 匹配字母 c，以此类推，直至处理到最后一组。

下面的代码实现了哈夫曼编码与解码，除了已经用到的 heapify()、heappush()、heappop() 函数之外，heapq 模块还提供了 nsmallest()、nlargest() 等更多函数，请自行查阅资料学习其用法。

例 8-9　哈夫曼编码与解码。

例 8-9

```
from itertools import count
from collections import Counter
from heapq import heapify, heappush, heappop

def huffman_tree(s):
    # 统计每个字符出现的次数
    s = Counter(s)
    chs, freqs, nums = s.keys(), s.values(),  count()
    # 构造堆
    tree = list(zip(freqs,nums,chs))
    heapify(tree)
    # 合并节点，构造哈夫曼树
    while len(tree) > 1:
        fa, _, a = heappop(tree)
        fb, _, b = heappop(tree)
        heappush(tree, (fa+fb, next(nums), [a,b]))
    # 返回哈夫曼树，由唯一字符构成的嵌套列表
    return tree[0][2]

def get_table(tree, prefix=''):
```

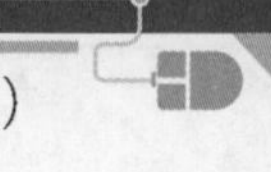

```
    # 遍历哈夫曼树，为每个字符编码
    if isinstance(tree, str):
        yield (tree, prefix)
        return
    for bit, child in zip('01', tree):
        # 下面的循环结构可以改写为yield from get_table(child, prefix+bit)
        for pair in get_table(child, prefix+bit):
            yield pair

def main(s):
    print(s)
    # 这里得到的树与图 8-4 并不完全一样，左右有些区别
    tree = huffman_tree(s)
    table = dict(get_table(tree))
    print(table)
    # 根据哈夫曼编码表对字符串进行编码
    code = ''.join(map(lambda ch: table[ch], s))
    print(code)
    # 根据哈夫曼编码表进行解码
    ss = ''
    while code:
        for ch, c in table.items():
            if code.startswith(c):
                ss = ss + ch
                code = code[len(c):]
    print(ss)

main('aaabbbbbbccddsfreajgafjweraaaweraaa')
```

习　题

一、判断题

1. 使用贪心算法一定能够得到全局最优解。(　　)

2. 使用贪心算法有可能得到全局最优解。(　　)

3. 贪心算法把复杂问题求解过程划分为若干阶段，每个阶段只做出当时来看的最好选择，一旦做出选择后不再修改。(　　)

4. 在贪心算法中，不同的贪心策略有可能得到不同的结果。(　　)

5. 对于任意一串数据，使用贪心算法得到的哈夫曼编码是唯一的。(　　)

二、编程题

1. 分解分子分母均为自然数的任意分数为整数部分和若干个分子为 1 的真分数之和，要求分解后的分数最少。

2. 修改本章幼儿园小朋友分配面包问题的代码，要求返回第一轮分配中能吃饱的孩子数量及其序号。

PYTHON

第 9 章　分治法

分治法（Divide and Conquer，DC）是一种算法思想或者算法策略，其核心思想为：把一个大的问题分解成几个规模较小但性质相同的问题，然后分别解决这些小规模的问题，如果问题规模仍然较大而难以求解，就继续拆分成规模更小的问题。拆分到一定程度以后，问题会变得非常容易解决，不可再分或不必再分时子问题的解就是原问题的解（这种情况下也称分治法为减治法，本书不做区分），或者子问题的解可以组合得到原问题的解。概括来说，分治法的 3 个步骤为划分子问题、子问题求解、合并子问题的解得到原问题的解。

分治法的应用非常广泛，其他章节中多个例题用到了分治法的思想，例如汉诺塔问题、斐波那契数列、组合数的递归计算方法、快速排序算法、归并排序算法、二分法查找、二分法计算大整数平方根近似值、连接若干自然数为大自然数都是分治法的典型应用。其他应用还包括寻找平面上距离最小的点对、大整数相乘、消除信号中的噪声、快速傅里叶变换、矩阵乘法、逆矩阵、凸包问题等。每次分解时如果每个子问题的规模大致相当，分治法可以达到最优的效率。

9.1　方程近似根

使用二分法计算方程近似根的思路如下。

（1）粗略估计近似根的大概范围，起点和终点分别记为 x_1 和 x_2，使得对应的函数值异号，即 $f(x_1)\cdot f(x_2)<0$。

（2）计算$x=\frac{x_1+x_2}{2}$，并计算该点处的函数值。

（3）如果 x 处的函数值为 0，则 x 为方程的根；如果函数值与 x_1 处的函数值同号，则表示近似根介于 x 和 x_2 之间，把 x_1 设置为 x，回到（2）；如果函数值与 x_1 处的函数值异号，则表示近似根介于 x_1 和 x 之间，把 x_2 设置为 x，回到（2）。

（4）如果 x_2 与 x_1 的差已经足够小（例如小于 0.001）了还没有找到近似根，则从这个很小的范围随机选择一个数作为近似根。

例 9-1　使用二分法计算方程 $x^3-7=0$ 的近似根。

```
def func(x):
    return x**3 - 7

x1, x2 = 1, 4
while x2-x1 > 0.001:
    x = (x1+x2) / 2
    y = func(x)
    if y == 0:
        print(x)
        break
    elif y*func(x1) > 0:
        x1 = x
    else:
        x2 = x
else:
    print((x1+x2)/2)
```

9.2　任意数列的逆序数

逆序数是指每个元素后面比它小的元素数量之和，本书第 6 章和第 12 章都涉及逆序数的应用。

例 9-2　计算包含若干整数的列表的逆序数。

对于这个问题，直接使用两层循环即可实现，代码也很简洁。

```
def func1(L):
    c = 0
    for i1, v1 in enumerate(L):
        for v2 in L[i1+1:]:
            if v1 > v2:
                c = c + 1
    return c
```

从算法设计与代码优化的角度来讲，我们从来不以代码行数多少来判断其优劣。上面代码虽然简洁，但时间复杂度为 $O(n^2)$，毫无技巧可言，实在算不上是个好的算法实现。

上面代码虽然主要是枚举算法，其实也可以看作是分治法，求解每个数字的逆序数并求和。但没有记录扫描过程中已经确定的大小关系，也没有充分利用这些大小关系，这是影响效率的根本原因。

结合归并排序算法中使用的分治法，这个问题的求解算法时间复杂度可以达到 $O(n\log n)$。改进算法的核心思路为：①把列表 L 平均分为前半部分 A 和后半部分 B；

②统计前半部分 A 的逆序数和后半部分 B 的逆序数，以及满足 a>b 的 (a,b) 个数，其中 a 属于 A 且 b 属于 B，统计逆序数的同时把 A 和 B 分别排序并合并为一个列表；③对前后两部分重复上面的操作。这样一来，在合并 A 和 B 时由于已经排序，只需要从前向后扫描 A 和 B，把小的元素移出并添加到结果列表中，如果 B 最前面的元素小则把逆序数增加 A 中元素的数量（此时 A 中所有元素都大于 B 的第一个元素）。

考虑到列表在删除前面元素时会导致后面元素向前移动而引入额外开销，下面的代码并没有真正移出元素，而是通过下标向后移动来模拟移出元素，避免了额外的时间开销。

```
from time import time
from random import shuffle

def merge_count(A, B):
    # 列表 C 用来存放列表 A 和 B 合并后的元素
    # i 和 j 分别表示 A 和 B 的下标，m 和 n 分别表示 A 和 B 的长度
    C, i, j, m, n, count = [], 0, 0, len(A), len(B), 0
    # 合并两个列表，同时统计逆序数，此时 A 和 B 已分别升序排列
    while i<m and j<n:
        if A[i] <= B[j]:
            C.append(A[i])
            i = i + 1
        else:
            # B 的第一个元素小于 A 中所有元素，增加逆序数
            C.append(B[j])
            count = count + (m-i)
            j = j + 1
    # A 或 B 其中一个已空，直接把剩余元素追加到 C 即可，逆序数不变
    C.extend(A[i:] or B[j:])
    return (count, C)

def func2(L):
    length = len(L)
    if length <= 1:
        return (0, L)
    mid = length // 2
    # 拆分
    ca, A = func2(L[:mid])
    cb, B = func2(L[mid:])
    # 归并
    c, L = merge_count(A, B)
    return (ca+cb+c, L)

L = list(range(80000))
```

```
shuffle(L)
start = time()
print(func2(L)[0], time()-start)
start = time()
print(func1(L), time()-start)
```

把上面两段代码放到一个程序文件中，运行结果如下，可见使用分治法重新实现后虽然代码复杂了一些，但运行速度却快了几百倍，并且问题规模越大速度提升也越大。

```
1599193775 0.22624754905700684
1599193775 118.67635798454285
```

下面代码把逆序数和插入排序算法结合起来，从后向前扫描元素，每个元素向后移动至合适位置使得后面的元素降序排列，插入位置后面元素数量也就是该元素的逆序数。逆序数越大，下面算法的优势越明显。原始数据恰好降序排列时效率高于前面的两种方法，但原始数据为升序排列时效率非常低，平均效率略高于 func1() 函数但远低于 func2() 函数，请自行测试。

```
def func3(L):
    L, length, count = L[::], len(L), 0
    # 从后向前扫描元素
    for i in range(length-1, -1, -1):
        key = L[i]
        # 扫描当前位置后面的元素，同时进行降序排列
        for j in range(i+1, length):
            if L[j] > key:
                # 大于当前元素的元素向前移动，插入排序
                L[j-1] = L[j]
            else:
                # 找到第一个小于 key 的元素，后面的元素都小于 key，更新逆序数
                count = count + (length - j)
                # 把当前元素插入合适的位置，最终使得真个列表降序排列
                L[j-1] = key
                break
        else:
            # 当前元素小于后面的所有元素，将其插入到最后的位置，逆序数不变
            L[length-1] = key
    return count
```

众所周知，在 Python 列表非尾部位置插入和删除元素时会带来大量元素移动而影响效率。但这个元素移动的操作是封装在底层完成的，效率比自己 Python 层面通过元素赋值实现移动仍要快一些。下面函数改写了上面的代码，效率又提高约 1/3，请自行测试。

```
def func4(L):
    L, length, count = L[::], len(L), 0
    for i in range(length-1, -1, -1):
        for j in range(i+1, length):
            if L[j] <= L[i]:
                count = count + (length - j)
                if j > i+1:
                    L.insert(j-1, L.pop(i))
                break
        else:
            L.append(L.pop(i))
    return count
```

9.3 大自然数相乘

使用 Python 语言计算数字相乘，再怎么优化也不如直接使用乘法运算符“*”快。本节介绍的 Karatsuba 算法仅具有理论研究价值，作为思维方式的训练或者使用其他语言实现时作为参考。

例 9-3 使用分治法计算大自然数相乘。

假设两个自然数 x 和 y 具有相同的位数，例如都是 n 位数，可以将其分解和改写如下：

$$x=x_1 \cdot 10^{n/2}+x_0$$
$$y=y_1 \cdot 10^{n/2}+y_0$$

二者的乘积可以改写如下：

$$\begin{aligned}xy&=(x_1 \cdot 10^{n/2}+x_0)(y_1 \cdot 10^{n/2}+y_0)\\&=x_1 y_1 \cdot 10^n+(x_1y_0+x_0y_1) \cdot 10^{n/2}+x_0y_0\end{aligned}$$

由于

$$(x_1+x_0)(y_1+y_0)=x_1y_1+x_1y_0+x_0y_1+x_0y_0$$

所以

$$x_1y_0+x_0y_1=(x_1+x_0)(y_1+y_0)-x_1y_1-x_0y_0$$

根据上面的推导，可以使用分治法来计算相同位数的自然数相乘。下面的代码顺便比较了分治法与直接使用乘法运算符的效率，第 11 章还介绍了整数相乘的其他算法，请自行比较。

```
from timeit import timeit
from random import randint
```

```
def multiply_recursive(x, y):
    n = len(str(x))
    if n == 1:
        return x*y
    mod2 = 10 ** (n//2)
    mod1 = mod2 * mod2
    x1, x0 = divmod(x, mod2)
    y1, y0 = divmod(y, mod2)
    p = multiply_recursive(x1+x0, y1+y0)
    x1y1 = multiply_recursive(x1, y1)
    x0y0 = multiply_recursive(x0, y0)
    return x1y1*mod1 + (p-x1y1-x0y0)*mod2 + x0y0

for _ in range(5):
    x = randint(10**10, 10**50)
    print(multiply_recursive(x,x)==x*x, end=' ')
    print(timeit('multiply_recursive(x,x)', number=100000,
                 globals={'multiply_recursive':multiply_recursive, 'x':x}),
          end=' ')
    print(timeit('x*x', number=100000, globals={'x':x}))
```

运行结果：

```
True 27.369506599963643 0.007111200015060604
True 26.716239899978973 0.007082000025548041
True 26.220037399907596 0.007077299989759922
True 26.273624199908227 0.006714100018143654
True 24.135544400080107 0.007391100050881505
```

9.4 若干整数的第 *k* 大元素

在某些应用中，会需要获取最小的 *k* 个数、最大的 *k* 个数或者第 *k* 大的元素，这种情况下如果可以不对全部元素进行排序就能得到答案应该会节约一些计算。把数据升序排列之后，使用下标获取指定位置上的元素或者使用切片获取某些位置上的元素，表达式 sorted(data)[k-1] 或 sorted(data)[:k] 即可满足要求，执行速度也很快。但从算法设计的角度来讲，这个问题的核心是“不完全排序”，也就是只对部分元素进行排序即可，一般不会使用上面的方法。

标准库 heapq 提供了获取前几个最小元素的函数 nsmallest() 和前几个最大元素的函数 nlargest()，扩展库 NumPy、Pandas 中的对象也提供了相关方法。本节先介绍如何使用标准库和扩展库函数直接求解问题，然后介绍如何编写代码实现类似的功能。

例 9-4　使用标准库和扩展库函数求解第 *k* 大元素以及最小和最大的 *k* 个元素。

```
from heapq import nsmallest, nlargest
from numpy.random import randint
from pandas import Series

arr = randint(1, 100, 20)
# 输出原始数据和升序排列的结果
print(arr, sorted(arr), sep='\n')
# 根据从小到大的第 7 个元素作为枢点对原始数据进行划分，输出枢点的值
arr.partition(7)
print(arr[7])
# 根据从大到小的第 3 个元素作为枢点对原始数据进行划分，输出枢点的值
arr.partition(-3)
print(arr[-3])
# 使用标准库 heapq 的函数获取最小的 3 个数和最大的 3 个数
print(nsmallest(3,arr), nlargest(3,arr))
# 使用 Pandas 创建带标签的一维数组，然后获取最小的 3 个数和最大的 3 个数
s = Series(arr)
print(s.nsmallest(3).values, s.nlargest(3).values)
```

例 9-5　使用分治法查找列表中前两个最小的数字。

这个问题可以对列表升序排列后获取前两个元素，也可以使用选择排序算法来求解，第一次扫描找到最小值，第二次扫描找到剩余元素的最小值，算法结束。请自行尝试。

分治法求解这个问题的思路为：把列表划分为两部分，查找每部分中前两个最小的数字，然后再从两部分的结果中选择最小的两个数字返回，对划分后的每部分重复上面的操作。

例 9-5

```
from random import choices

def min_2(data):
    n = len(data)
    if n == 1:
        # 只有一个元素，返回
        return data
    if n == 2:
        # 只有两个元素，升序排列后返回
        # 这里也可以使用内置函数 sorted() 或列表方法 sort()
        if data[0] > data[1]:
            data[0], data[1] = data[1], data[0]
        return data
```

```
    mid = n // 2
    # 分解为两部分，分别查找两部分中的前两个最小数
    first_min, second_min = min_2(data[:mid]), min_2(data[mid:])
    # 合并结果，得到整体的前两个最小数
    if len(first_min)==2 and first_min[1]<second_min[0]:
        return first_min
    if len(second_min)==2 and second_min[1]<first_min[0]:
        return second_min
    if first_min[0] < second_min[0]:
        return [first_min[0], second_min[0]]
    return [second_min[0], first_min[0]]

for _ in range(99999):
    data = choices(range(1000), k=10)
    if min_2(data) != sorted(data)[:2]:
        # 没有输出，说明函数 min_2() 的功能正确
        print(data)
```

例 9-6　选择列表中从小到大的第 k 个数。

基本思路为：像快速排序算法那样选择一个枢点把原始数据划分为两部分，前面一部分比枢点小，后面一部分比枢点大。如果枢点位置恰好为 k-1 则结束，如果枢点位置小于 k-1 则在后面部分重复上面的操作，如果枢点位置大于 k-1 则在前面部分重复上面的操作。

下面的两个函数分别使用递归和非递归两种方法实现，同一个问题的递归算法与非递归算法之间的转换也是算法训练的一个主要内容。

```
from profile import run
from random import choices, randrange

def select_recursive(seq, k):
    # 以第一个元素为枢点进行划分
    pivot, seq = seq[0], seq[1:]
    # 用空间换时间，append() 方法的执行时间几乎可以忽略
    low, high = [], []
    for item in seq:
        if item <= pivot:
            low.append(item)
        else:
            high.append(item)
    # 检查枢点是否恰好符合要求，不符合就调整区域
    m = len(low)
    if m == k-1:
        return pivot
```

```
    elif m < k:
        return select_recursive(high, k-m-1)
    else:
        return select_recursive(low, k)

def select(seq, k):
    # 空间复杂度低，但大量元素交换的时间不能忽略
    seq, k = seq[:], k-1
    start, stop = 0, len(seq)-1
    while True:
        i, j = start, stop
        # 以当前区域中第一个元素为枢点进行划分
        key = seq[start]
        while i < j:
            while i<j and seq[j]>=key:
                j = j - 1
            seq[i] = seq[j]
            while i<j and seq[i]<=key:
                i = i + 1
            seq[j] = seq[i]
        seq[i] = key
        # 检查本次划分的枢点是否恰好符合要求，不符合就调整区域
        if i == k:
            return key
        elif i < k:
            start = i + 1
        else:
            stop = i - 1

max_, num = 100000, 20000
data = choices(range(max_), k=num)
nth = randrange(num)
run('select_recursive(data, nth)')
run('select(data, nth)')
```

程序中使用标准库 profile 中的 run() 函数来获取函数调用以及所用时间，运行结果如图 9-1 所示，原始调用（primitive calls）不包括递归调用，第一列 ncalls 的 23/1 表示 1 次原始调用中发生了 25 次递归调用，第二列 tottime 表示函数总计运行时间（除去函数中调用的函数运行时间），第四列 cumtime 表示函数总计运行时间（含函数中调用的函数运行时间），第三、五列 percall 表示每次运行的时间。

接下来安装扩展库 memory_profiler，对上面的程序稍做改写，获取两个函数运行时的内存占用情况。

```
      75941 function calls (75926 primitive calls) in 0.062 seconds

   Ordered by: standard name

   ncalls  tottime  percall  cumtime  percall filename:lineno(function)
    75905    0.016    0.000    0.016    0.000 :0(append)
        1    0.000    0.000    0.062    0.062 :0(exec)
       16    0.000    0.000    0.000    0.000 :0(len)
        1    0.000    0.000    0.000    0.000 :0(setprofile)
        1    0.000    0.000    0.062    0.062 <string>:1(<module>)
        0    0.000             0.000          profile:0(profiler)
        1    0.000    0.000    0.062    0.062 profile:0(select_recursive(data, nth))
     16/1    0.047    0.003    0.062    0.062 例9-6_1.py:4(select_recursive)


         6 function calls in 0.000 seconds

   Ordered by: standard name

   ncalls  tottime  percall  cumtime  percall filename:lineno(function)
        1    0.000    0.000    0.000    0.000 :0(exec)
        1    0.000    0.000    0.000    0.000 :0(len)
        1    0.000    0.000    0.000    0.000 :0(setprofile)
        1    0.000    0.000    0.000    0.000 <string>:1(<module>)
        0    0.000             0.000          profile:0(profiler)
        1    0.000    0.000    0.000    0.000 profile:0(select(data, nth))
        1    0.000    0.000    0.000    0.000 例9-6_1.py:23(select)
```

图 9-1　代码执行时间分析

```
from random import choices, randrange
from memory_profiler import profile as memory_profile

@memory_profile
def select_recursive(seq, k):
    # 函数代码与上面的相同，略

@memory_profile
def select(seq, k):
    # 函数代码与上面的相同，略

max_, num = 100000, 200000
data = choices(range(max_), k=num)
nth = randrange(num)
select_recursive(data, nth)
select(data, nth)
```

为避免两种实现方式的测试结果互相干扰，可以把代码最后两行交替注释，每次只测试一个函数，其中 select() 函数的测试结果如图 9-2 所示。

由于函数 select_recursive() 递归调用了自己，测试结果中把每次调用时的内存占用情况都显示了出来，会输出大量信息，其中倒数第二次调用的输出结果如图 9-3 所示。

```
Line #    Mem usage    Increment  Occurrences   Line Contents
=============================================================
    24     62.2 MiB     62.2 MiB           1   @memory_profile
    25                                         def select(seq, k):
    26                                             # 空间复杂度低，但大量元素交换的时间不能忽略
    27     63.7 MiB      1.5 MiB           1       seq, k = seq[:], k-1
    28     63.7 MiB      0.0 MiB           1       start, stop = 0, len(seq)-1
    29     63.7 MiB      0.0 MiB          22       while True:
    30     63.7 MiB      0.0 MiB          22           i, j = start, stop
    31                                                 # 以当前区域中第一个元素为枢点进行划分
    32     63.7 MiB      0.0 MiB          22           key = seq[start]
    33     63.7 MiB      0.0 MiB       76413           while i < j:
    34     63.7 MiB      0.0 MiB      219367               while i<j and seq[j]>=key:
    35     63.7 MiB      0.0 MiB      142976                   j = j - 1
    36     63.7 MiB      0.0 MiB       76391               seq[i] = seq[j]
    37     63.7 MiB      0.0 MiB      279187               while i<j and seq[i]<=key:
    38     63.7 MiB      0.0 MiB      202796                   i = i + 1
    39     63.7 MiB      0.0 MiB       76391               seq[j] = seq[i]
    40     63.7 MiB      0.0 MiB          22           seq[i] = key
    41                                                 # 检查本次划分的枢点是否恰好符合要求，不符合就调整区域
    42     63.7 MiB      0.0 MiB          22           if i == k:
    43     63.7 MiB      0.0 MiB           1               return key
    44     63.7 MiB      0.0 MiB          21           elif i < k:
    45     63.7 MiB      0.0 MiB          10               start = i + 1
    46                                                 else:
    47     63.7 MiB      0.0 MiB          11               stop = i - 1
```

图 9-2　select() 函数的内存占用情况

```
Line #    Mem usage    Increment  Occurrences   Line Contents
=============================================================
     4     75.1 MiB     65.9 MiB          32   @memory_profile
     5                                         def select_recursive(seq, k):
     6                                             # 以第一个元素为枢点进行划分，k-1是因为下标从0开始
     7     75.1 MiB      3.3 MiB          32       pivot, seq, k = seq[0], seq[1:], k
     8                                             # 用空间换时间，append()方法的执行时间几乎可以忽略
     9     75.1 MiB      0.0 MiB          32       low, high = [], []
    10     75.1 MiB  -8851.1 MiB      640767       for item in seq:
    11     75.1 MiB  -8850.5 MiB      640735           if item <= pivot:
    12     75.1 MiB  -6491.5 MiB      293702               low.append(item)
    13                                                 else:
    14     75.1 MiB  -2353.0 MiB      347033               high.append(item)
    15                                             # 检查枢点是否恰好符合要求，不符合就调整区域
    16     75.1 MiB     -0.7 MiB          32       m = len(low)
    17     75.1 MiB      0.0 MiB          32       if m == k-1:
    18     75.1 MiB      0.0 MiB           1           return pivot
    19     75.1 MiB      0.0 MiB          31       elif m < k:
    20     75.2 MiB    -12.7 MiB          17           return select_recursive(high, k-m-1)
    21                                             else:
    22     75.2 MiB    -13.0 MiB          14           return select_recursive(low, k)
```

图 9-3　select_recursive() 函数的内存占用情况

9.5　元素之和最大的连续子序列

给定一个包含若干整数的列表，求解元素之和最大的连续子序列，如果存在多个元素之和相同的子序列，返回其中最短的一个。如果把数字中正数对应于股票的涨幅，负数对应于跌幅，则问题变为求解股票连续多日的最大整体涨幅。

例 9-7　求解列表中数字之和最大的连续子序列。

把列表分解为两个子列表，分别求解两个子列表中求和最大的连续子序列，然后求解原列表中跨越分隔点的求和最大的连续子序列，返回这三者中求和最大的那个。

```
def max_sub_sequence(data):
    def nested(start=0, end=None):
        if end is None:
            end = len(data)
        if start+1 == end:
            # 只有一个元素，返回（子序列元素之和，起始下标，结束下标）
            return (data[start], start, end)
        mid = (start+end) // 2
        # 分别处理前后两部分
        left_max, right_max = nested(0, mid), nested(mid, end)
        # 检查是否有跨越分隔点的子序列之和更大
        # 分隔点前半部分求和最大的后缀
        value = left = data[mid-1]
        left_pos = mid - 1
        for i in range(mid-2, -1, -1):
            value = value + data[i]
            if value > left:
                left, left_pos = value, i
        # 分隔点后半部分求和最大的前缀
        value = right = data[mid]
        right_pos = mid
        for i in range(mid+1, end):
            value = value + data[i]
            if value > right:
                right, right_pos = value, i
        # 返回 3 种情况最大子序列中最大的一个以及起止下标（左闭右开区间）
        return max(left_max, right_max, (left+right,left_pos,right_pos+1),
                   key=lambda item: (item[0], item[1], -item[2]))
    return nested()

print(max_sub_sequence([1, 2, 3, 4, -3, 3]))            # 输出 (10, 0, 4)
print(max_sub_sequence([1, 2, 3, 4, -3, 4]))            # 输出 (11, 0, 6)
print(max_sub_sequence([0, 2, 3, 4, -3, 3]))            # 输出 (9, 1, 4)
print(max_sub_sequence([1, 2, 3, 4, 3, 3]))             # 输出 (16, 0, 6)
print(max_sub_sequence([0, -2, 3, 4, -3, 3]))           # 输出 (7, 2, 4)
print(max_sub_sequence([0, -2, 3, 4, -3, 4]))           # 输出 (8, 2, 6)
print(max_sub_sequence([0, -2, 3, 4, -3, 1, 1, 1, 1]))  # 输出 (8, 2, 9)
```

9.6　二维平面距离最近的两个点

一条直线上距离最近的两个点的坐标肯定是相邻的，但这个结论不能直接扩展到二维平面的情况。二维平面上距离最近的两个点的 *x* 坐标不一定距离最小，*y* 坐标也不一定距离最小。

例 9-8　查找二维平面上最近邻的两个点。

如果使用枚举法暴力求解，二维和一维的方法基本类似，属于 $O(n^2)$ 算法。提高算法效率的思路有两个：一是减少不必要的计算，二是避免不必要的组合。虽然在函数 nearest2() 中进行了技巧层面的优化，但算法效率提升幅度是有限的。

使用分治法复杂度可以达到 $O(n\log n)$，其核心思路为：①对所有点按 *x* 坐标升序排列，*x* 坐标相同的按 *y* 坐标升序排列；②把原始点集按数量左右等分为两个子集（也可以按 *x* 坐标中位数进行左右等分），寻找两部分内部距离最小的点对，取二者中最小的一个；③检查左右两个点集之间的点是否有距离更小的，也就是一个点属于左侧点集，另一个点属于右侧点集，但二者之间距离更小；④对左右两个子集重复上面的操作。在计算左右点集之间的最小距离时，可以只考虑有可能构成更短距离的点，也就是左右两个子集边界附近的点，详见函数 nearest3()。

函数 nearest4() 虽然核心思路是枚举法，但是充分利用各种知识使得搜索范围非常小，既减少了计算又减少了组合的数量，可以获得更高的效率。

例 9-8

```
from time import time
from random import sample
from itertools import combinations, product

def distance(it):
    # 计算两个点 it[0] 与 it[1] 之间欧氏距离的平方
    # 也可以使用标准库 math 的函数 dist() 直接计算欧氏距离
    return (it[0][0]-it[1][0])**2 + (it[0][1]-it[1][1])**2

def nearest1(points):
    # 枚举法，从所有组合中查找距离最小的点对，耗时非常长
    return min(combinations(points,2), key=distance)

def nearest2(points):
    # 在枚举法基础上进行改进
    dis, ps = float('inf'), ()
    for i, p1 in enumerate(points):
        for p2 in points[i+1:]:
```

```
            # 如果两个点的水平距离或垂直距离已经大于已知的最小距离，跳过
            # 因为这两个点的距离不可能小于最小距离
            if abs(p1[0]-p2[0])>dis or abs(p1[1]-p2[1])>dis:
                continue
            # 这里的开方并不是必须有的，直接使用平方进行比较会略快一点
            # 如果使用平方进行测试的话，上一行测试代码也需要适当修改
            d = distance((p1,p2)) ** 0.5
            if d < dis:
                dis, ps = d, (p1,p2)
            # 距离为 0 时提前结束，不需要再检查其他点对，也不可能有更小距离了
            if dis == 0:
                return ps
    return ps

def nearest3(points):
    # 分治法
    # 如果点集中只有 2 个或 3 个点，不再分解，直接返回距离最小的两个点
    n = len(points)
    if n in (2,3):
        return min(combinations(points,2), key=distance)
    # 先按 x 坐标升序排列，x 坐标相同的按 y 坐标升序排列
    points = sorted(points)
    mid = n // 2
    # 分解后两部分内部最近邻的点对与距离
    ps1, ps2 = nearest3(points[:mid]), nearest3(points[mid:])
    dis1, dis2 = distance(ps1), distance(ps2)
    # 选择二者中距离最小的点对
    if dis1 <= dis2:
        dis, ps = dis1**0.5, ps1
    else:
        dis, ps = dis2**0.5, ps2
    # 两个点之间的距离不可能比 0 更小了，可以提前结束
    if dis == 0:
        return ps
    # 检查分解后两个子集之间是否有距离更近的点对
    # 左侧子集最大的 x 坐标与右侧子集最小的 x 坐标
    x1, x2 = points[mid-1][0], points[mid][0]
    # 如果两点 x 坐标距离足够大，那么两个子集之间也不会有距离更近的点
    if x2-x1 >= dis:
        return ps
    # 构造新的子集，从中寻找距离最近的点对
    left = []
    # 分隔点左侧可能与右侧点构成最短距离的点，注意这里要从后向前处理
```

```
    for p in points[:mid][::-1]:
        if x2-p[0] > dis:
            break
        left.append(p)
    # 分隔点右侧可能与左侧点构成最短距离的点
    right = []
    for p in points[mid:]:
        if p[0]-x1 > dis:
            break
        right.append(p)
    # 左右之间距离最近的点对
    ps3 = min(product(left,right), key=distance)
    if dis < distance(ps3)**0.5:
        return ps
    else:
        return ps3

def nearest4(points):
    # 枚举法的改进版
    points = sorted(points)
    # 字典中每个元素的“值”具有相同的 x 坐标
    px = {}
    for x, y in points:
        px[x] = px.get(x, set())
        px[x].add((x,y))
    # 初始假设前面两个点的距离最小
    ps, dis = points[:2], distance(points[:2])**0.5
    for i, p in enumerate(points):
        # 确定当前点为中心的小正方形范围
        # 只有这个小正方形中的点才可能距离比 dis 更小，其余点不需要考虑
        left, right = int(p[0]-dis), int(p[0]+dis)
        bottom, top = int(p[1]-dis), int(p[1]+dis)
        # 把小正方形里的点组成新的点集
        sub = []
        for x in range(left, right+1):
            for p in px.get(x,[]):
                if bottom<=p[1]<=top:
                    sub.append(p)
        if len(sub) == 1:
            continue
        t = min(combinations(sub, 2), key=distance)
```

```
            d = distance(t) ** 0.5
            if d < dis:
                dis, ps = d, t
            if dis == 0:
                break
        return ps

# 二维平面上的点坐标
x, y = sample(range(100000), k=200), sample(range(100000), k=200)
points = tuple(product(x, y))
for func in (nearest1, nearest2, nearest3, nearest4):
    start = time()
    print(func(points), time()-start)
```

代码中使用了随机数，每次运行结果并不一样。某次运行结果如下，由于点数非常多，几种方法得到的结果可能会不一样，但都是正确的。

```
((32824, 4964), (32822, 4964)) 161.62738227844238
((32824, 4964), (32822, 4964)) 53.975945234298706
((32822, 99478), (32824, 99478)) 0.7659521102905273
((32822, 234), (32824, 234)) 0.3229990005493164
```

把代码中距离为 0 时提前结束的几行注释掉，重新运行程序，结果如下，可以看到第 4 个函数仍然是略快的，这是因为用到了更多知识来避免不必要的计算。这也再次印证了本书多次提到的两个重要思想：一是对问题本身分析越透彻越深入，就越有可能设计出更好的算法和代码；二是数据结构是算法的重要基础和支撑，脱离了数据结构的支撑，再好的算法也是空中楼阁。

```
((34513, 35941), (34513, 35946)) 124.12758350372314
((34513, 35941), (34513, 35946)) 46.49622464179993
((652, 35941), (652, 35946)) 0.6119585037231445
((652, 35946), (652, 35941)) 0.2850382328033447
```

最后再补充一点，函数 nearest4() 首先对所有点进行排序是为了获得一个比较小的初始最小距离，虽然这会引入一点点开销，但由于 Python 已经把排序算法优化到了极致，这应该是最佳的处理方式了。如果不这样做的话，也可以使用随机算法任选两个点并把它们之间的距离作为初始最小距离，会导致算法性能不稳定，时好时坏，随机选择的点距离远时整个算法的收敛速度非常慢，效率不升反降。

习　题

1. 编写程序，使用分治法查找列表中若干数字的最大值。

2. 编写程序，使用分治法统计列表中每个数字出现的次数，返回字典，按出现次数降序排列。

3. 编写程序，使用分治法查找列表中数字的众数，也就是出现次数最多的一个数字，如果有多个的话就返回 None。

第 10 章　动态规划算法

动态规划（Dynamic Programming，DP）是运筹学的一个分支，于 20 世纪 50 年代由美国数学家理查德·贝尔曼（Richard Bellman）提出，是求解多阶段决策过程最优化的数学方法，常用于寻求全局最优解，在图像处理、自然语言处理、机器学习、经济管理、生产调度、资源分配、设备更新、排序、装载、军事等领域的问题求解中具有广泛应用。实际使用时没有通用的动态规划算法，都是针对特定问题进行专门设计，具体问题具体分析。

动态规划算法把原始问题分解为若干子问题，从小问题推导大问题，根据递推公式或状态转移方程从已知解推导未知解，每个子问题往往会出现多次但只求解一次并记录结果，再次遇到同一个子问题时直接使用已经计算并存储的结果，充分利用子问题之间的重叠和关联，直到问题规模达到预期即可，尤其适合求解计数类问题和最值类问题。动态规划算法中没有重复计算，会记录所有子问题的解，不管以后会不会用到。动态规划算法得到的全局最优解中每一阶段的解一定也是最优的（最优子结构特点）。

适合使用动态规划、回溯法、分治法、贪心算法求解的问题一般都分为多个阶段，每个阶段的子问题与继续划分的子问题有关，子问题的选择（例如 $f(n)=f(n-1)+f(n-2)$ 或者 $f(n)=\max(f(n-1),f(n-2))$ 或者 $f(n)=\min(f(n-1),f(n-2))$）会影响后面的答案。可以把动态规划算法看作是贪心算法和分治法的一种折中，其分解得到的子问题之间有关联，但问题本身往往不具有贪心实质。动态规划算法比贪心算法考虑得更多，反复回头看与当前状态有关的所有状态并不停地调整每个子问题的最优解，而贪心算法做出选择之后不再修改。

动态规划算法与分治法的主要区别在于，分治法分解后的子问题一般是互相独立的（无重叠），动态规划分解得到的子问题往往互相有关联或者重叠，如果直接使用分治法求解这类问题会导致大量重复计算。动态规划算法会记忆所有子问题的解，从而避免重复计算，获取更高的效率。分治法自顶向下解决问题，而动态规划算法属于从下往上设计（参考图 5-1），通过引入少量存储空间避免了大量重复计算。

动态规划是一种算法思想或算法策略，递归是一种算法结构。动态规划可以使用递归（需要结合使用带记忆的搜索）和非递归来实现，递归除了实现动态规划还可以做很多其他任务。

10.1　斐波那契数列第 *n* 个数

第 4 章求解斐波那契数列的递推算法其实属于动态规划算法的优化，只需要记录几个确实用到的值即可，不需要存储所有子问题的解。因为每个状态只与前两个状态有关，与更早的状态无关，也就不需要保存。

例 10-1　计算斐波那契数列中第 *n* 个数。

```
def fib(n):
    numbers = [0] * n
    # 下面一行代码的写法虽然简洁，但不如 numbers[0], numbers[1] = 1, 1 执行速度快
    numbers[:2] = [1, 1]
    # 利用公式进行递推，不断推导未知解，直到求出自己想要的未知解时停止
    for i in range(2, n):
        numbers[i] = numbers[i-1] + numbers[i-2]
    return numbers[n-1]
```

与斐波那契数列类似，求解很多问题的递推算法都是动态规划算法的优化或简化。下面代码使用动态规划算法求解可迭代对象中的最大值，读者可以参考类似的思路分析更多递推算法的问题求解过程和使用动态规划算法进行改写。

```
def max_value(iterable):
    cache = []
    for index, value in enumerate(iterable):
        if index == 0:
            cache.append(value)
        else:
            # 记录已扫描元素中的最大值
            if value > cache[-1]:
                cache.append(value)
            else:
                cache.append(cache[-1])
    return cache[-1]
```

10.2　找零钱问题

第 8 章中使用贪心算法求解过这个问题，当时曾经提到，某些情况下贪心算法无法得到全局最优解，动态规划算法可以得到全局最优解。

例 10-2　求解找零钱问题。

在下面代码中，使用列表 coins_used 和 coins_count 表示决策过程，其中 coins_used[i] 表示零钱为 i 时新增使用的硬币的面值，coins_count[i] 表示零钱为 i 时总共需要使用的硬币数量。容易得知，有 coins_count[0]=0 和 coins_used[0]=0。

```
def get_changes1(coin_values, change):
    # 对面值升序排列
    coin_values.sort()
    # 使用的面值种类和数量
    coins_used = [0] * (change+1)
    coins_count = [0] * (change+1)
    # 填表
    for cents in range(change+1):
        # 初始假设需要 cents 个面值 1 分的硬币
        coin_count, new_coin = cents, 1
        # 从小到大遍历面值小于零钱金额的硬币，检查是否能用更少数量的硬币找零
        for j in [c for c in coin_values if c<=cents]:
            if coins_count[cents-j]+1 < coin_count:
                coin_count = coins_count[cents-j] + 1
                new_coin = j
        # 找零 cents 分至少需要 coin_count 个硬币
        coins_count[cents] = coin_count
        # 本次新增使用面值为 new_coin 的硬币
        coins_used[cents] = new_coin
        if coin_count == 0:
            coins_used[cents] = 0
    # 输出决策过程和最终结果
    print(coins_count, coins_used, sep='\n')
    print(f'至少需要{coins_count[change]}个零钱，分别为：')
    # 回溯，输出最优解
    while change > 0:
        print(coins_used[change], end=' ')
        change = change - coins_used[change]

get_changes1([1, 5, 10, 20, 50], 137)
```

运行结果如图 10-1 所示，前面输出的两个列表为决策过程，最后的输出为求解结果。为方便理解，可以把记录决策过程的两个列表中元素 5 个一组进行划分，图中标出了前面几组。在第一组中，当零钱为 1、2、3、4 分时，总是使用面值 1 分的硬币且数量分别为 1、2、3、4 个；当零钱为 5 分时，新增使用面值 5 分的硬币且硬币总数量为 1；当零钱为 6、7、8、9 时，保留这个面值 5 分的硬币，然后使用面值 1 分的硬币找零，硬币总数量为 2、3、4、5；当零钱为 10 分时，新增使用面值 10 分的硬币且硬币总数量为 1；当零钱为 11、12、13、

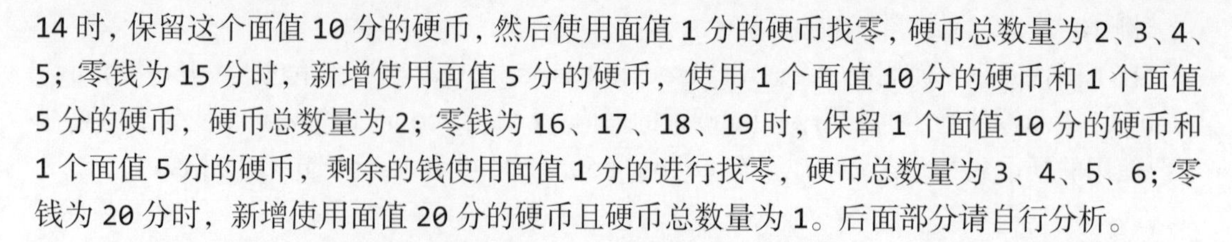

14 时，保留这个面值 10 分的硬币，然后使用面值 1 分的硬币找零，硬币总数量为 2、3、4、5；零钱为 15 分时，新增使用面值 5 分的硬币，使用 1 个面值 10 分的硬币和 1 个面值 5 分的硬币，硬币总数量为 2；零钱为 16、17、18、19 时，保留 1 个面值 10 分的硬币和 1 个面值 5 分的硬币，剩余的钱使用面值 1 分的进行找零，硬币总数量为 3、4、5、6；零钱为 20 分时，新增使用面值 20 分的硬币且硬币总数量为 1。后面部分请自行分析。

```
[0, 1, 2, 3, 4, 1, 2, 3, 4, 5, 1, 2, 3, 4, 5, 2, 3, 4, 5, 6, 1, 2, 3, 4,
5, 2, 3, 4, 5, 6, 2, 3, 4, 5, 6, 3, 4, 5, 6, 7, 2, 3, 4, 5, 6, 3, 4, 5, 6,
7, 1, 2, 3, 4, 5, 2, 3, 4, 5, 6, 2, 3, 4, 5, 6, 3, 4, 5, 6, 7, 2, 3, 4, 5,
6, 3, 4, 5, 6, 7, 3, 4, 5, 6, 7, 4, 5, 6, 7, 8, 3, 4, 5, 6, 7, 4, 5, 6, 7,
8, 2, 3, 4, 5, 6, 3, 4, 5, 6, 7, 3, 4, 5, 6, 7, 4, 5, 6, 7, 8, 3, 4, 5, 6,
7, 4, 5, 6, 7, 8, 4, 5, 6, 7, 8, 5, 6, 7]
[0, 1, 1, 1, 1, 5, 1, 1, 1, 1, 10, 1, 1, 1, 1, 5, 1, 1, 1, 1, 20, 1, 1, 1,
1, 5, 1, 1, 1, 1, 10, 1, 1, 1, 1, 5, 1, 1, 1, 1, 20, 1, 1, 1, 1, 5, 1, 1,
1, 1, 50, 1, 1, 1, 1, 5, 1, 1, 1, 1, 10, 1, 1, 1, 1, 5, 1, 1, 1, 1, 20, 1,
1, 1, 1, 5, 1, 1, 1, 1, 10, 1, 1, 1, 1, 5, 1, 1, 1, 1, 20, 1, 1, 1, 1, 5,
1, 1, 1, 1, 50, 1, 1, 1, 1, 5, 1, 1, 1, 1, 10, 1, 1, 1, 1, 5, 1, 1, 1, 1,
20, 1, 1, 1, 1, 5, 1, 1, 1, 1, 10, 1, 1, 1, 1, 5, 1, 1]
至少需要 7 个零钱，分别为:
1 1 5 10 20 50 50
```

图 10-1　找零钱问题决策过程

回溯过程如图 10-2 所示，对列表从后向前处理，零钱为 137 时使用的硬币面值为 1 分然后剩余零钱为 136 分，继续使用面值 1 分的硬币然后剩余零钱为 135 分，使用面值 5 分的硬币然后剩余零钱为 130 分，使用面值 10 分的硬币然后剩余零钱为 120，使用面值 20 分的硬币然后剩余零钱为 100 分，使用面值 50 分的硬币然后剩余零钱 50 分，使用面值 50 分的硬币然后剩余零钱 0 分，结束。

```
[0, 1, 2, 3, 4, 1, 2, 3, 4, 5, 1, 2, 3, 4, 5, 2, 3, 4, 5, 6, 1, 2, 3, 4,
5, 2, 3, 4, 5, 6, 2, 3, 4, 5, 6, 3, 4, 5, 6, 7, 2, 3, 4, 5, 6, 3, 4, 5, 6,
7, 1, 2, 3, 4, 5, 2, 3, 4, 5, 6, 2, 3, 4, 5, 6, 3, 4, 5, 6, 7, 2, 3, 4, 5,
6, 3, 4, 5, 6, 7, 3, 4, 5, 6, 7, 4, 5, 6, 7, 8, 3, 4, 5, 6, 7, 4, 5, 6, 7,
8, 2, 3, 4, 5, 6, 3, 4, 5, 6, 7, 3, 4, 5, 6, 7, 4, 5, 6, 7, 8, 3, 4, 5, 6,
7, 4, 5, 6, 7, 8, 4, 5, 6, 7, 8, 5, 6, 7]
[0, 1, 1, 1, 1, 5, 1, 1, 1, 1, 10, 1, 1, 1, 1, 5, 1, 1, 1, 1, 20, 1, 1, 1,
1, 5, 1, 1, 1, 1, 10, 1, 1, 1, 1, 5, 1, 1, 1, 1, 20, 1, 1, 1, 1, 5, 1, 1,
1, 1, 50, 1, 1, 1, 1, 5, 1, 1, 1, 1, 10, 1, 1, 1, 1, 5, 1, 1, 1, 1, 20, 1,
1, 1, 1, 5, 1, 1, 1, 1, 10, 1, 1, 1, 1, 5, 1, 1, 1, 1, 20, 1, 1, 1, 1, 5,
1, 1, 1, 1, 50, 1, 1, 1, 1, 5, 1, 1, 1, 1, 10, 1, 1, 1, 1, 5, 1, 1, 1, 1,
20, 1, 1, 1, 1, 5, 1, 1, 1, 1, 10, 1, 1, 1, 1, 5, 1, 1]
至少需要 7 个零钱，分别为:
1 1 5 10 20 50 50
```

图 10-2　找零钱问题的回溯过程

下面代码与上一段思路类似又略有区别，请自行分析。

```
def get_changes2(coin_values, change):
    coin_values = sorted(coin_values, reverse=True)
    coins_used = [0] * (change+1)
    coins_count = [0] * (change+1)
    for cents in range(change+1):
        for j in coin_values:
            if j <= cents:
                coins_count[cents] = coins_count[cents-j] + 1
                coins_used[cents] = j
                break
        if coins_count[cents] == 0:
            coins_used[cents] = 0
    print(coins_count, coins_used, sep='\n')
    print(f'至少需要{coins_count[change]}个零钱，分别为:')
    while change > 0:
        print(coins_used[change], end=' ')
        change = change - coins_used[change]
```

10.3 奖品收集问题

假设有一个 $m \times n$ 的棋盘，每个格子里有一个奖品（每个奖品的价值在 100~1000），现在要求从左上角开始到右下角结束，每次只能往右或往下走一个格子，所经过的格子里的奖品归自己所有。问最多能收集价值多少的奖品，以及能收集那么多奖品的最佳路径。

例 10-3 在棋盘上收集奖品。

这个问题可以使用枚举法求解，只是计算量非常大。对于 m 行 n 列的棋盘，需要 $(m+n-1)C_{m+n}^{m}=(m+n-1)C_{m+n}^{n}=\frac{(m+n-1)(m+n)!}{m!n!}$ 次加法运算和 $C_{m+n}^{m}-1=C_{m+n}^{n}-1=\frac{(m+n)!}{m!n!}-1$ 次比较运算，其中 $m+n-1$ 为每条路径中所需要的加法次数，C_{m+n}^{m} 为路径总数（每条路径的长度为 $m+n$，从其中任选 m 步沿垂直方向行走或任选 n 步沿水平方向行走）。

下面代码中 max_value1() 函数使用动态规划求解该问题，只需要 $2mn+m+n$ 次加法和 mn 次比较即可。使用 values[m][n] 表示第 m 行 n 列的格子里奖品的价值，使用 f[m][n] 表示从左上角走到 m 行 n 列所有路径中收集的奖品最大值，则有 f[0][0]=values[0][0] 和 f[m][n]=max(f[m-1][n],f[m][n-1])+values[m][n]。也就是说，要想走到 m 行 n 列的格子，要么是从上边的格子里走过来，要么是从左边的格子走过来，在这两个路径中选取一个总奖品最大值作为结果路径。图 10-3 和图 10-4 是两次运行程序的结果，其中线是最佳路径经过的棋盘位置。作为比较，代码中 max_value2() 函数使用递归算法求解该问题，虽然代码略少但速度慢几百上千倍，请读者修改变量 n 的值并多次运行程序观察两个函数的执行速度差别。

```
-------------------------
|844|771|627|860|381|336|
-------------------------
|209|716|547|302|740|170|
-------------------------
|164|278|763|203|611|804|
-------------------------
|826|184|428|521|978|268|
-------------------------
|398|878|621|820|135|145|
-------------------------
|939|941|490|728|938|178|
-------------------------
```

图 10-3　棋盘与路径（一）

```
-------------------------
|532|667|914|412|385|101|
-------------------------
|793|109|163|216|833|311|
-------------------------
|950|178|522|553|366|792|
-------------------------
|343|809|893|509|729|671|
-------------------------
|399|556|512|611|341|767|
-------------------------
|703|412|847|743|984|824|
-------------------------
```

图 10-4　棋盘与路径（二）

```
from random import choices
from timeit import timeit

def generate(m, n):
    # 生成含有随机奖品价值的 m*n 棋盘
    return [choices(range(100, 1000), k=m) for j in range(n)]

def max_value1(values):
    m, n = len(values), len(values[0])
    # p[i][j]=0 表示从左边过来，1 表示从上边过来
    f, p = [[0]*n for _ in range(m)], [[None]*n for _ in range(m)]
    f[0][0] = values[0][0]
    # 填表，第 0 行
    for j in range(1, n):
        f[0][j] = f[0][j-1] + values[0][j]
        p[0][j] = 0
    # 第 0 列
    for i in range(1, m):
        f[i][0] = f[i-1][0] + values[i][0]
        p[i][0] = 1
    # 其他单元格
    for i in range(1, n):
        for j in range(1, n):
            if f[i-1][j] > f[i][j-1]:
                # 从上边过来
                f[i][j] = f[i-1][j] + values[i][j]
                p[i][j] = 1
            else:
```

```
                # 从左边过来
                f[i][j] = f[i][j-1] + values[i][j]
                p[i][j] = 0
    # 倒推回去，求解最佳路径
    path, i, j = [], m-1, n-1
    while i>=0 and j>=0:
        path.append((i,j))
        if p[i][j] == 1:
            i = i - 1
        else:
            j = j - 1
    return f[-1][-1], path[::-1]

def max_value2(values, m, n, path):
    if m<0 or n<0:
        # 这个位置要么在上边缘上侧，要么在左边缘左侧，返回 0 时总是小的
        # 后面比较 top[0] 和 left[0] 的大小时，可以保证选不到这个位置
        # 到达第一行时一定贴着边往左走，到达第一列时一定贴着边往上走
        return (0, None)
    if m==0 and n==0:
        # 左上角起点格子里的物品价值和已走路径
        return values[0][0], [(0,0)]
    # 走到上边一格和左边一格能够收集的最大价值和最佳路径
    top = max_value2(values, m-1, n, path)
    left = max_value2(values, m, n-1, path)
    # 选择前面两条路径中能够收集物品价值最大的一个，再加上当前位置
    if top[0] > left[0]:
        return (top[0]+values[m][n], top[1]+[(m,n)])
    else:
        return (left[0]+values[m][n], left[1]+[(m,n)])

def output(values, n):
    # 打印棋盘
    formatter = '----'*n + '\n|'
    for i in range(n):
        formatter += '{0['+str(i)+']}|'
    for item in values:
        print(formatter.format(item))
    print('----'*n)

n = 6
values = generate(n, n)
output(values, n)
```

```
print(max_value1(values))
print(max_value2(values, n-1, n-1, []))
print(timeit('max_value1(values)', 'from __main__ import max_value1,values',
             number=100))
print(timeit('max_value2(values,n-1,n-1,[])',
             'from __main__ import max_value2,values,n', number=100))
```

10.4　0-1 背包问题

背包问题（knapsack problem）是一种组合优化的 NP 完全问题，在组合数学、计算复杂性理论、密码学等多个领域有着重要应用。给定一个背包，以及若干体积和价值都不一样的物品，每个物品只有一份，寻找一个最佳方案，选择部分物品放入背包，要求放入背包的物品总价值最大且不超过背包容量。之所以称 0-1 背包，是指每个物品要么全部放入背包，要么不放入背包，不允许只放入一部分，也不允许放入多次。资本预算、货物装载、资源分配、最长递增子序列、最长公共子序列等问题都可以转化为 0-1 背包问题进行求解。

例 10-4　求解 0-1 背包问题。

下面代码使用多种方法进行求解，为方便理解逐个进行介绍，可以把全部代码放入同一个程序中运行和比较。也可以使用广度优先遍历或深度优先遍历结合剪枝算法求解该问题，由于篇幅限制不再展开详述。函数 bag01_1() 的核心思想是枚举所有可能的组合，从中查找最符合要求的一个。

```
from random import sample
from itertools import combinations, permutations

def bag01_1(volume, price, weight):
    # 整数 volume 为背包容量，列表 price 和 weight 中的数字分别为每个物品的价值和重量
    # num 表示物品数量
    num = len(price)
    # 总容量不超过背包容量的所有组合的物品索引
    possible_combs = []
    rule = lambda item: sum((price[i] for i in item))
    for k in range(1, num+1):
        # 选择 k 个物品的所有组合，只保留不超过背包容量的组合
        t = filter(lambda item: sum(weight[i] for i in item)<=volume,
                   combinations(range(num),k))
        # 进一步筛选，保留总价值最大的一个组合
        possible_combs.append(max(t,key=rule,default=[]))
```

```
    # 在所有可能的组合中寻找总价值最大的组合，返回放进背包里的物品索引
    return max(possible_combs, key=rule, default=[])
```

函数 bag01_2() 的思路是枚举所有物品的全排列，每个全排列从前往后把尽量多的物品放入背包并记录放入背包的物品总价值，最终选择总价值最大的一种。

```
def bag01_2(volume, price, weight):
    # [ 最大价值 , 最大价值时放进背包的物品 ]
    max_comb = [0, []]
    # 最终放进背包的物品必然是某个全排列的前面几项
    for perm in permutations(zip(weight,price), len(weight)):
        temp_price, temp_weight = 0, 0
        for index, (w,p) in enumerate(perm):
            temp_weight = temp_weight + w
            # 背包已满，停止
            if temp_weight > volume:
                break
            temp_price = temp_price + p
        # 选择法，始终保证 max_comb 中存放的是最佳答案
        if temp_price > max_comb[0]:
            max_comb = [temp_price, perm[:index]]
    # 这里假设每个物品的重量不一样
    return tuple((weight.index(item[0]) for item in max_comb[1]))
```

函数 bag01_3() 使用二叉树模拟了每个物品的选与不选，并适当进行了剪枝，提前结束不可能的分支。

```
def bag01_3(volume, price, weight):
    max_comb, n = [0, []], len(price)
    def nested(i=0, sel_index=(), sel_values=0, sel_weights=0):
        nonlocal max_comb
        if i == n:
            if sel_weights<=volume and sel_values>max_comb[0]:
                max_comb = [sel_values, sel_index]
            return
        if sel_weights > volume:
            return
        # 不选编号为 i 的当前物品
        nested(i+1, sel_index, sel_values, sel_weights)
        # 选择编号为 i 的当前物品
        nested(i+1, sel_index+(i,), sel_values+price[i], sel_weights+weight[i])
    nested()
    return max_comb[1]
```

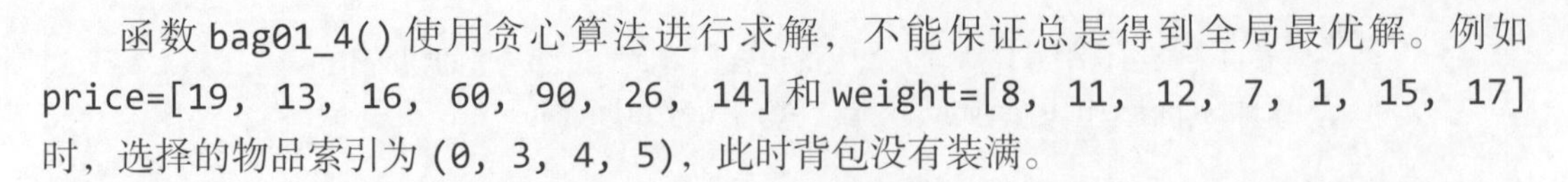

函数 bag01_4() 使用贪心算法进行求解，不能保证总是得到全局最优解。例如 price=[19, 13, 16, 60, 90, 26, 14] 和 weight=[8, 11, 12, 7, 1, 15, 17] 时，选择的物品索引为 (0, 3, 4, 5)，此时背包没有装满。

```
def bag01_4(volume, price, weight):
    # 先装单位价值高的，尽量把背包装满，有可能得不到最佳结果
    origin = tuple(zip(price, weight))
    # 按 price/weight 单位价值降序排列
    temp = sorted(origin, key=lambda item:item[0]/item[1], reverse=True)
    # 按单位价值从大到小选择，背包放不下时就跳过去继续检查剩余元素，尽可能多放
    total_weight, total_price, selected_index = 0, 0, []
    for p, w in temp:
        if total_weight+w > volume:
            continue
        total_weight = total_weight + w
        total_price = total_price + p
        selected_index.append(origin.index((p,w)))
    return tuple(sorted(selected_index))
```

函数 bag01_5() 使用动态规划算法进行求解，某次运行结果输出以及填表之后回溯过程如图 10-5 所示。

```
====================
i/j  0   1   2   3   4   5   6   7   8   9  10  11  12  13  14  15  16  17  18  19  20  21  22  23  24  25  26  27  28  29  30
  0  0   0   0   0   0   0   0   0   0   0   0   0   0   0   0   0   0   0   0   0   0   0   0   0   0   0   0   0   0   0   0
  1  0   0   0   0   0   0  12  12  12  12  12  12  12  12  12  12  12  12  12  12  12  12  12  12  12  12  12  12  12  12  12
  2  0   0   0   0   0   0  12  12  12  32  32  32  32  32  32  44  44  44  44  44  44  44  44  44  44  44  44  44  44  44  44
  3  0   0   0   0   0   0  12  12  12  32  32  32  32  32  71  71  71  71  71  71  83  83  83 103 103 103 103 103 103 115 115
  4  0   0   0   0   0   0  12  12  12  32  79  79  79  79  79  79  91  91  91 111 111 111 111 111 150 150 150 150 150 150 162
  5  0  82  82  82  82  82  82  94  94  94 114 161 161 161 161 161 161 173 173 173 193 193 193 193 193 232 232 232 232 232 232
  6  0  82  82  82  82  82  82  94  94  94 114 161 161 161 161 161 161 173 173 173 193 193 193 193 213 232 232 232 232 232 232
  7  0  82  82  82  82  82  82  94  94  94 114 161 161 177 177 177 177 177 177 189 193 193 209 256 256 256 256 256 256 268 268
====================
(0, 3, 4, 6)
```

图 10-5　回溯过程示意图（一）

```
def bag01_5(volume, price, weight):
    num = len(price)
    # 下标为 0 的元素不使用，可以改为 price.insert(0, 0) 类似的写法
    price, weight = [0]+price, [0]+weight
    # 构造二维表格，初始化，行索引表示第几个物品，从 1 开始对实际物品编号
    # 列索引对应 1~volume 的所有容量
    # value[i][j] 表示背包容量为 j 时前 i 个物品能够放入背包构成的最大价值
    value = [[0]*(volume+1) for _ in range(num+1)]
```

```
    # 填表，外循环检查每个物品，从上向下处理表格
    for i in range(1, num+1):
        # 内循环检查每个可能的容量，从左向右处理表格
        for j in range(1, volume+1):
            if j < weight[i]:
                # 背包容量小于当前物品重量，不能放入背包，背包中总价值不变
                value[i][j] = value[i-1][j]
            else:
                # 当前物品可以放入背包，但不一定放入，看情况
                if value[i-1][j] > value[i-1][j-weight[i]] + price[i]:
                    # 放入当前物品后总价值没有增加，不放入
                    value[i][j] = value[i-1][j]
                else:
                    # 放入当前物品后总价值增加，放入
                    value[i][j] = value[i-1][j-weight[i]] + price[i]
    # 输出填表结果，实际使用时可删除或注释掉
    print('='*20)
    print('i/j ', *map(lambda j: f'{j:4d}', range(volume+1)), sep='')
    for irow, row in enumerate(value):
        print(f'{irow:4d}', end='')
        for col in row:
            print(f'{col:4d}', end='')
        # 这里会输出两个空行
        print('\n')
    print('='*20)
    # 根据填表结果查找放进背包的物品的索引
    index = []
    def find(i, j):
        if i > 0:
            if value[i][j] == value[i-1][j]:
                # 第 i 个物品没有放入背包
                find(i-1, j)
            elif (j-weight[i]>=0 and
                  value[i][j]==value[i-1][j-weight[i]]+price[i]):
                # 第 i 个物品被放入背包
                index.append(i)
                find(i-1, j-weight[i])
    find(num, volume)
    # 原列表中物品编号从 0 开始，所以减 1 后得到实际物品索引
    return tuple(sorted([n-1 for n in index]))
```

函数 bag01_6() 虽然使用大量存储空间记录信息，但并没有有效利用这些信息，严格来说不属于动态规划算法。某次运行结果以及回溯过程如图 10-6 所示。

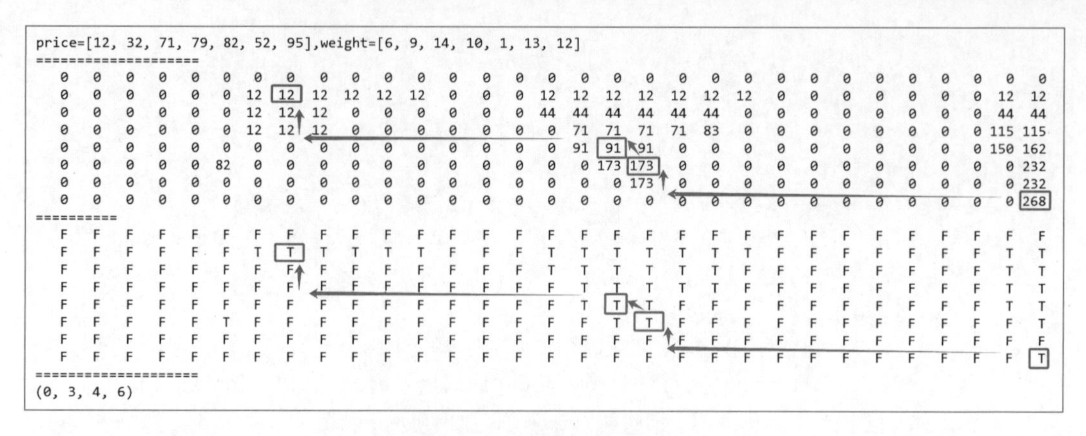

```
price=[12, 32, 71, 79, 82, 52, 95],weight=[6, 9, 14, 10, 1, 13, 12]
====================
  0   0   0   0   0   0   0   0   0   0   0   0   0   0   0   0   0   0   0   0   0   0   0   0   0   0   0   0   0   0   0
  0   0   0   0   0   0  12  12  12  12  12  12   0   0   0  12  12  12  12  12  12  12   0   0   0   0   0   0   0  12  12
  0   0   0   0   0   0  12  12  12   0   0   0   0   0   0  44  44  44  44  44  44   0   0   0   0   0   0   0   0  44  44
  0   0   0   0   0   0  12  12  12   0   0   0   0   0   0   0  71  71  71  71  83   0   0   0   0   0   0   0   0 115 115
  0   0   0   0   0   0   0   0   0   0   0   0   0   0   0   0  91  91  91   0   0   0   0   0   0   0   0   0   0 150 162
  0   0   0   0   0  82   0   0   0   0   0   0   0   0   0   0   0 173 173   0   0   0   0   0   0   0   0   0   0   0 232
  0   0   0   0   0   0   0   0   0   0   0   0   0   0   0   0   0   0 173   0   0   0   0   0   0   0   0   0   0   0 232
  0   0   0   0   0   0   0   0   0   0   0   0   0   0   0   0   0   0   0   0   0   0   0   0   0   0   0   0   0   0 268
==========
  F   F   F   F   F   F   F   F   F   F   F   F   F   F   F   F   F   F   F   F   F   F   F   F   F   F   F   F   F   F   F
  F   F   F   F   F   F   T   T   T   T   T   T   F   F   F   T   T   T   T   T   T   T   F   F   F   F   F   F   F   T   T
  F   F   F   F   F   F   F   F   F   F   F   F   F   F   F   T   T   T   T   T   T   F   F   F   F   F   F   F   F   T   T
  F   F   F   F   F   F   F   F   F   F   F   F   F   F   F   F   T   T   T   T   T   F   F   F   F   F   F   F   F   T   T
  F   F   F   F   F   F   F   F   F   F   F   F   F   F   F   F   T   T   T   F   F   F   F   F   F   F   F   F   F   T   T
  F   F   F   F   F   T   F   F   F   F   F   F   F   F   F   F   F   T   T   F   F   F   F   F   F   F   F   F   F   F   T
  F   F   F   F   F   F   F   F   F   F   F   F   F   F   F   F   F   F   F   F   F   F   F   F   F   F   F   F   F   F   F
  F   F   F   F   F   F   F   F   F   F   F   F   F   F   F   F   F   F   F   F   F   F   F   F   F   F   F   F   F   F   T
====================
(0, 3, 4, 6)
```

图 10-6　回溯过程示意图（二）

```
def bag01_6(volume, price, weight):
    num = len(price)
    # m[i][j] 表示背包容量为 j 时前 i 个物品放入背包能够构成的最大值
    m = [[0]*(volume+1) for _ in range(num+1)]
    # p[i][j] 表示背包容量为 j 时物品 i 是否放入背包
    p = [[False]*(volume+1) for _ in range(num+1)]
    # nested(k,r) 返回背包容量为 r 时前 k 个物品能够组成的最大价值，同时填表
    def nested(k, r):
        # 物品或者容量已用完
        if k==0 or r==0:
            return 0
        # 考虑编号为 i 的物品要不要放入背包
        i = k - 1
        # 不选择这个物品时前面的物品能够构成的最大价值
        drop = nested(i, r)
        if weight[i] > r:
            # 编号为 i 的物品重量大于背包剩余容量，丢弃
            return drop
        # 把编号 i 的物品放入背包能够构成的最大价值
        keep = price[i] + nested(i, r-weight[i])
        # 如果编号 i 的物品放入背包价值更大就放入，否则就丢弃
        if keep > drop:
            m[k][r], p[k][r] = keep, True
            return keep
        else:
            m[k][r] = drop
            return drop
    nested(num, volume)
    # 输出填表结果
    print('='*20)
```

```
    for row in m:
        for col in row:
            print(f'{col:4d}', end='')
        print()
    print('='*10)
    for row in p:
        for col in row:
            print(f'{str(col)[0]:>4s}', end='')
        print()
    print('='*20)
    # 根据填表情况获取物品最佳选择情况的索引
    result = set()
    while num>0 and volume>0:
        i = num - 1
        if p[num][volume]:
            result.add(i)
            volume = volume - weight[i]
        num = num - 1
    return tuple(result)
```

函数 bag01_7() 使用非递归算法改写了函数 bag01_6() 的代码，请自行查看和分析填表以及回溯过程。

```
def bag01_7(volume, price, weight):
    num = len(price)
    m = [[0]*(volume+1) for _ in range(num+1)]
    p = [[False]*(volume+1) for _ in range(num+1)]
    # 依次检查每个物品，从 1 开始编号
    for k in range(1, num+1):
        i = k - 1
        # 从左向右处理每个可能的背包容量
        for r in range(1, volume+1):
            # 当前物品重量太大，无法放入背包
            if weight[i] > r:
                continue
            # drop 和 keep 分别表示当前物品不放入和放入背包时背包的总价值
            drop, keep = m[i][r], price[i] + m[i][r-weight[i]]
            # 如果编号为 k 的物品放入背包后总价值变大就放入，否则不放入
            m[k][r] = drop if drop>keep else keep
            # 记录编号为 k 的物品是否放入背包
            p[k][r] = keep > drop
    # 输出填表结果
    print('='*20)
```

```
    for row in m:
        for col in row:
            print(f'{col:4d}', end='')
        print()
    print('='*10)
    for row in p:
        for col in row:
            print(f'{str(col)[0]:>4s}', end='')
        print()
    print('='*20)
    # 根据填表情况获取物品最佳选择情况的索引
    result = set()
    while num>0 and volume>0:
        i = num - 1
        if p[num][volume]:
            result.add(i)
            volume = volume - weight[i]
        num = num - 1
    return tuple(result)
```

下面代码用来测试几个函数。

```
# 背包容量和物品数量
volume, num = 30, 7
# 每个物品的重量和价值
weight = sample(range(1,volume//2), num)
price = sample(range(1,100), num)
print(f'{price=},{weight=}')
for bag01 in (bag01_1,bag01_2,bag01_3,bag01_4,bag01_5,bag01_6,bag01_7):
    print(bag01(volume, price, weight))
```

10.5 最长非递减子序列

给定包含若干整数的列表，查找其中的最长非递减子序列。例如，[7, 1, 2, 5, 3, 4, 0, 6, 2] 的最长非递减子序列为 [1, 2, 3, 4, 6]。求解最长非递减子序列也可以看作 0-1 背包问题的应用，每个元素选或不选，使得被选元素恰好组成最长非递减子序列。

例 10-5　求解任意数列中最长的一个非递减子序列，有多个时只需要返回一个。

下面代码使用不同算法求解这个问题，算法思路见代码中的注释。列表长度增加时，前面几个函数的性能急剧下降，最后 3 个函数表现非常稳定，即使列表长度为几千时仍能在秒级时间内给出结果。可以修改代码增加列表长度，然后测试最后 3 个函数的运行时间。

```
from time import time
from bisect import bisect
from random import sample, seed
from itertools import combinations

def func1(seq):
    # 暴力穷举，从最长的子序列开始查找
    for n in range(len(seq), 0, -1):
        for sub in combinations(seq, n):
            # 也可以改为循环结构，发现不符合要求的相邻元素立即结束，检查下一个组合
            # 参考 func4() 第二部分代码
            if list(sub) == sorted(sub):
                # 当前组合中的元素升序排列后不变，符合要求，直接返回
                return sub


def func2(seq):
    # 获取可能的最大长度，尽量缩小后面循环的范围，效率略有提高
    m = 1
    for i in range(len(seq)-1):
        if seq[i+1] > seq[i]:
            m = m + 1
    # 上面得到的 m 不一定恰好是最长非递减子序列长度，可能略大
    for n in range(m, 0, -1):
        for sub in combinations(seq, n):
            if list(sub) == sorted(sub):
                return sub


def func3(seq):
    # 查找最长非递减子序列的长度，直接确定后面组合时的长度
    length = [1] * len(seq)
    # 统计每个数字前面比它小的数字个数，动态规划算法的应用
    for index1, value1 in enumerate(seq):
        for index2 in range(index1):
            if seq[index2] <= value1:
                length[index1] = max(length[index1], length[index2]+1)
    m = max(length)
    for sub in combinations(seq, m):
        if list(sub) == sorted(sub):
            return sub


def func4(seq):
    # 查找最长非递减子序列的长度，与 func3() 第一部分代码相同
    length = [1] * len(seq)
```

```
    for index1, value1 in enumerate(seq):
        for index2 in range(index1):
            if seq[index2] <= value1:
                length[index1] = max(length[index1], length[index2]+1)
    m = max(length)
    for sub in combinations(seq, m):
        # 测试每个子序列中是否有违反顺序的相邻元素，避免对整个子序列排序
        for i, v in enumerate(sub[:-1]):
            if sub[i] > sub[i+1]:
                break
        else:
            return sub

def func5(seq):
    # 查找最长非递减子序列的长度，直接确定后面组合时的长度
    sub, m = [], 0
    # 循环结束后，m 为最大非递减子序列的长度，但 sub 并不一定是要求的子序列
    for value in seq:
        # 二分查找 value 在 sub 中插入的位置，始终保证 sub 升序排列
        index = bisect(sub, value)
        if index == m:
            sub.append(value)
            m = m + 1
        else:
            sub[index] = value
    for sub in combinations(seq, m):
        # 与 func4() 第二部分代码相同
        for i, v in enumerate(sub[:-1]):
            if sub[i] > sub[i+1]:
                break
        else:
            return sub

def func6(seq):
    # 空间换时间，列表 sub 用来存放以当前元素为终点的所有非递减子序列
    # 初始时均为当前元素组成的列表
    sub = [[[num]] for num in seq]
    # 遍历每个位置的元素
    for index1, value1 in enumerate(seq[1:],start=1):
        # 遍历当前位置前面的所有元素
        for index2 in range(index1):
            if seq[index2] <= value1:
                for each in sub[index2]:
                    sub[index1].append(each+[value1])
```

```
        # 只保留以当前元素为终点的最长非递减子序列
        sub[index1][1:] = [max(sub[index1][1:], default=[], key=len)]
    sub = list(map(lambda items: max(items[1:],default=[],key=len), sub))
    return max(sub, key=len)

def func7(seq):
    # 动态规划算法
    n, right = len(seq), 0
    # dp 存储以每个元素结尾的最长非递减子序列长度
    # ends 为辅助空间，其中非 0 元素数量为最长非递减子序列长度
    # 但 ends 中非 0 元素并不是要求的最长非递减子序列，类似于 func5() 中的 sub
    dp, ends = [0]*n, [0]*n
    dp[0], ends[0] = 1, seq[0]
    for i in range(1, n):
        s, e = 0, right
        while s <= e:
            m = (s+e) // 2
            if ends[m] < seq[i]:
                s = m + 1
            else:
                e = m - 1
        if s > right:
            right = s
        dp[i], ends[s] = s+1, seq[i]
    # 最长非递减子序列长度
    n = max(dp)
    # index 为最长非递减子序列最后一个数字
    index, result, n = dp.index(n), [0]*n, n-1
    result[n] = seq[index]
    # 回溯，获取最长非递减子序列前面的每个元素
    for i in range(index, -1, -1):
        if seq[i]<seq[index] and dp[i]==dp[index]-1:
            n, index = n-1, i
            result[n] = seq[i]
    return result

def func8(numbers):
    # 动态规划算法
    length = len(numbers)
    # dp 存储以每个元素开头的最长非递减子序列及其长度
    dp = [(1,(num,)) for num in numbers]
    for i in range(length-1, -1, -1):
        for j in range(i+1, length):
            if numbers[i]<numbers[j] and dp[i][0]<dp[j][0]+1:
```

```
                dp[i] = (dp[j][0]+1, (numbers[i],)+dp[j][1])
    return max(dp, key=lambda it: it[0])[1]

seed(20241106)
data = sample(range(1000), k=30)
for func in (func1,func2,func3,func4,func5,func6,func7,func8):
    start = time()
    for _ in range(1):
        r = func(data)
    print(time()-start, r)
```

运行结果：

```
400.1565623283386 (131, 135, 162, 215, 347, 510, 565, 751, 880)
259.22755193710327 (131, 135, 162, 215, 347, 510, 565, 751, 880)
3.0789947509765625 (131, 135, 162, 215, 347, 510, 565, 751, 880)
2.5899951457977295 (131, 135, 162, 215, 347, 510, 565, 751, 880)
2.647001028060913 (131, 135, 162, 215, 347, 510, 565, 751, 880)
0.0 [131, 135, 162, 215, 347, 510, 565, 751, 880]
0.0 [102, 135, 162, 188, 347, 510, 565, 751, 880]
0.0 (131, 135, 162, 215, 347, 510, 565, 751, 880)
```

把最后 6 行的测试代码修改如下，测试最后 3 个函数的效率。

```
data = sample(range(100000), k=5000)
for func in (func6,func7,func8):
    start = time()
    for _ in range(1):
        r = func(data)
    print(time()-start, r)
```

运行结果如下，只保留了运行时间，略去了最长递增序列结果。

```
3.9409985542297363 ...
0.0020041465759277344 ...
0.5900039672851562 ...
```

10.6 最长公共子序列

最长公共子序列（Longest Common Subsequence）也可以看作 0-1 背包问题，两个序列中的元素选或不选，使得分别得到的子序列相同且长度最大。最长公共子序列问题在很多领域有着广泛的应用，例如对比 DNA（Deoxyribo Nucleic Acid，脱氧核糖核酸）、RNA（Ribo Nucleic Acid，核糖核酸）、蛋白质序列的相似性或两个人对同一批商品打分排名的相似程度，以及查找特定人群（患有某种疾病、对某种药物或食品过敏、超级耐寒或耐热、双胞胎家族）中所拥有的共同基因。

对于给定的两个序列 $A=\{a_1,a_2,\cdots,a_m\}$ 和 $B=\{b_1,b_2,\cdots,b_n\}$，如果存在单调递增序列 $i_1<i_2<\cdots<i_l$ 和 $j_1<j_2<\cdots<j_l$，使得子序列 $\{a_{i_1},a_{i_2},\cdots,a_{i_l}\}$ 和 $\{b_{j_1},b_{j_2},\cdots,b_{j_l}\}$ 有 $a_{i_k}=b_{j_k},k=1,2,\cdots,l$，那么子序列 $\{a_{i_1},a_{i_2},\cdots,a_{i_l}\}$ 或 $\{b_{j_1},b_{j_2},\cdots,b_{j_l}\}$ 称为序列 A 和 B 的公共子序列，所有公共子序列中长度最大的一个称为最长公共子序列，记为 LCS(A,B)。最长公共子序列有可能不唯一。

使用 A_m 表示序列 A 中前 m 个元素组成的子序列，B_n 表示序列 B 中前 n 个元素组成的子序列，那么 LCS(A,B) 可以分解如下（假设 A 和 B 为列表）。

$$\mathrm{LCS}(A_m,B_n)=\begin{cases}[\,],\text{如果}\,m=0\,\text{或}\,n=0\\ \mathrm{LCS}(A_{m-1},B_{n-1})+[a_m],\text{如果}\,a_m=b_n\\ \max\left(\mathrm{LCS}(A_{m-1},B_n),\mathrm{LCS}(A_m,B_{n-1}),\mathrm{key}=\mathrm{len}\right),\text{其他}\end{cases}$$

如果只求最长公共子序列长度而不关心最长公共子序列是什么，公式可以改写成如下。

$$\mathrm{LCS}(A_m,B_n)=\begin{cases}0,\text{如果}\,m=0\,\text{或}\,n=0\\ \mathrm{LCS}(A_{m-1},B_{n-1})+1,\text{如果}\,a_m=b_n\\ \max(\mathrm{LCS}(A_{m-1},B_n),\mathrm{LCS}(A_m,B_{n-1})),\text{其他}\end{cases}$$

例 10-6 给定任意两个字符串，查找最长的公共子序列。例如，'1685979107395' 和 '874549751016' 的最长公共子序列为 '859710'。

下面程序中第一个函数使用递归算法忠实地实现了上面的分解过程，存在大量重复计算，所以效率非常低，第二个函数使用记忆体来减少重复计算从而获得了大幅度的效率提升。第三个和第四个函数使用了动态规划算法，第四个函数是在第三个函数的基础上改进的，减少了空间占用。

```
from time import time
from random import choices
from string import digits
from functools import wraps

def longest_common_subsequence1(a, b):
    # 递归算法，字符串长度变大时性能急剧下降
    def func(i, j):
        if min(i,j) <= 0:
            return ''
        if a[i] == b[j]:
```

```
            return func(i-1, j-1) + a[i]
        return max(func(i-1,j), func(i,j-1), key=len)
    return func(len(a)-1, len(b)-1)

def lru_cache(func, maxsize=64):
    # 自定义高速缓存修饰器，也可以直接使用标准库 functools 的修饰器 lru_cache
    cache = {}
    @wraps(func)
    def wrap(*args):
        if args not in cache.keys():
            if len(cache) == maxsize:
                cache.pop(tuple(cache.keys())[0])
            cache[args] = func(*args)
        return cache[args]
    return wrap

def longest_common_subsequence2(a, b):
    # 递归算法，使用缓存，尽量消除重复计算，大幅度加快速度
    @lru_cache
    def func(i, j):
        if min(i,j) <= 0:
            return ''
        if a[i] == b[j]:
            return func(i-1, j-1) + a[i]
        return max(func(i-1,j), func(i,j-1), key=len)
    return func(len(a)-1, len(b)-1)

def longest_common_subsequence3(a, b):
    m, n = len(a), len(b)
    # 第一行和第一列不使用
    arr = [['']*(n+1) for _ in range(m+1)]
    # 填表
    for i in range(1, m+1):
        for j in range(1, n+1):
            if a[i-1] == b[j-1]:
                arr[i][j] = arr[i-1][j-1] + a[i-1]
            else:
                arr[i][j] = max(arr[i-1][j], arr[i][j-1], key=len)
    return arr[m][n]

def longest_common_subsequence4(a, b):
    # a 和 b 存在多个最长公共子序列时，结果不一定相同，但长度是一样的
    n, m = len(a), len(b)
    pre, cur = ['']*(n+1), ['']*(n+1)
```

```
    for j in range(1, m+1):
        pre, cur = cur, pre
        for i in range(1, n+1):
            if a[i-1] == b[j-1]:
                cur[i] = pre[i-1] + a[i-1]
            else:
                cur[i] = max(pre[i], cur[i-1], key=len)
    return cur[n]

# 测试5次
for n in choices(range(10,25), k=5):
    # 第一个字符串长度介于10~24，第二个字符串长度固定为18
    s1 = ''.join(choices(digits, k=n))
    s2 = ''.join(choices(digits, k=18))
    print(f'{"="*10}\n{s1=},{s2=}')
    for func in (longest_common_subsequence1, longest_common_subsequence2,
                 longest_common_subsequence3, longest_common_subsequence4):
        start = time()
        print((func(s1, s2), time()-start), end=' ')
    print()
```

某次运行结果：

```
==========
s1='18254779930146926157',s2='377603325915064739'
('7739157', 1542.0510380268097) ('7739157', 0.0) ('7739157', 0.0) ('7762157', 0.0)
==========
s1='02816550145828521967',s2='109605232197894871'
('060522197', 655.0465290546417) ('060522197', 0.0) ('060522197', 0.0)
('160522197', 0.0)
==========
s1='15511335875058456213',s2='308663847212945146'
('3387546', 1573.7500715255737) ('3387546', 0.0) ('3387546', 0.0) ('3387451', 0.0)
==========
s1='900170723670755210',s2='209830937955241654'
('90375521', 186.27235794067383) ('90375521', 0.0) ('90375521', 0.0)
('23075521', 0.0)
==========
s1='8578801992624562533548',s2='555272157903759677'
('571996', 7006.277619600296) ('571996', 0.0010027885437011719) ('571996',
0.0) ('552535', 0.0)
```

习　题

1. 编写程序，使用动态规划算法重做第 4 章帕多文数列的习题。

2. 编写程序，给定一个任意数列，求解其最长递增子序列长度以及全部最长递增子序列，子序列升序排列。

3. 编写程序，给定一个任意数列，求解其最长递增子序列长度以及全部最长递增子序列，子序列按其中数字在原数列中的下标升序排列。

4. 改写例 10-3 中 max_value1() 函数的代码，定义函数 max_value3()，删除其中记录路径方向的列表 p，根据列表 f 和 values 计算收集奖品的路径。

5. 编写程序，给定 3 个自然数 a0、n、k，返回一个数列中第 k 个数字，数列中第一个数为 a0，后面数字的生成规则为 a[i]=(a[i-1]**2+a[i//5])%n。

6. 编写程序，给定背包容量和若干物品的体积与价值，每个物品可以放入或不放入背包，不允许放入一部分或放入多次。使用动态规划算法求解放入背包的最大价值，要求使用基于记忆化搜索的递归算法。

7. 编写程序，给定包含若干整数的列表，将其分为两个子列表，使得两个子列表分别求和的差的绝对值最小，使用动态规划算法求解最小差值。

第2篇

学科中的应用

本书……数、概率论与随机过程、益智游戏、图论、机……等领域的一些常用算法，读者可以参考这些……化和代码优化的奥妙，结合自己专业和研究领……

第 11 章　数论算法

数论（number theory）是数学的一个重要分支，与现代密码学、代数、几何、组合数学、泛函分析的关系都非常密切，本章选取数论中几个经典问题进行介绍和实现。

11.1　进制转换

任意其他进制（0~36）数转换为十进制时可以使用按权展开式进行计算，在 Python 中直接使用 int() 函数即可，其语法为 int(x, base=10)，第二个参数用来指定进制。十进制转换为二进制、八进制、十六进制时可以分别使用 Python 内置函数 bin()、oct() 和 hex() 直接完成。

十进制转换为其他进制时的算法为除基取余、逆序排列。例如，十进制数 668 转换为八进制数的过程如图 11-1 所示，其中向右的箭头表示左边的数字除以 8 得到的商，向下的箭头表示上面的数字除以 8 得到的余数。当商为 0 时，算法结束，最后把得到的余数 4321 逆序得到 1234。

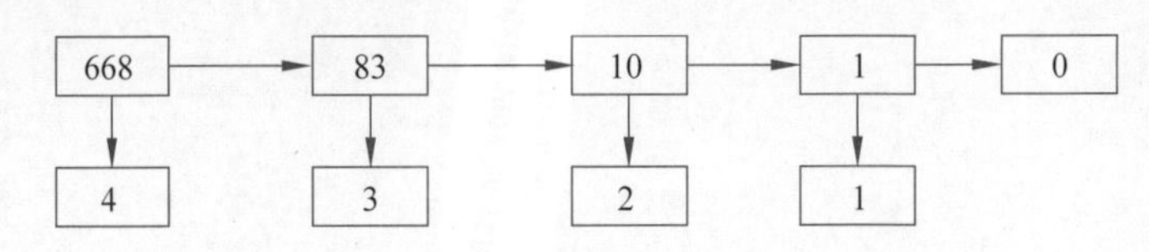

图 11-1　十进制数转换为八进制数的过程

例 11-1　十进制整数到其他进制（2~36）的转换。

```
from string import ascii_uppercase, digits

characters = digits + ascii_uppercase
def int2base(n, base):
    m, result = n, []
    # 除基取余，逆序排列
    while m != 0:
        m, mod = divmod(m, base)
```

```
        result.append(characters[mod])
    result = ''.join(reversed(result))
    return '{}的{}进制形式：{}'.format(n, base, result)

print(int2base(651, 16))              # 输出：651的十六进制形式：28B
print(int2base(123456, 36))           # 输出：123456的三十六进制形式：2N9C
```

11.2 最大公约数

最大公约数在分数化简、中国剩余定理、大数分解等问题求解中都有具体的应用，详见本书相关章节的案例。从 Python 3.5 开始在内置模块 math 中提供了计算两个整数最大公约数的函数 gcd() 并从 Python 3.9 开始支持计算任意多个整数的最大公约数，Python 3.9 开始在内置模块 math 中还提供了最小公倍数函数 lcm()，实际应用中建议直接使用。作为相关理论的研究与应用，本节介绍几个求解最大公约数的算法及其实现。

例 11-2 使用枚举法计算最大公约数。

```
def gcd(a, b):
    # 从a、b中最小数开始减1，直到能同时整除a和b为止
    r = min(a, b)
    while a%r!=0 or b%r!=0:
        r = r - 1
    return r
```

例 11-3 使用辗转相除法计算最大公约数。

辗转相除法也称欧几里得算法，是计算最大公约数的经典算法，基于欧几里得定理：对于整数 a 和 b，如果存在整数 q 和 r 使得 $a=qb+r$，那么 a 与 b 的最大公约数等于 b 与 r 的最大公约数，即 $gcd(a,b)=gcd(b,r)$。

使用辗转相除法计算最大公约数核心步骤为：给定自然数 a 和 b，计算余数 $r=a\%b$，如果余数为 0 则此时的 b 为最大公约数，否则把 b 的值赋值给 a，r 的值赋值为 b，重复上面的计算。图 11-2 以 39 和 27 为例演示了最大公约数的计算过程。

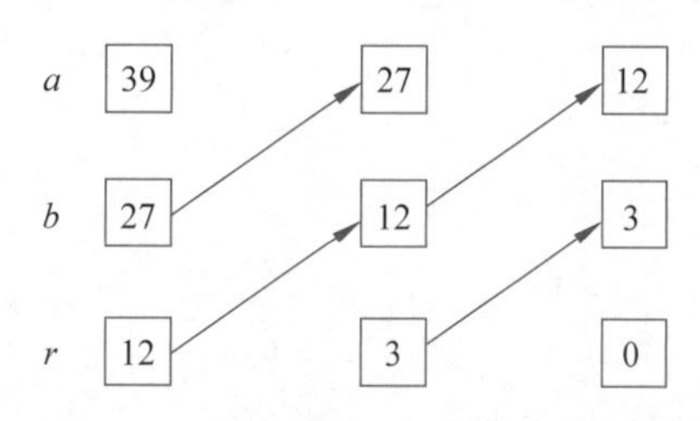

图 11-2 使用辗转相除法计算最大公约数

```
def gcd(m, n):
    # := 为 Python 3.8 新增的赋值运算符
    while (r:=n%m) != 0:
        n, m = m, r
    return m
```

例 11-4　使用递归函数实现辗转相除法计算最大公约数。

```
def gcd(a, b):
    return a if b==0 else gcd(b, a%b)
```

例 11-5　使用更相减损术计算最大公约数。

更相减损术是我国古代经典数学专著《九章算术》中给出的一种用于约分的方法，也可以用来计算最大公约数，其步骤如下。

（1）如果两个整数都是偶数，就使用 2 进行约简，直到至少有一个不是偶数，然后执行第（2）步。如果两个整数不都是偶数，直接执行第（2）步。

（2）用较大的数减去较小的数，如果得到的差恰好等于较小的数，则停止。否则，对较小的数和差值重复这个过程。

（3）第（1）步中约掉的若干个 2 和第（2）步中最终得到的差的乘积为原来两个整数的最大公约数。

仍以 39 和 27 为例，图 11-3 演示了最大公约数计算过程。

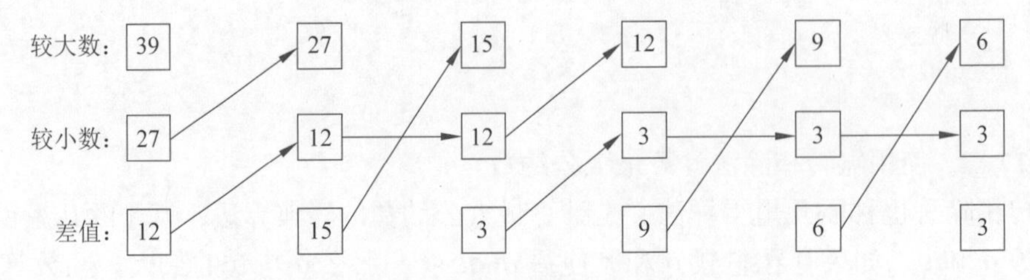

图 11-3　使用更相减损术计算最大公约数

```
def gcd(a, b):
    factor = 1
    # 使用 2 进行约分，直到不能同时再约为止
    while a%2==0 and b%2==0:
        factor = factor * 2
        a, b = a//2, b//2
    while True:
        r = abs(a-b)
        # min(a, b) 改写为 a if a<b else b 略快一点点
        if r == min(a, b):
            return r*factor
```

```
        else:
            a, b = b, r
```

11.3 素性检测

素性检测是数论以及相关领域中的一个重要内容。素数是指除了 1 和自身之外没有其他因数的自然数，素性检测是指判断一个自然数是否为素数。

例 11-6 判断一个自然数是否为素数。

例 11-6

根据素数的定义，很容易写出下面的代码。

```
def is_prime1(n):
    for i in range(2, n):
        if n%i == 0:
            return False
    return True
```

作为编程技巧，可以改写为下面函数式编程风格的代码，不使用 for 循环。这样的写法失去了提前结束判断的机会，在参数 n 很大且不是素数时性能会下降很多。

```
def is_prime2(n):
    return all(map(lambda p:n%p, range(2,n)))
```

根据数学知识可知，不需要对 [2,n-1] 区间的自然数逐个判断是否为 n 的因数，只需要测试 [2, $\sqrt{n}$] 区间的自然数即可。证明也很简单，如果两个自然数的乘积等于 n，那么这两个自然数要么分布在$\sqrt{n}$的两侧，要么恰好都等于$\sqrt{n}$。所以，如果 [2, $\sqrt{n}$] 区间的自然数中没有 n 的因数，[$\sqrt{n}$ +1,n-1] 区间中必然也没有 n 的因数。另外，偶数中只有 2 这一个素数，其他偶数都不是素数，可以把测试范围进一步缩小为 2 和 [3, $\sqrt{n}$] 区间中的奇数。

```
def is_prime3(n):
    if n in (2,3):
        return True
    if n%2 == 0:
        return False
    for i in range(3, int(n**0.5)+1, 2):
        if n%i == 0:
            return False
    return True
```

使用平方根作为边界时搜索范围大幅度缩小，可以把函数 is_prime2() 改写如下。

```
def is_prime4(n):
    return all(map(lambda p: n%p, range(2,int(n**0.5)+1)))
```

容易得知，大于或等于 5 的素数对 6 的余数必然为 1 或 5，因为余数为 0、2、3、4 的自然数一定不是素数。根据这一点可以进一步加快速度，尤其是非素数的判断速度。

```
def is_prime5(n):
    if n in (2,3,5):
        # 2、3、5 是素数
        return True
    # 几个条件的先后顺序对执行速度略有影响
    # 自然数能被 2 整除的概率为 1/2，能被 3 整除的概率为 1/3，能被 5 整除的概率为 1/5
    if n%2==0 or n%3==0 or n%5==0:
        # 能被 2、3、5 整除的不是素数
        return False
    if n%6 not in (1,5):
        # 对 6 的余数不是 1 或 5 的不是素数
        return False
    for i in range(5, int(n**0.5)+1, 6):
        # 能被 6x+5+1 整除的数必然能被 2 和 3 整除
        # 能被 6x+5+3、6x+5+5 整除的数必然能被 2 整除
        # 能被 6x+5+4 整除的数必然能被 3 整除
        # 这些类型的数字前面已经测试过，不需要再测试
        if n%i==0 or n%(i+2)==0:
            return False
    return True
```

上面这几个改进确实快了很多，但当参数 *n* 大到一定程度时循环次数也会大到无法忍受，另外还有个致命的 bug，就是当参数 *n* 非常大时无法计算其平方根，因为平方根是实数。Python 中虽然整数可以非常大，但实数不能，自然数大到一定程度时无法计算平方根并抛出异常“OverflowError: int too large to convert to float”。如果确实要使用这个方法判断素数，可以使用平方根的近似值（详见例 4-18 和例 7-15），也可以把平方根运算转化为平方运算。以上面的函数 is_prime5() 为例，改写如下，虽然避免了大数计算平方根失败的问题，但 *n* 变大时运行时间非常长。

```
def is_prime5(n):
    if n in (2,3,5):
        return True
    if n%2==0 or n%3==0 or n%5==0:
        return False
```

```
    if n%6 not in (1,5):
        return False
    # 接下来的循环结构也可以使用标准库函数 itertools.count()+for 循环改写
    i = 5
    # 这里使用乘法实现的平方运算会额外引入计算量
    while i*i < n:
        if n%i==0 or n%(i+2)==0:
            return False
        i = i + 6
    return True
```

例 11-7 Miller-Rabin 素性检测算法原理与实现。

目前已知最有效的大数素性检测算法是 Miller-Rabin 测试，其基于费马小定理：若 n 为素数，则区间 [2, n) 内任意自然数 b 都有 $b^{n-1}\%n\equiv1$ 且 $b^{(n-1)/2}\%n$ 的值为 1 或 n-1，反之不一定成立。证明如下：假设 x 是比 n 小的正整数且 $x^2=1 \bmod n$，也就是 x^2-1 能被 n 整除，或者说 $(x-1)(x+1)$ 能被 n 整除，因为 n 为素数，所以 x 要么为 1 要么为 n-1。

素数一定符合费马小定理，但有些合数也符合，存在一定概率的误判，这样的合数称为伪素数。如果随机选择 k 个不同的自然数作为底，n 都能通过测试的话，那么 n 为素数的概率为 $1-4^{-k}$，准确率非常高，可以达到工业级要求。实际使用时，一般选择 2、3、5、7、11、13、17 这 7 个数作为底数，这样的话通过测试的自然数 n 为素数的概率为 99.993896484375%。这就是 Miller-Rabin 素性检测算法的核心思路。

Miller-Rabin 素性检测算法的步骤如下。

（1）选择一个介于 [2, n) 的自然数 b 作为底，计算 $b^{(n-1)/2} \bmod n$，如果值不为 1 或 n-1 则 n 一定不是素数，结束判断。如果值为 n-1 就重新选择一个自然数 b 并重复前面的计算和判断，值为 1 时进入第（2）步。

（2）不断对 $b^{(n-1)/2}$ 进行开平方并对 n 求余数，就是增加 d 然后计算 $b^{(n-1)/(2^d)} \bmod n$，如果 $(n-1)/2^d$ 为奇数或者 $b^{(n-1)/(2^d)} \bmod n$ 的值为 n-1 就回到（1）重新选择自然数 b，否则判定 n 不是素数。

上面的算法描述中自然数 d 是越来越大的，但这样直接编写程序实现时存在重复计算导致计算量较大，下面代码中的自然数 d 初始值是使得 $(n-1)/2^d$ 为奇数的最大值，然后越来越小，相当于不断进行平方计算。这样的话，$b^{(n-1)/(2^d)} \bmod n$ 的值只能是几种情况之一。

（1）值为 1 或 n-1 时再进行平方运算时该式的值必然为 1，n 很可能是素数，可以立即停止计算。

（2）值不是 1 或 n-1，但不断减小 d 也就是对 $b^{(n-1)/(2^d)}$ 进行平方后再对 n 求余数的值为 1 或 n-1，n 很可能是素数，可以立即停止计算。

（3）值不是 1 或 n-1，并且不断减小 d 直到 1 时 $b^{(n-1)/2} \bmod n$ 的值仍不是 1 或 n-1，此时 n 一定不是素数并立即停止计算。

```
from time import time

def miller_rabin(n):
    if n < 2:
        return False
    base = {2, 3, 5, 7, 11, 13, 17, 19, 23}
    # 选择的基底都是素数
    if n in base:
        return True
    # 有因数的一定不是素数
    for b in base:
        if n%b == 0:
            return False
    # 寻找使得 (n-1)/(2**d) 为奇数的 d
    d, q = 0, n-1
    while q%2 == 0:
        d, q = d+1, q//2
    for b in base:
        # 这里不能使用 (b**q)%n，否则速度非常慢并且会因内存不足而出错
        r = pow(b, q, n)
        if r == 1:
            continue
        for _ in range(d):
            # 如果计算 b**((n-1)/2**d) 时得到 n-1，那么 d 变大时该式值一定为 1，n 为素数
            if r == n-1:
                break
            # 下一行代码写法比 r = pow(r, 2, n) 略快，因为 2 比较小
            r = r * r % n
        else:
            # 一直计算到 b**(n-1)%n 也没有得到 n-1，n 必然不是素数
            return False
    # 所有基底均通过测试，认为 n 为素数
    return True

for n in (2**4253-1, 2**4321-1, 2**4423-1, 2**9941-1, 2**21701-1, 2**132049-1,
          2**12345678-1, 10**69+69, 10**313+313, 10**451+451):
    start = time()
    print(miller_rabin(n), time()-start)
```

运行结果：

```
True 1.0000026226043701
False 0.03599977493286133
```

```
True 1.1190557479858398
True 11.288008451461792
True 106.76487588882446
True 38153.933733701706
False 0.0029959678649902344
True 0.0009996891021728516
True 0.01999974250793457
True 0.05399966239929199
```

例 11-8　判断一个自然数是否为回文素数，也就是正看和反看都一样的素数，例如 7、11311、10601。

这个问题涉及两个条件，如果一个自然数同时符合这两个条件，判断的先后顺序并不是很重要。但对于只满足其中一个条件或者两个条件都不满足的自然数，先判断哪个条件就不一样了。容易看出，判断一个自然数是否具有回文特征的开销几乎是固定的，但判断一个自然数是否为素数的开销却与自然数的大小和性质（素性和奇偶性）很有关系。

下面程序中先检查回文特征再检查是否为素数，读者可以交换两个条件的顺序测试一下运行速度的变化，判断素数的函数可以使用前面例题中任意一个。

```
def func(num):
    str_num = str(num)
    return str_num==str_num[::-1] and miller_rabin(num)
```

例 11-9　费马素数是指形为 2^k+1 的素数，数学家已经证明如果形为 2^k+1 的自然数是素数，那么 k 必然是 2 的幂（$2^i, i=0,1,2,\cdots$），但反过来并不一定成立。编写程序查找输出大于某个自然数的最小费马素数。

```
def func(num):
    # 下面一行代码也可以导入 log2() 函数后改写为 p = 2**int(log2(num))，略快一点点
    p = 1
    while True:
        n = p + 1
        # is_prime() 可以自由选择前面任意一个判断素数的函数
        # 利用 and 运算符的惰性求值特性减少不必要的计算，提高运行速度
        if n>num and is_prime(n):
            return n
        # 计算 2 的幂，优化，减少计算量
        p = p * 2

print((func(100), func(1000), func(10000)))  # 输出：(257, 65537, 65537)
```

例 11-10　梅森素数是指形为 2^k-1 的素数，数学家已经证明，如果 2^k-1 是素数那么

指数 *k* 必然也是素数，但反过来并不一定成立。欧几里得在著作《几何原本》中还指出了梅森素数的一个性质，即 $(2^k-1)2^{k-1}$ 为完全数（完全数见例 11-23）。

下面的程序用来输出大于给定自然数的最小梅森素数以及对应的指数，其中判断素数的函数可以选择前面例题中几个函数的任意一个。

```
def func(num):
    p, k = 2, 1
    while True:
        n = p - 1
        if  n>num and is_prime(n):
            return (n, k)
        p, k = p * 2, k + 1

print(func(100), func(1000), func(10000), func(1000000))
```

运行结果：

```
(127, 7) (8191, 13) (131071, 17) (2147483647, 31)
```

例 11-11　查找指定范围内的所有素数。

可以直接调用前面判断素数的任意一个函数写出下面的代码逐个测试。

```
def primes1(max_number):
    return list(filter(is_prime3, range(2,max_number)))
```

下面的程序使用列表和切片语法实现筛选法（古希腊数学家埃拉托色尼提出）查找小于指定自然数的所有素数。

```
def primes2(max_number):
    numbers = list(range(2, max_number))
    # 最大整数的平方根
    m = int(max_number**0.5)
    for index, value in enumerate(numbers):
        # 如果当前数字已大于最大整数的平方根，结束判断
        if value>m or numbers[index+1:]==[]:
            break
        # 对该位置之后的元素进行过滤和替换
        numbers[index+1:] = filter(lambda x: x%value != 0, numbers[index+1:])
    return numbers
```

下面的函数 primes3() 使用集合代替了列表，速度进一步提高。

```
def primes3(max_number):
    numbers = set(range(2, max_number))
    # 最大数的平方根，以及小于该数字的所有素数
    m = int(max_number**0.5) + 1
    primes_lessthan_m = [p for p in range(2, m)
                         if all(map(lambda d: p%d, range(2,int(p**0.5)+1)))]
    # 遍历最大整数平方根之内的自然数
    for p in primes_lessthan_m:
        for i in range(2, max_number//p+1):
            # 在集合中删除该数字所有的倍数，如果不存在就忽略该操作
            numbers.discard(i*p)
    return numbers
```

增加代码导入标准库 timeit 并测试三个函数的执行速度。

```
from timeit import timeit
print(timeit('primes1(100000)', globals={'primes1':primes1}, number=1000))
print(timeit('primes2(100000)', globals={'primes2':primes2}, number=1000))
print(timeit('primes3(100000)', globals={'primes3':primes3}, number=1000))
```

运行结果如下，可以修改范围和测试次数重新运行程序观察结果。

```
182.10707460000413
62.88503299999866
14.777353799989214
```

例 11-12　使用多线程和套接字编程技术实现素数远程查询。

服务端程序中使用一个线程不停地查找素数，另一个线程响应客户端的查询请求，客户端接收用户输入的自然数并向服务端程序发起查询请求。建议在一个命令提示符或 PowerShell 环境中运行服务端程序，在另一个命令提示符或 PowerShell 环境中运行客户端程序。

例 11-12

1. 服务端程序 primeServer.py

```
import socket
from pickle import loads
from os.path import isfile
from threading import Thread
from struct import pack, unpack

# 用来存储已知素数的文件
fn = 'primes.txt'
```

```
if not isfile(fn):
    # 如果文件不存在说明是第一次运行程序，从最小的素数开始查找
    primes = {2, 3, 5}
    with open(fn, 'w') as fp:
        fp.write('2 3 5 ')
else:
    # 如果之前运行过程序，读取文件中已知的素数
    with open(fn) as fp:
        primes = set(map(int, fp.read().split()))
def get_primes():
    def is_prime(n):
        if n in (2,3,5):
            return True
        if n%2==0 or n%3==0:
            return False
        if n%6 not in (1,5):
            return False
        else:
            for i in range(5, int(n**0.5)+1, 6):
                if n%i==0 or n%(i+2)==0:
                    return False
            else:
                return True
    # 直接跳过已确定的素数，避免重复搜索
    num = max(primes) + 2
    while True:
        if is_prime(num):
            # 找到一个素数，同时更新集合和文件内容
            primes.add(num)
            with open(fn, 'a') as fp:
                fp.write(str(num)+' ')
        # 只检查奇数
        num = num + 2

def each_client(conn):
    # 接收表示一个整数的 4 字节并解包为整数
    rest = unpack('i', conn.recv(4))[0]
    # 接收客户端发来要查询的自然数
    number = loads(conn.recv(rest))
    if number > max(primes):
        msg = '数字太大，请稍后重试。'.encode()
    elif number in primes:
        msg = '是素数。'.encode()
    else:
```

```
            msg = '不是素数。'.encode()
        # 反馈结果，关闭连接
        conn.sendall(pack('i',len(msg)) + msg)
        conn.close()
        del conn

def recieve_number():
    # 创建 TCP 连接，绑定 5005 端口，设置最多可以有 5 个客户端等待连接
    sock = socket.socket(socket.AF_INET, socket.SOCK_STREAM)
    sock.bind(('', 5005))
    sock.listen(5)
    while True:
        try:
            conn, _ = sock.accept()              # 接收客户端连接
        except:
            sock.close()
            del sock
            break
        # 为每个客户端连接启动单独线程为其服务
        Thread(target=each_client, args=(conn,)).start()

# 启动两个线程，一个用来不停地生成素数，另一个用来响应客户端的查询
Thread(target=get_primes).start()
Thread(target=recieve_number).start()
```

2. 客户端程序 primeClient.py

```
import socket
from pickle import dumps
from struct import pack, unpack

while True:
    data = input('请输入一个自然数（字母 q 表示退出）:').strip()
    # 没有输入有效命令或数据时继续等待输入
    if not data:
        continue
    if data == 'q':
        break
    if not data.isdigit():
        print('只能输入自然数，请重新输入。')
    else:
        sock = socket.socket(socket.AF_INET, socket.SOCK_STREAM)
        try:
            sock.connect(('127.0.0.1', 5005))
```

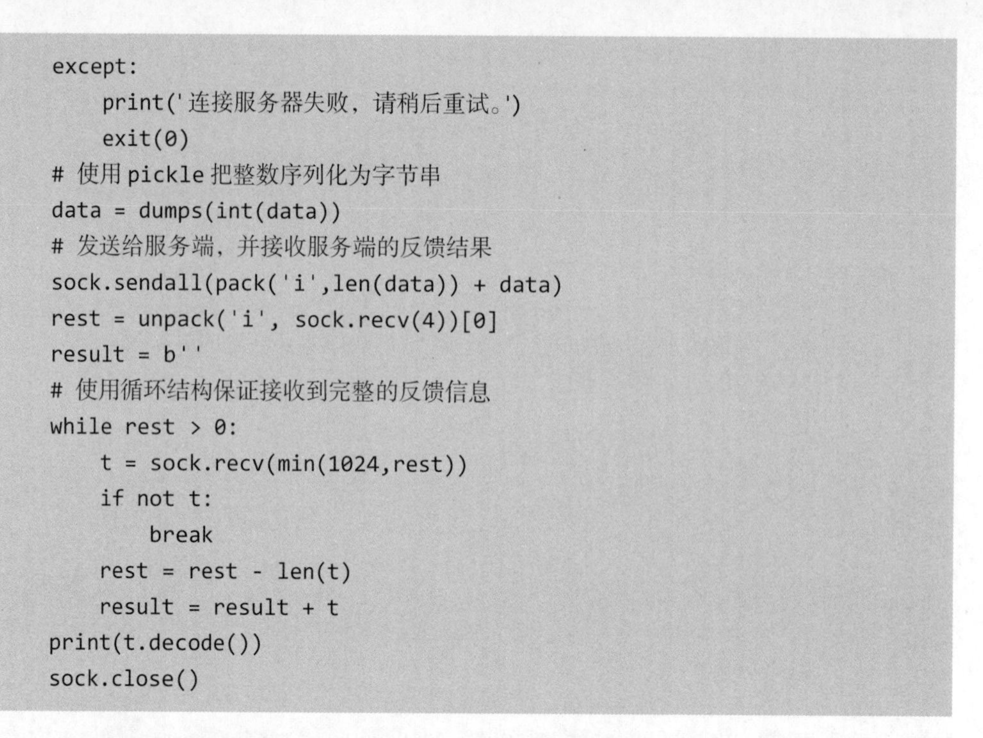

```
    except:
        print('连接服务器失败，请稍后重试。')
        exit(0)
    # 使用pickle把整数序列化为字节串
    data = dumps(int(data))
    # 发送给服务端，并接收服务端的反馈结果
    sock.sendall(pack('i',len(data)) + data)
    rest = unpack('i', sock.recv(4))[0]
    result = b''
    # 使用循环结构保证接收到完整的反馈信息
    while rest > 0:
        t = sock.recv(min(1024,rest))
        if not t:
            break
        rest = rest - len(t)
        result = result + t
    print(t.decode())
    sock.close()
```

例 11-13　使用多进程编程技术统计指定范围内素数的数量。

多年来，由于全局解释锁（Global Interpreter Lock，GIL）的存在，每个进程中任意时刻最多只能一个线程处于运行状态，多个线程之间只能并发执行，这也是Python语言一直被诟病的原因之一，不过这个限制有希望在Python 3.13开始逐步取消，线程之间实现真正的并行。

Python标准库multiprocessing提供了对多进程编程的支持，可以把数据和任务分散到多个核上进行并行处理，充分利用硬件资源。另外，Spark之类的分布式框架也可以用来充分发挥底层硬件的优势实现并行计算，请查阅相关资料。下面程序演示了标准库multiprocessing中进程池对象的用法，读者运行程序时可以打开“任务管理器”来查看CPU资源的分配与占用情况。如果需要系统学习多线程多进程编程技术，请阅读教材《Python网络程序设计》（微课版）（董付国，清华大学出版社）。

```
from time import time
from multiprocessing import Pool

def is_prime(n):
    if n < 2:
        return 0
    if n in (2,3):
        return 1
    if not n&1:
        # 偶数，返回0表示不是素数
```

```
        return 0
    for i in range(3, int(n**0.5)+1, 2):
        if n%i == 0:
            return 0
    return 1

if __name__ == '__main__':
    start = time()
    # 最多4个进程同时运行
    with Pool(4) as p:
        print(sum(p.map(is_prime, range(10**5,10**7))), end=':')
    print(time()-start)
    start = time()
    with Pool(8) as p:
        print(sum(p.map(is_prime, range(10**5,10**7))), end=':')
    print(time()-start)
```

运行结果：

```
654987:10.978992462158203
654987:7.065998315811157
```

11.4 大数乘法与多项式乘法

Python 语言在底层使用动态链表实现整数，整数大小没有限制，可以任意大，这样的实现无疑给程序员带来极大方便，不用担心溢出问题和精度问题。对于大整数相乘或类似的计算，Python 毫无压力，直接使用乘法运算符计算即可，并且具有最高的效率。尽管如此，作为算法设计的教材，本书还是决定收录这个问题，毕竟 C/C++/C# 以及 Java、JavaScript、PHP 等众多编程语言中整数大小都有限制，研究大整数表示与相关计算仍然是有意义的。多项式相乘与整数相乘的算法是相通的，本节一并进行介绍。

例 11-14 计算大整数与小整数相乘。

两个整数相乘时，如果确定一个整数可能会非常大而另一个不会太大（例如计算阶乘），可以考虑使用列表来表示可能会非常大的那个整数，列表中每个元素表示大整数每位上的数字，另一个不会特别大的整数使用普通整型变量存储即可。下面程序实现了这样的大整数相乘，其中的核心思想是“进位可以是任意大数字”。

```
from math import factorial
from random import randrange
from sys import set_int_max_str_digits
```

```
# Python 3.10 及更高版本中 str() 函数把整数转换为字符串时，整数不能超过 4300 位
# 输出大整数时也受此限制，必要时可以修改默认设置，这里修改为最大不超过 80000 位
# 在命令提示符 cmd 执行 Python 程序不受这个限制，PowerShell 中受限制
set_int_max_str_digits(80000)

def mul(digits, n):
    # 使用切片避免影响实参列表，翻转使得低位在前、高位在后，c 表示进位
    digits, c = digits[::-1], 0
    # 从低位到高位依次乘以 n，加上更低位的进位，对 10 的整商作为新的进位
    for i, v in enumerate(digits):
        c, digits[i] = divmod(v*n+c, 10)
    # 处理最高位的进位，将其拆成多位
    while c > 0:
        c, r = divmod(c, 10)
        # 低位在前高位在后，避免在前面插入元素时增加额外开销
        digits.append(r)
    # 翻转回正常顺序，每位表示大整数的一位数字
    digits.reverse()
    return digits

# 利用上面的函数计算 1580 的阶乘
number, n = [1], 1580
for i in range(1, n+1):
    number = mul(number, i)
# 验证，正常会输出 True
print(number==list(map(int, str(factorial(n)))))
```

例 11-15　使用乘法竖式计算大整数相乘。如果两个整数都很大，可以分别使用列表存储，然后使用乘法竖式进行乘法计算。

```
''' 小学整数乘法竖式计算示例
   12345
 x） 678
  ---------
   98760
  86415
 74070
-----------
 8369910
'''

def mul(a, b):
    # 切片，翻转，使得列表向后延伸在尾部追加元素，避免插入元素带来的开销
```

```
    aa, bb = a[::-1], b[::-1]
    # n位整数和m位整数的乘积最多是n+m位整数
    result = [0] * (len(aa)+len(bb))
    for ib, vb in enumerate(bb):
        # c表示进位，初始为0
        c = 0
        for ia, va in enumerate(aa):
            c, result[ia+ib] = divmod(va*vb+c+result[ia+ib], 10)
        if c > 0:
            # 最高位的余数应进到更高位
            result[ia+ib+1] = c
    # 如果最高位为0，将其删除
    if result[-1] == 0:
        del result[-1]
    result.reverse()
    return result

a, b = [1,2,3,4,5,6,7], [9,8,7,6,0]
print(mul(a,b)==list(map(int,str(1234567*98760))))
```

例 11-16　使用一维序列离散卷积计算大整数相乘。

卷积是数字信号处理、数字图像处理等领域的基本运算之一，也是各种滤波器设计的重要理论基础。可以借助于一维离散卷积运算来实现大整数相乘和多项式相乘。

两个一维序列离散卷积的计算过程为：①翻转其中一个序列；②从左向右移动反转后的序列，使得两个序列逐渐从“没有重叠部分”到“重叠部分越来越多”到“重叠部分越来越少”到“没有重叠部分”；③计算每次移动后两个序列重叠部分中对应位置上元素乘积之和。以 [1, 2, 3] 和 [4, 5] 为例，翻转 [4, 5] 得到 [5, 4]，然后卷积计算过程如图 11-4 所示，最终得 (4,13,22,15)。

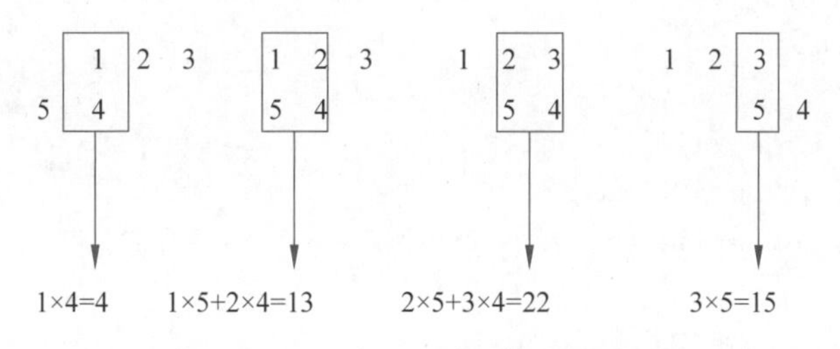

图 11-4　一维序列离散卷积示意图

把上面的卷积结果稍微处理一下即可得到两个整数的乘积，从右向左处理卷积结果的每个数字，对 10 求余替换原来的数字并把整除 10 的商作为进位。以 123×45 为例，卷积结果 (4,13,22,15) 从右向左进行处理得到 5535，如图 11-5 所示。

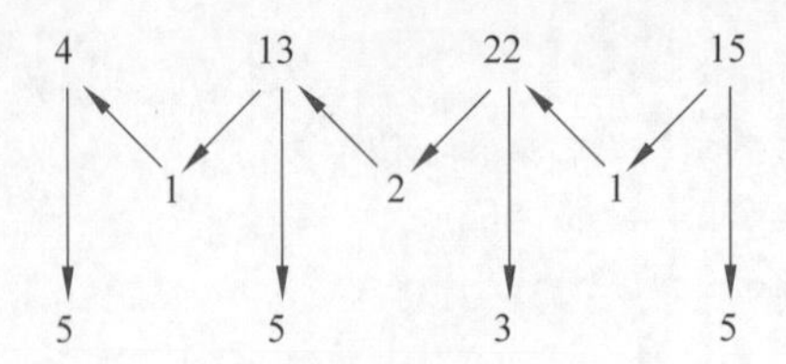

图 11-5　整理卷积计算结果

下面程序实现了卷积计算和结果处理。另外，扩展库 NumPy 中提供了卷积函数 convolve() 可以直接使用，请自行查阅资料学习。

```
def conv_mul(a, b):
    # 切片以免影响实参列表，翻转第二个列表
    a, b, result = a[:], b[::-1], []
    m, n = len(a), len(b)
    # 从左向右移动翻转后的第二个列表，直至"完全移入"
    for i in range(1, n+1):
        v = sum([i1*i2 for i1, i2 in zip(a, b[n-i:])])
        result.append(v)
    # 继续从左向右移动翻转后的第二个列表，直至"完全移出"没有重叠部分
    for i in range(1, m):
        v = sum([i1*i2 for i1, i2 in zip(a[i:], b)])
        result.append(v)
    # 从右向左逐个处理，计算余数和进位，此时进位最多为 1 位数
    c = 0
    for i in range(len(result)-1, -1, -1):
        c, result[i] = divmod(result[i]+c, 10)
    if c > 0:
        # 最高位有进位的情况
        # 因为最多只有一次这样的操作，不值得使用两次翻转 +append()，直接插入即可
        result.insert(0, c)
    return result

a, b = [1,2,3,4,5,6,7], [9,8,7,6,0]
# 验证，正常输出结果应该为 True
print(conv_mul(a,b)==list(map(int,str(1234567*98760))))
```

例 11-17　计算多项式相乘。

假设两个多项式分别为

$$p(x)=p_{m-1}x^{m-1}+p_{m-2}x^{m-2}+\cdots+p_1x+p_0$$
$$q(x)=q_{n-1}x^{n-1}+q_{n-2}x^{n-2}+\cdots+q_1x+q_0$$

两个多项式相乘得到的多项式为

$$s(x)=s_{m+n-2}x^{m+n-2}+s_{m+n-3}x^{m+n-3}+\cdots+s_1x+s_0$$

计算步骤如下。

（1）$s_k = 0, k = 0,1,2,\cdots,m+n-2$。

（2）$s_{i+j} = s_{i+j}+p_i q_j, i = 0,1,2,\cdots,m-1; j = 0,1,2,\cdots,n-1$。

```
from itertools import product

def func1(p, q):
    len_p, len_q = len(p), len(q)
    result = [0] * (len_p+len_q-1)
    for i, j in product(range(len_p), range(len_q)):
        result[i+j] = result[i+j] + p[i]*q[j]
    return result

print(func1([1,2,3,4], [5,6,7]))        # 输出: [5, 16, 34, 52, 45, 28]
```

把利用一维离散卷积运算计算大整数相乘的代码略作修改，删除处理卷积结果的部分代码，即可实现多项式相乘。

```
def func2(a, b):
    a, b, result = a[:], b[::-1], []
    m, n = len(a), len(b)
    for i in range(1, n+1):
        v = sum([i1*i2 for i1, i2 in zip(a, b[n-i:])])
        result.append(v)
    for i in range(1, m):
        v = sum([i1*i2 for i1, i2 in zip(a[i:], b)])
        result.append(v)
    return result

print(func2([1,2,3,4], [5,6,7]))    # 输出: [5, 16, 34, 52, 45, 28]
```

在扩展库 NumPy 中提供了多项式及其算术运算和导数、积分运算实现，上面的函数可以修改如下，更多详细内容请查阅教材《Python 数据分析与数据可视化》（微课版）（董付国，清华大学出版社）。

```
from numpy import poly1d

def func3(p, q):
    return (poly1d(p) * poly1d(q)).coef.tolist()

print(func3([1,2,3,4], [5,6,7]))        # 输出: [5, 16, 34, 52, 45, 28]
```

11.5 乘模逆、扩展欧几里得算法

对于自然数 a 和 b，假设其最大公约数为 d，那么任意线性组合 $ax+by$ 必然能够被 d 整除，且必然存在整数 x 和 y 使得 $ax+by=d$，同时也容易得知 d 是线性组合 $ax+by$ 能够得到的最小正整数。如果最大公约数 d 为 1，那么有 $ax = 1 \bmod b$ 和 $by = 1 \bmod a$，此时称 x 为 a 对 b 的乘模逆，y 为 b 对 a 的乘模逆。容易得知存在多组 x 和 y 满足条件，一般计算乘模逆时取符合条件的最小自然数。

对于自然数 a 和 b，可以使用扩展欧几里得算法计算最大公约数 d 的同时求解使得 $ax+by=d$ 成立的整数 x 和 y。容易得知，$a \neq 0$ 且 $b=0$ 时有 $d=a$，此时有 $x=1$ 和 $y=0$。当 $a \neq 0$ 且 $b \neq 0$ 时有

```
ax+by = gcd(a,b)
      = gcd(b,a%b)
      = bx'+(a%b)y'
      = bx'+(a-a//b*b)y'
      = ay'+b(x'-a//b*y')
```

即 `x = y'` 且 `y = x'-a//b*y'`，后面会用到这个迭代公式。

例如，假设 a = 132 和 b = 123，有

```
132 = 123+9,9 = 132-123=>a = 132,b = 123,x = 14,y = -1-132//123*14 = -15
123 = 13×9+6,6 = 123-13×9=>a = 123,b = 9,x = -1,y = 1-123//9×(-1) = 14
9 = 6+3,3 = 9-6=>a = 9,b = 6,x = 1,y = 0-9//6×1 = -1
6 = 2×3+0,0 = 6-2×3=>a = 6,b = 3,x = 0,y = 1-6//3×0=1
3 = 0+3,3 = 3-0=>a = 3,b = 0, x = 1,y = 0
```

上式中“=>”符号左侧是从上向下的计算过程，最终得到 132 和 123 的最大公约数为 3。

```
gcd(132,123)=gcd(123,9)=gcd(9,6)=gcd(6,3)=3
```

“=>” 符号右侧是从下向上的计算过程，根据前面的迭代公式进行计算，最终得到 x = 14,y = -15。也可以使用下面的式子把上面求最大公约数的过程反推回去，得到同样的结果。

```
3 = 9-6 = 9-(123-13×9)
  = 14×9-123 = 14×(132-123)-123
  = 14×132-15×123
```

再来看一个最大公约数为 1 的例子，假设 a = 396 和 b = 271，有

```
396 = 271+125,125 = 396-271=>a = 396,b = 271,x = -13,y = 6-396//271×
(-13) = 19
271 = 2×125+21,21 = 271-2×125=>a = 271,b = 125,x = 6,y = -1-271//
```

125×6 = -13

125 = 5×21+20,20 = 125-5×21=>a = 125,b = 21,x = -1,y = 1-125//21×(-1)=6

21 = 20+1,1 = 21-20=>a = 21,b = 20,x = 1,y = 0-21//20×1 = -1

20 = 20×1+0,0 = 20-20×1=>a = 20,b = 1,x = 0,y = 1-20//1×0=1

1 = 0+1,1 = 1-0=>a = 1,b = 0,x = 1,y = 0

上式中“=>”符号左侧是从上向下的计算过程,最终得到396和271的最大公约数为1。

gcd(396,271) = gcd(271,125) = gcd(125,21) = gcd(21,20) = gcd(20,1) = 1

“=>”符号右侧是从下向上的计算过程，最终得到x =-13,y = 19。也可以使用下式把上面求最大公约数的过程反推回去，有

$$
\begin{aligned}
1 &= 21-20 = 21-(125-5\times21)\\
&= 6\times21-125 = 6(271-2\times125)-125\\
&= 6\times271-13\times125 = 6\times271-13(396-271)\\
&= 19\times271-13\times396\\
&= (-13)\times396+19\times271
\end{aligned}
$$

于是，19是271对396的乘模逆，(-13)%271=258为396对271的乘模逆。

例11-18 利用扩展欧几里得算法计算乘模逆。

```
def ext_uclid1(a, b):
    def nested(a, b, x, y):
        if b == 0:
            x[0], y[0] = 1, 0
            return a
        x1, y1 = [0], [0]
        d = nested(b, a%b, x1, y1)
        x[0] = y1[0]
        y[0] = x1[0] - a//b*y1[0]
        return d
    x, y = [0], [0]
    d = nested(a, b, x, y)
    if d == 1:
        # 最大公约数为1，有乘模逆，a*x[0]%b = 1，b*y[0]%a = 1
        x[0], y[0] = x[0]%b, y[0]%a
    # 最大公约数不为1，没有乘模逆，此时d = a*x[0] + b*y[0]
    return (d, x[0], y[0])

def ext_uclid2(a, b):
    x, y = 0, 0
    def nested(a, b):
```

```
            nonlocal x, y
            if b == 0:
                x, y = 1, 0
                return a
            d = nested(b, a%b)
            # 这里使用序列解包语法，不能简单地拆成两条语句
            x, y = y, x-a//b*y
            return d
        d = nested(a, b)
        if d == 1:
            x, y = x%b, y%a
        return (d, x, y)

    def ext_uclid3(a, b):
        def nested(a, b):
            if b == 0:
                return (a, 1, 0)
            d, x, y = nested(b, a%b)
            return (d, y, x-a//b*y)
        d, x, y = nested(a, b)
        if d == 1:
            x, y = x%b, y%a
        return d, x, y

    def ext_uclid4(a, b):
        # 记录原始数据，后面计算乘模逆时使用
        a_t, b_t, k = a, b, []
        while True:
            div, mod = divmod(a, b)
            # 记录每步的整商
            k.append(div)
            if mod == 0:
                break
            a, b = b, mod
        # 反推
        k.reverse()
        x, y = 1, 0
        for kk in k:
            # 这里使用序列解包语法，不能简单地拆成两条语句
            x, y = y, x - kk*y
        if b == 1:
            x, y = x%b_t, y%a_t
        return (b, x, y)
```

```
for a, b in ((132,123), (396,271)):
    for func in (ext_uclid1, ext_uclid2, ext_uclid3, ext_uclid4):
        print(func(a, b), end=' ')
    print()
```

运行结果：

```
(3, 14, -15) (3, 14, -15) (3, 14, -15) (3, 14, -15)
(1, 258, 19) (1, 258, 19) (1, 258, 19) (1, 258, 19)
```

11.6　中国剩余定理

例 2-3 的数苹果问题实际上属于中国剩余定理问题（也称孙子定理，大约于我国南北朝时期正式提出并记载在数学著作《孙子算经》中），韩信点兵是另一个经典的中国剩余定理问题。中国剩余定理是数论中的一个重要定理，在密码学（本书第 18 章）中也有着重要应用。据说秦末汉初大将韩信为了不让敌人知道自己的兵力有多少，让士兵报数时先 1 至 3 报数，再 1 至 5 重新报数，再 1 至 7 重新报数，只需要记下最后一名士兵每次报数是几，即可快速计算出自己有多少士兵。

这是一个同余式组求解问题，即

$$\begin{cases} x \equiv a_1 (\bmod m_1) \\ x \equiv a_2 (\bmod m_2) \\ \qquad \vdots \\ x \equiv a_n (\bmod m_n) \end{cases}$$

其中 $m_1, m_2, \cdots, m_n$ 两两互素，即最大公约数为 1。除了使用暴力测试去从小到大枚举自然数直到找到符合要求的一个，还可以使用下面的算法来求解这个同余式组。

（1）计算所有 m_i 的乘积，即

$$M = m_1 \times m_2 \times \cdots \times m_n = \prod_{i=1}^{n} m_i$$

（2）计算 $M_i=M/m_i$。

（3）计算每个 M_i 的乘法逆元 b_i，使得 $M_i \times b_i \equiv 1(\bmod m_i)$。

（4）同余式组的唯一解为 $x = \left(\sum_{i=1}^{n} a_i b_i M_i\right) \bmod M + kM$，如果要求结果为符合条件的最小自然数可以令 $k=0$。

例 11-19　求解中国剩余定理问题。

```
from math import gcd
from itertools import combinations

def is_co_prime(p):
    # 判断 p 中每个元组的第 1 个数（即 mi）之间是否两两互素
    for item1, item2 in combinations(p, 2):
        if gcd(item1[0],item2[0]) != 1:
            # 有大于 1 的最大公约数，说明两个自然数不互素
            return False
    return True

def ext_euclid(Mi, mi):
    # 暴力穷举，求 Mi 对 mi 的乘法逆元，这里也可以改写使用扩展欧几里得算法快速求解
    for i in range(1, mi):
        if i*Mi % mi == 1:
            return i

def chinese_remainder(p, min_value):
    # p 为 [(3, 2), (7, 1), (13, 5), (mi, ai), ...] 形式的参数
    # 假设问题中要求的自然数大于或等于参数 min_value 的值
    # 先判断所给数据中的 mi 是否互素，如果不是则提示数据错误并退出
    if not is_co_prime(p):
        return '数据错误，无法求解。'
    # 切片浅复制，防止修改实参列表中的数据
    pp, M = p[:], 1
    # 求 M=m1*m2*m3*...*mn
    for item in pp:
        M = M * item[0]
    # 计算 Mi=M/mi
    for index, item in enumerate(pp):
        Mi = M // item[0]
        bi = ext_euclid(Mi, item[0])
        pp[index] = item + (Mi, bi)
    # 求解符合给定数据要求的最小自然数，sum(ai*bi*Mi) mod M
    # 可以使用内置模块 math 中的函数 prod() 计算多个数字的乘积，请自行改写
    result = sum([item[1]*item[3]*item[2] for item in pp]) % M
    # 求解大于或等于 min_value 的最小自然数
    while result < min_value:
        result = result + M
    return result

data = [[(3,2), (5,3), (7,2)], [(5,1), (3,2)], [(5,1), (3,1)],
        [(5,4), (3,2)], [(7,2), (8,4), (9,3)],
        [(5,2), (6,4), (7,4)], [(3,2), (5,3), (7,4)]]
```

```
for p in data:
    # 求解，假设要求最小值为10000
    print(p, chinese_remainder(p,10000), sep=':')
```

运行结果：

```
[(3, 2), (5, 3), (7, 2)]:10103
[(5, 1), (3, 2)]:10001
[(5, 1), (3, 1)]:10006
[(5, 4), (3, 2)]:10004
[(7, 2), (8, 4), (9, 3)]:10236
[(5, 2), (6, 4), (7, 4)]:10042
[(3, 2), (5, 3), (7, 4)]:10028
```

11.7 快速幂模算法

使用运算符“**”和“%”就可以直接计算任意整数的幂模（“**”运算符也可以用于实数，例如9**0.5可以用来计算平方根；“%”也可以用于实数，但实数运算存在误差，所以一般不这样用），但这样的组合是非常忠实地先计算幂再求模，当指数变大时速度会非常慢。Python内置函数pow(base, exp, mod=None)的功能等价于(base**exp) % mod，但在底层已经优化到了极致，计算速度要快成千上万乃至亿倍，可以获得非常高的效率。运算符“**”的“%”组合与内置函数pow()的用法分别见下面代码中的函数pow_mod1()和pow_mod2()。本例主要介绍和演示内置函数pow()的实现和优化原理。

算法优化的原理主要是把指数转换为二进制数和提前求模。以计算表达式$m^r \bmod n$为例，假设指数r的二进制形式为$(r_k r_{k-1} r_{k-2} \cdots r_2 r_1 r_0)_2$，其中$r_i \in \{0,1\}, i = 0,1,2,\cdots, k-1$且$r_k=1$，即

$$r = r_k \cdot 2^k + r_{k-1} \cdot 2^{k-1} + r_{k-2} \cdot 2^{k-2} + \cdots + r_2 \cdot 2^2 + r_1 \cdot 2^1 + r_0 \cdot 2^0$$

根据秦九韶算法（见例4-3）把上式改写为

$$r = ((\cdots(((r_k \cdot 2 + r_{k-1}) \cdot 2 + r_{k-2}) \cdot 2 + \cdots) \cdot 2 + r_2) \cdot 2 + r_1) \cdot 2 + r_0$$

使用改写后的指数形式计算模幂，有·

$$\begin{aligned} m^r \bmod n &= m^{((\cdots(((r_k \cdot 2 + r_{k-1}) \cdot 2 + r_{k-2}) \cdot 2 + \cdots) \cdot 2 + r_2) \cdot 2 + r_1) \cdot 2 + r_0} \bmod n \\ &= ((\cdots(((m^{r_k})^2 \cdot m^{r_{k-1}})^2 \cdot m^{r_{k-2}})^2 \cdots\ m^{r_2})^2 \cdot m^{r_1})^2 \cdot m^{r_0} \bmod n \end{aligned}$$

由数学知识容易得知，上式中的求模运算可以在计算过程中计算任意多次而不影响最终结果，详见函数pow_mod3()。这里通过一个具体的例子来演示一下幂运算的过程。假设指数r=72401，其二进制形式为10001101011010001，则有

$$m^{72401}$$
$$= m^{(10001101011010001)_2}$$
$$= ((((((((((((((((m^2)^2)^2)^2\cdot m)^2\cdot m)^2)^2\cdot m)^2)^2\cdot m)^2\cdot m)^2)^2\cdot m)^2)^2)^2)^2\cdot m$$

进一步地，仔细分析指数的二进制形式，会发现其中存在一定数量的重复子串，如果分组处理并利用这些重复的子串，可以进一步提高效率。例如上面指数 72401 的二进制形式 10001101011010001 除去最高位的 1 单独处理之外，其余位如果 4 位一组的话可以划分为 1000(1101)0(1101)0001，二进制数 1101 对应十进制数 13，如果提前计算并存储 m^{13} 可以节省 2 次乘法（按秦九韶算法改写并逐位处理的话二进制指数 1101 需要 7 次乘法，分组后需要 5 次乘法，也就是连续 4 次平方再加 1 次乘法）。在实际使用时，指数越大、重复的分组越多、分组越长，分组处理的效率就越高，详见函数 pow_mod4()。

另外，大数幂模运算也可以使用分治法快速求解（这里的具体应用也称俄式乘法），思路如下：如果指数 r 为偶数就计算 $m^r \bmod n = (m^{r//2})^2 \bmod n$，如果为奇数就计算 $m^r \bmod n = (m^{r//2})^2 \cdot m \bmod n$，利用递归算法和非递归算法都很容易实现这个算法，详见函数 pow_mod5() 和 pow_mod6()。这里使用分治法的本质其实与使用秦九韶算法改写指数是一样的，执行效率也非常接近（见后面改动代码测试超大自然数的部分）。

例 11-20　快速计算大自然数的幂模。

```
from time import time
from random import randint
from sys import setrecursionlimit
setrecursionlimit(999999999)

def pow_mod1(m, r, n):
    return m**r % n

def pow_mod2(m, r, n):
    return pow(m, r, n)

def pow_mod3(m, r, n):
    r_bin, result = bin(r)[3:], m
    for bit in r_bin:
        result = (result ** 2) % n
        if bit == '1':
            result = result * m % n
    return result

def pow_mod4(m, r, n):
    # 提前记录 m**0%n 至 m**15%n 的数字，对应 4 位二进制数表示范围
    powers = [1]
    for i in range(1, 16):
```

```
        powers.append(powers[-1]*m%n)
    # 转换为二进制数，不包括前面的引导符 0b 和最高位的 1
    r_bin = bin(r)[3:]
    result, length, i = m, len(r_bin), 0
    while i < length:
        if r_bin[i] == '0':
            # 遇到 0，直接平方求模
            result = (result ** 2) % n
            i = i + 1
        else:
            # 遇到 1，连续处理 4 位
            sub = r_bin[i:i+4]
            for _ in sub:
                result = (result ** 2) % n
            i = i + 4
            result = result * powers[int(sub,2)] % n
    return result

def pow_mod5(m, r, n):
    if r == 1:
        return m
    # 提前求模能略快一些
    # r//2 改写为 r>>1 能略快一点，但不明显
    temp = ((pow_mod5(m, r//2, n) % n) ** 2) % n
    # r%2 改写为 r&1 能略快一点，但不明显
    if r%2 == 1:
        return temp*m % n
    return temp

def pow_mod6(m, r, n):
    # odd_even 是 r 的二进制形式每位数字
    odd_even = []
    while r > 0:
        odd_even.append(r%2)
        r = r // 2
    odd_even.reverse()
    result = m
    for i in odd_even[1:]:
        result = result * result % n
        if i:
            result = result * m % n
    return result
```

```
for _ in range(5):
    print('='*10)
    # 参数太大时不能使用下一行代码，否则会因为数字太大抛出异常
    # m, r, n = choices(range(10**6, 10**7), k=3)
    m, r, n = (randint(10**6, 10**7) for _ in range(3))
    print(f'{m=}, {r=}, {n=}')
    result_num, result_time = set(), []
    for func in (pow_mod1, pow_mod2, pow_mod3, pow_mod4, pow_mod5, pow_mod6):
        start = time()
        num = func(m, r, n)
        result_time.append(time()-start)
        result_num.add(num)
    print(len(result_num)==1, *result_time)
```

运行结果：

```
==========
m=3476430, r=2413301, n=8071480
True 13.638978719711304 0.0 0.0 0.0 0.0 0.0
==========
m=2322828, r=7695248, n=5575924
True 78.1659562587738 0.0 0.0 0.0 0.0 0.0
==========
m=9319619, r=6863062, n=6487044
True 81.97893857955933 0.0 0.0 0.0 0.0 0.0
==========
m=3715906, r=7574840, n=7145900
True 81.05301570892334 0.0 0.0 0.0 0.0 0.0
==========
m=6121026, r=7392115, n=2149415
True 81.8398985862732 0.0 0.0 0.0 0.0 0.0
```

第一种算法效率太低，实际应用中不会使用，下面代码使用超大自然数测试了后面 4 种算法的效率，函数 pow_mod4() 略有改动，请仔细比较和发现改动之处。其他几个函数代码与上面相同，请自行补充。

```
from time import time
from random import randint
from sys import setrecursionlimit
from sys import set_int_max_str_digits

setrecursionlimit(999999999)
set_int_max_str_digits(9999)
```

```
def pow_mod4(m, r, n):
    # 提前记录 m**0%n 至 m**127%n 的数字，对应 7 位二进制数表示范围
    powers = [1]
    for i in range(1, 128):
        powers.append(powers[-1]*m%n)
    # 转换为字典
    powers = {bin(i)[2:]:v for i, v in enumerate(powers)}
    r_bin = bin(r)[3:]
    result, length, i = m, len(r_bin), 0
    while i < length:
        if r_bin[i] == '0':
            # 遇到 0，直接平方求模
            result = (result ** 2) % n
            i = i + 1
        else:
            # 遇到 1，连续处理 7 位
            sub = r_bin[i:i+7]
            for _ in sub:
                result = (result ** 2) % n
            i = i + 7
            # 这里省去了把字符串转换为整数的操作
            result = result * powers[sub] % n
    return result

for _ in range(5):
    print('='*10)
    # 参数太大时不能使用下一行代码，否则会因为数字太大抛出异常
    # m, r, n = choices(range(10**6, 10**7), k=3)
    m, r, n = (randint(10**4900, 10**6000) for _ in range(3))
    print(f'{len(str(m))=}, {len(str(r))=}, {len(str(n))=}')
    result_num, result_time = set(), []
    for func in (pow_mod2, pow_mod3, pow_mod4, pow_mod5, pow_mod6):
        start = time()
        num = func(m, r, n)
        result_time.append(round(time()-start, 8))
        result_num.add(num)
    print(len(result_num)==1, *result_time)
```

运行结果：

```
==========
len(str(m))=6000, len(str(r))=6000, len(str(n))=6000
True 12.61399961 16.29699349 12.02004075 16.35499096 16.27599359
```

```
==========
len(str(m))=6000, len(str(r))=5999, len(str(n))=6000
True 12.35199904 16.29905701 11.95399666 16.33199358 16.37999296
==========
len(str(m))=6000, len(str(r))=6000, len(str(n))=6000
True 12.48458767 16.28258109 11.98896217 16.56017232 16.36404419
==========
len(str(m))=6000, len(str(r))=6000, len(str(n))=6000
True 12.63299775 16.25499535 11.88999581 16.26451802 16.23851395
==========
len(str(m))=6000, len(str(r))=6000, len(str(n))=6000
True 12.33799863 16.04499054 11.91752219 16.12251616 16.12899423
```

11.8 水仙花数

如果一个 *n* 位数的各位数字 *n* 次方之和恰好等于这个数字本身，则称之为 *n* 位水仙花数（也称回归数、自幂数、阿姆斯特朗数，不同位数的水仙花数有不同的叫法，一般提到水仙花数往往特指 3 位水仙花数）。

例 11-21　查找任意位数的水仙花数。

如果根据定义去逐个测试所有的 *n* 位数是否为水仙花数，虽然思路和代码都很简单，但由于存在大量重复计算和不必要的计算，当 *n* 变大时代码执行时间几乎是无法忍受的。前面章节曾经多次提到，消除不必要的计算和避免重复计算是算法优化的核心思想之一，但在实际操作时不能只看减少了多少计算，还要看为了消除这些计算而增加的成本，是否引入了额外的计算以及这些额外计算增加的开销。算法优化时不能做亏本的买卖，否则的话看上去很热闹，一顿操作猛如虎，回头一看原地杵，算法效率甚至不增反降（例如下面程序中的方法 2 和方法 5），这样的自我感动就没意义了。

为方便阅读和理解，我们把整个程序拆成几段来看，请读者合并起来之后再运行。下面的代码使用了暴力穷举法，逐个测试指定范围里的自然数是否符合水仙花数的特征。

```
from time import time
from itertools import product, combinations_with_replacement

n = int(input('请输入位数:'))
# 方法1
narcissistic_numbers = []
start = time()
for i in range(10**(n-1), 10**n):
    if sum(map(lambda j:int(j)**n, str(i))) == i:
```

```
        narcissistic_numbers.append(i)
print(narcissistic_numbers, time()-start)
```

下面的代码也是暴力穷举的思路，但在检查一个自然数是否满足水仙花数特征之前先做一次简单的筛选，减少一些计算量。但是筛选过程中引入的计算量过多，整体来说并不合算。

```
# 方法 2
# 存放已经找到的水仙花数和辅助数据
narcissistic_numbers, t = [], []
start = time()
for i in range(10**(n-1), 10**n):
    # 各位数字降序排列
    digits_i = sorted(str(i), reverse=True)
    if digits_i in t:
        # 同样一组数字最多只能构成一个水仙花数，不可能有第二个
        continue
    # 最大一位数字的 n 次方如果小于 i/n，不可能是水仙花数，直接忽略
    # 如果一位数的 n 次方已经大于 i，也不可能是水仙花数
    first = int(digits_i[0]) ** n
    if first>i or first*n < i:
        continue
    # 如果包含足够多的 0，不会是水仙花数
    if digits_i.count('0') >= n//2:
        continue
    # 检查各位数字的 n 次方之和是否等于数字 i 本身
    if sum(map(lambda j:int(j)**n, digits_i[1:]))+first == i:
        # 记录水仙花数
        narcissistic_numbers.append(i)
        # 记录辅助数据，也就是已经找到的水仙花数各位数字降序排列的结果
        t.append(sorted(str(i), reverse=True))
print(narcissistic_numbers, time()-start)
```

下面代码的关键之处在于提前把 0~9 这几个数字的 *n* 次方提前计算并存起来，根据需要取用，从而减少计算量，避免重复计算。

```
# 方法 3
narcissistic_numbers = []
i_ns = {str(i):i**n for i in range(10)}
start = time()
for i in range(10**(n-1), 10**n):
    if sum(map(i_ns.get, str(i))) == i:
```

```
        narcissistic_numbers.append(i)
print(narcissistic_numbers, time()-start)
```

下面代码与上面一段的思路完全相同，只是使用了函数式编程模式，减少了循环，速度略快但没有明显优势。

```
# 方法 4
i_ns = {str(i):i**n for i in range(10)}
start = time()
narcissistic_numbers = list(filter(lambda i:sum(map(i_ns.get,str(i)))==i,
                                    range(10**(n-1),10**n)))
print(narcissistic_numbers, time()-start)
```

下面代码也是提前计算 0~9 的 *n* 次方，然后再使用笛卡儿积来生成所有 *n* 位数，但搜索范围和计算量都没有减少，效率也就没有提高。

```
# 方法 5
i_ns = [(i,i**n) for i in range(10)]
narcissistic_numbers = []
start = time()
# 遍历所有 n 位数
for item in product(i_ns, repeat=n):
    # 跳过第一位数字为 0 的数字
    if item[0][0] == 0:
        continue
    # 各位数字的 n 次方之和不是 n 位数，跳过
    sum_ = str(sum([t[1] for t in item]))
    if len(sum_) != n:
        continue
    concat_ = ''.join((str(t[0]) for t in item))
    if sum_ == concat_:
        narcissistic_numbers.append(int(concat_))
print(narcissistic_numbers, time()-start)
```

下面代码也是提前计算 0~9 的 *n* 次方，提速的关键之处在于缩小了循环的搜索范围。

```
# 方法 6
start = time()
narcissistic_numbers = []
a = [i**n for i in range(10)]
# 允许重复的组合，每个组合中的数字是非递减顺序排列的
for b in combinations_with_replacement(range(10), n):
```

```
    # 当前组合中每个数字的 n 次方之和
    x = sum(map(lambda y:a[y], b))
    sx = str(x)
    # 必须是 n 位数并且与 b 包含同样的数字
    if len(sx)==n and tuple(int(d) for d in sorted(sx)) == b:
        narcissistic_numbers.append(x)
narcissistic_numbers.sort()
print(narcissistic_numbers, time()-start)
```

下面代码使用了目前已知的最快算法，虽然代码复杂了很多，但效率比上一段代码又快了不少，核心思想仍是通过减少重复计算来提高效率。代码含义见其中的注释。

```
# 方法 7
def check(x):
    # 分解大整数 x，返回 0~9 出现的次数
    L0 = [0, 0, 0, 0, 0, 0, 0, 0, 0, 0]
    while x:
        L0[x%10] += 1
        x //= 10
    return L0

start = time()
narcissistic_numbers = []
# 0~9 出现的次数
L = [0, 0, 0, 0, 0, 0, 0, 0, 0, 0]
# 整数范围
mmin = 10 ** (n-1)
# 比计算 10**n 又快一点
mmax = 10 * mmin
# 0~9 的 n 次方
a = [i**n for i in range(10)]
# 0~9 每个数字的 n 次方分别乘以 0~n 每个数字，提前计算并存储避免重复计算，用空间换时间
b = [[x*i for i in range(n+1)] for x in a]
# 9^n 的数量，也就是数字中 9 可能出现的个数
Lb9, Hb9 = mmin//a[9], min(n,mmax//a[9])+1
for i9 in range(Lb9, Hb9):
    # remained_p9 表示总共 n 位数用掉了 i9 个数后还有多少位
    # L[9] 记录 9 的个数
    remained_p9, L[9] = n-i9, i9
    # 数字中有 i9 个 9，减去 i9 个 9^n 后剩余的数字范围
    mmin9, mmax9 = max(0,mmin-b[9][i9]), mmax-b[9][i9]
    # 8^n 的数量，也就是数字中 8 可能出现的个数
```

```
        Lb8, Hb8 = mmin9//a[8], min(remained_p9,mmax9//a[8])+1
        for i8 in range(Lb8, Hb8):
            # 除去 i9 个 9 和 i8 个 8 之后还有多少位数，数字中包含的 8 的个数
            remained_p8, L[8] = remained_p9-i8, i8
            # 数字再减去 i8 个 8^n 后剩余的范围
            mmin8, mmax8 = max(0,mmin9-b[8][i8]), mmax9-b[8][i8]
            # 7^n 的数量，也就是数字中 7 可能出现的个数
            Lb7, Hb7 = mmin8//a[7], min(remained_p8,mmax8//a[7])+1
            for i7 in range(Lb7,Hb7):
                remained_p7, L[7] = remained_p8-i7, i7
                mmin7, mmax7 = max(0,mmin8-b[7][i7]), mmax8-b[7][i7]
                Lb6, Hb6=mmin7//a[6], min(remained_p7,mmax7//a[6])+1
                for i6 in range(Lb6,Hb6):
                    remained_p6, L[6] = remained_p7-i6, i6
                    mmin6, mmax6 = max(0,mmin7-b[6][i6]), mmax7-b[6][i6]
                    Lb5, Hb5 = mmin6//a[5], min(remained_p6,mmax6//a[5])+1
                    for i5 in range(Lb5,Hb5):
                        remained_p5, L[5] = remained_p6-i5, i5
                        mmin5, mmax5 =max(0,mmin6-b[5][i5]), mmax6-b[5][i5]
                        Lb4, Hb4 = mmin5//a[4], min(remained_p5,mmax5//a[4])+1
                        for i4 in range(Lb4,Hb4):
                            remained_p4, L[4] = remained_p5-i4, i4
                            mmin4, mmax4 = max(0,mmin5-b[4][i4]), mmax5-b[4][i4]
                            Lb3, Hb3 = mmin4//a[3], min(remained_p4,mmax4//a[3])+1
                            for i3 in range(Lb3, Hb3):
                                remained_p3, L[3] = remained_p4-i3, i3
                                mmin3, mmax3 = max(0,mmin4-b[3][i3]), mmax4-b[3][i3]
                                Lb2, Hb2 = mmin3//a[2], min(remained_p3,mmax3//a[2])+1
                                for i2 in range(Lb2, Hb2):
                                    remained_p2, L[2] = remained_p3-i2, i2
                                    mmin2, mmax2 = max(0,mmin3-b[2][i2]), mmax3-b[2][i2]
                                    Lb1, Hb1 = mmin2//a[1], min(remained_p2, mmax2//a[1]) + 1
                                    for i1 in range(Lb1, Hb1):
                                        # 数字中包含的 0 和 1 的个数
                                        L[0], L[1] = remained_p2-i1, i1
                                        # 计算 L 对应的大整数
                                        num = sum([b[i][j] for i, j in enumerate(L)])
                                        # num = sum([x*y for (x,y) in zip(L,a)])
                                        if check(num) == L:
                                            # 若 num 分解后与 L 一致，则 num 为水仙花数
                                            narcissistic_numbers.append(num)
    print(narcissistic_numbers, time()-start)
```

把上面几段代码合并放到一个程序文件中，运行结果如下，由于运行时间太长，直接在自己的工作计算机上运行不方便并且可能会影响其他工作，作者选择在云服务器上运行。

```
请输入位数：8
[24678050, 24678051, 88593477] 159.04700016975403
[24678050, 24678051, 88593477] 183.48705291748047
[24678050, 24678051, 88593477] 49.12799286842346
[24678050, 24678051, 88593477] 42.642488956451416
[24678050, 24678051, 88593477] 130.99333572387695
[24678050, 24678051, 88593477] 0.044998884201049805
[24678050, 24678051, 88593477] 0.0390012264251709
请输入位数：11
[32164049650, 32164049651, 40028394225, 42678290603, 44708635679, 49388550606, 82693916578, 94204591914] 534003.7171516418
[32164049650, 32164049651, 40028394225, 42678290603, 44708635679, 49388550606, 82693916578, 94204591914] 619893.3821418285
[32164049650, 32164049651, 40028394225, 42678290603, 44708635679, 49388550606, 82693916578, 94204591914] 247939.80880594254
[32164049650, 32164049651, 40028394225, 42678290603, 44708635679, 49388550606, 82693916578, 94204591914] 180323.83481955528
[32164049650, 32164049651, 40028394225, 42678290603, 44708635679, 49388550606, 82693916578, 94204591914] 327494.47716522217
[32164049650, 32164049651, 40028394225, 42678290603, 44708635679, 49388550606, 82693916578, 94204591914] 0.6874725818634033
[32164049650, 32164049651, 40028394225, 42678290603, 44708635679, 49388550606, 82693916578, 94204591914] 0.48436808586120605
```

程序中前面几种方法效率太低，实在不适合 *n* 比较大的情况，上面的运行结果很好地说明了这个问题。下面把前面几段代码注释掉，只测试最后两种方法，然后查找 39 位（这是目前已知的最长位数）水仙花数，运行结果如下：

```
请输入位数：39
[115132219018763992565095597973971522400,
 115132219018763992565095597973971522401] 23014.73069190979
[115132219018763992565095597973971522400,
 115132219018763992565095597973971522401] 5806.7220685482025
```

11.9 平方数与自守数

如果一个自然数恰好是另一个自然数的平方，则称其为平方数，可以结合例 4-18 和例 7-15 求大自然数平方根的思路进行求解。如果一个自然数的平方以该自然数结尾，则称这个自然数为自守数或同构数。例如，25 是自守数，因为 25×25=625。

例 11-22　查找任意位数的自守数。

使用暴力测试和穷举法可以根据自守数的定义来解决这个问题，只是花时间比较多，感兴趣的读者请自行编写程序。下面给出一个快速算法及其实现。

一位自守数有 1、5、6 这三个，两位以上的自守数必然以 5 或 6 结尾并且可以根据规律进行递推计算。对于 n 位以 5 结尾的自守数，其平方数的最后 n+1 位也是自守数，如果倒数第 n+1 位为 0 则不认为是 n+1 位自守数，继续往前探索，检查最后 n+2 位是否为自守数，如果倒数第 n+2 位仍为 0 就重复这个过程继续往前探索。对于 n 位以 6 结尾的自守数，取其平方数的最后 n+1 位，如果截取到的最高位不为 0 就变为 10 与该位的差即可得到 n+1 位自守数，如果截取到的最高位为 0 则不认为是 n+1 位自守数，继续探索平方数最后 n+2 位，如果首位仍为 0 就重复这个过程，直至截取到的首位不为 0，并把截取到的第 1 位变为 10 与该位的差得到更多位数的自守数。例如：

（1）以 5 结尾的自守数。

5 是 1 位自守数，5×5=25；25 是 2 位自守数，25×25=625；625 是 3 位自守数，625×625=390625；0625 不认为是 4 位自守数，但 90625 是 5 位自守数，90625×90625=8212890625；890625 是 6 位自守数，890625×890625=793212890625。

（2）以 6 结尾的自守数。

6 是 1 位自守数，6×6=36；截取 36，10−3=7，76 是 2 位自守数，76×76=5776；截取 776，10−7（这个 7 是第 1 个 7）=3，376 是 3 位自守数，376×376=141376；截取 1376，10−1=9，9376 是 4 位自守数，9376×9376=87909376，截取 09376 但不认为其是 5 位自守数，截取 909376，10−9（这个 9 是第 1 个 9）=1，109376 是 6 位自守数，109376×109376=11963109376。

```
def func1(n):
    if n == 1:
        # 一位自守数有 3 个
        return (1, 5, 6)
    result = ()
    # 两位以上的自守数以 5 或 6 结束
    for num in '56':
        for i in range(2, n+1):
            num = str(int(num)**2)[-i:]
            if num[0]!='0' and num[-1]=='6':
                num = str(10-int(num[0]))+num[1:]
        if num[0] != '0':
            result = result + (int(num),)
    return result

print(func1(8))          # 输出：(12890625, 87109376)
```

下面代码中的函数 func() 接收两个自然数 n（n>1）和 tail（值为 5 或 6）作为参数，返回大于或等于 n 且以 tail 结尾的最小自守数。

```
def func2(n, tail):
    tail = str(tail)
    while int(tail) < n:
        tail_len_plus1 = len(tail) + 1
        t = str(int(tail)**2)
        pre, tail = t[:-tail_len_plus1], t[-tail_len_plus1:]
        if tail[0] == '0':
            tail = pre[-(len(pre)-len(pre.rstrip('0'))+1):] + tail
        if tail[-1] == '6':
            tail = str(10-int(tail[0])) + tail[1:]
    return tail

print(func2(10000, 5))          # 输出：90625
print(func2(10000, 6))          # 输出：109376
print(func2(1000000, 5))        # 输出：2890625
print(func2(1000000, 6))        # 输出：7109376
```

11.10 整数分解

本节主要讨论整数分解的两种方式：一种是分解为若干数字之和，另一种是分解为若干数字的乘积。对分解后数字进行不同的约束可以得到不同的结果。

例 11-23 判断完全数、盈数、亏数。给定任意自然数 *n*，对其所有小于 *n* 的正因数求和，如果恰好等于 *n* 则 *n* 称为完全数，大于 *n* 则称其为盈数，小于 *n* 则称其为亏数。

对于任意自然数 *n*，除自身之外的其他因数必然在 [1,*n*//2] 区间中，但如果遍历这个区间的自然数并逐个测试是否为 *n* 的因数，搜索范围比较大，效率比较低。

自然数的因数还有个特点是成对出现在平方根两侧，利用这一点可以大幅度减少搜索范围和计算量，下面的程序利用了这个特点。

```
def func1(n):
    # 最小的正因数
    t = {1}
    # 以平方根为界，所有正因数必然成对分布在平方根两侧
    # 超大自然数请参考其他例题计算平方根近似值
    for i in range(2, int(n**0.5)+1):
        if n%i == 0:
            t.update((i,n//i))
```

```
    t = sum(t)
    if t > n:
        return '盈数'
    if t == n:
        return '完全数'
    if t < n:
        return '亏数'

print(func1(6))                 # 输出：完全数
print(func1(10))                # 输出：亏数
print(func1(12))                # 输出：盈数
print(func1(1716))              # 输出：盈数
print(func1(4375327))           # 输出：亏数
```

如果不想借助于集合或类似的容器对象时，也可以把函数改写如下，直接使用变量存储所有因数之和。

```
from math import ceil, floor

def func2(n):
    t = 1
    for i in range(2, int(n**0.5)+1):
        if n%i == 0:
            t = t + i + n//i
    ratio = t / n
    key = (floor(ratio), ceil(ratio))
    return {(0,1):'亏数', (1,1):'完全数', (1,2):'盈数'}[key]
```

完全数有很多有意思的性质，例如全部因数的倒数之和等于 2（所以完全数也是调和数）、除 6 之外的其他完全数对 9 的余数为 1、一定以 6 或 8 结尾且以 8 结尾时一定以 28 结尾、等于若干连续的自然数之和等，感兴趣的读者请查阅资料并编写程序进行验证。

例 11-24

例 11-24　把自然数分解为若干连续自然数之和。除 2 的整数次幂之外，其他自然数可以分解为若干连续自然数之和。例如，6 可以分解为 1+2+3，13 可以分解为 6+7，28 可以分解为 1+2+3+4+5+6+7。

下面程序使用动态规划算法进行求解，从前向后扫描自然数，记录每个自然数 n 与紧邻的前 1、2、3、…、$n-1$ 个自然数之和，直到找到符合条件的子段，返回子段的起止自然数（左闭右开区间），存在多个子段时返回第一个。

```
def func1(n):
    pre, aft, num = [1], [], 2
    while True:
```

```
        aft = [num]
        for i in pre:
            t = num + i
            if t == n:
                return (num-len(aft), num+1)
            aft.append(t)
        num = num + 1
        pre = aft

for n in (6, 13, 28, 496, 1000, 8128, 30000, 999999, 12345678):
    print(func1(n), end='')
```

运行结果：

```
(1, 4)(6, 8)(1, 8)(1, 32)(28, 53)(1, 128)(108, 268)(29, 1415)(6451, 8143)
```

容易得知，如果自然数为奇数 $2m+1$ 则可以分解为 m 与 $m+1$ 之和，如果为 3 的倍数 $3m$ 则可以分解为 $m-1$、m、$m+1$ 之和，如果能表示为 $4m+6$ 则可以分解为 m、$m+1$、$m+2$、$m+3$ 之和，如果为 5 的倍数 $5m$ 则可以表示为 $m-2$、$m-1$、m、$m+1$、$m+2$ 之和。如果可以表示为 $2^k(2m+1)$ 则可以分解为 2^k-m 至 2^k+m 之间的连续 $2m+1$ 个自然数之和。下面代码实现了上面的分解方法。

```
def func2(n):
    if n%2 == 1:
        # 奇数 2m+1 分解为 m+(m+1)
        m = n // 2
        return (m, m+2)
    if n%3 == 0:
        # 3 的倍数分解为 (m-1)+m+(m+1)
        m = n // 3
        return (m-1,m+2)
    if (n-6)%4 == 0:
        # 分解为 m+(m+1)+(m+2)+(m+3)
        m = (n-6) // 4
        return (m,m+4)
    if n%5 == 0:
        # 分解为 (m-2)+(m-1)+m+(m+1)+(m+2)
        m = n // 5
        return (m-2,m+3)
    t = 1
    while n%2 == 0:
        n = n // 2
```

```
        t = t * 2
    if n == 1:
        return None
    m = n // 2
    s = t - m
    if s <= 0:
        # 消除区间中的负数部分
        s = -s + 1
    return (s, t+m+1)
```

例 11-25　给定任意自然数，分解为 4 个平方数之和。

在例 2-6 中我们已经学习过如何分解一个自然数为最多 4 个平方数之和，这里再来学习一个快速算法，把任意自然数分解为 4 个平方数之和，与例 2-6 的区别在于，这里分解的结果不一定是最短的。

1743 年，瑞士数学家欧拉发现并证明了一个重要的恒等式

$$(a^2+b^2+c^2+d^2)(x^2+y^2+z^2+w^2)$$
$$=(ax+by+cz+dw)^2+(ay-bx+cw-dz)^2+$$
$$(az-bw-cx+dy)^2+(aw+bz-cy-dx)^2$$

其中每个字母表示一个数字，并且数字可能为 0。

根据这个恒等式可知，如果自然数 m 和 n 能够表示为 4 个平方数之和，那么它们的乘积 $m\times n$ 也可以表示为 4 个平方数之和。再结合因数分解，问题就可以转化为求解素数的 4 平方数表示形式。例如，9 可以分解为 2 个 3 相乘，而 3 可以分解为 $0^2+1^2+1^2+1^2$，于是 9 的 4 平方数表示形式为

$$(0\times0+1\times1+1\times1+1\times1)^2+(0\times1-1\times0+1\times1-1\times1)^2+$$
$$(0\times1-1\times1-1\times0+1\times1)^2+(0\times1+1\times1-1\times1-1\times0)^2$$
$$=3^2+0^2+0^2+0^2$$

再例如，15 可以分解为 3 和 5 的乘积，3 可以分解为 $0^2+1^2+1^2+1^2$，5 可以分解为 $0^2+0^2+1^2+2^2$，于是 15 的 4 平方数表示形式为

$$(0\times0+1\times0+1\times1+1\times2)^2+(0\times0-1\times0+1\times2-1\times1)^2+$$
$$(0\times1-1\times2-1\times0+1\times0)^2+(0\times2+1\times1-1\times0-1\times0)^2$$
$$=3^2+1^2+2^2+1^2$$

编写程序如下，从结果可以看到，这样分解的平方数数量不一定是最少的。

```
from functools import reduce
from itertools import combinations_with_replacement


def abcd(num):
    # 计算所有小于或等于最大数 num 的平方数
```

```
    pingfangshu = tuple(map(lambda n:(n,n**2), range(1, int(num**0.5)+1)))
    for length in range(1, 5):
        for item in combinations_with_replacement(pingfangshu, length):
            if sum([it[1] for it in item]) == num:
                # 凑够 4 个数的平方
                return [0]*(4-length) + [it[0] for it in item]

def factor(num):
    # 因数分解
    result, p = [], 2
    while num != 1:
        if num%p == 0:
            result.append(p)
            num = num // p
        else:
            p = p + 1
    return result

def mul(pre, aft):
    return (pre[0]*aft[0]+pre[1]*aft[1]+pre[2]*aft[2]+pre[3]*aft[3],
            pre[0]*aft[1]-pre[1]*aft[0]+pre[2]*aft[3]-pre[3]*aft[2],
            pre[0]*aft[2]-pre[1]*aft[3]-pre[2]*aft[0]+pre[3]*aft[1],
            pre[0]*aft[3]+pre[1]*aft[2]-pre[2]*aft[1]-pre[3]*aft[0])

def main(num):
    # 直接分解，然后使用算法分解，两种结果可能会不一样，但都是正确的
    print(num, abcd(num), end=' ')
    # 因数分解，然后使用欧拉公式迭代，得到最终解，但不一定是最短的
    primes = factor(num)
    return tuple(map(abs, reduce(mul, map(abcd,primes))))

print(main(2), main(4), main(9999*9999), main(12345),
      main(9998000233), main(7654321), end='\n')
```

运行结果：

```
2 [0, 0, 1, 1] (0, 0, 1, 1)
4 [0, 0, 0, 2] (2, 0, 0, 0)
99980001 [0, 0, 0, 9999] (9999, 0, 0, 0)
12345 [0, 4, 77, 80] (1, 62, 20, 90)
9998000233 [0, 0, 17357, 98472] (98472, 17357, 0, 0)
7654321 [0, 3, 1434, 2366] (2539, 900, 570, 270)
```

例 11-26　使用 Pollard ρ 算法进行大整数因数分解。

第 4 章已经讨论过的整数因数分解以枚举法和迭代法为主，适用于数字较小或者是小素数的幂的场景，分解大数时速度非常慢，尤其分解大素数乘积时实用性不强。

大整数因数分解是数论和密码学领域的一个重要话题，大量学者做了相关研究。约翰 · 波拉德（John Pollard）于 1975 年提出的 Pollard ρ 算法是计算大数因数分解的一个非常有效的随机算法（尤其适合素因数不太大的场合），其时间复杂度为 $O(n^{1/4})$，因算法中生成的中间数字形成的排列类似于希腊字母 ρ 而得名。随机算法是解决大规模问题时常用的一个算法思想，在计算圆周率近似值的蒙特卡罗方法和用于素性检测的 Miller-Rabin 算法等众多算法中有所体现。

使用 Pollard ρ 算法查找任意自然数 n 的因数的基本原理为：设计一个定义域和值域均为自然数的随机数生成函数，例如下面代码中使用的 $x_{i+1} = (x_i^2+1) \bmod n$，然后再选择一个介于区间 [1,$n$] 的随机整数作为种子数 x_1，根据上面的函数即可得到一个随机数序列。由于数列中每个数字仅与前一个数字相关，所以数列中必然存在重复的圈。如果 p 是 n 的一个因数，那么数列中的数字对 p 取模后必然也会发生碰撞，即

$$x_i = x_{i+k} \bmod p$$

也就是说，一定存在数列中的两个数字 x_i 和 x_{i+k} 使得它们的差为 p 的倍数，即

$$|x_i - x_{i+k}| = 0 \bmod p$$

所以，$\gcd(|x_i-x_{i+k}|,n)$ 必为 n 的因数（因为 p 是 n 的因数），但不一定是素因数。

如果数列中两个数字之差（使用两个随机数的差比使用单个随机数可以使得求解素因数的收敛速度更快）与 n 的最大公约数不是 1 或 n，那么这个最大公约数必然是 n 的一个因数。如果数列中某个数字与之前某个数字对 n 的余数相等（跑完一圈发生碰撞），有可能是种子数选择不合适，重新选择种子数后继续尝试，失败一定次数后认为 n 不可分解。

例如，设 $x_1 = 3$ 和 $n = 123$，使用函数 $x_{i+1} = (x_i^2+1) \bmod n$ 生成的数列中前 30 个数字为 [3,10,101,116,50,41,83,2,5,26,62,32,41,83,2,5,26,62,32,41,83,2,5,26,62,32,41,83,2,5]，画成 ρ 形图案如图 11-6 所示。当 $x_i = 33$ 和 $n = 123$ 时，数列前 30 个数字为 [33,106,44,92,101,116,50,41,83,2,5,26,62,32,41,83,2,5,26,62,32,41,83,2,5,26,62,32,41,83]，请自行绘制 ρ 形图案。

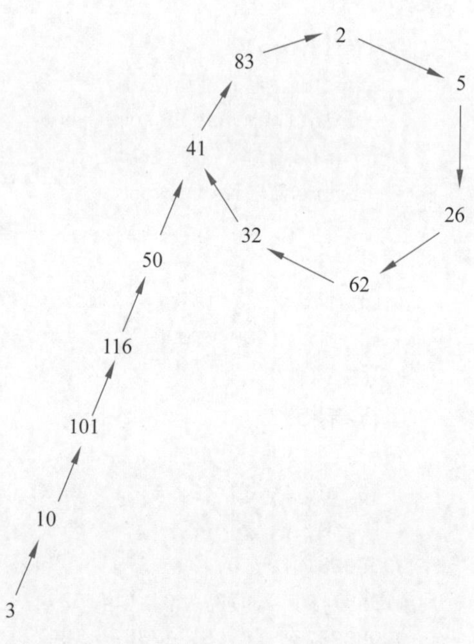

图 11-6　随机数序列形成的 ρ 形图案

```
from math import gcd
from random import randint

def pollard_rho(n):
    # miller_rabin() 函数与例 11-7 中相同，此处略去定义，请自行补充
    if miller_rabin(n):
        # n 是素数，无须分解，直接返回
        return n
    # 选择随机整数
    x = y = randint(1, n)
    times, i, j = 0, 1, 2
    while True:
        i = i + 1
        # 生成随机数列中的下一个
        x = (x*x + 1) % n
        # 计算最大公约数，这里的 abs(x-y) 一定是某个因数的倍数
        g = gcd(abs(x-y), n)
        if g not in (1, n):
            # 找到因数（但不一定是素因数），返回
            # print(times)
            return g
        if x == y:
            # 跑完一圈但没有找到因数，说明 n 不可分解或选择的随机数不合适
            # 重新选择随机数后继续尝试，失败 3 次后放弃
            times = times + 1
            if times > 3:
                return None
            x = y = randint(1, n)
        if i == j:
            y, j = x, j+j

def factoring(n):
    result = []
    # 变为奇数之后再进一步分解
    while n%2 == 0:
        result.append(2)
        n = n // 2
    if n == 1:
        return result
    while n > 1:
        # 查找因数
```

```
        g = pollard_rho(n)
        if g is None:
            # n 无法分解，认为是最后一个因数
            result.append(n)
            break
        if g > 1 and miller_rabin(g):
            # 找到一个素因数，继续分解另一个因数
            result.append(g)
            n = n // g
    return sorted(result)

print(factoring(2**9*3**7*7**6*11**4*13**7*23**5*97**3*101**5))
print(factoring(2**9*3**7*7**6*11**4*13**7*23**5*97**3*101**5*103**6*1234567**3))
```

运行结果：

```
[2, 2, 2, 2, 2, 2, 2, 2, 2, 3, 3, 3, 3, 3, 3, 3, 7, 7, 7, 7, 7, 7, 11, 11, 11, 11, 13, 13, 13, 13, 13, 13, 13, 23, 23, 23, 23, 23, 97, 97, 97, 101, 101, 101, 101, 101]
[2, 2, 2, 2, 2, 2, 2, 2, 2, 3, 3, 3, 3, 3, 3, 3, 7, 7, 7, 7, 7, 7, 11, 11, 11, 11, 13, 13, 13, 13, 13, 13, 13, 23, 23, 23, 23, 23, 97, 97, 97, 101, 101, 101, 101, 101, 103, 103, 103, 103, 103, 103, 127, 127, 127, 9721, 9721, 9721]
```

例 11-27　使用 Dixon 随机平方因数分解法进行大整数因数分解。

对于任意自然数 n，如果可以写成两个自然数平方之差的形式，即

$$n = x^2 - y^2 = (x+y)(x-y)$$

此时一定有

$$x^2 - y^2 = 0 \bmod n$$

另外，如果自然数 n 可以分解为两个自然数相乘的形式，即

$$n = ab = \left(\frac{a+b}{2}\right)^2 - \left(\frac{a-b}{2}\right)^2$$

容易得知，这二者之间是有明确对应关系的。如此一来，可以逐一测试大于或等于 $\sqrt{n}$ 的自然数（记为 s）是否满足 s^2-n 恰好为另一个自然数（记为 t）的平方，如果是的话则可以利用 s 和 t 对 n 进行分解。

狄克逊（Dixon）算法的原理为：如果可以找到两个自然数 x 和 y 使得 $x \neq y \bmod n$ 但 $x^2 = y^2 \bmod n$，此时 n 是 x^2-y^2 的因数但不是 $x+y$ 或 $x-y$ 的因数，则有 gcd($x+y$,n) 和 gcd($x-y$,n) 都是 n 的非平凡因子（除 1 或 n 之外的因数）。这也是数域分析法的原理，

只是寻找自然数 x 和 y 的方式不同。下面代码使用模块 random 的函数 randint() 生成随机数并检查是否符合要求。

```
from math import gcd
from random import randint

def fac(n):
    def nested(r):
        for _ in range(max(10000,n**4)):
            x, y = randint(1,r), randint(1,r)
            if (x*x - y*y) % r == 0:
                g = gcd(x-y,r)
                # 判断 g 是否为素数，函数 miller_rabin() 的定义见例 11-7
                if miller_rabin(g):
                    return g
    result = []
    while n > 1:
        r = nested(n)
        if not r:
            result.append(n)
            break
        result.append(r)
        n = n // r
    return result

print(fac(10000001))          # 输出：[11, 909091]
```

习　题

1. 编写程序，验证哥德巴赫猜想。编写函数，接收一个大于 2 的正偶数为参数，输出两个素数，并且这两个素数之和等于原来的正偶数。如果存在多组符合条件的素数，则全部输出。

2. Wilson 定理可以用来判断素数，对于自然数 n，如果有 $(n-1)!\ \text{mod}\ n = n-1$ 则 n 为素数，否则不是素数。编写程序使用这个定理来判断素数。

3. 编写程序，查找 100 以内的所有孪生素数对。所谓孪生素数是指相差 2 的两个素数，例如 (3,5)(5,7)(11,13)(17,19)(29,31)。

4. 编写程序，查找 10000 之内的亲密数。所谓亲密数是指，如果自然数 a 除自身之

外的所有因数之和等于自然数 b，自然数 b 除自身之外的所有因数之和等于自然数 a，则称自然数 a 和 b 为亲密数。

5．有一种古老的方法可以用来检验一个整数是否能被 11 整除：如果偶数位数字之和与奇数位数字之和的差的绝对值等于 11，那么这个数字可以被 11 整除。例如 1716，偶数位数字之和 1+1=2，奇数位数字之和 7+6=13，二者之差为 11，所以 1716 能被 11 整除。编写程序实现上面的算法。

第 12 章　线性代数算法

线性代数是代数学的一个分支，在抽象代数、泛函分析、机器学习、人工智能、计算机图形学、数字图像处理、经济学、统计学、物理、控制系统、信号处理等领域有重要应用，对大规模计算的效率提升也有着不可替代的地位。本章精心挑选几个线性代数的基本问题和经典算法进行介绍和实现，另外，Python 扩展库 NumPy 已经封装了大量数组运算和矩阵运算，解决实际问题时应优先考虑使用，不重复制造轮子也是低代码开发的要求之一。

12.1　向量基本运算

本节介绍向量范数、内积、余弦相似度、曼哈顿距离以及线性组合等基本运算的概念与实现。

例 12-1　计算向量的 L1 范数和 L2 范数。

例 12-1

向量 $\boldsymbol{x}(x_1, x_2, \cdots, x_n)$ 的范数定义为

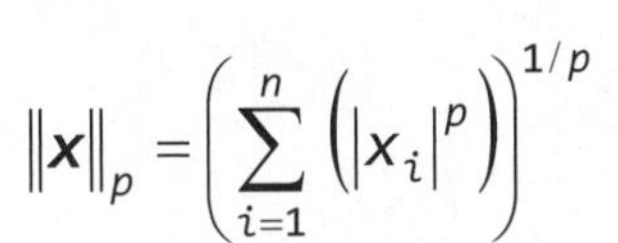

$$\|\boldsymbol{x}\|_p = \left(\sum_{i=1}^{n}\left(|x_i|^p\right)\right)^{1/p}$$

其中，$p = 1$ 时表示 L1 范数，即所有分量的绝对值之和；$p = 2$ 时表示 L2 范数，即所有分量的平方和的平方根。向量的 L1 范数和 L2 范数常用于构造机器学习算法中的正则化项。另外，L-∞ 范数定义为所有分量的绝对值的最大值。

下面代码使用列表表示向量，使用几种不同的方式实现了 L1 和 L2 范数的计算。

```
from random import choices
import numpy as np

vector = choices(range(-50,50), k=10)
# L1 范数，所有分量绝对值之和
L1_norm = sum(map(abs, vector))
# L2 范数，所有分量平方和的平方根
```

```
L2_norm = sum([num**2 for num in vector]) ** 0.5
print(vector, L1_norm, L2_norm, sep='\n')
# 使用内置函数 +lambda 表达式计算 L2 范数
print(sum(map(lambda num: num**2, vector))**0.5)
# 使用扩展库 numpy 计算向量范数
print(np.linalg.norm(vector, 1))
print(np.linalg.norm(vector, 2))
```

例 12-2　计算两个列表表示的向量的内积，也就是对应分量乘积之和。

向量与空间中的点相对应，向量的各分量与点的坐标相对应，每个分量表示各坐标轴的坐标，也就是向量在该轴上的投影，或者说是向量与该轴单位向量的内积。

空间中任意两个向量的内积也叫点乘或数量积，为各对应分量乘积之和，计算结果是一个标量，该标量与两个向量的方向相似性或夹角大小有确定的数学关系，即 $\cos\theta = \dfrac{\boldsymbol{x} \cdot \boldsymbol{y}}{|\boldsymbol{x}| \times |\boldsymbol{y}|}$，两个向量夹角余弦值等于向量内积与模长乘积的比，如果已知两个向量的模长和夹角也可以改写上式计算内积。

```
from operator import mul
from random import choices
import numpy as np

def dot1(vector1, vector2):
    result = 0
    for v1, v2 in zip(vector1, vector2):
        result = result + v1*v2
    return result

def dot2(vector1, vector2):
    return sum(v1*v2 for v1, v2 in zip(vector1,vector2))

def dot3(vector1, vector2):
    return sum(map(mul, vector1, vector2))

def dot4(vector1, vector2):
    return np.dot(vector1, vector2)

vector1, vector2 = choices(range(100), k=5), choices(range(100), k=5)
print(vector1, vector2)
# 使用不同的方法计算向量内积
for dot in (dot1, dot2, dot3, dot4):
    print(dot(vector1,vector2))
```

例 12-3　计算向量之间的余弦相似度。

余弦相似度主要比较两个向量的方向一致性，可以使用两个向量夹角的余弦值来衡量，值越大表示两个向量的方向越接近一致，定义为

$$\mathrm{sim}(\boldsymbol{x},\boldsymbol{y}) = \cos\theta = \frac{\boldsymbol{x}\cdot\boldsymbol{y}}{|\boldsymbol{x}|\times|\boldsymbol{y}|}$$

```
from operator import mul
from numpy import dot
from numpy.linalg import norm

x, y = [1, 2, 5, 4], [2, 3, 5, 1]
result = (sum(map(mul, x, y))/
          sum(map(mul, x, x))**0.5/sum(map(mul, y, y))**0.5)
print(result)                                  # 输出：0.8735555046022885
print(dot(x,y)/norm(x)/norm(y))              # 输出：0.8735555046022885
```

例 12-4　计算空间中两点之间的曼哈顿距离。

曼哈顿距离（也称城市距离，对应向量的 L1 范数）与欧几里得距离（即直线距离，对应向量的 L2 范数）不同，是指在城市中沿“横平竖直”街道行走（类似于中国象棋中“車”的行走路线）时所经过的格子数量，如图 12-1 所示，白色方块表示楼房，灰色条带表示街道。在上述约束下，1、2、3 这三条路径的总长度是一样的。假设 A、B 两点水平距离为 m、垂直距离为 n，则类似的路径一共有 C_{m+n}^{m} 或 C_{m+n}^{n} 条，也就是在 $m+n$ 个步骤中选择 m 个步骤向右或者 n 个步骤向上的选法数量。

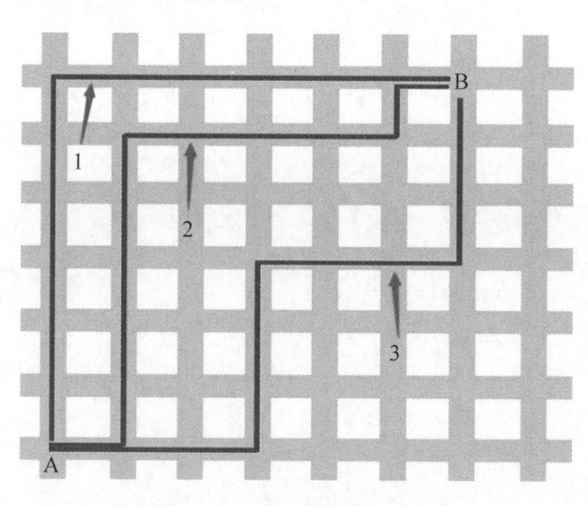

图 12-1　曼哈顿距离示意图

对于平面上的两个点 $P_1(x_1,y_1)$ 和 $P_2(x_2,y_2)$，曼哈顿距离的定义为

$$|x_1-x_2|+|y_1-y_2|$$

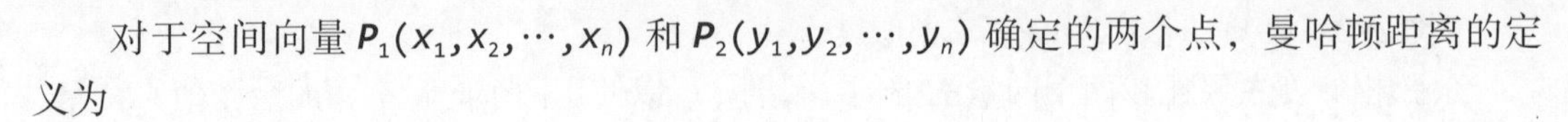

对于空间向量 $P_1(x_1,x_2,\cdots,x_n)$ 和 $P_2(y_1,y_2,\cdots,y_n)$ 确定的两个点，曼哈顿距离的定义为

$$\sum_{k=1}^{n}\left|x_k - y_k\right|$$

```
from operator import sub

def manhattanDistance(x, y):
    return sum(map(abs, map(sub, x, y)))
    # 与上一行代码等价
    # return sum(map(lambda i, j: abs(i-j), x, y))

print(manhattanDistance([1,2], [3,4]))                      # 输出: 4
print(manhattanDistance([1,2,3], [4,5,6]))                  # 输出: 9
print(manhattanDistance([1,2,3,4], [5,6,7,8]))              # 输出: 16
```

例 12-5　给定一组向量 $\boldsymbol{x}_1,\boldsymbol{x}_2,\cdots,\boldsymbol{x}_n$ 和一组实数 $k_1,k_2,\cdots,k_n$，构造一个新向量

$$\boldsymbol{x} = k_1\boldsymbol{x}_1+k_2\boldsymbol{x}_2+\cdots+k_n\boldsymbol{x}_n$$

上面的式子称为线性组合，其中 $k_1,k_2,\cdots,k_n$ 为每个向量的系数或权重。

```
import numpy as np

def func1(vectors, weights):
    result = []
    for factor in zip(*vectors):
        result.append(round(sum(w*f for w, f in zip(weights,factor)), 2))
    return result

def func2(vectors, weights):
    vectors = np.array(vectors)
    weights = np.reshape(weights, (-1,1))
    # 对于二维数组，参数 axis=0 表示纵向计算
    return np.sum(vectors*weights, axis=0).round(2).tolist()

data = (([[1,1,2], [3,4,5]], [1,2]),
        ([[1,2], [3,4], [5,6]], [1,2,1]),
        ([[1,2,3,4,5,6], [6,5,4,3,2,1], [2,3,4,5,6,7]], [1,0.5,2]),
        ([[3,7,5,6,2], [6,2,1,9,4], [9,1,6,3,0], [2,7,3,9,8]],
         [0.351,0.526,6,1.437]))
```

```
for d in data:
    print(func1(*d), func2(*d))
```

运行结果：

```
[7, 9, 12] [7, 9, 12]
[12, 16] [12, 16]
[8.0, 10.5, 13.0, 15.5, 18.0, 20.5] [8.0, 10.5, 13.0, 15.5, 18.0, 20.5]
[61.08, 19.57, 42.59, 37.77, 14.3] [61.08, 19.57, 42.59, 37.77, 14.3]
```

12.2　矩阵基本运算

本节介绍如何自定义实现 NumPy 的矩阵输出格式，以及矩阵的迹、转置、乘法等基本运算的原理与实现。

例 12-6　模拟扩展库 NumPy 输出矩阵时的处理方式，各行数字之间的逗号垂直对齐，每个数字所占宽度相同，且相同级别的左方括号垂直对齐。

```
def func(arr):
    # 嵌套列表中所有元素最大数的长度
    max_length = len(str(max(map(max, arr))))
    f = lambda r:('['+'{:>{m}},'*(len(r)-1)+'{:>{m}}]').format(*r,m=max_length)
    t = ('[' + '\n'.join(map(f, arr)) + ']').splitlines(keepends=True)
    return t[0] + ''.join(map(lambda r: ' '+r, t[1:]))

print(func([[1,2,3], [4,5,6]]))
print(func([[1111,2,3], [4,555,6]]))
print(func([[22,33,444], [55,66,77], [9,9,9]]))
```

运行结果：

```
[[1,2,3]
 [4,5,6]]
[[1111,   2,   3]
 [   4, 555,   6]]
[[ 22, 33,444]
 [ 55, 66, 77]
 [  9,  9,  9]]
```

例 12-7　计算方阵的迹。矩阵的迹定义为方阵对角线元素之和，同时也等于所有特征值之和。根据定义，可以使用内置函数和列表推导式计算，也可以直接使用扩展库

NumPy 提供的函数来计算。

```
import numpy as np

data = [[1,2,3,4], [4,5,6,7], [7,8,9,10], [10,11,12,13]]
# 对角线元素之和
print(sum([data[i][i] for i in range(len(data))]), end=' ')
print(np.diagonal(data).sum(), end=' ')
# 使用扩展库 NumPy 的函数 trace()
print(np.trace(data), end=' ')
# 矩阵的迹也等于所有特征值之和
print(sum(np.linalg.eig(data)[0]))
```

运行结果：

```
28 28 28 28.0
```

例 12-8　矩阵转置。所谓矩阵转置是指行列互换，行变列，列变行。下面代码演示了矩阵转置的 11 种不同的实现方法。

```
import numpy as np

def func1(mat):
    # 注意，不能使用下面的写法，因为各个子列表的引用相同，会互相影响
    # result = [[None]*len(mat)] * len(mat[0])
    # 下面这样的写法是可以的
    # result = [[0]*len(mat) for _ in range(len(mat[0]))]
    # 创建空数组，用来存放转置结果，可以使用 empty_like() 函数简化代码
    result = np.empty((len(mat[0]), len(mat))).tolist()
    for r in range(len(mat)):
        for c in range(len(mat[0])):
            result[c][r] = mat[r][c]
    return result

def func2(mat):
    result = []
    for i in range(len(mat[0])):
        line = []
        for row in mat:
            line.append(row[i])
        result.append(line)
    return result
```

```
def func3(mat):
    return [[row[i] for row in mat] for i in range(len(mat[0]))]

def func4(mat):
    return list(map(lambda i: list(map(lambda row: row[i], mat)),
                    range(len(mat[0]))))

def func5(mat):
    return list(map(list, zip(*mat)))

def func6(mat):
    return list(map(lambda *p: list(p), *mat))

def func7(mat):
    return np.array(mat).T.tolist()

def func8(mat):
    # 上下翻转后再顺时针旋转 90°
    return np.rot90(np.flip(mat, 0), -1).tolist()

def func9(mat):
    # 爱因斯坦标记法
    return np.einsum('ij->ji', mat).tolist()

def func10(mat):
    return np.swapaxes(mat, 0, 1).tolist()

def func11(mat):
    return np.transpose(mat).tolist()

# 测试用例
mats = ([[1,2,3], [4,5,6]], [[1,2,3], [4,5,6], [7,8,9]],
        [[1,2,3,4], [5,6,7,8], [9,10,11,12]])
for mat in mats:
    temp = set()
    # 不同函数的处理结果放入集合，自动去重
    # 集合元素不能是列表，所以转换为字符串再放入
    for func in (func1, func2, func3, func4, func5, func6, func7, func8,
                 func9, func10, func11):
        temp.add(str(func(mat)))
    # 最终集合中只有一个元素，证明每个函数的结果是一样的，这里每次输出均为 True
    print(len(temp)==1)
```

例 12-9　计算矩阵相乘。

矩阵可以用来表示变换，$m \times n$ 的矩阵表示从 n 维空间到 m 维空间的变换，矩阵相乘可以用于表示变换的合成，或者说连续的变换，方阵的幂或者连乘则表示变换的迭代。使用矩阵 ***BA*** 乘以列向量表示先使用矩阵 ***A*** 对列向量进行变换，然后再使用矩阵 ***B*** 对变换的结果进行变换。使用行向量乘以矩阵 ***AB*** 表示先用行向量乘以矩阵 ***A*** 进行变换，再用变换结果乘以矩阵 ***B***。矩阵乘法是线性代数以及数值计算、数字图像处理、计算机图形学、机器学习、人工智能等相关领域中的基本运算之一。

两个矩阵能够相乘的条件是第一个矩阵的列数等于第二个矩阵的行数。矩阵乘法不满足交换律，即使是两个形状相同的方阵也不满足，也就是 $\boldsymbol{BA} \neq \boldsymbol{AB}$。对于矩阵

$$A = \left(a_{ij}\right)_{i,j=1}^{m,p}$$

和

$$B = \left(b_{ij}\right)_{i,j=1}^{p,n}$$

那么矩阵 ***A*** 与 ***B*** 的乘积为

$$C = \left(c_{ij}\right)_{i,j=1}^{m,n}$$

其中，$c_{ij} = \sum_{k=1}^{p} a_{ik} b_{kj}$。

矩阵相乘算法可以直接用于矩阵与向量相乘。当矩阵 ***A*** 为 $1 \times m$ 的矩阵时可以看作行向量，此时 ***A*** 与 $m \times n$ 的矩阵相乘得到 $1 \times n$ 的行向量。当矩阵 ***B*** 为 $n \times 1$ 的矩阵时可以看作列向量,此时 $m \times n$ 的矩阵与 ***B*** 相乘得到 $m \times 1$ 的列向量。矩阵与向量相乘属于线性变换，不能反映协同效应（也称增效，即 1+1>2 的效果）和规模效应（规模越大成本越低，例如生成一个商品需要 2 小时而生成 10 个只需要 18 小时）。

```
def matrix_mul(matrix1, matrix2):
    if len(matrix1[0]) != len(matrix2):
        return 'error'
    result = [[0]*len(matrix2[0]) for i in range(len(matrix1))]
    for i, row1 in enumerate(matrix1):
        for j in range(len(matrix2[0])):
            t = 0
            for k in range(len(row1)):
                t = t + row1[k]*matrix2[k][j]
            result[i][j] = t
    return result
```

Python 扩展库 NumPy 专注于数组运算与矩阵运算，如果两个二维数组或矩阵满足矩

阵相乘的条件，有很多方法可以完成这一计算。例如：

```
import numpy as np

# 创建两个满足矩阵乘法要求的数组
m1, m2 = np.arange(8).reshape(2,4), np.arange(8).reshape(4,2)
# 使用函数 matmul() 和运算符 “@” 计算矩阵乘法
print(np.matmul(m1, m2), m1@m2, sep='\n')
# 创建两个满足乘法要求的矩阵
m1, m2 = np.mat('0 1 2 3;4 5 6 7'), np.mat('0 1;2 3;4 5;6 7')
# 使用运算符 “*” 计算矩阵乘法
print(m1*m2)
```

运行结果：

```
[[28 34]
 [76 98]]
[[28 34]
 [76 98]]
[[28 34]
 [76 98]]
```

12.3　矩阵行列式、代数余子式、逆矩阵

本节主要介绍矩阵行列式、代数余子式与逆矩阵的概念、应用、计算方法及其实现。

例 12-10　根据定义计算矩阵行列式。

矩阵行列式（determinant）表示一个线性变换对体积大小变化的影响或扩大率，行列式的正负号对应图形的镜像翻转。2×2 方阵的行列式表示每列向量围成的平行四边形的面积，3×3 方阵的行列式表示每列向量围成的平行六面体的体积。在多重积分的换元法中，行列式也起到了关键作用。在研究概率密度函数根据随机变量的变化而产生的变化时，也要依靠行列式进行计算，例如空间的延伸会导致密度的下降。另外，行列式还可以用来检测是否产生了退化，表示压缩扁平化（把多个点映射到同一个点）的矩阵的行列式为 0，行列式为 0 的矩阵表示的必然是压缩扁平化，这样的矩阵肯定不存在逆矩阵。

只有方阵才有行列式，且对于 $n \times n$ 的任意方阵 $\boldsymbol{A}$ 和 $\boldsymbol{B}$ 有

$$\det(\boldsymbol{AB}) = \det(\boldsymbol{A}) \times \det(\boldsymbol{B})$$
$$\det(\boldsymbol{A}) \times \det(\boldsymbol{A}^{-1}) = \det(\boldsymbol{I}) = 1$$
$$\det(\boldsymbol{A}) = \det(\boldsymbol{A}^{\mathrm{T}})$$
$$\det(c\boldsymbol{A}) = c^n \det(\boldsymbol{A})\text{，其中 } c \text{ 为标量}$$

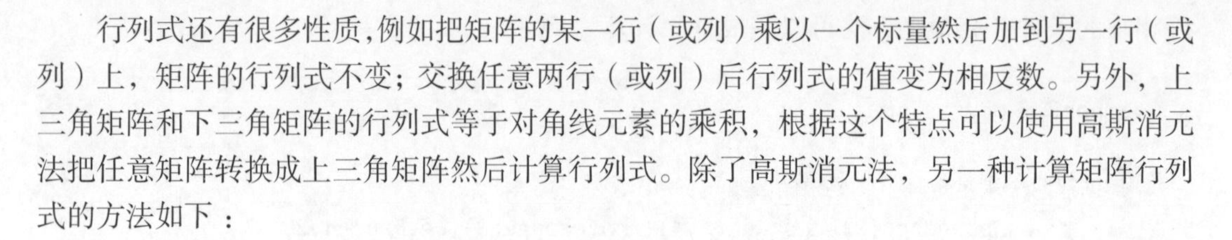

行列式还有很多性质，例如把矩阵的某一行（或列）乘以一个标量然后加到另一行（或列）上，矩阵的行列式不变；交换任意两行（或列）后行列式的值变为相反数。另外，上三角矩阵和下三角矩阵的行列式等于对角线元素的乘积，根据这个特点可以使用高斯消元法把任意矩阵转换成上三角矩阵然后计算行列式。除了高斯消元法，另一种计算矩阵行列式的方法如下：

$$\det(A)=\sum_{i_1,i_2,\cdots i_n}\left(\varepsilon_{i_1,i_2\cdots i_n}a_{i_1 1}a_{i_2 2}\cdots a_{i_n n}\right)$$

其中，$i_1,i_2,\cdots,i_n$ 表示全排列；$\varepsilon_{i_1,i_2,\cdots,i_n}$ 为 -1 的 k 次方，k 表示序列 $i_1,i_2,\cdots,i_n$ 中的逆序数，即每个元素后面比它小的元素数量之和。

下面代码使用上面的算法实现了行列式计算，两个函数的思路相同。

```
from math import prod
from itertools import permutations, combinations
import numpy as np

def my_det1(arr):
    n, result = len(arr), 0
    # 遍历 0,1,2,...,n-1 的全排列
    for js in permutations(range(n)):
        # 计算当前排列的逆序数确定的符号
        t = (-1) ** (sum(map(lambda item: item[0]>item[1],
                              combinations(js, 2)))%2)
        # 连乘矩阵中的元素
        t = t * prod(map(lambda i, j: arr[i][j], range(n), js))
        result = result + t
    return result

def sign(perm):
    # 统计逆序数
    s = 0
    for pre, aft in combinations(perm, 2):
        if pre > aft:
            s = s + 1
    # 确定符号，这样比直接计算 (-1)**s 要快很多
    return (-1)**(s%2)

def my_det2(mat):
    result, n = 0, len(mat)
    for i_s in permutations(range(n)):
        t = 1
        for i, j in zip(i_s, range(n)):
```

```
            t = t * mat[i][j]
        result = result + sign(i_s)*t
    return result

mats = ([[1,0], [0,1]], [[3,5], [7,9]], [[1,2,3], [3,5,7], [5,8,11]],
        [[1,2,3,4], [2,3,4,5], [3,7,9,1], [-5,7,4,8]])
for mat in mats:
    # 分别使用自定义函数和 NumPy 函数 det() 计算行列式
    print((my_det1(mat), my_det2(mat), np.linalg.det(mat)), end=' ')
```

运行结果：

```
(1, 1, 1.0) (-8, -8, -8.000000000000002) (0, 0, 8.881784197001244e-16) (164,
164, 163.99999999999991)
```

上面程序使用标准库 itertools 中的函数 permutations() 生成全排列，也可以自己实现全排列算法。全排列生成算法有很多，下面介绍其中几种。

以 0~5 这 6 个数字的全排列为例，最小的排列是 012345，最大的排列是 543210，假设当前排列为 013542，那么求解下一个全排列的步骤为：①从右向左寻找第一个小于紧邻右侧数字的数字（如果没有这样的数字就说明没有下一个全排列了，算法结束），这里是数字 3，记下标为 i；②从右向左寻找第一个比 3 大的数字，这里是 4，记下标为 j；③交换下标 i 和下标 j 的数字，也就是 3 和 4，得到 014532；④把下标 i（不包含该位置）后面的数字升序排列（可以使用翻转来代替，因为翻转之前一定是降序排列的），得到 014235。

```
def my_permutations(data):
    length = len(data)
    # 下标
    t = list(range(length))
    while True:
        # 包含 yield 语句的函数为生成器函数，调用该函数返回生成器对象
        # 生成器对象每次产生一个排列，然后暂停执行，直到下一次索要数据时再恢复执行
        yield tuple(data[i] for i in t)
        # 从右向左寻找第一个小于后面紧邻数字的数字的下标，记为 i
        i = length - 2
        while i >= 0:
            if t[i] < t[i+1]:
                # 还有下一个排列
                break
            i = i - 1
        else:
```

```
            # 没有下一个排列了
            break
        # 从右向左寻找第一个比下标 i 的数字大的数字的下标，记为 j
        j = length - 1
        while j > i:
            if t[j] > t[i]:
                break
            j = j - 1
        # 交换下标为 i 和 j 的两个数字
        t[i], t[j] = t[j], t[i]
        # 把下标 i（不包括该位置）后面的元素逆序
        t[i+1:] = reversed(t[i+1:])

print(*my_permutations([0,1,2,3]), sep='\n')
```

下面代码使用递归和生成器函数按字典序生成了全排列。

```
def permutations(data):
    length = len(data)
    if length <= 1:
        yield data
    else:
        for i in range(length):
            rest = data[:i] + data[i+1:]
            for j in permutations(rest):
                yield [data[i]] + j

print(*permutations([1,2,3,4]), sep='\n')
```

下面再给出一种生成全排列的方法，与前面方法得到的顺序略有不同。

```
def permutations(data, start=0):
    length = len(data)
    if start == length:
        print(data)
    else:
        for i in range(start, length):
            data[start], data[i] = data[i], data[start]
            permutations(data, start+1)
            data[start], data[i] = data[i], data[start]

permutations([1,2,3,4])
```

例 12-11　使用代数余子式计算矩阵行列式。

可以使用矩阵中任意一行或一列的每个元素与其代数余子式乘积之和来计算行列式，以 3×3 矩阵 **A** 为例，第一行的每个元素与其代数余子式乘积之和即为矩阵 **A** 的行列式。

$$\det(\boldsymbol{A}) = a_{11}\Delta_{11}+a_{12}\Delta_{12}+a_{13}\Delta_{13}$$

其中，Δ_{ij} 为代数余子式，为 $n\times n$ 的矩阵 **A** 删除第 i 行和第 j 列后得到的 $(n-1)\times(n-1)$ 矩阵的行列式再乘以 $(-1)^{i+j}$。

```
from copy import deepcopy
from numpy.linalg import det

def my_det3(mat):
    if len(mat) == 2:
        return mat[0][0]*mat[1][1] - mat[1][0]*mat[0][1]
    s = 0
    for i, a in enumerate(mat[0]):
        sub = deepcopy(mat)
        del sub[0]
        for row in sub:
            del row[i]
        s = s + (-1)**(i%2)*a*my_det3(sub)
    return s

mats = ([[1,0], [0,1]], [[3,5], [7,9]], [[1,2,3], [3,5,7], [5,8,11]],
        [[1,2,3,4], [2,3,4,5], [3,7,9,1], [-5,7,4,8]])
for mat in mats:
    # 分别使用自定义函数和 NumPy 函数 det() 计算行列式
    print((my_det3(mat), det(mat)), end=' ')
```

运行结果：

```
(1, 1.0) (-8, -8.000000000000002) (0, 8.881784197001244e-16) (164,
163.99999999999991)
```

例 12-12　使用矩阵行列式和伴随矩阵计算逆矩阵。

对于 $n\times n$ 矩阵 **A**，有

$$A^{-1} = \frac{1}{\det(\boldsymbol{A})}\mathrm{adj}(\boldsymbol{A})$$

其中，adj(**A**) 为矩阵 **A** 的伴随矩阵（adjoint matrix），定义为

$$\text{adj}(\boldsymbol{A})=\begin{bmatrix}\Delta_{11} & \Delta_{21} & \cdots & \Delta_{n1}\\ \Delta_{12} & \Delta_{22} & \cdots & \Delta_{n2}\\ \vdots & \vdots & \ddots & \vdots\\ \Delta_{1n} & \Delta_{2n} & \cdots & \Delta_{nn}\end{bmatrix}$$

其中，Δ_{ij} 表示代数余子式，为矩阵 $\boldsymbol{A}$ 删除第 i 行和第 j 列后得到的 $(n-1)\times(n-1)$ 矩阵的行列式再乘以 $(-1)^{i+j}$。注意，伴随矩阵是按行计算代数余子式然后按列存放得到的矩阵。这种方法计算量比较大，实际求解逆矩阵时很少使用。

例如，对于矩阵

$$\boldsymbol{A}=\begin{bmatrix}1 & 2 & 3\\ 4 & 5 & 6\\ 7 & 8 & 0\end{bmatrix}$$

有

$$\begin{cases}\Delta_{11}=5\times0-8\times6=-48\\ \Delta_{12}=-1\times(4\times0-7\times6)=42\\ \Delta_{13}=4\times8-7\times5=-3\\ \Delta_{21}=-1\times(2\times0-8\times3)=24\\ \Delta_{22}=1\times0-7\times3=-21\\ \Delta_{23}=-1\times(1\times8-7\times2)=6\\ \Delta_{31}=2\times6-5\times3=-3\\ \Delta_{32}=-1\times(1\times6-4\times3)=6\\ \Delta_{33}=1\times5-4\times2=-3\end{cases}$$

从而有伴随矩阵（注意按行计算代数余子式然后按列存放）

$$\text{adj}(\boldsymbol{A})=\begin{bmatrix}-48 & 24 & -3\\ 42 & -21 & 6\\ -3 & 6 & -3\end{bmatrix}$$

又知，$\det(\boldsymbol{A})=27$，于是得出

$$\boldsymbol{A}^{-1}=\begin{bmatrix}-1.77777778 & 0.88888889 & -0.11111111\\ 1.55555556 & -0.77777778 & 0.22222222\\ -0.11111111 & 0.22222222 & -0.11111111\end{bmatrix}$$

下面代码使用这个算法计算矩阵逆矩阵，为节约篇幅直接使用了扩展库 NumPy 中的函数计算行列式，并使用了扩展库 NumPy 中的函数 inv() 计算逆矩阵进行验证。

```
from copy import deepcopy
from itertools import product
```

```
from numpy import allclose, isclose
from numpy.linalg import det, inv

def my_inv(mat):
    d = det(mat)
    if isclose(d, 0):
        return '矩阵不可逆'
    n = len(mat)
    result = [[0]*n for _ in range(n)]
    # 按行计算代数余子式
    for i, j in product(range(n),range(n)):
        sub = deepcopy(mat)
        del sub[i]
        for row in sub:
            del row[j]
        # 按列存放代数余子式
        result[j][i] = (-1)**((i+j)%2)*det(sub) / d
    return result

mats = ([[1,0], [0,1]], [[3,5], [7,9]], [[1,2,3], [3,5,7], [5,8,11]],
        [[1,2,1], [2,1,3], [1,1,4]],
        [[1,2,3,4], [2,3,4,5], [3,7,9,1], [-5,7,4,8]])
for mat in mats:
    # 使用自定义函数计算逆矩阵
    r1 = my_inv(mat)
    if r1 != '矩阵不可逆':
        # 使用扩展库 NumPy 计算奇异矩阵的逆矩阵时会出错抛出异常，所以放到这里
        print(allclose(r1, inv(mat)), end=' ')
    else:
        print(r1, end=' ')
```

运行结果：

```
True True 矩阵不可逆 True True
```

习　题

1. 编写程序，计算向量的 L1 或 L2 范数，最多保留 6 位小数。不能使用内置函数 sum()、map()、abs()，不能使用标准库 functools 和扩展库 NumPy。

2. 编写程序，计算向量的 L1 或 L2 范数，最多保留 6 位小数。不能使用内置函数

sum()、map()、abs()，不能使用循环结构和任何形式的推导式，不能使用和扩展库 NumPy。

3. 编写程序，改写例 12-7 的代码，首先检查是否为方阵，是则计算方阵的迹，否则提示“必须为方阵。”

4. 参考 11.7 节的整数快速幂算法，编写程序，实现矩阵快速幂算法。

5. 编写程序，对于给定的方阵 $\boldsymbol{A}$ 和自然数 k，计算表达式 $\boldsymbol{A}+\boldsymbol{A}^2+\cdots+\boldsymbol{A}^k$ 的值。

6. 已知两个向量的长度和夹角，编写程序，计算两个向量的点积。

7. 已知两个向量的长度和夹角，编写程序，计算两个向量的叉积。

8. 已知两个二维向量的坐标，编写程序，计算两个向量的叉积。

第 13 章　概率论与随机过程算法

本章首先介绍几个概率论和随机过程的基本概念，然后精心挑选几个经典问题和算法进行实现。

13.1　概率论的基本概念

首先我们来学习几个基本概念。

1. 随机试验

随机试验是指这样的试验，可以在相同条件下重复试验多次，所有可能发生的结果都是已知的，但每次试验到底会发生其中哪一种结果是无法预先确定的。

2. 事件与空间

在一个特定的试验中，每个可能出现的结果称为基本事件，全体基本事件组成的集合称为基本空间。

在一定条件下必然会发生的事件称为必然事件，可能发生也可能不发生的事件称为随机事件，不可能发生的事件称为不可能事件，不可能同时发生的两个事件称为互斥事件，二者必有其一发生的互斥事件称为对立事件。

例如，在水平地面上投掷硬币的试验中，正面朝上是一个基本事件，反面朝上是另一个基本事件，基本空间中只包含这两个随机事件，并且二者既为互斥事件又是对立事件。

3. 概率

概率是用来描述在特定试验中一个事件发生的可能性大小的指标，是介于 0~1 的实数，可以定义为某个事件发生的次数与试验总次数的比值，即

$$P(x)=\frac{n_x}{n}$$

其中，n_x 表示事件 x 发生的次数，n 表示试验总次数。

例如，在投掷硬币的试验中，对于材质均匀的硬币，在水平地面上投掷足够多次，那么正面朝上和反面朝上这两个事件的概率都是 0.5。

4. 先验概率

先验概率是指根据以往的经验和分析得到的概率，用来在事件发生之前预测其发生的可能性的大小。

例如，上一段关于投掷硬币的试验描述中，0.5 就是先验概率。再例如，有 5 张卡片，上面分别写着数字 1、2、3、4、5，随机抽取一张，取到偶数卡片的概率是 0.4，这也是先验概率。

5. 条件概率、联合概率、后验概率

条件概率是指在另一个事件 B 已经发生的情况下事件 A 发生的概率，记为 $P(A|B)$。如果基本空间只有两个事件 A 和 B 的话，有

$$P(A \cap B) = P(A|B)P(B) = P(B|A)P(A)$$

或

$$P(A|B) = \frac{P(A \cap B)}{P(B)} = \frac{P(B|A)P(A)}{P(B)}$$

以及

$$P(B|A) = \frac{P(A \cap B)}{P(A)} = \frac{P(A|B)P(B)}{P(A)}$$

其中，$A \cap B$ 表示事件 A 和 B 同时发生，$P(A \cap B)$ 称为联合概率。当事件 A 和 B 统计独立时有 $P(A \cap B) = P(A)P(B)$ 以及 $P(A|B) = P(A)$ 和 $P(B|A) = P(B)$。当 A 和 B 为互斥事件时有 $P(A \cap B) = 0$，此时也有 $P(A|B) = P(B|A) = 0$。

仍以上面抽取卡片的试验为例，如果已知第一次抽到偶数卡片并且没有放回去，那么第二次抽取时取到偶数卡片的概率则为$\frac{1}{4}$，这就是条件概率。

后验概率是指在已经得到“结果”的信息后重新修正的条件概率，是“执果寻因”问题中的“因”。先验概率表示事情还没有发生时预测这件事情发生的可能性的大小，后验概率用来在结果已经发生的情况下求这个结果由某个因素引起的可能性的大小。后验概率与先验概率有不可分割的联系，后验概率的计算要以先验概率为基础。

例如，已知某校大学生英语四级考试通过率为 98%，通过四级之后才可以报考六级，并且已知该校学生英语六级的整体通过率为 68.6%，那么通过四级考试的学生中有多少通过了六级呢？

在这里，使用 A 表示通过英语四级，B 表示通过英语六级，那么 $A \cap B$ 表示既通过四级又通过六级，根据上面的公式有

$$P(B|A) = \frac{P(A \cap B)}{P(A)} = 0.686 \div 0.98 = 0.7$$

可知，在通过英语四级考试的学生中，有 70% 通过了英语六级。

6. 全概率公式

已知若干互不相容的事件 B_i，其中 $i = 1,2,\cdots,n$，所有事件 B_i 构成基本空间，那么对于任意事件 A，有

$$P(A)=\sum_{i=1}^{n}\left(P(B_i)P(A\mid B_i)\right)$$

这个公式称为全概率公式，可以把复杂事件 A 的概率计算转化为不同情况下发生的简单事件的概率求和问题。

例如，仍以上面描述的抽取卡片的试验为例，从5个卡片中随机抽取一张不放回，然后再抽取一张，第二次抽取到奇数卡片的概率是多少？

使用 A 表示第一次抽取到偶数卡片，$\overline{A}$表示第一次抽取到奇数卡片，B 表示第二次抽取到奇数卡片，B 事件发生的概率是由事件 A 和$\overline{A}$这两种不相交的情况决定的，根据全概率公式，有

$$P(B)=P(A)P(B\mid A)+P(\overline{A})P(B\mid \overline{A})=\frac{2}{5}\times\frac{3}{4}+\frac{3}{5}\times\frac{2}{4}=\frac{3}{5}$$

7. 贝叶斯公式

贝叶斯公式用来根据一个已发生事件的概率计算另一个事件发生的后验概率。当基本空间中只有两个基本事件时，有

$$P(B\mid A)=\frac{P(B)P(A\mid B)}{P(A)}\text{或}P(A\mid B)=\frac{P(A)P(B\mid A)}{P(B)}$$

13.2　算法应用案例解析

本节介绍概率论和随机过程相关的几个基本算法及其实现。

例 13-1　计算样本标准差。

样本标准差也称均方差，是方差的算术平方根，计算公式如下，其中$\overline{x}$表示 x 的平均值。

$$\left(\frac{1}{n}\sum_{i=1}^{n}(x_i-\overline{x})^2\right)^{1/2}$$

```
import numpy as np

def std1(x):
    n = len(x)
    avg = sum(x) / n
```

```
    return (sum([(xi-avg)**2 for xi in x]) / n) ** 0.5

def std2(x):
    # 使用扩展库 NumPy 的函数直接计算标准差进行验证
    return np.std(x)

# 设置随机数的种子数，用来保证程序每次运行的结果都一样
np.random.seed(20241126)
# 生成 5 行 8 列的二维随机数组，依次计算每行数据的标准差
for x in np.random.randint(0, 100, (5,8)):
    print(std1(x)==std2(x))              # 输出：True
```

例 13-2　使用蒙特卡罗方法计算圆周率近似值。

圆周率是个无理数，也就是无限不循环小数，平时一般使用其近似值 3.14，但几千年来科学界一直没有放弃其精度的计算，虽然实际应用中并不需要那么高的精度。古巴比伦（公元前 1900—公元前 1600 年）使用的圆周率值为 3.125，同一时期的古埃及数学家莱茵德（Rhind）使用的圆周率值为 3.1605，公元前 800 年—公元前 600 年前古印度宗教著作中认为圆周率的值为 3.139，古希腊数学家阿基米德计算的圆周率值为 3.141851，公元前 2 世纪我国古算书《周髀算经》使用 3 作为近似值，公元 263 年我国数学家张衡计算得到 3.1416，公元 480 年左右南北朝时期数学家祖冲之计算得到 3.1415927（在之后的 800 年中这是最准确的），15 世纪阿拉伯数学家阿尔·卡西（Jamshīd al-Kāshī）计算到小数后面第 17 位，1610 年德国数学家鲁道夫·范·科尹伦（Ludolph van Ceulen）计算得到小数后面第 35 位。1706 年英国数学家约翰·梅钦（John Machin）突破 100 位小数，1948 年英国的弗格森（D.F.Ferguson）和美国的伦奇共同发表了 π 的 808 位小数值，成为人工计算圆周率值的最高纪录。借助计算机技术的飞速发展，2021 年，瑞士科学家计算出小数点后 62.8 万亿位，2022 年 6 月谷歌宣布突破 100 万亿位小数，2024 年 3 月 14 日美国计算机存储公司 Solidigm 发布声明称已计算到小数点后约 105 万亿位。

例 13-2

在本书第 4 章曾经介绍过几种计算圆周率近似值的算法，这里再来学习一种概率算法。蒙特卡罗方法是一种通过概率来得到问题近似解的方法，在很多领域都有重要的应用，其中包括圆周率近似值的计算问题，由于模拟过程中采用随机数，也可归类为随机算法。假设在一块边长为 2 的正方形木板上面画一个单位圆，随意往木板上扔飞镖，如图 13-1 所示。如果扔的次数足够多，则落在单位圆内的次数除以总次数再乘以 4，这个数字会无限逼近圆周率的值，即

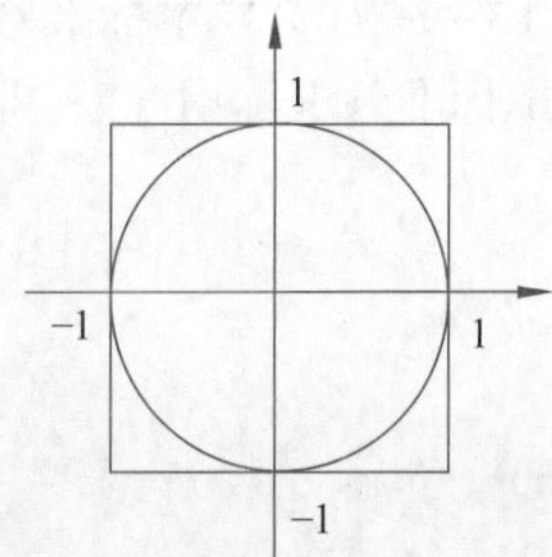

图 13-1　蒙特卡罗方法计算圆周率的原理

$$\frac{\text{圆的面积}}{\text{木板的面积}}=\frac{\pi r^2}{(2r)^2}=\frac{\pi}{4}$$

```
from random import random

def estimatePI(times):
    hits = sum([1 for _ in range(times) if random()**2+random()**2<=1])
    return 4.0 * hits/times

print(estimatePI(10000), estimatePI(1000000), estimatePI(100000000))
```

在上面的程序中，计算结果为 Python 内置的 float 类型，小数位数有限制，误差比较大。对于精度要求特别高的场合，可以使用标准库 decimal 的类 Decimal 来满足任意长度小数位数的要求，本书其他章节也曾多次提到相关的用法。但需要注意的是，这样的处理方式并不意味着所有小数位都是精确的，这是由算法本身决定的。该算法的另一个问题是模拟次数增加时计算速度会非常慢。

```
from random import random
from decimal import Decimal, getcontext

def estimatePI(times):
    getcontext().prec = 100
    hits = sum([1 for _ in range(times) if random()**2+random()**2<=1])
    return Decimal(4)*Decimal(hits)/Decimal(times)

print(estimatePI(10000), estimatePI(1000000), estimatePI(100000000))
```

例 13-3　给定几个正整数表示一个箱子里不同颜色小球的数量，第一个正整数表示红色小球的数量，剩余的正整数表示其他颜色小球的数量。然后闭着眼从箱子里摸球，每次摸一个小球出来并且不放回。要求计算并返回一个包含 3 个实数的元组，其中第一个数字表示第一次摸到红球的概率，第二个数字表示第二次摸到红球的概率，第三个数字表示第二次摸到红球时第一次也摸到红球的概率，3 个数字都保留最多 3 位小数。

例如，func(2, 3, 4) 返回 (0.222, 0.222, 0.125)，表示箱子里有 2 个红球、3 个绿球、4 个蓝球，第一次摸到红球的概率为 0.222，第二次摸到红球的概率为 0.222，第二次摸到红球时第一次也摸到红球的概率为 0.125。

```
def func(*balls):
    total = sum(balls)
    # 第一次摸到不同颜色球的概率，其中第一个数字为摸到红球的概率
    first = tuple(map(lambda ball: ball/total, balls))
    # 先摸一个球不放回，那么第二次摸到红球的概率
    rest = total - 1
    # 两种情况求和，第一次摸到的是红球和第一次摸到的不是红球
```

```
    second = (first[0]*((balls[0]-1)/rest) +
              sum(map(lambda p: p*balls[0]/rest, first[1:])))
    # 如果第二次摸到红球，那么第一次摸到红球的概率
    prob = first[0]*((balls[0]-1)/rest) / second
    return tuple(map(lambda p: round(p,3), (first[0],second,prob)))

print(func(2, 3, 4))                # 输出：(0.222, 0.222, 0.125)
print(func(9, 5, 5))                # 输出：(0.474, 0.474, 0.444)
print(func(4, 5, 6))                # 输出：(0.267, 0.267, 0.214)
print(func(3, 2))                   # 输出：(0.6, 0.6, 0.5)
```

例 13-4　计算红球来自每个箱子的概率。

如果事件 $A_1,A_2,\cdots,A_n$ 构成一个完备事件组，B 是任意一个事件，且有 $P(A_i)\geqslant 0$ 和 $P(B)>0$，那么根据全概率公式和贝叶斯公式可以得到下面的式子：

$$P(A_j \mid B)=\frac{P(A_j)P(B \mid A_j)}{\sum_{i=1}^{n}P(A_i)P(B \mid A_i)}$$

其中，$P(A_i)$ 表示事件 A_i 发生的概率，$P(B|A_j)$ 表示在已发生事件 A_j 的情况下发生事件 B 的条件概率，$P(A_j|B)$ 表示事件 B 已经发生的情况下发生事件 A_j 的后验概率。

给定任意多个 3- 元组，每个 3- 元组表示一个箱子里红球、绿球、蓝球的数量。模拟这样的摸球过程：先随机选择一个箱子，再从箱子里随机摸一个球，如果摸到的是红球，计算这个红球来自每个箱子的概率。假设每个箱子被选择到的概率是相等的，同一个箱子里的每个球被选择到的概率也是相等的。例如，func((3, 4, 3), (5, 5, 0), (4, 4, 2)) 返回 (0.25, 0.417, 0.333)，函数参数表示有 3 个箱子，第一个箱子里有 3 个红球、4 个绿球、3 个蓝球，第二个箱子里有 5 个红球、5 个绿球、0 个蓝球，第三个箱子里有 4 个红球、4 个绿球、2 个蓝球，随机选择一个箱子然后从中随机选择一个球。函数返回值表示有 0.25 的概率来自第一个箱子，0.417 的概率来自第二个箱子，0.333 的概率来自第三个箱子。

```
def func(*boxs):
    # 每个箱子中红球的概率，也就是 p(B|Aj)
    pab = tuple(map(lambda box: box[0]/sum(box), boxs))
    # 摸到红球的概率，分子分母同时约掉了 p(Aj)，题中已假设每个箱子被选择的概率相同
    total = sum(pab)
    return tuple(map(lambda p: round(p/total,3), pab))

print(func((3, 4, 3), (5, 5, 0), (4, 4, 2)))
print(func((5, 5, 0), (7, 3, 0), (9, 1, 0)))
```

```
print(func((3, 3, 4), (2, 2, 6), (1, 2, 7), (8, 1, 1)))
print(func((0, 3, 4), (2, 2, 6), (0, 2, 7), (8, 1, 1)))
```

例 13-5　计算扑克牌游戏中的联合概率与边缘概率。

假设 X、Y 为两个随机变量，a、b 分别为两个随机变量取值范围中的值，那么联合概率 $P(X=a,Y=b)$ 表示 $X = a$ 且 $Y = b$ 的概率，$P(X=a)$ 或 $P(Y=b)$ 称为边缘概率。

现在有 4 副扑克牌混到一起并且随机打乱顺序，从中随机抽出来若干张，使用随机变量 X 表示花色（可能的值有红桃、黑桃、梅花、方片），使用随机变量 Y 表示数字（扑克牌上的数字为 A、2、3、4、5、6、7、8、9、10）或人头（扑克牌上的数字为 J、Q、K）。那么联合概率 $P(X=$ 红桃，$Y=$ 人头）表示抽出来的扑克牌中红桃 J、红桃 Q、红桃 K 的总数与抽出来的扑克牌数量的比值，边缘概率 $P(X=$ 黑桃）表示抽出来的扑克牌中所有黑桃花色的数量与抽出来的扑克牌数量的比值。

函数 func() 接收一个字符串 cards 表示抽出来的扑克牌组成的字符串，不同扑克牌之间使用空格分隔，要求返回一个 3- 元组，其中元素分别为联合概率 $P(X=$ 红桃,$Y=$ 数字）、边缘概率 $P(X=$ 红桃）、边缘概率 $P(Y=$ 数字），结果保留最多 2 位小数。

```
def func(cards):
    cards = cards.split()
    # 扑克牌总数
    total = len(cards)
    # 红桃扑克牌
    hongtao = [card for card in cards if card.startswith('红桃')]
    # 数字扑克牌
    digits = [card for card in cards if card[2:]=='A' or card[2:].isdigit()]
    # 红桃+数字的扑克牌，这里不能使用hongtao_digits = set(hongtao) & set(digits)
    hongtao_digits = [card for card in hongtao
                      if card[2:]=='A' or card[2:].isdigit()]
    return (round(len(hongtao_digits)/total,2), round(len(hongtao)/total,2),
            round(len(digits)/total, 2))

print(func('红桃A 红桃2 红桃J 黑桃3 方片5 红桃9 梅花6 红桃6 黑桃Q 方片K 红桃K 梅花9'))
print(func('红桃A 黑桃2 红桃J 黑桃3 方片5 红桃9 梅花6 红桃6 黑桃Q 红桃K 红桃K 梅花9'))
print(func('红桃A 黑桃2 方片J 黑桃3 梅花J 红桃9 红桃6 红桃6 红桃10 红桃K 方片10 红桃9'))
```

例 13-6　计算扑克牌游戏中的条件概率。

假设 X、Y 为两个随机变量，a、b 分别为两个随机变量取值范围中的值，那么条件概率 $P(Y=b|X=a)$ 表示 $X = a$ 时 $Y = b$ 的概率，计算公式为 $\frac{P(X=a,Y=b)}{P(X=a)}$。

现在有 4 副扑克牌混到一起并且随机打乱顺序，从中随机抽出来若干张，使用随机变量 *X* 表示花色，使用随机变量 *Y* 表示数字或人头。那么条件概率 *P*(*Y*= 数字｜*X*= 红桃) 表示红桃花色的扑克牌中数字扑克牌的占比。

函数 func() 接收一个字符串 cards 表示抽出来的扑克牌组成的字符串，不同扑克牌之间使用空格分隔，要求返回条件概率 *P*(*Y*= 数字｜*X*= 红桃)，结果保留最多 2 位小数。

```
def func(cards):
    cards = cards.split()
    # 红桃扑克牌
    hongtao = [card for card in cards if card.startswith('红桃')]
    # 红桃 + 数字的扑克牌
    hongtao_digits = [card for card in hongtao
                      if card[2:]=='A' or card[2:].isdigit()]
    return round(len(hongtao_digits)/len(hongtao),2)

print(func('红桃A 红桃2 红桃J 黑桃3 方片5 红桃9 梅花6 红桃6 黑桃Q 方片K 红桃K 梅花9'))
print(func('红桃A 黑桃2 红桃J 黑桃3 方片5 红桃9 梅花6 红桃6 黑桃Q 红桃K 红桃K 梅花9'))
print(func('红桃A 黑桃2 方片J 黑桃3 梅花J 红桃9 红桃6 红桃6 红桃10 红桃K 方片10 红桃9'))
```

例 13-7　计算字符串作为随机变量时的熵。

在信息论中，随机变量中某个值所携带或包含的信息量与其出现的概率有关，如果一个出现概率很大的值出现了，那么它携带的信息量比较小，而出现概率很小的值出现的话携带的信息量比较大。例如，在已经连续 5 个晴天并且今天傍晚天气也很好的情况下预报明天还是晴天，这样的话说出来信息量很小，而经过科学分析和预测后说明天会有暴雨的话信息量要大很多。容易得知，“废话”携带的信息量为 0，因为说的是必然会发生或必然不会发生的事情，不用说大家都知道，说出来大家也不会得到任何新的信息。

熵用来描述一个随机变量中所有值出现的随机程度，熵的值反映了一组数据所包含的信息量的大小。一组数据中不同值出现的概率相差越大则熵越小，不同值出现的概率越接近则熵越大。均匀分布的数据的熵最大，因为每个值出现的概率是一样的，根据已有值很难预测下一个值是什么，出现每个值的可能性一样大。

一组数据的熵定义为这组数据中所有唯一值出现的概率与概率以 2 为底的对数的乘积之和的相反数，即$-\sum_{i=1}^{n}(p_i \log_2 p_i)$。熵与数据中具体的值是什么无关，只与值出现的概率有关。例如，对于数据 '1234'，其中每个数字出现的概率均为 1/4，那么这组数据的熵为 $-(0.25*\log_2(0.25)+0.25*\log_2(0.25)+0.25*\log_2(0.25)+0.25*\log_2(0.25)) = 2.0$。

函数 func() 接收一个任意字符串 s 作为参数表示一组数据，要求计算并返回这组数据的熵，结果保留最多 3 位小数。

```
from math import log2

def func(s):
    length = len(s)
    ps = map(lambda ch: s.count(ch)/length, set(s))
    return round(sum(map(lambda p: -p*log2(p), ps)), 3)

print(func('00000000000000000001'))                         # 输出：0.286
print(func('01'))                                           # 输出：1.0
print(func('0123456789abcdefghijklmnopqrstuvwxyz'))         # 输出：5.17
```

例 13-8 根据 Shapley 值计算奖金最佳分配方案。

在某些社会或经济活动中，多人（或公司、国家）结盟合作时通常能比单独活动时获得更大的收益，产生 1+1>2 的协同效应。同时也很显然，合理的利益分配方案对于这样的联盟能够长久持续是非常重要的。Shapley 值是由美国经济学家 L.S.Shapley 在 1953 年提出的用于多人合作时利益分配的算法，该方法体现了各成员对联盟集体总收益的贡献程度，根据贡献大小进行利益分配，避免了平均主义，更加公平、合理。

某工厂马上就要下班时，突然来了一车零件需要在半小时内完成卸货，时间紧、任务重，于是值班组长紧急安排张、刘、赵 3 个人加班卸货。这一车零件共有 600 个，半小时张一个人干活的话能卸 100 个、刘一个人干活的话能卸 120 个、赵一个人干活的话能卸 50 个；如果张、刘一起干活的话能卸 260 个，张、赵一起干活的话能卸 350 个，刘、赵一起干活的话能卸 330 个；3 个人一起干活正好可以卸完 600 个。为了奖励 3 个人，组长给了 2000 元，如果按贡献大小分配的话每个人应该拿多少奖金呢?

假设张率先发起合作的邀请，先邀请刘加入再邀请赵加入，此时刘的贡献（即刘加入前后团队卸货能力的差）为 260-100=160，赵的贡献为 600-260=340；如果张先邀请赵再邀请刘，此时赵的贡献为 350-100=250，刘的贡献为 600-350=250。重复上面的过程，计算每个人率先发出邀请以及不同邀请顺序中每个人的贡献，得到下面的矩阵，左边一列表示不同发起人和邀请顺序。

	张	刘	赵
张刘赵	100	160	340
张赵刘	100	250	250
刘张赵	140	120	340
刘赵张	270	120	210
赵张刘	300	250	50
赵刘张	270	280	50

然后对矩阵计算纵向平均值得到每个人的 Shapley 值，根据每个人 Shapley 值占比来计算和分配奖金。按照这个规则，得到张、刘、赵 3 人的 Shapley 值分别为

196.66666667、196.66666667、206.66666667，按占比分配 2000 元奖金的话 3 人分别得到 655.56 元、655.56 元、688.89 元。

函数 func() 接收一个字典 data 和一个整数 money 作为参数，data 字典中存放了不同组合的卸货能力，money 表示总奖金，要求返回一个字典表示每个人应得奖金数量（人名顺序和 data 中相同），奖金数额保留 2 位小数，忽略因为四舍五入产生的误差，剩余的几分钱交公，多发的几分钱由组长补上。

```
from math import factorial
from itertools import permutations
import numpy as np

def helper(data, comb):
    for key, value in data.items():
        # 返回当前组合 comb 的工作能力
        if sorted(key) == sorted(comb):
            return value
    else:
        # 不存在这个组合，工作能力为 0
        return 0

def func(data, money):
    # 长度为 1 的人名
    order = tuple(filter(lambda name:len(name)==1, data.keys()))
    # 人数和全排列数量
    cols = len(order)
    rows = factorial(cols)
    result = np.zeros((rows,cols))
    # 处理所有排列
    for row, permutation in enumerate(permutations(order)):
        # 每个排列计算每个人加入团队时的贡献
        permutation = ''.join(permutation)
        for i in range(len(permutation)):
            # 也就是计算当前这个员工参与和不参与前后团队工作能力的差
            diff = helper(data,permutation[:i+1])-helper(data,permutation[:i])
            result[row,order.index(permutation[i])] = diff
    # 计算每个人的 Shapley 值，纵向计算平均值
    result = result.mean(axis=0)
    # 按每个人的 Shapley 值占比分配奖金
    result = (result / result.sum() * money).round(2)
    return dict(zip(order, result))

print(func({'张':100, '刘':120, '赵':50, '张刘':260, '张赵':350,
```

```
              '刘赵':330, '张赵刘':600}, 2000))
print(func({'张':180, '刘':160, '赵':80, '张刘':450, '张赵':350,
              '刘赵':225, '刘张赵':800}, 3000))
print(func({'张':100, '刘':125, '赵':50, '张刘':270, '张赵':375,
              '刘赵':350, '刘张赵':500}, 1000))
```

例 13-9　如果把每天的天气情况看作是一个随机变量，那么一段时间内每天天气组成的序列可以看作一个随机过程。

已知某地区每天的天气可以分为晴天、阴天、下雨这 3 种，且 3 种天气互相之间的状态转移矩阵为

	晴天	阴天	下雨
晴天：	0.6	0.2	0.2
阴天：	0.4	0.3	0.2
下雨：	0.3	0.3	0.4

其中，第 i 行第 j 列位置上的数字表示第 i 行的天气变成第 j 列的天气的概率。例如，第二行第三列数字 0.2 表示今天阴天而明天下雨的概率为 0.2，第三行第二列数字 0.3 表示今天下雨而明天阴天的概率为 0.3。另外，对该地区大量历史天气数据进行分析后还发现了另一个规律，每天天气只与头一天的天气有关，与再早日期的天气无关，满足马尔可夫假设。

函数 func() 接收一个 3 行 3 列的二层嵌套列表 P、一个列表 today 和一个整数 n 作为参数，其中列表 P 表示某地区的天气状态转移矩阵，列表 today 表示今天的天气情况（其中 3 个数字分别表示晴天、阴天、下雨的概率），要求计算并返回 n 天后那一天的天气是晴天的概率，结果保留最多 3 位小数。例如，func([[0.7,0.2,0.1], [0.4,0.5,0.1], [0.3,0.4,0.3]], [1,0,0], 3) 返回 0.568，计算过程为：1 天后的天气为 [1*0.7+0*0.4+0*0.3, 1*0.2+0*0.5+0*0.4, 1*0.1+0*0.1+0*0.3] = [0.7, 0.2, 0.1]，2 天后的天气为 [0.7*0.7+0.2*0.4+0.1*0.3, 0.7*0.2+0.2*0.5+0.1*0.4, 0.7*0.1+0.2*0.1+0.1*0.3] = [0.6, 0.28, 0.12]，3 天后的天气为 [0.6*0.7+0.28*0.4+0.12*0.3, 0.6*0.2+0.28*0.5+0.12*0.4, 0.6*0.1+0.28*0.1+0.12*0.3] = [0.568, 0.308, 0.124]，所以晴天的概率为 0.568。

```
import numpy as np

def func(P, today, n):
    P = np.matrix(P)
    today = np.matrix(today)
    return round((today @ (P**n))[0,0], 3)

print(func([[0.6,0.2,0.2], [0.4,0.3,0.2], [0.3,0.3,0.4]], [1,0,0], 1))
```

```
print(func([[0.7,0.2,0.1], [0.4,0.5,0.1], [0.3,0.4,0.3]], [1,0,0], 3))
print(func([[0.7,0.2,0.1], [0.4,0.5,0.1], [0.3,0.4,0.3]], [0,1,0], 5))
print(func([[0.7,0.2,0.1], [0.4,0.5,0.1], [0.3,0.4,0.3]], [0,0,1], 3))
print(func([[0.5,0.2,0.3], [0.5,0.1,0.4], [0.3,0.3,0.4]], [0,0,1], 3))
```

运行结果：

```
0.6
0.568
0.552
0.522
0.426
```

习　题

一、判断题

1. 在同一个基本空间中，互斥的两个事件不可能同时发生。(　　)

2. 在同一个基本空间中，对立的两个事件必然有一个会发生。(　　)

3. 先验概率是指根据以往的经验和分析得到的概率，用来在事件发生之前预测其发生的可能性的大小。(　　)

4. 后验概率是指在已经得到“结果”的信息后重新修正的条件概率，是“执果寻因”问题中的“因”。(　　)

5. 已知某校大学生英语四级考试通过率为 95%，通过四级之后才可以报考六级，并且已知该校学生英语六级的整体通过率为 65%，那么通过四级考试的学生中大概有 68.5% 通过了六级。(　　)

6. 一组数据中不同值出现的概率相差越大则熵越小，不同值出现的概率越接近则熵越大，均匀分布的数据的熵最大。(　　)

二、编程题

1. 编写程序，使用分治法计算任意大自然数的平方根近似值，要求每次在指定范围中选择随机数并测试是否为平方根并不断缩小范围，而不是简单地使用中间位置进行二分。

2. 对于给定的自然数 n 和介于区间 [1,n) 的自然数 x，如果存在介于区间 [1,n) 的另一个自然数 y 使得 $x = y^2 \bmod n$，则称 y 为 x 模 n 的平方根。编写程序，生成最多 9999 个介于区间 [1,n) 的随机数并检查是否满足上述条件，如果满足就返回找到的第一个平方根，如果 9999 个随机数都不满足则返回空值 None。多次运行程序，观察结果并解释原因。

第 14 章　益智游戏类算法

益智类游戏非常多，本章挑选了几个进行介绍，读者可以参考这些案例的思路和代码设计更多益智类游戏。大型网络游戏中使用的算法综合性更强，限于篇幅，本书暂时不涉及这些内容。

14.1　24 点游戏

24 点游戏是指在一副扑克牌中随机选取 4 张（不包括大小王），然后通过四则运算来构造表达式，使得表达式的值恰好等于 24。在下面的代码中，没有对本质相同的表达式进行去重，例如 (12×5) - (3×12)、(5×12) - (3×12)、(5×12) - (12×3)、(12×5) - (12×3) 被认为是不同的表达式，读者可以补充代码实现去重。

例 14-1　求解 24 点游戏的所有有效表达式。

```
from random import choices
from itertools import permutations, product

# 4 个数字和 3 个运算符可能组成的表达式形式
exps = ('((%s %s %s) %s %s) %s %s', '(%s %s %s) %s (%s %s %s)',
        '(%s %s (%s %s %s)) %s %s', '%s %s ((%s %s %s) %s %s)',
        '%s %s (%s %s (%s %s %s))')
ops = '+-*/'

def check(exp):
    try:
        # 防止表达式中有除数为 0 的情况
        return eval(exp) == 24
    except:
        return False

def test24(v):
    # 使用集合保存表达式，自动去除重复
```

```
    result = set()
    # 4个数的所有可能顺序，每个数只使用一次
    for a in permutations(v):
        # 3个运算符的所有可能顺序，允许重复
        for op in product(ops, repeat=3):
            # 查找4个数的当前排列能实现24的表达式
            for exp in exps:
                t = exp % (a[0], op[0], a[1], op[1], a[2], op[2], a[3])
                if check(t):
                    result.add(t)
    return result

for i in range(5):
    print('='*20)
    # 生成随机数字进行测试
    numbers = choices(range(1,14), k=4)
    if r:=test24(numbers):
        print(r)
    else:
        print(numbers, '无法得到24。')
```

14.2 蒙蒂霍尔悖论游戏

张三参加一个有奖游戏节目，面前有3道门，其中一个后面是汽车，另外两个后面是山羊。张三先选择一个门，比如说1号门，主持人事先知道每个门后面是什么并且打开了另一个门，比如说3号门，后面是一只山羊。然后主持人问张三“你想改选2号门吗？”那么问题来了，改选的话对张三会有利吗？

从直觉来看，似乎有两种看上去都很有道理的理解：①改与不改都一样，获得汽车的概率都是1/3；②改与不改都一样，在已知3号门后面是山羊的情况下，选择原来的1号门或者改选2号门获得汽车的概率一样，都是1/2。

然而，从概率的角度来讲，正确答案是坚持原来的选择时获得汽车的概率为1/3，改选的话概率为2/3，也就是改选更有利。因为，主持人打开门后可以得知，如果第一次选错了那么改选的话肯定是对的，如果第一次选对了那么改选的话肯定是错的。

例14-2　设计并实现蒙蒂霍尔悖论游戏。

```
from random import randrange

def startGame():
    global win, failure
```

```
    # 初始化游戏
    doors = {i:'goat' for i in range(3)}
    # 在某个随机的门后面放一辆汽车，其他两个门后面仍然是山羊
    doors[randrange(3)] = 'car'
    # 获取玩家选择的门号
    while True:
        try:
            firstDoorNum = int(input('请输入要打开的门号:'))
            assert 0<= firstDoorNum <=2
            break
        except:
            print('只能为0、1、2，不能输入其他内容。')
    # 主持人查看另外两个门后的物品情况
    # 字典的keys()方法返回结果可以当作集合使用，支持使用减法计算差集
    for door in doors.keys()-{firstDoorNum}:
        # 打开其中一个后面为山羊的门
        if doors[door] == 'goat':
            print('"goat" behind the door', door)
            # 获取第三个门号，让玩家纠结
            thirdDoor = (doors.keys()-{door,firstDoorNum}).pop()
            change = input(f'是否要改选{thirdDoor}号门?(y/n)')
            finalDoorNum = (thirdDoor if change=='y' else firstDoorNum)
            if doors[finalDoorNum] == 'goat':
                failure = failure + 1
                return '你输了!'
            else:
                win = win + 1
                return '你赢了!'

win, failure = 0, 0
while True:
    print('='*30)
    print(startGame())
    while True:
        r = input('想不想再来一局?(y/n)').lower()
        if r in ('y', 'n'):
            break
    if r == 'n':
        break
print(f'一共玩了{win+failure}局，赢了{win}局，输了{failure}局。')
```

例 14-3　验证蒙蒂霍尔悖论游戏中的概率问题。

```
from random import choice

def func():
    # 初始化 3 个门后面的物品，0 表示低价值，1 表示高价值
    doors = {i:0 for i in range(3)}
    doors[choice(range(3))] = 1
    # 假设每次游戏都是先选 0 号门
    first_choice = 0
    # 主持人先不打开 0 号门，而是打开另一个后面是 0 的门
    for door in doors.keys()-{first_choice}:
        if doors[door] == 0:
            # 打开这个后面是 0 的门，在可选项中排除它
            rest = (doors.keys() - {first_choice,door}).pop()
            break
    # 随机决定要不要从 0 号门改选 rest 门，False 表示不改，True 表示改
    is_change = choice((False,True))
    final_choice = rest if is_change else first_choice
    # 返回改不改，以及最终选择的门后面的物品
    return (is_change, doors[final_choice])

# 分别表示不改选的话得到低价值物品和高价值物品的次数
# 和改选的话得到低价值物品和高价值物品的次数
result = {False: [0,0], True: [0,0]}
for _ in range(999999):
    # 记录每次游戏的结果
    is_change, success = func()
    result[is_change][success] += 1
print(result)
print(f'坚持最初的选择时获得高价值物品的概率：{result[False][1]/sum(result[False])}\n改选时获得高价值物品的概率：{result[True][1]/sum(result[True])}')
```

某次运行结果：

```
{False: [333993, 166002], True: [165777, 334227]}
坚持最初的选择时获得高价值物品的概率：0.3320073200732007
改选时获得高价值物品的概率：0.6684486524107807
```

14.3 寻宝游戏

本节介绍几个寻宝游戏的实现，每个游戏中地图和行进方式不同。

例 14-4　小明参加一个游戏，面前从左向右有若干个门，最右边一个门里面是宝藏，

前面的每个门打开后会看到一个数字，这个数字表示玩家最多可以向右跨越几个门，例如3表示玩家可以在右边的第1、2、3这3个门中选择一个打开，1表示只能选择打开下一个门，0表示掉进陷阱不能再移动（游戏失败）。玩家从左边第一个门开始游戏，判断玩家是否能够到达最后一个门获得宝藏，如果可以的话给出所有的有效路径。

使用回溯法求解开门寻宝游戏。从下标0出发，尝试所有可能的下一步选择，对于每个选择都尝试再下一步的所有可能选择，重复这个过程。到达目的地或者无法继续行走时回退一步继续尝试其他选择，尝试所有可能的路径并记录经过的位置，如果某条路径最终到达最后一个门就标记为一个有效路径。

例如，以列表[5, 4, 3, 2, 2, 0, 3]为例，从下标0出发的下一步可以到达下标1、2、3、4、5这5个位置，假设下一步选择了下标1那么再下一步可以到达下标2、3、4、5，假设下一步选择了下标2那么再下一步可以到达下标3、4、5，假设下一步选择了下标3那么再下一步可以到达下标4、5，假设下一步选择了下标4那么再下一步可以到达下标5、6，假设下一步选择了下标5结果该位置的数字为0表示掉入陷阱无法移动，于是回退一步回到下标4，重新选择下标6发现到达终点，标记为一条有效路径。然后再回退到下标4的位置发现从该位置出发的路径都走完了，于是再回退一步回到下标3的位置尝试其他选择，……一直到所有路径都走一遍为止。这个过程类似于遍历图14-1所示的多叉树，该图中每个节点中逗号前面为下标编号，逗号后面为该节点的值（也就是最多可以向右移动几个门）。最终找到的有效路径有(0, 1, 2, 3, 4, 6)、(0, 1, 2, 4, 6)、(0, 1, 3, 4, 6)、(0, 1, 4, 6)、(0, 2, 3, 4, 6)、(0, 2, 4, 6)、(0, 3, 4, 6)、(0, 4, 6)，也就是图中红色节点（见二维码对应的彩图）表示的路径。

图14-1的彩图

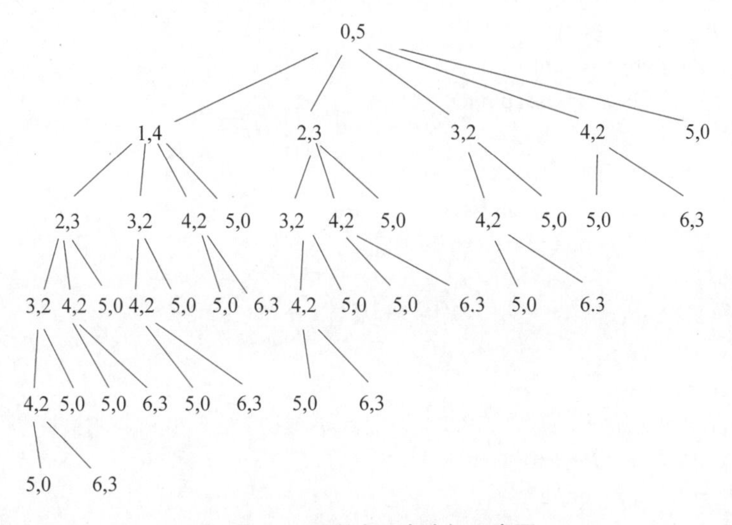

图14-1　回溯法寻找路径示意图

```
def jump_to_end(a):
    result, n = [], len(a)
    def nested(pos, path=(0,)):
```

```
        if pos == n-1:
            result.append(path)
        else:
            # 能够到达的最大下标
            max_ = min(pos+a[pos], n-1)
            # 尝试从当前位置能够到达的每个位置
            for next_ in range(pos+1, max_+1):
                # 剪枝，到达陷阱后不再搜索
                if a[next_] != 0:
                    nested(next_, path+(next_,))
    nested(0)
    return sorted(result) or '无法跳到最后一个位置。'

print(jump_to_end([1,2,3,4,5]))
print(jump_to_end([5,4,3,2,1,0,3]))
print(jump_to_end([5,4,3,2,2,0,3]))
```

下面的代码也是回溯法的思路，具体实现略有区别，首先把列表转换为字典，相当于一个有向图的邻接表，然后再利用图论算法（详见本书第 15 章）来寻找有向图中的路径。

```
def search_path(graph, start, end):
    result = []
    def nested(path):
        current = path[-1]
        if current == end:
            result.append(path)
        else:
            for n in graph[current]:
                if n not in path:
                    nested(path + [n])
    nested([start])
    return sorted(result) or '无法跳到最后一个位置。'

def jump_to_end(a):
    # 把列表转换为字典，每个元素的“值”表示从当前“键”出发能到达的下标
    # 相当于构建了一个有向图的邻接表
    graph, n = {}, len(a)
    for i, v in enumerate(a):
        graph[i] = list(range(i+1, min(n,i+v+1)))
    return search_path(graph, 0, n-1)
```

例 14-5

例 14-5　小明站在数轴上自然数 start 的位置，已知在自然数 end 的位置有个宝藏，小明每次可以选择左移一个位置、右移一个位置或者跳到当前位置自然数二倍的位置，求

解小明从 start 到 end 移动次数最少的路径，如果有多条路径则返回数字最小的一个。

```
def func(start, end):
    # 已访问的数字，接下来要访问的数字，每个数字直接可达的数字
    visited, to_visit, reach = set(), [start], {}
    # 广度优先遍历
    while True:
        t = []
        current = to_visit.pop(0)
        # 跳过已访问过的数字
        if current not in reach.keys():
            # 减 1，加 1，二倍，三者的顺序会影响结果路径中的数字大小
            for value in (current-1, current+1, current*2):
                # 跳过已访问的数字和不可能到达 end 的数字
                if value not in visited and value>0 and value<=end+1:
                    visited.add(value)
                    t.append(value)
                    to_visit.append(value)
            if t:
                # 只记录有子节点的数字
                reach[current] = t
            if end in t:
                break          # 到达 end，结束
    path = [end]
    while True:
        # 回溯，获取最短路径
        current = path[-1]
        if current == start:
            break
        for k, v in reach.items():
            if current in v:
                path.append(k)
                break
    return path[::-1]

print(func(3, 10), func(7, 13), func(9, 14), func(9, 36), func(7, 160),
      func(8, 160), func(130, 369), end='\n')
```

例 14-6　小明站在中国象棋棋盘上某个位置（行、列下标均从 0 开始编号），已知在另一个位置上放有宝藏，小明按棋子“马”的“日”字方式行进，求解能够到达宝藏位置的最短路径，如果有多个最短路径则全部返回，且按位置编号升序排列。

例 14-6

```
def func(start, end):
```

```
# 从当前位置可以跳跃的下一位置与当前位置的偏移量
offsets = ((-2,-1), (-1,-2), (1,-2), (2,-1),
           (2,1), (1,2), (-1,2), (-2,1))
# 待访问位置，从每个位置出发可以到达的位置，是否到达目的地
to_visit, reach, flag = [start+(0,)], {}, False
while to_visit:
    # 广度优先遍历
    # dis 为当前层位置距离起点 start 的跳跃次数
    dis, i = to_visit[0][2], 1
    # 每次弹出与起点 start 距离相同的当前层所有位置
    for i, v in enumerate(to_visit[1:], start=1):
        if v[2] != dis:
            break
    else:
        i = i + 1
    # 本层所有位置，剩余待访问位置
    currents, to_visit = to_visit[:i], to_visit[i:]
    for current in currents:
        # 扩展一层，获取位置以及与起点 start 的距离（跳跃次数）
        x, y, d = current
        if (x,y) in reach.keys():
            continue
        t = []
        for ox, oy in offsets:
            n_x, n_y = x+ox, y+oy
            if n_x<0 or n_x>7 or n_y<0 or n_y>7:
                # 忽略超出棋盘边界的位置
                continue
            t.append((n_x,n_y,d+1))
            to_visit.append((n_x,n_y,d+1))
            if (n_x,n_y) == end:
                # 到达目的地
                flag = True
        if t:
            # 从 (x,y) 出发可以到达的位置
            reach[(x,y)] = t
    if flag:
        # 本层位置包含目的地，停止搜索
        break
if not flag:
    # 无法到达目的地，返回 None
    return None
# 从目的地回溯到起点，获取所有最短路径
result = [(end,)]
```

```
    while True:
        if result[0][0] == start:
            # 找到从起点 start 到达目的地 end 的最短路径
            break
        current = result.pop(0)
        for k, v in reach.items():
            for vv in v:
                if vv[:2] == current[0]:
                    # 从位置 k 可以到达当前路径的第一个位置，向前扩展路径
                    result.append((k,)+current)
    return sorted([p for p in result if p[0]==start])

print(func((0,0), (0,1)), func((0,0), (3,3)), func((0,0), (3,4)),
      func((0,0), (7,3)), func((1,4), (7,3)), sep='\n')
```

14.4　模拟发红包

随机数生成算法在很多具体问题中有应用，本书中也多有体现。下面使用标准库random中的函数来生成随机数并模拟发红包过程，给定红包总金额和红包个数，然后计算每个红包中的金额。请读者自行运行程序并观察结果，可以发现第二种方法分配的金额相对来说比较均匀，第一种方法分配方案中先领的金额多而后领的金额少，请自行分析原因。

例14-7　模拟发红包程序。

```
from random import randint, choices

def hongbao1(total, num):
    if total < num:
        return '钱太少了不够发。'
    # total 表示拟发红包总金额（单位为分），num 表示拟发红包数量
    # 每个人抢到的红包大小，剩余金额
    each, rest = [], total
    for i in range(1, num):
        # 为当前抢红包的人随机分配金额，至少给剩下的人每人留一分钱
        t = randint(1, rest-(num-i))
        each.append(t)
        rest = rest - t
    each.append(rest)     # 剩余所有钱发给最后一个人
    return each
```

```
def hongbao2(total, num):
    if total < num:
        return '钱太少了不够发。'
    if total == num:
        return [1] * num
    # 计算每个人的金额
    each = choices(range(1,50), k=num)
    # 这里是为了实现列表推导式中 n/sum_*total 的效果，提取出来减少计算量
    sum_ = sum(each) / total
    each = [int(n/sum_) for n in each]
    # 修正最后一个人的金额，确保正好发完总金额
    each[-1] = total - sum(each[:-1])
    # 修正所有人的金额，不得出现金额小于或等于 0 的情况，把钱最多的匀给没有领到红包的
    for i, v in enumerate(each):
        if v <= 0:
            pos = each.index(max(each))
            each[i], each[pos] = 1, each[pos]-1
    return each

print(hongbao1(500, 10), hongbao2(500, 10))
```

14.5　聪明的尼姆游戏

尼姆游戏是个著名的游戏，有很多变种玩法。两个玩家轮流从一堆物品中拿走一部分，玩家每次可以拿走 1 个至半数个物品，然后轮到下一个玩家，拿走最后一个物品的玩家输掉游戏。

在聪明模式中，计算机每次拿走一定数量的物品使得剩余物品数量是 2 的幂次方减 1（例如 3,7,15,31,63 等）。如果物品数量已经是 2 的幂次方减 1，计算机就随机拿走一些。

例 14-8　模拟聪明的尼姆游戏。

```
from random import randint, choice

def every_step(n):
    half, m = n/2, 2
    # 所有可能满足条件的取法
    possible = []
    while (rest:=m-1) < n:
        # 剩余物品数量必须大于原来的一半
        if rest >= half:
            possible.append(n-rest)
```

```
        m = m * 2
    # 如果至少存在一种取法使得剩余物品数量为 2^n-1，从中选择一种取法
    if possible:
        return choice(possible)
    # 无法使得剩余物品数量为 2^n-1，随机取走一些
    return randint(1, int(half))

def smart_nimu_game(n):
    while n > 1:
        half = n // 2
        # 人类玩家先走
        print(f'现在该你拿了，还剩下 {n} 个物品。')
        # 确保人类玩家输入合法整数值
        while True:
            try:
                num = int(input('请输入要拿走的物品数量：'))
                assert 1 <= num <= half
                break
            except:
                print(f'只能拿走 1 到 {half} 个物品。')
        n = n - num
        if n == 1:
            return '你赢了，实在是太厉害了。'
        # 计算机玩家拿走一些
        n = n - every_step(n)
    else:
        return '我赢了，你要加油啊。'

print(smart_nimu_game(randint(1,100)))
```

14.6 抓狐狸游戏

假设墙上有一排 5 个洞口，小狐狸最开始的时候在其中一个洞口，然后玩家随机打开一个洞口，如果里面有小狐狸就抓到了。如果洞口里没有小狐狸就明天再来抓，但是小狐狸会在第二天有人来抓之前跳到隔壁洞口里。次数用完了还没抓到就结束游戏。

例 14-9 模拟抓狐狸游戏（使用列表）。下面的程序使用列表模拟洞口，列表元素为 1 表示狐狸在这个洞里，为 0 表示不在这个洞里。

例 14-9

```
from random import choice, randrange

def catch_fox(n=5, max_step=10):
```

```
    # n个洞口，有狐狸为1，没有狐狸为0
    positions = [0] * n
    # 狐狸的随机初始位置以及在两端洞口时的跳转偏移量
    oldPos, offsets = randrange(0, n), {0:1, n-1:-1}
    positions[oldPos] = 1

    for _ in range(max_step):
        # 使用循环+异常处理结构保证用户输入有效洞口编号
        while True:
            try:
                x = int(input(f'你今天打算打开哪个洞口呀？（0-{n-1}）：'))
                # 如果输入的洞口有效，结束这个循环，否则继续输入
                # 测试0<=x<n比测试x in range(n)略快
                assert 0 <= x < n
                break
            except:
                print('要按套路来啊，再给你一次机会。')
        if positions[x] == 1:
            print('成功，我抓到小狐狸。')
            break
        else:
            print('今天又没抓到。')
        # 狐狸就跳到隔壁洞口，在两端时往内跳，在中间时随机左右跳
        newPos = oldPos + offsets.get(oldPos, choice((-1,1)))
        positions[oldPos], positions[newPos] = 0, 1
        oldPos = newPos
    else:
        print('放弃吧，你这样乱试是没有希望的。')

# 启动游戏，开始抓狐狸吧
catch_fox()
```

例 14-10　模拟抓狐狸游戏（不使用列表）。

下面的程序中直接使用变量来表示狐狸当前所在的洞口编号。

```
from random import choice, randint

def catch_fox(n=5, max_step=10):
    # 狐狸的初始位置（假设洞口从1到n编号）和跳跃方向
    current, offsets = randint(1, n), {1:1, n:-1}
    for _ in range(max_step):
        try:
            x = int(input(f'请输入要打开的洞口编号(1-{n}):'))
```

```
        except:
            print('输入错误，浪费了一次机会。')
        else:
            if x == current:
                print('成功！')
                break
            current = current + offsets.get(current, choice((-1,1)))
    else:
        print('失败。')

catch_fox()
```

14.7　确定旅游目的地

赵、钱、孙、李 4 个好朋友相约出去旅游，但一下子无法确定去哪里，赵提议去 A、B、D 这 3 个城市之一，钱提议去 B、C、E 这 3 个城市之一，孙提议去 A、B 这 2 个城市之一，李提议去 A、D、E 这 3 个城市之一。最终他们打算采用搜索引擎使用的经典算法 HITS 来决定，过程如下。

（1）计算每个人推荐的城市被所有人推荐的总次数作为这个人的推荐水平，例如赵推荐了 A、B、D3 个城市，A 也被孙和李推荐过，所以 A 共被推荐 3 次，同理 B 被推荐 3 次、D 被推荐 2 次，得出赵的推荐水平为 3+3+2=8，同理钱、孙、李的推荐水平分别为 6、6、7。

（2）计算每个城市的总得分，即推荐人的推荐水平之和，例如 A 被赵、孙、李推荐过，3 人的推荐水平分别为 8、6、7，所以 A 的得分为 21 分，同理 B、C、D、E 的得分分别为 20、6、15、13。

（3）推荐得分最高的城市，即 A。

例 14-11　使用 HITS 算法决定旅游目的地。

函数 func() 接收一个 NumPy 二维数组 arr 作为参数，其中每行表示一个城市、每列表示一个推荐人，数组中 0 表示没推荐、1 表示推荐，然后根据上面描述的 HITS 算法返回最终推荐的城市编号（即数组 arr 的行号，从 0 开始），有多个得分一样的城市时推荐序号最小的一个。例如，func(array([[1,0,1,1], [1,1,1,0], [0,1,0,0], [1,0,0,1], [0,1,0,1]])) 返回 0，其中数组含义为

	赵	钱	孙	李
A	1	0	1	1
B	1	1	1	0
C	0	1	0	0
D	1	0	0	1
E	0	1	0	1

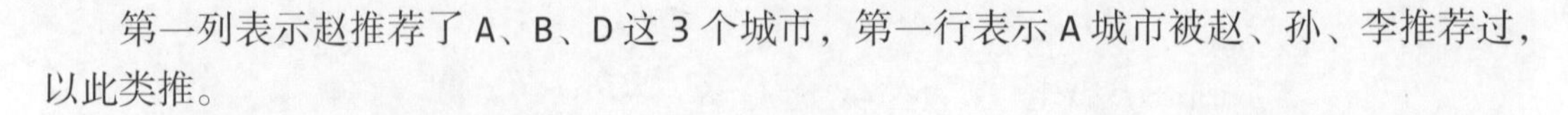

第一列表示赵推荐了 A、B、D 这 3 个城市，第一行表示 A 城市被赵、孙、李推荐过，以此类推。

```
from numpy import array

def func(arr):
    # 横向求和，计算每个物品被推荐的次数
    for row in arr:
        row[row!=0] = row.sum()
    # 纵向求和，计算每个人的影响力
    for i in range(arr.shape[1]):
        col = arr[:,i]
        col[col!=0] = col.sum()
    # 计算每个城市的得分
    scores = arr.sum(axis=1)
    # 返回得分最高的城市编号
    return scores.argmax()

print(func(array([[1,0,1,1], [1,1,1,0], [0,1,0,0], [1,0,0,1], [0,1,0,1]])))
print(func(array([[1,0,1,0,0], [1,0,1,1,0], [0,1,0,1,0], [1,0,1,0,1],
                  [1,0,1,0,1], [0,0,0,1,1]])))
print(func(array([[1,0,1], [1,1,0], [0,1,0], [1,0,0], [0,1,1]])))
```

下面的函数 func() 接收一个字典 data 作为参数，字典的“键”是推荐人，“值”是被推荐的城市名称集合，然后返回得分最高的城市名称，如果有多个就返回 Unicode 编码最小的一个。

```
def func(data):
    # 每个城市的推荐人
    city_person = {}
    for person, cities in data.items():
        for city in cities:
            city_person[city] = city_person.get(city, set()) | {person}
    # 每个城市被推荐的次数
    city_score = {k:len(v) for k, v in city_person.items()}
    # 每个人推荐的城市被推荐的总次数，即每个人的推荐水平
    person_score = {k:sum(map(city_score.get, v)) for k, v in data.items()}
    # 每个城市的推荐人水平之和，即城市得分
    city_score = {k:sum(map(person_score.get, v))
                  for k, v in city_person.items()}
    # 推荐得分最高的城市，如果有多个就推荐名字最小的
    return sorted(city_score.keys(), key=lambda k:(-city_score[k],k))[0]
```

```
print(func({'赵':{'A','B','D'}, '钱':{'B','C','E'}, '孙':{'A','B'},
            '李':{'A','D','E'}}))
print(func({'赵':set('ABDE'), '钱':{'C'}, '孙':set('ABDE'), '李':set('BCF'),
            '周':set('DEF')}))
print(func({'赵':set('ABD'), '钱':set('BCE'), '孙':{'A','E'}}))
```

下面的代码使用扩展库 Pandas 实现了同样的功能。

```
import pandas as pd

def func(data):
    # 创建 DataFrame，一列人名，一列推荐的城市名称集合
    df = pd.DataFrame({'person':data.keys(), 'city':data.values()})
    # 把每个人推荐的多个城市分别变为一行
    df = df.explode('city', ignore_index=True)
    # 计算每个城市被推荐的次数
    city_score = df.groupby('city').count()
    # 计算每个人推荐的城市被推荐的总次数，这里 person 列现在是人数，不是人名了
    person_score = df.replace(city_score['person']).groupby('person').sum()
    # 把人名替换为推荐水平，计算每个城市的最终得分，分组时默认按分组的列的值升序排列
    city_score = df.replace(person_score['city']).groupby('city').sum()
    # 返回第一个得分最高的城市，因为上一步已排序，所以返回的是 Unicode 编码最小的
    return city_score.idxmax().values[0]

print(func({'赵':{'A','B','D'}, '钱':{'B','C','E'}, '孙':{'A','B'},
            '李':{'A','D','E'}}))
print(func({'赵':set('ABDE'), '钱':{'C'}, '孙':set('ABDE'), '李':set('BCF'),
            '周':set('DEF')}))
print(func({'赵':set('ABD'), '钱':set('BCE'), '孙':{'A','E'}}))
```

14.8　制作漂亮手链

小明去海边玩的时候捡到了一些漂亮的小石头，打算给自己做一个手链。从这些小石头中又精心挑选了一部分进行打磨得到了满意的珠子，并对最终每个珠子的成色和漂亮程度进行打分。为了把这些珠子串成更漂亮的手链，小明的计划是让所有相邻两颗珠子的分数之差的绝对值之和（称为美誉度）最大。例如，如果有 4 颗珠子的分数分别为 1、2、3、4，那么按 (1, 2, 3, 4) 这样的顺序串起珠子得到的美誉度为 1+1+1+3=6，按 (1, 3, 2, 4) 的顺序串起珠子得到的美誉度为 2+1+2+3=8。这样的 4 颗珠子共有 24 种排列方式，其中 (1,

3, 2, 4)、(1, 4, 2, 3)、(2, 3, 1, 4)、(2, 4, 1, 3)、(3, 1, 4, 2)、(3, 2, 4, 1)、(4, 1, 3, 2)、(4, 2, 3, 1) 这几种排列的美誉度为 8，其他均为 6。由于手链是圆环形状，忽略起点的话，(1, 3, 2, 4)、(3, 2, 4, 1)、(2, 4, 1, 3)、(4, 1, 3, 2) 这几种排列实际上是一样的，应算作一种，可以都看作是 (1, 3, 2, 4) 的变形；同样地，(1, 4, 2, 3)、(4, 2, 3, 1)、(2, 3, 1, 4)、(3, 1, 4, 2) 这几种排列也是一样的，可以看作是 (4, 2, 3, 1) 的变形。如果再忽略圆环方向的话，(1, 3, 2, 4) 和 (4, 2, 3, 1) 又可以看作是一样的排列方式。所以，对于漂亮程度分数为 1、2、3、4 的 4 颗珠子，只有一种美誉度最高的排列方式。

例 14-12　求解制作漂亮手串的方案数量。给定一个包含若干自然数的元组 data，其中每个自然数表示一颗珠子的分值，计算并返回这些珠子能够串成多少种美誉度最大的手链。例如，func((12, 35, 24)) 返回 1，func((31, 39, 33, 3, 35, 36)) 返回 6，func((1, 2, 3, 4)) 返回 1。

```
from operator import sub
from itertools import permutations

def func(data):
    length, perms = len(data), tuple(permutations(data))
    # 美誉度最大值
    rule1 = lambda it: sum(map(abs, map(sub, it, it[1:]+(it[0],))))
    m = max(map(rule1, perms))
    # 美誉度最大的排列
    rule2 = lambda it: sum(map(abs, map(sub, it, it[1:]+(it[0],))))==m
    temp = sorted(filter(rule2, perms))
    # 去除重复
    for item in temp[:]:
        for i in range(1, length):
            t = item[i:]+item[:i]
            if t in temp or t[::-1] in temp:
                temp.remove(item)
                break
    return len(temp)
```

14.9　数字可达游戏

张、李、周、赵这 4 位同学发明了个游戏，在地上写了从 1 到 10 这 10 个数字，然后规定好每个人从哪个数字出发可以一步到达哪个数字，如下所示：

	张	李	周	赵
1		2,6		
2	3		4	6
3			5,8	7
4	5			8
5				9
6	7		8	
7			9	
8	9			
9				
10				

在上面的表格中，最左侧一列表示当前数字，第一行表示“李”处于数字 1 的位置时下一步可以到达数字 2 或数字 6 的位置，其他人在数字 1 的位置上不能再走了；第二行表示“张”可以从数字 2 到数字 3,“周”可以从数字 2 到数字 4,“赵”可以从数字 2 到数字 6,“李”在数字 2 的位置上不能再走了；第三行表示“周”可以从数字 3 到 5 或 8,“赵”可以从数字 3 到数字 7,“张”“李”从数字 3 的位置不能再走了；后面几行以此类推，请自行分析。

有了上面的表格之后，4 位同学设计的游戏规则是：其中 1 位同学任意说出一个数字，另外 3 位同学都从那个数字的位置上出发并按照上面表格中定义的方向行走，同时记录每个人经过的数字，在行走过程中 3 位同学结为同盟可以互相交换位置以发现更多路径，直到不能再走或者没有新的路可走。最后得到 3 位同学可能经过的所有数字组成的集合（去除重复）。

例 14-13　求解 3 位同学结盟行走经过的所有数字。

函数 func() 接收一个表示同学名字的字符串 gamer 和一个表示初始数字的 start 作为参数，返回除 gamer 之外的其他 3 位同学从 start 出发能够经过的所有数字组成的

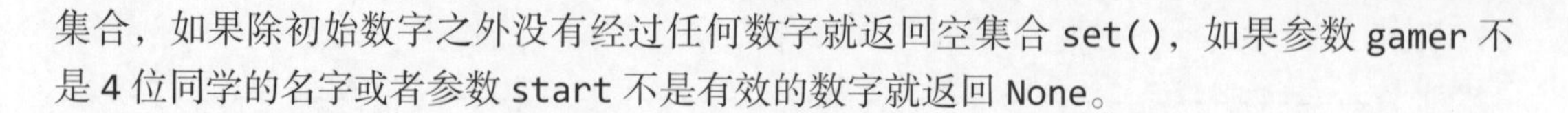

集合，如果除初始数字之外没有经过任何数字就返回空集合 set()，如果参数 gamer 不是 4 位同学的名字或者参数 start 不是有效的数字就返回 None。

```
# 所有状态的数量，状态最小编号为 1，最大编号为 N
N = 10

def helper(s, H, RHs, table):
    for dm1 in H:
        next_states = table[dm1].get(s)
        if not next_states:
            continue
        for ns in next_states:
            # 状态可到达且与上一个状态不一样，记录为可达状态
            if ns!=s and ns not in RHs:
                RHs.add(ns)
                helper(ns, H, RHs, table)

def func(gamer, start):
    # 每个人的状态转移表，例如，2:[3] 表示当前决策者可以从状态 2 到达状态 3
    table = {'张': {2:[3], 4:[5], 6:[7], 8:[9]}, '李': {1:[2,6]},
             '周': {2:[4], 3:[5,8], 6:[8], 7:[9]},
             '赵': {2:[6], 3:[7], 4:[8], 5:[9]}}
    result = {}
    # 遍历每个决策者，求解每个人说出数字后其他人结盟能够到达的所有状态
    for dm in table.keys():
        every = result.get(dm, {})
        # 其他决策者构成的结盟
        H = table.keys() - {dm}
        # 遍历每种状态，求解其他人构成的结盟从每个状态出发能够到达的所有状态
        for s in range(1, N+1):
            # 记录到达过的状态
            RHs = set()
            helper(s, H, RHs, table)
            every[s] = RHs
        result[dm] = every
    return result.get(gamer) and result.get(gamer).get(start)

print(func('周', 3), func('张', 2), func('李', 9),
      func('张', 50), func('张', 3))
```

运行结果：

```
{7} {8, 4, 6} set() None {8, 9, 5, 7}
```

14.10　电影院选座位问题

n 个人一起去看电影，坐下以后每个人和椅子都从 0 到 *n*-1 进行编号，然后每个人有一次换座位的机会。所有人说出自己喜欢的一个座位编号然后重新调换，规则如下：如果某个人的座位没有别人选择，那么他只能坐最初的座位，他做的选择也同时作废，重复这个过程，直到处理完所有的座位。要求返回每个人最终得到的座位编号，且按每个人最初的编号升序排列。

例 14-14　求解电影院选座位问题。

例 14-14

```
def func(expectations):
    # 参数 expectations 存放每个人喜欢的椅子编号
    # 例如，[2,1,0] 表示 0 号人喜欢 2 号椅子，1 号人喜欢 1 号椅子，2 号人喜欢 0 号椅子
    # n 为人数，同时也是座位数，所有椅子和人的编号均为 0,1,2,...,n-1
    n = len(expectations)
    seats = set(range(n))
    # 每个椅子被喜欢的次数
    counts = [0] * n
    for num in expectations:
        counts[num] = counts[num] + 1
    # 没有人选择的椅子编号
    not_selected = [seat for seat in seats if counts[seat]==0]
    while not_selected:
        # 删除一个没人喜欢的椅子编号
        pos = not_selected.pop()
        # 同时删除与椅子编号一样的人，他只能坐自己面前的椅子，没有别的选择
        seats.remove(pos)
        # 被删除的人做出的选择同时作废，他选择的椅子的被喜欢次数减 1
        pointed = expectations[pos]
        counts[pointed] = counts[pointed] - 1
        # 如果不再有人选择那个椅子，就添加到没人选择的椅子编号列表里
        if counts[pointed] == 0:
            not_selected.append(pointed)
    # 每个人最终得到的座位
    return [(i,expectations[i] if i in seats else i)
            for i in range(n)]

print(func([2,2,0,5,3,5,7,4]), func([1,2,3,4,5,6,7,8,9,0]), sep='\n')
print(func([1,3,5,2,4,6,0]), func([5,5,5,5,5,5,5,5,5,5]), sep='\n')
```

运行结果：

```
[(0, 2), (1, 1), (2, 0), (3, 3), (4, 4), (5, 5), (6, 6), (7, 7)]
[(0, 1), (1, 2), (2, 3), (3, 4), (4, 5), (5, 6), (6, 7), (7, 8), (8, 9), (9, 0)]
[(0, 1), (1, 3), (2, 5), (3, 2), (4, 4), (5, 6), (6, 0)]
[(0, 0), (1, 1), (2, 2), (3, 3), (4, 4), (5, 5), (6, 6), (7, 7), (8, 8), (9, 9)]
```

14.11　数独游戏盘面生成与自动求解

数独盘面是个九宫，每一宫又分为九个小格子。在这 9 行 9 列 81 个格子中给出一定的已知数字，利用推理在其他的空格子里填入 1~9 的数字。要求每个数字在每一行、每一列和每一宫中都只出现一次，所以又称“九宫格”。

例 14-15　自动生成数独游戏的初始盘面，注意并不是所有的盘面都有解。

```
from random import shuffle, randrange

def generate():
    def layout(left, top):
        # 把 1~9 的数字放入以 (left,top) 为左上角的宫的 9 个小格子里
        shuffle(numbers)
        k = 0
        for i in range(left, left+3):
            for j in range(top, top+3):
                result[i][j] = numbers[k]
                k = k + 1
    # 全 0 的初始空白网格
    result = [[0]*9 for _ in range(9)]
    # 每个小格子里可能放的数字，1~9
    numbers = list(range(1, 10))
    # 每个宫的左上角坐标
    for r in range(0, 9, 3):
        for c in range(0, 9, 3):
            layout(r, c)
    # 随机清空一些格子
    for _ in range(randrange(25, 50)):
        result[randrange(9)][randrange(9)] = ' '
    return result

def output(grids):
    print('+'+'-+'*9)
    # 生成盘面数据文件
```

```
    with open('layout.txt', 'w') as fp:
        for i, row in enumerate(grids):
            line = '|'.join(map(str, row)).join('||')
            print(line, '+'+'-+'*9, sep='\n')
            for j, value in enumerate(row):
                if value != ' ':
                    fp.write(f'{i},{j},{value}\n')
        # 结束标志
        fp.write('0')

output(generate())
```

例 14-16　数独自动求解。本书配套资源提供了 8 个数独初始盘面对应的数据文件用于测试。

```
from random import choice, shuffle
from itertools import product, permutations

def init():
    # 初始状态，每个格内都是 1~9 的数字，后面再逐个排除不应出现在这里的数字
    grids = {(r,c):list(range(1,10)) for r,c in product(range(9),range(9))}
    # 根据文件中的位置和数字设置数独游戏初始状态
    with open('layout.txt') as fp:
        for line in fp:
            line = line.strip()
            if line == '0':
                break
            row, col, value = map(int, line.split(','))
            grids[(row,col)] = value
    return grids

def each_cell(grids, row, col, value):
    # 处理指定单元格
    temp = grids[(row,col)]
    # 如果单元格内还是列表，删除其中不可能的数字
    if isinstance(temp, list):
        if value in temp:
            temp.remove(value)
        # 如果格内只有一个数字，就拿出来填充到小格子里
        if len(temp) == 1:
            grids[(row,col)] = temp[0]

def solve(old_grids):
```

```
    grids = old_grids.copy()
    # 随机打乱顺序，尝试不同顺序来寻找答案
    # 暴力穷举所有可能的顺序成功率会更高，但耗时非常长
    positions = list(product(range(9),range(9)))
    shuffle(positions)
    for r, c in positions:
        value = grids[(r,c)]
        if isinstance(value, int):
            # 如果当前小格子里是数字，就把所在列、行、宫的其他小格子里的相同数字删除
            # 处理当前列
            for rr in range(9):
                each_cell(grids, rr, c, value)
            # 处理当前行
            for cc in range(9):
                each_cell(grids, r, cc, value)
            # 处理当前小格子所在宫里的数字
            rowStart, colStart = r//3 * 3, c//3 * 3
            for rr in range(rowStart, rowStart+3):
                for cc in range(colStart, colStart+3):
                    each_cell(grids, rr, cc, value)
        elif isinstance(value, list) and len(value)==1:
            # 当前小格子是只有一个数字的列表，拿出来填充
            grids[(r,c)] = value[0]
    return grids

def output(grids):
    # 输出 grids 中的内容
    for row, col in product(range(9),range(9)):
        value = grids[(row,col)]
        if isinstance(value, int):
            print(grids[(row,col)], end=' ')
        else:
            print(' ', end=' ')
        if col == 8:
            print()

def check(grids):
    ''' 检查 grids 是否满足数独游戏要求 '''
    for rc in range(9):
        if len({grids[(rc,c)] for c in range(9)}) != 9:
            # 集合长度不等于 9，说明当前行的小格子里有重复数字，不符合数独要求
            return False
        if len({grids[(r,rc)] for r in range(9)}) != 9:
```

```
            # 当前列的小格子里有重复数字，不符合数独要求
            return False
    # 每个九宫格里不能有重复数字
    for row in range(0, 9, 3):
        for col in range(0, 9, 3):
            value = {grids[(r,c)]
                     for r in range(row,row+3) for c in range(col,col+3)}
            if len(value) != 9:
                # 当前宫的 9 个小格子里有重复数字，不符合数独要求
                return False
    return True

def main(old_grids):
    grids, steps = old_grids.copy(), 0
    while True:
        if steps > 80000:
            print('累坏我了，实在是求不出来，是不是没有解啊？'
                  '如果不想放弃可以再运行一次程序。')
            break
        steps = steps + 1
        # 尝试求解
        grids = solve(grids)
        # 50 次还没有找到方案，就随机找个仍是列表的单元格，强行从列表中取一个数字出来
        if steps%50 == 0:
            try:
                position = [(r,c)
                            for r,c in product(range(9),range(9))
                            if isinstance(grids[(r,c)],list)][0]
                grids[position] = choice(grids[position])
            except:
                # 已经都是数字了但不符合数独要求，恢复初始盘面，从头再来
                grids = old_grids.copy()
                continue
        # 所有方格内都应该是数字
        if all({isinstance(grids[(r,c)], int)
                for r,c in product(range(9),range(9))}):
            if check(grids):
                # 符合数独要求，结束
                return grids
            else:
                # 当前排列不符合数独要求，恢复原状，重新查找
                grids = old_grids.copy()

grids = init()
```

```
output(grids)
print('='*30)
result = main(grids)
if result:
    output(result)
    print(check(result))
```

例 14-17　使用回溯法求解给定数独游戏盘面的所有答案。

```
def init():
    # 初始状态，每个格内都是 0，表示空白
    grids = {(r,c):0 for r in range(9) for c in range(9)}
    # 根据文件中的位置和数字设置数独游戏初始状态
    # 删除下面几行，从全 0 盘面开始搜索，可以得到所有可能的盘面
    # 然后将盘面中部分数字删除或置 0（至少保留 17 个数字）
    # 可以得到数独游戏的初始盘面，且一定有解
    with open('layout.txt') as fp:
        for line in fp:
            line = line.strip()
            if line == '0':
                break
            row, col, value = map(int, line.split(','))
            grids[(row,col)] = value
    return grids

def check(r, c, grids):
    value = grids[(r,c)]
    # 当前行不能有值与当前值重复
    for j in range(9):
        if j!=c and grids[(r,j)]==value:
            return False
    # 当前列不能有值与当前值重复
    for i in range(9):
        if i!=r and grids[(i,c)]==value:
            return False
    # 当前位置所在 3×3 的 9 个格子不能有值与当前值重复
    # 等价于 rr, cc = r//3*3, c//3*3，但效率更高
    rr, cc = r-r%3, c-c%3
    for i in range(rr, rr+3):
        for j in range(cc, cc+3):
            if i!=r and j!=c and grids[(i,j)]==value:
                return False
    # 无冲突，当前盘面有效
```

```
    return True

def output(grids):
    for r in range(9):
        for c in range(9):
            print(grids[(r,c)], end=' ')
        print()

def solve(index, grids):
    if index == 81:
        print('='*10)
        output(grids)
        return
    # 第 index 个小格子所在的行号和列号
    r, c = index//9, index%9
    if grids[(r,c)] != 0:
        # 初始盘面上该位置已有数字，求解下一个小格子
        solve(index+1, grids)
    else:
        for num in range(1, 10):
            grids[(r,c)] = num
            if check(r, c, grids):
                # 当前小格子放置的数字不冲突，继续尝试下一个小格子
                solve(index+1, grids)
            # 恢复当前小格子的数字为 0，相当于回退
            grids[(r,c)] = 0

grids = init()
output(grids)
solve(0, grids)
```

14.12 推理游戏

已知小明的生日是下面几个日期之一，

5 月 15 日，5 月 16 日，5 月 19 日

6 月 17 日，6 月 18 日

7 月 14 日，7 月 16 日

8 月 14 日，8 月 15 日，8 月 17 日

小明把自己生日的“月”告诉了 A、“日”告诉了 B，然后让他们在不透漏自己所知答案的情况下推理小明的生日是哪天。

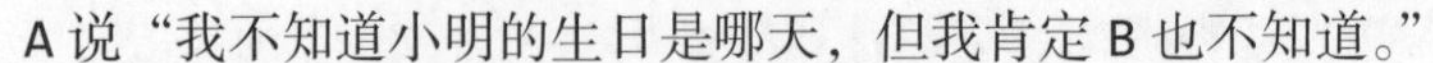

A 说“我不知道小明的生日是哪天，但我肯定 B 也不知道。”

B 说“我现在知道小明的生日是哪天了。”

A 说“我现在也知道小明的生日是哪天了。”

由此可知，小明的生日是 7 月 16 日。推理过程如下。

（1）A 说“我不知道小明的生日是哪天，但我肯定 B 也不知道。”

由此可知，月份肯定不是 5 或 6，因为 5 月 19 日和 6 月 18 日中的 19 和 18 在所有数据中只出现了一次，如果是 5 月或 6 月的话，B 是可以只根据“日”来确定小明生日的。排除 5 月和 6 月之后，剩余的候选日期还有：

7 月 14 日，7 月 16 日

8 月 14 日，8 月 15 日，8 月 17 日

（2）B 说“我现在知道小明的生日是哪天了。”

此时，7 月和 8 月有个共同的“日”是 14，但是 B 说已经知道小明的生日了，所以肯定不是 14 日。排除 14 日之后，剩余的候选日期还有：

7 月 16 日

8 月 15 日，8 月 17 日

（3）A 说“那我也知道小明的生日是哪天了。”

如果 A 知道的月份是 8，那么他无法知道剩余的 8 月份两个日期哪个是小明的生日，所以 A 知道的月份是 7。剩余日期中只有一个是 7 月份的，所以最终确定小明的生日是 7 月 16 日。

例 14-18　编写程序模拟上面的推理过程。函数 func() 接收一个字典 birthday 作为参数，其中元素的“键”表示月份、“值”表示日，模拟上面的推理过程并返回小明生日具体日期，如果无法推理出准确的日期就返回 False。

```
def func(birthday):
    # 创建副本，避免直接修改 birthday
    temp = birthday.copy()
    # 所有的日
    values = [v for value in birthday.values() for v in value]
    # 只出现过一次的日
    once = set([v for v in values if values.count(v)==1])
    # 删除唯一日所在的月
    for key, value in birthday.items():
        if once&value and key in temp.keys():
            del temp[key]
    # 剩余月份中共同的日
    common = set().union(*temp.values()).intersection(*temp.values())
    # 删除剩余月中共同的日
    for key, value in temp.items():
        temp[key] = value - common
    # 查找只剩一个日的月，如果只有一个这样的月，问题解决；否则无解
```

```
    answer = [item for item in temp.items() if len(item[1])==1]
    if len(answer) == 1:
        return (answer[0][0], *answer[0][1])
    else:
        return False

print(func({5:{15,16,19}, 6:{17,18}, 7:{14,16}, 8:{14,15,17}}), end=',')
print(func({3:{4,5,8}, 6:{2,4}, 9:{1,5}, 12:{1,7,8}}), end=',')
print(func({3:{4,5,18}, 6:{2,4}, 9:{1,5}, 12:{1,7,8}}), end=',')
print(func({3:{8,5,9}, 6:{22,8}, 11:{13,5}, 12:{13,7,9}}))
```

运行结果：

```
(7, 16),(9, 1),False,(11, 13)
```

14.13　迷宫自动寻找最短路径

下面的程序中使用嵌套列表表示迷宫，其中数字 1 表示可以走的路径、0 表示不可以走的墙壁，字符 S 表示入口、E 表示出口。从入口开始使用广度优先遍历技术逐层扩展所有可能的路径，直到到达出口位置。

例 14-19　自动寻找迷宫中的最短逃生路径。

例 14-19

```
def find_enter_exit(migong):
    # 自动寻找迷宫的入口和出口位置
    enter_pos, exit_pos = None, None
    for i, row in enumerate(migong):
        for j, cell in enumerate(row):
            if cell == 'S':
                enter_pos = (i, j)
            elif cell == 'E':
                exit_pos = (i, j)
            if enter_pos and exit_pos:
               return enter_pos, exit_pos

def bfs_search(migong, enter_pos, exit_pos):
    # 迷宫纵向和横向的路口数量
    height, width = len(migong), len(migong[0])
    # paths 存储可达路径多叉树，每个元素为字典，表示该层位置可达的下一层位置
    # arrived 存储已经经过的位置，用来避免重复路过，found 表示是否到达出口位置
    paths, arrived, found = [{None:[enter_pos]}], set(), False
```

```
    # 从入口开始，广度优先遍历，直到到达出口
    while True:
        next_layer = {}
        # 遍历上一层到达的所有位置，获取每个位置前进一步可以到达的所有下一个位置
        # 这里的 sum() 函数也可以使用 itertools.chain() 改写，速度更快
        for h, w in sum(paths[-1].values(), []):
            t = []
            # 检查是否能往上走
            if (hh:=h-1) >= 0:
                if migong[hh][w]!=0 and (hh,w) not in arrived:
                    t.append((hh,w))
                    arrived.add((hh,w))
            # 检查是否能往下走
            if (hh:=h+1) <= height-1:
                if migong[hh][w]!=0 and (hh,w) not in arrived:
                    t.append((hh,w))
                    arrived.add((hh,w))
            # 检查是否能往左走
            if (ww:=w-1) >= 0:
                if migong[h][ww]!=0 and (h,ww) not in arrived:
                    t.append((h,ww))
                    arrived.add((h,ww))
            # 检查是否能往右走
            if (ww:=w+1) <= width - 1:
                if migong[h][ww]!=0 and (h,ww) not in arrived:
                    t.append((h,ww))
                    arrived.add((h,ww))
            # 有路可走，记录下来
            if t:
                next_layer[(h,w)] = t
            # 已到达出口位置
            if exit_pos in t:
                found = True
                break
        # 当前层的所有位置都已无路可走，说明迷宫无解
        if not next_layer:
            return []
        # 记录到达下一层的信息
        paths.append(next_layer)
        if found:
            break
    return paths
```

```
def find_path(migong):
    enter_pos, exit_pos = find_enter_exit(migong)
    # 从入口逐层扩展，获取多叉树
    paths = bfs_search(migong, enter_pos, exit_pos)
    if not paths:
        return []
    # 从出口回溯到入口，获取最短路径
    result, node = [exit_pos], exit_pos
    for step in paths[::-1]:
        for k, v in step.items():
            if node in v:
                result.append(k)
                node = k
                break
    return result[::-1][1:]

def output(migong):
    # 输出迷宫
    for row in migong:
        for cell in row:
            print(cell, end=' ')
        print()

migong = [[0, 0, 0, 0, 0, 0, 0, 0, 0, 0, 0],
          ['S', 1, 0, 0, 1, 1, 1, 1, 0, 0, 0],
          [0, 1, 1, 1, 0, 1, 1, 0, 0, 0, 0],
          [0, 0, 1, 1, 1, 0, 0, 0, 0, 0, 0],
          [0, 1, 0, 1, 1, 1, 0, 1, 1, 0, 0],
          [0, 1, 1, 1, 1, 0, 0, 1, 0, 0, 0],
          [0, 0, 0, 0, 1, 1, 1, 1, 0, 0, 0],
          [0, 1, 1, 1, 1, 0, 1, 0, 1, 1, 0],
          [0, 0, 0, 0, 0, 0, 1, 1, 1, 1, 'E'],
          [0, 0, 0, 0, 0, 0, 1, 1, 0, 0, 0],
          [0, 0, 0, 0, 0, 0, 0, 0, 0, 0, 0]]

output(migong)
path = find_path(migong)
if not path:
    print('这个迷宫无解。')
else:
    print(path)
    # 把经过的位置设置为表示向下行走的 v 或向右行走的 >，方便显示路径
```

```
    for index, (h, w) in enumerate(path[1:-1], start=1):
        next_h, next_w = path[index+1]
        if next_h > h:
            migong[h][w] = 'v'
        elif next_w > w:
            migong[h][w] = '>'
    output(migong)
```

运行结果：

```
0 0 0 0 0 0 0 0 0 0 0
S 1 0 0 1 1 1 1 0 0 0
0 1 1 1 0 1 1 0 0 0 0
0 0 1 1 1 0 0 0 0 0 0
0 1 0 1 1 1 0 1 1 0 0
0 1 1 1 1 0 0 1 0 0 0
0 0 0 0 1 1 1 1 0 0 0
0 1 1 1 1 0 1 0 1 1 0
0 0 0 0 0 0 1 1 1 1 E
0 0 0 0 0 0 1 1 0 0 0
0 0 0 0 0 0 0 0 0 0 0
[(1, 0), (1, 1), (2, 1), (2, 2), (3, 2), (3, 3), (4, 3), (5, 3), (5, 4), (6, 4), (6, 5),
(6, 6), (7, 6), (8, 6), (8, 7), (8, 8), (8, 9), (8, 10)]
0 0 0 0 0 0 0 0 0 0 0
S v 0 0 1 1 1 1 0 0 0
0 > v 1 0 1 1 0 0 0 0
0 0 > v 1 0 0 0 0 0 0
0 1 0 v 1 1 0 1 1 0 0
0 1 1 > v 0 0 1 0 0 0
0 0 0 0 > > v 1 0 0 0
0 1 1 1 1 0 v 0 1 1 0
0 0 0 0 0 0 > > > > E
0 0 0 0 0 0 1 1 0 0 0
0 0 0 0 0 0 0 0 0 0 0
```

习　题

1. 编写程序，使用贪心算法求解开门寻宝游戏，每次都向右移动尽可能多的距离，如果无法到达终点就提示“无法跳到最后一个位置”。

2. 编写程序，使用动态规划算法求解开门寻宝游戏，要求跳跃次数最少，如果有多个解，则返回门编号最小的跳跃方式。

3. 编写程序，使用动态规划算法求解开门寻宝游戏，要求跳跃次数最少，如果有多个解，则返回门编号最大的跳跃方式。

4. 编写程序，使用双向广度优先搜索技术求解迷宫游戏的最短路径。分别从起点和终点同时进行广度优先搜索，直到相遇为止。

第 15 章　图论算法

图论算法是研究图的性质和特征的数学分支，也是计算机科学中的一个重要领域，树是图论中的一个重要研究内容。图论算法广泛应用于网络设计、路由算法、图像处理、机器学习、深度学习、化学分子结构、排课问题、任务分配、工程管理等领域。

15.1　图的概念、表示、应用与可视化

15.1.1　基本概念与应用场景

如果使用顶点表示人，在互为好友的顶点之间建立一条边，就可以构造好友关系图，给边赋权可以表示两个人的关系密切程度。如果使用顶点表示车站，在互相直接通车的顶点之间建立一条边，就可以构造行车路线图，给边赋权可以表示两个车站之间的距离或费用。如果使用顶点表示网络设备（例如路由器、交换机、计算机、手机、监控），在有直接连接的顶点之间建立一条边，就可以构造网络结构图，给边赋权可以表示两个设备之间通道的带宽或费用。除此之外，还有水、电、暖等各种网络。

图可以分为无向图和有向图两大类，区别在于顶点之间的边有没有方向，有向图中的边往往也称为弧。例如，在好友关系图中如果存在 A 认识 B 但 B 不认识 A 的情况则可以使用有向图来表示，如果 A 认识 B 和 B 认识 A 一定同时成立则可以使用无向图来表示。在行车路线图中如果两个互相通车的相邻车站之间的道路都是双向的则可以使用无向图来表示，如果存在单行道导致从 A 可以直接到达 B 但从 B 不能直接到达 A 则可以使用有向图来表示。

有向图的应用场景很多。例如，使用顶点表示网页或其他资源，存在从一个网页到另一个网页的链接则在对应的顶点之间建立一条有向边。使用顶点表示程序中的函数，存在一个函数调用另一个函数则在对应的顶点之间建立一条有向边。使用顶点表示知识点或者课程名称，存在两个知识点或课程需要先学完一个再学另一个则在对应的顶点之间建立一条有向边。使用顶点表示系统状态，从一个状态可以直接转换到另一个状态则在对应的顶点之间建立一条有向边。使用顶点表示一个工程中的各个分项或工序，必须某个工序完成之后才能进行下一道工序时则可以在相应的工序之间建立一条有向边。

15.1.2 图的表示方式

图常用的表示形式有邻接矩阵、关联矩阵和邻接表、关联表。在 Python 中，可以使用二维数组或者嵌套列表表示邻接矩阵和关联矩阵，使用字典表示邻接表和关联表。

（1）邻接矩阵和邻接表表示图中顶点之间是否相邻，即顶点之间是否存在边。使用嵌套列表 arr 表示邻接矩阵时，行下标和列下标表示顶点编号（从 0 开始编号），如果顶点 i 和顶点 j 之间有边则 arr[i][j] 的值为 1 或其他值作为权重，如果对于任意两个顶点 i 和 j 都有 arr[i][j]=arr[j][i] 则为无向图，否则为有向图。例如，无向图邻接矩阵 [[0,1,1,1], [1,0,1,0], [1,1,0,1], [1,0,1,0]] 的第一行表示从顶点 0 到顶点 1、2、3 都有边，第二行表示顶点 1 到顶点 0、2 有边，第三行表示顶点 2 到顶点 0、1、3 都有边，第四行表示顶点 3 到顶点 0、2 有边。有向图邻接矩阵 [[0,3,5], [0,0,2], [0,0,0]] 的第一行表示顶点 0 到顶点 1 的边权重为 3、到顶点 2 的边权重为 5，第二行表示顶点 1 不能到达顶点 0、到顶点 2 的边权重为 2，第三行表示顶点 2 无法到达顶点 0 和顶点 1。

邻接矩阵非常稀疏时，可以使用稀疏矩阵或字典进行存储，节省大量存储空间。使用字典表示邻接表时，“键”表示顶点编号，“值”表示与之相邻的顶点编号集合或列表，“键”表示的顶点与“值”表示的所有顶点之间都有边。边赋权图可以使用嵌套字典表示，外层字典的“键”到内层字典的“键”之间有边，内层字典的“值”表示边的权重。

（2）使用嵌套列表 arr 表示关联矩阵时，行下标表示顶点编号（从 0 开始），列下标表示边编号（从 0 开始），如果顶点 i 和边 j 关联则 arr[i][j] 为 1。一个顶点可以与多条边关联，但一条边只能与两个顶点关联，每列数字之和必然为 2。

使用字典表示关联表时，“键”表示顶点编号，“值”表示与之关联的边，例如 {0:{'a','c'}, 1:{'b','a'}, 2:{'b','c'}} 表示与顶点 0 关联的边有 a 和 c，与顶点 1 关联的边有 a 和 b，与顶点 2 关联的边有 b 和 c，顶点和边既可以使用非负整数进行编号也可以使用字符串进行命名。

例 15-1　把无向图的关联矩阵转换为邻接矩阵。

函数 func() 接收一个表示无向图的关联矩阵（嵌套列表形式，且所有顶点和边都升序排列，即第一行表示顶点 0，第二行表示顶点 1，以此类推；第一列表示边 0，第二列表示边 1，以此类推）的嵌套列表 arr 作为参数，要求返回该图对应的邻接矩阵。

```
def func(arr):
    print('='*20+'\n 图的关联矩阵： ', *arr, sep='\n')
    # 顶点数量和边的数量
    rows, cols = len(arr), len(arr[0])
    # 初始化邻接矩阵，全 0
    result = [[0]*rows for _ in range(rows)]
    # 横向遍历每条边
    for j in range(cols):
```

```
        t = []
        # 纵向遍历顶点，查找与边 j 关联的顶点
        for i in range(rows):
            if arr[i][j] == 1:
                t.append(i)
        assert len(t) == 2, '每个边必须恰好关联两个顶点'
        m, n = t
        # 修改邻接矩阵对应元素的值
        result[m][n], result[n][m] = 1, 1
    print(f"{'='*10}\n图的邻接矩阵：", *result, sep='\n')

func([[1, 0, 1], [1, 1, 0], [0, 1, 1]])
func([[1, 0, 0, 1, 1, 0], [1, 1, 0, 0, 0, 1],
      [0, 0, 1, 1, 0, 1], [0, 1, 1, 0, 1, 0]])
func([[1, 1, 1, 0, 0], [1, 0, 0, 0, 1], [0, 0, 0, 0, 1],
      [0, 1, 0, 1, 0], [0, 0, 1, 1, 0]])
func([[1, 1, 1, 0, 0], [1, 0, 0, 0, 1], [0, 0, 0, 1, 1],
      [0, 1, 0, 0, 0], [0, 0, 1, 1, 0]])
func([[1, 1, 1, 0, 0, 0], [1, 0, 0, 0, 1, 0], [0, 0, 0, 1, 1, 0],
      [0, 1, 0, 0, 0, 0], [0, 0, 1, 1, 0, 1], [0, 0, 0, 0, 0, 1]])
```

第一个图的输出结果如下，后面几个请自行运行程序并观察运行结果。

```
====================
图的关联矩阵：
[1, 0, 1]
[1, 1, 0]
[0, 1, 1]
==========
图的邻接矩阵：
[0, 1, 1]
[1, 0, 1]
[1, 1, 0]
```

例 15-2　根据有向图邻接表计算顶点的出度和入度。

在无向图中，顶点关联的边的数量称为顶点的度。在有向图中，从一个顶点出发的边的数量称为该顶点的出度，进入一个顶点的边的数量称为该顶点的入度。

函数 func() 接收一个字典 graph 和一个字符串 node 作为参数，其中字典 graph 中“键”表示有向图中的顶点，“值”为当前顶点出发的边能够直接到达的顶点组成的列表，参数 node 表示有向图中任意一个顶点。返回有向图 graph 中顶点 node 的出度和入度组成的元组。

```
def func(graph, node):
    if node in graph:
        # 从该顶点出发的边的数量即为出度，同时也是从该顶点出发能直接到达的顶点数量
        out_ = len(graph[node])
    else:
        out_ = 0
    in_ = sum(map(lambda v: v.count(node), graph.values()))
    return (out_, in_)

print(func({'A':['B','C','E'], 'B':['A','D'],
            'C':['A','D','E'], 'D':['E']}, 'D'), end=' ')
print(func({'A':['B','C','D'], 'B':['A','C','D'],
            'C':['B','D','E'], 'D':['A','C','E']}, 'E'), end=' ')
print(func({'A':['B','E'], 'B':['A','C','E'],
            'C':['D'], 'D':['A','B','C','E']}, 'C'), end=' ')
print(func({'A':['B','D','E'], 'B':['A','C','D','E'], 'C':['A','C','D','E'],
            'D':['C','E'], 'E':['A','C','E']}, 'B'), end=' ')
print(func({'A':['B','D','E'], 'B':['A','C','D','E'], 'C':['A','C','D','E'],
            'D':['C','E'], 'E':['A','C','E']}, 'C'), end=' ')
```

运行结果：

```
(1, 2) (0, 2) (1, 2) (4, 1) (4, 4)
```

例 15-3　判断一个自然数序列是否可图化。

例 15-3

无向图的度序列指图中所有顶点的度（与顶点关联的边的条数，允许图有自环边，即以同一个顶点作为出发点和终点的边）按非递增顺序排列得到的序列。如果一个包含若干非负整数的非递增序列可以作为某个图（这样的图可能有多个，不一定是唯一的）的度序列，则称这个序列可图化。图与度序列的关系类似于图像与直方图的关系。根据上面的描述，包含负数的序列一定是不可图化的，全 0 序列是可图化的。

容易得知，非递增序列 [a[0], a[1], a[2], …, a[n]] 是否为可图化序列，等价于序列 [a[1]-1, a[2]-1, a[3]-1, …, a[a[0]]-1, a[a[0]+1], a[a[0]+2], …, a[n]] 中的整数非递增排列后得到的序列是否为可图化序列。

下面的函数 func1() 和 func2() 分别使用非递归算法和递归算法判断一个序列是否可图化，函数接收一个包含若干非负整数且按非递增顺序排列的元组 seq 作为参数，要求判断 seq 是否可图化，是则返回 True，否则返回 False。

```
def func1(seq):
    while True:
        seq = sorted(seq, reverse=True)
        # 度序列中不应该有负数
```

```
        if -1 in seq:
            return False
        # 全0序列可图化
        if set(seq) == {0}:
            return True
        first, seq = seq[0], seq[1:]
        # 单个顶点最大可能的度，考虑有自环边的情况
        possible = len(seq) + 1
        # 图中不可能有顶点的度大于顶点数量
        if first > possible:
            return False
        elif first == possible:
            # 有自环边的情况
            first = first - 1
        for i in range(first):
            # 从图中删除第一个顶点，与之相邻的每个顶点的度减1
            seq[i] = seq[i] - 1

def func2(seq):
    seq = sorted(seq, reverse=True)
    if -1 in seq:
        return False
    if set(seq) == {0}:
        return True
    first, seq = seq[0], seq[1:]
    possible = len(seq) + 1
    if first > possible:
        return False
    if first == possible:
        first = first - 1
    for i in range(first):
        seq[i] = seq[i] - 1
    return func2(seq)

test_data = ((3,3,3,3), (4,3,3,3), (5,3,3,3), (3,3,3,3,2,1,1,1),
             (4,4,4,3,2,1,1,1), (4,3,3,3,2,2,2,1), (3,3,0,0,0))
for seq in test_data:
    print((func1(seq), func2(seq)), end=' ')
```

运行结果：

```
(True, True) (True, True) (False, False) (False, False) (True, True) (True, True)
(False, False)
```

15.1.3 图的可视化

Python 扩展库 Matplotlib 可以绘制包括图、树在内的多种图形，但很多细节需要自己控制，工作量较大。扩展库 networkx 基于 Matplotlib，专门用于图和网络的可视化，使用更加方便。借助于可视化技术，可以更好地理解数据以及相关的理论知识。本节简单介绍如何使用扩展库networkx绘制无向图，更多细节的控制见15.5节的图着色案例代码。

例 15-4 可视化无向图。

```
import networkx as nx
import matplotlib.pyplot as plt

graph = [[0, 1, 0, 1, 0], [1, 0, 1, 0, 1], [0, 1, 0, 1, 1],
         [1, 0, 1, 0, 1], [0, 1, 1, 1, 1]]
# networkx 有四种图，即 Graph、DiGraph、MultiGraph、MultiDiGraph，
# 分别为无多重边无向图、无多重边有向图、有多重边无向图、有多重边有向图
G, n = nx.Graph(), len(graph)
for i, row in enumerate(graph):
    for j, cell in enumerate(row):
        if cell == 1:
            G.add_edge(i, j)
# 采用随机布局，每次运行结果不完全相同
nx.draw(G, pos=nx.random_layout(G), with_labels=True)
plt.show()
```

绘制的图形如图 15-1 所示。

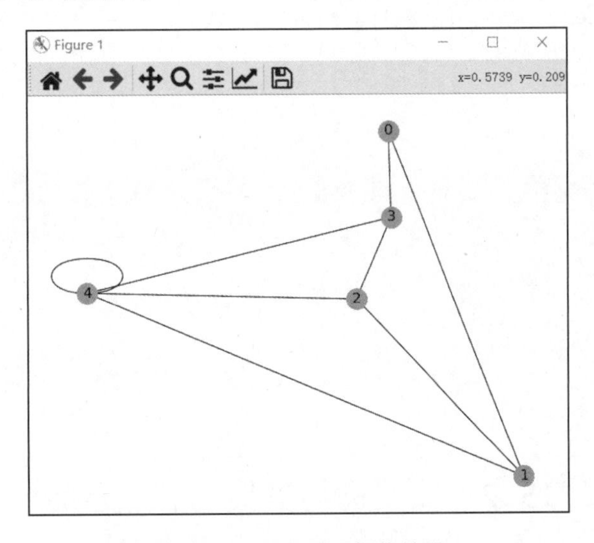

图 15-1 无向图可视化结果

15.1.4 寻找人群中的明星

已知在 n 个人中最多有一个人是明星，他不认识任何人但是其他人全都认识他。可以使用有向图表示这些人的关系，然后利用图论知识找出明星。

例 15-5 根据有向图邻接矩阵寻找人群中的明星。

函数 func() 接收一个嵌套列表 G 作为参数，表示一个 n 行 n 列的有向图邻接矩阵，G[i][j]=1 时表示 i 认识 j，G[i][j]=0 表示 i 不认识 j。假设每个人都不认识自己，即 G[i][i]=0。返回明星的编号或返回字符串'不存在明星'。例如：

```
import numpy as np

def func(G):
    # 纵向求和，明星所在列求和应该等于n-1，表示其他人全都认识明星
    sum_axis_0 = np.sum(G, axis=0)
    # 横向求和，明星所在行求和应该等于0，表示明星不认识任何人
    sum_axis_1 = np.sum(G, axis=1)
    # nonzero()返回数组中非0元素的行下标和列下标
    index = np.nonzero((sum_axis_1==0) & (sum_axis_0==len(G)-1))
    if index[0].size == 1:
        return index[0][0]
    return '不存在明星'

print(func([[0,1,1,1], [0,0,0,0], [0,1,0,1], [1,1,0,0]]))
print(func([[0,0,0], [1,0,1], [1,0,0]]))
print(func([[0,1,0,1,0], [1,0,1,0,1], [0,1,0,1,1], [1,0,1,0,1], [0,0,0,0,0]]))
print(func([[0,1,0,1,1], [1,0,1,0,1], [0,1,0,1,1], [1,0,1,0,1], [0,0,0,0,0]]))
print(func([[0,0,0,0,0], [1,0,1,0,1], [0,1,0,1,1], [1,0,1,0,1], [0,0,0,0,0]]))
```

运行结果：

```
1
0
不存在明星
4
不存在明星
```

15.2 二叉树与多叉树节点遍历

树是图的一种特殊形式，可以把树看作简单的图。树有一个根节点而图一般没有明确

的根节点，树有明显的层次且每个节点最多只有一个父节点，图中的节点有可能存在两个或更多父节点。树广泛应用于操作系统、计算机图形学、数据库、计算机网络、机器学习、组织机构管理、族谱管理以及生物学等众多领域。具体实现时，可以使用嵌套列表、字典等数据类型存储树，也可以自定义类实现树及其操作。

例 15-6 自定义二叉树类 BinaryTree，实现二叉树的创建以及前序遍历、中序遍历与后序遍历等 3 种常用的二叉树节点遍历方式，以及二叉树中任意“子树”的遍历。

```
class BinaryTree:
    def __init__(self, value):
        # 左子树、右子树、当前节点值
        self.__left, self.__right, self.__data = None, None, value

    def insert_left_child(self, value):   # 创建左子树
        if self.__left:
            print('__left child tree already exists.')
        else:
            self.__left = BinaryTree(value)
            return self.__left

    def insert_right_child(self, value):  # 创建右子树
        if self.__right:
            print('Right child tree already exists.')
        else:
            self.__right = BinaryTree(value)
            return self.__right

    def show(self):
        print(self.__data)

    def pre_order(self):                  # 前序遍历
        print(self.__data, end=' ')       # 输出根节点的值
        if self.__left:
            self.__left.pre_order()       # 遍历左子树
        if self.__right:
            self.__right.pre_order()      # 遍历右子树

    def post_order(self):                 # 后序遍历，左子树、右子树、当前节点
        if self.__left:
            self.__left.post_order()
        if self.__right:
            self.__right.post_order()
        print(self.__data, end=' ')
```

```
    def in_order(self):                        # 中序遍历，左子树、当前节点、右子树
        if self.__left:
            self.__left.in_order()
        print(self.__data, end=' ')
        if self.__right:
            self.__right.in_order()

if __name__ == '__main__':
    print('Please use me as a module.')
```

把代码保存为程序文件 BinaryTree.py，下面的代码在交互模式下演示了 BinaryTree 类的具体用法，创建的二叉树如图 15-2 所示。

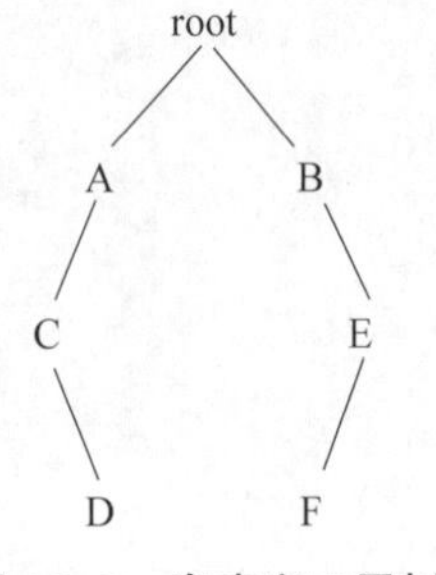

图 15-2　自定义二叉树

```
>>> import BinaryTree
>>> root = BinaryTree.BinaryTree('root')
>>> b = root.insert_right_child('B')
>>> a = root.insert_left_child('A')
>>> c = a.insert_left_child('C')
>>> d = c.insert_right_child('D')
>>> e = b.insert_right_child('E')
>>> f = e.insert_left_child('F')
>>> root.in_order()
C  D  A  root  B  F  E
>>> root.post_order()
D  C  A  F  E  B  root
>>> b.in_order()
B  F  E
```

例 15-7　按深度优先的顺序遍历多叉树中的所有节点。

函数 func() 接收一个字典 graph 作为参数，其中元素的“键”表示多叉树中的节点，“值”为当前节点的子节点组成的列表。要求自动查找多叉树的根节点并按深度优先的顺序遍历多叉树 graph 中的节点，每个节点的子节点按标签值升序排列，返回依次经过的节点组成的列表。如果 graph 表示的树中无法确定根节点就返回 False。

```
def func(graph):
    # 自动查找并确认根节点，也就是没有上级节点的节点，一棵树只能有一个根节点
    root = graph.keys() - set().union(*graph.values())
    if len(root) != 1:
        return False
    result = list(root)
    def dfs(start):
```

```
        # 排序，每个节点的子节点按升序顺序遍历
        for node in sorted(graph[start]):
            result.append(node)
            if node in graph.keys():
                # 有子节点，进入下一层
                dfs(node)
    dfs(result[0])
    return result

print(func({'A':['B','D','C'], 'B':['E','F'], 'D':['G','I'], 'G':['H']}))
print(func({'A':['B','C'], 'B':['D','G'], 'C':['E','H','I'],
            'D':['F','J','K']}))
print(func({'C':['A','D','G'], 'A':['F','E'], 'D':['H','I','B'],
            'E':['K','J']}))
print(func({'G':['H', 'I'], 'H':['E','F'], 'F':['G'],
            'I':['D','C','B'], 'C':['A']}))
print(func({'G':['H', 'I'], 'H':['E','F'], 'F':['J'],
            'I':['D','C','B'], 'C':['A']}))
print(func({'A':['B', 'C'], 'D':['E', 'F']}))
```

运行结果：

```
['A', 'B', 'E', 'F', 'C', 'D', 'G', 'H', 'I']
['A', 'B', 'D', 'F', 'J', 'K', 'G', 'C', 'E', 'H', 'I']
['C', 'A', 'E', 'J', 'K', 'F', 'D', 'B', 'H', 'I', 'G']
False
['G', 'H', 'E', 'F', 'J', 'I', 'B', 'C', 'A', 'D']
False
```

例 15-8　按广度优先的顺序遍历多叉树的节点。

函数 func() 接收一个字典 graph 作为参数,其中元素的“键”表示多叉树中的节点，“值”为当前节点的子节点组成的列表。要求自动查找多叉树的根节点并按广度优先的顺序遍历多叉树 graph 中的节点，每个节点的子节点按标签升序排列，返回依次经过的节点组成的列表。如果 graph 表示的树中无法确定根节点就返回 False。

```
def func(graph):
    root = graph.keys() - set().union(*graph.values())
    if len(root) != 1:
        return False
    result = list(root)
    def bfs(start):
        rest = [start]
```

```
        while rest:
            current = rest.pop(0)
            # 排序，每个节点的子节点按升序顺序遍历
            for node in sorted(graph[current]):
                result.append(node)
                if node in graph.keys():
                    # 记录本层有子节点的节点
                    rest.append(node)
    bfs(result[0])
    return result
```

使用上一个例题中的数据进行测试，运行结果：

```
['A', 'B', 'C', 'D', 'E', 'F', 'G', 'I', 'H']
['A', 'B', 'C', 'D', 'G', 'E', 'H', 'I', 'F', 'J', 'K']
['C', 'A', 'D', 'G', 'E', 'F', 'B', 'H', 'I', 'J', 'K']
False
['G', 'H', 'I', 'E', 'F', 'B', 'C', 'D', 'J', 'A']
False
```

例 15-9　创建与使用二叉搜索树。给定一个包含若干整数的列表 data，创建一个表示二叉搜索树的嵌套列表。以列表 data 中第一个整数为根节点的值，嵌套列表中每个子列表要么为空列表表示上一级节点为叶子节点；要么包含 3 个元素，第 1 个元素为整数表示当前节点的值，第 2 个元素为表示左子树的子列表，第 3 个元素为表示右子树的子列表，并且左子树中所有节点的值均小于当前节点的值，右子树中所有节点的值均大于当前节点的值。搜索这样的二叉树中是否存在某个元素时，可以快速减小搜索范围，类似于二分法。

```
def create_tree(data):
    # 表示二叉查找树的嵌套列表，元素分别为当前节点的值与左、右子树，以第一个节点为根
    tree = [data[0], [], []]
    # 遍历剩余节点，创建二叉查找树
    for item in data[1:]:
        node = tree
        # 每次从根节点开始寻找当前元素插入的最佳位置
        while True:
            if item < node[0]:
                # 小于当前节点的值，插入左子树
                node = node[1]
            else:
                # 大于或等于当前节点的值，插入右子树
                node = node[2]
            if not node:
```

```
                # 子树为空，插入
                node.extend([item, [], []])
                break
    return tree

def search(tree, item):
    node = tree
    while True:
        if not node:
            # 搜索失败，已到达叶子节点，树中不存在值为 item 的节点
            return False
        if item == node[0]:
            # 搜索成功，当前节点的值为 item
            return True
        elif item < node[0]:
            # 在左子树中继续搜索
            node = node[1]
        else:
            # 在右子树中继续搜索
            node = node[2]

tree = create_tree([43, 33, 24, 2, 24, 67, 82, 49, 76, 53, 48, 27, 8, 17, 14])
print(tree)
print(search(tree, 67), search(tree, 100), search(tree, 2))
```

运行结果：

```
[43, [33, [24, [2, [], [8, [], [17, [14, [], []], []]]], [24, [], [27, [], []]]], []], [67, [49, [48, [], []], [53, [], []]], [82, [76, [], []], []]]]
True False True
```

15.3　通路、回路、最短路径

通路是指图的顶点和边交替排列的序列，其中首尾为顶点，前后紧邻的顶点和边之间是关联的。通路的长度定义为通路中所含的边的条数。如果图中任意两个顶点之间都存在通路，则称图是连通的，即连通图。深度优先遍历（Depth First Search）算法或广度优先遍历（Breadth First Search）算法可以用来查看从一个顶点出发的通路中是否包含图中所有顶点来判断图是否连通，还可以用来在图中寻找开销最小（适用于边赋权图）和跳数最少（经过的顶点或边的数量最少）的路径。由于篇幅限制，本节例题代码只给出

了部分测试用例，更多测试代码见配套资源的程序文件。

例 15-10　根据无向图邻接矩阵判断是否为连通图。

```
from collections import deque
from numpy import array

def bfs(graph):
    # 顶点数量
    num = len(graph)
    # 一个包含 n 个顶点的图至少需要 n-1 条边才能把所有顶点连通起来
    # 无向图邻接矩阵中非 0 元素数量为边数量的 2 倍
    if len(array(graph).nonzero()[0])//2 < num-1:
        # 边太少，肯定不连通
        return False
    # 顶点访问过的话 visited 对应元素设置为 True，否则保持为 False
    # 双端队列 to_visit 存储需要访问但还没访问的顶点编号，假设从顶点 0 开始遍历
    visited, to_visit = [False]*num, deque([0])
    visited[0] = True
    # 广度优先遍历，如果图是连通的应该能访问到所有顶点
    while to_visit:
        i = to_visit.popleft()
        for j, v in enumerate(graph[i]):
            # 顶点 i 和 j 之间有边，且顶点 j 没有访问过
            if j!=i and v>0 and not visited[j]:
                visited[j] = True
                to_visit.append(j)
    return all(visited)

def dfs(graph):
    num = len(graph)
    visited = [False] * num
    def nested(node):
        visited[node] = True
        for j, v in enumerate(graph[node]):
            # 跳过可能的自环边、不连通的顶点、已访问过的顶点
            if j==node or v==0 or visited[j]:
                continue
            visited[j] = True
            nested(j)
    nested(0)
    return all(visited)

graphs = ([[0, 1, 1], [1, 0, 1], [1, 1, 0]],
          [[0, 1, 1, 1], [1, 0, 1, 1], [1, 1, 0, 1], [1, 1, 1, 0]],
```

例 15-10

```
            [[0, 1, 0, 1, 1], [1, 0, 1, 0, 0], [0, 1, 0, 0, 0],
            [1, 0, 0, 0, 1], [1, 0, 0, 1, 0]])
for g in graphs:
    print((bfs(g), dfs(g)), end=' ')
```

例 15-11　计算图中一个顶点到另一个顶点有多少条指定长度的通路。

假设图 G 的邻接矩阵为 $\boldsymbol{A}$，则记 $\boldsymbol{B}=\boldsymbol{A}^k$，那么元素 $B[i,j]$ 为图 G 中从顶点 i 到顶点 j 之间长度为 k 的不同通路的条数。

函数 func() 接收一个表示图的邻接矩阵的嵌套列表 graph、两个表示顶点编号（从 0 开始）的整数 i 和 j、一个表示通路长度的自然数 k 作为参数，返回图 graph 中的从顶点 i 到顶点 j 的长度为 k 的通路条数。

```
import numpy as np

def func(graph, i, j, k):
    return (np.matrix(graph) ** k)[i,j]

print(func([[0, 1, 1], [1, 0, 1], [1, 1, 0]], 0, 2, 3), end=' ')
print(func([[0, 1, 1, 1], [1, 0, 1, 1], [1, 1, 0, 1], [1, 1, 1, 0]],
           0, 0, 3), end=' ')
```

例 15-12　判断一个无向图中是否存在回路。

根据图论知识可知：①如果所有顶点的度都大于或等于 2，必然存在回路，反之不一定（对于包含多个连通分支的非连通图或者同时存在回路和叶子节点的图不成立）；②如果边的数量大于或等于顶点的数量，必然存在回路，反之不一定（对于包含多个连通分支的非连通图不成立）；③按深度优先或广度优先遍历图的顶点，如果存在重复访问的顶点则必然存在回路，反之亦然。

下面的函数 exist_circle1() 和 exist_circle2() 接收一个无向连通图的邻接矩阵，判断图中是否存在回路。

```
from numpy import array, count_nonzero

def exist_circle1(graph):
    # 如果无向连通图中边的数量大于或等于顶点数量，必然存在回路
    # 对于非赋权图，下面四行代码等价
    # return sum(sum(graph, []))//2 >= len(graph)
    # return array(graph).sum()//2 >= len(graph)
    # return count_nonzero(graph)//2 >= len(graph)
    return len(array(graph).nonzero()[0])//2 >= len(graph)
```

```
def exist_circle2(graph):
    circles = []
    def nested(node, pre):
        for j, v in enumerate(graph[node]):
            # 跳过不连通的顶点和可能的自环边
            if j==node or v==0:
                continue
            jj = str(j)
            if jj in pre[0:-2]:
                # 发现一条回路，记录并停止搜索
                circles.append(pre+jj)
                return
            else:
                # 忽略类似 010、202 的虚假回路
                if jj not in pre[0:-1]:
                    nested(j, pre+jj)
    nested(0, '0')
    return circles, bool(circles)

graphs = ([[0, 1, 1], [1, 0, 1], [1, 1, 0]],
          [[0, 1, 1, 1], [1, 0, 1, 1], [1, 1, 0, 1], [1, 1, 1, 0]],
          [[0, 1, 0, 1, 1], [1, 0, 1, 0, 0], [0, 1, 0, 0, 0],
           [1, 0, 0, 0, 1], [1, 0, 0, 1, 0]])
for g in graphs:
    print(exist_circle1(g), exist_circle2(g))
```

运行结果：

```
True (['0120', '0210'], True)
True (['0120', '0130', '0210', '0230', '0310', '0320'], True)
True (['0340', '0430'], True)
```

例 15-13　寻找有向图中的所有回路。在有向图中，如果存在若干条首尾相接的边使得从一个顶点 A 出发可以回到顶点 A，则称存在一条回路。

函数 func() 接收一个字典 graph 作为参数,其中每个元素的“键”表示一个顶点,“值”为从该顶点出发的边可以直接到达的顶点组成的列表，寻找并返回有向图中所有回路组成的列表，每个回路使用包含该回路依次经过的顶点组成的列表表示，所有回路按长度升序排列，长度相同的回路按顶点编号升序排列，并丢弃重复的回路。例如，ABA 和 BAB 认为是同一条回路，保留 ABA 而丢弃 BAB，也就是保留编号最小的回路。

```
def func(graph):
```

```
    result = []
    def inner(path):
        # 消除类似 CABABABAB 的路径
        if len(set(path)) < len(path):
            return
        last = path[-1]
        # 当前节点没有后续节点，不再继续搜索
        if last not in graph.keys():
            return
        for node in graph[last]:
            if node == path[0]:
                # 找到一个回路
                result.append(path+[node])
                continue
            # 继续搜索剩余顶点可能存在的回路
            inner(path+[node])
    # 寻找所有顶点为起点的回路
    for node in graph.keys():
        inner([node])
    # 先按路径升序再按长度升序排列
    result = sorted(sorted(result), key=len)
    # 删除重复路径，例如 ABA 和 BAB 认为是同一条路径
    for index, path in enumerate(result):
        t = path
        for _ in range(len(path)-2):
            t = t[1:] + [t[1]]
            result[index+1:] = filter(lambda p: p!=t, result[index+1:])
    return result

print(func({'A':['B','C','E'], 'B':['A','D'], 'C':['A','D','E'],
'D':['E']}))
```

运行结果：

```
[['A', 'B', 'A'], ['A', 'C', 'A']]
```

例 15-14　寻找有向图中任意两点之间的所有路径。

在有向图中，如果存在若干条首尾相接的边使得从一个顶点 A 出发可以到达另一个顶点 B，则称存在一条从 A 到 B 的路径。这样的路径可能不止一条。

函数 func() 接收一个字典 graph 和两个字符串 start、stop 作为参数，其中字典 graph 中每个元素的“键”表示一个顶点，“值”为从该顶点出发的边可以直接到达的顶点组成的列表，start 和 stop 为有向图中任意两个不同的顶点。要求寻找并返回从

start 出发到达 stop 的所有路径组成的列表，每条路径为若干顶点组成的列表，所有路径按长度升序排列，长度相同的路径按顶点编号升序排列。路径中不能有回路，例如 ['A', 'B', 'C', 'A', 'D'] 这样的路径不能出现。

```
def func(graph, start, stop):
    result = []
    def inner(path):
        last = path[-1]
        if last == stop:
            result.append(path)
            return
        if last not in graph.keys():
            return
        for node in graph[last]:
            if node in path:
                continue
            inner(path+[node])
    inner([start])
    return sorted(sorted(result), key=lambda p: (len(p),p))

graph = {'A':['B','D','E'], 'B':['A','C','D','E'], 'C':['A','C','D','E'],
         'D':['C','E'], 'E':['A','C','E']}
print(func(graph, 'D', 'E'), func(graph, 'A', 'D'), func(graph, 'C', 'E'),
      sep='\n')
```

运行结果：

```
[['D', 'E'], ['D', 'C', 'E'], ['D', 'C', 'A', 'E'], ['D', 'C', 'A', 'B', 'E']]
[['A', 'D'], ['A', 'B', 'D'], ['A', 'B', 'C', 'D'], ['A', 'E', 'C', 'D'], ['A', 'B',
'E', 'C', 'D']]
[['C', 'E'], ['C', 'A', 'E'], ['C', 'D', 'E'], ['C', 'A', 'B', 'E'], ['C',
'A', 'D', 'E'], ['C', 'A', 'B', 'D', 'E']]
```

下面的代码使用了同样的思路，但没有使用嵌套定义的函数。

```
def generate_path(graph, path, end, results):
    current = path[-1]
    if current == end:
        results.append(path)
    else:
        for n in graph[current]:
            if n not in path:
                generate_path(graph, path+[n], end, results)
```

```
def search_path(graph, start, end):
    results = []
    generate_path(graph, [start], end, results)
    results.sort(key=len)    # 按路径长度排序
    print(f'The path from {results[0][0]} to {results[0][-1]} is:', end=' ')
    print(*results, sep=';')

if __name__ == '__main__':
    graph = {'A': ['B', 'C', 'D'], 'B': ['E'], 'C': ['D', 'F'],
             'D': ['B', 'E', 'G'], 'E': ['D'], 'F': ['D', 'G'], 'G': ['E']}
    search_path(graph, 'A', 'D')
    search_path(graph, 'A', 'E')
```

上面代码创建的有向图如图 15-3 所示。

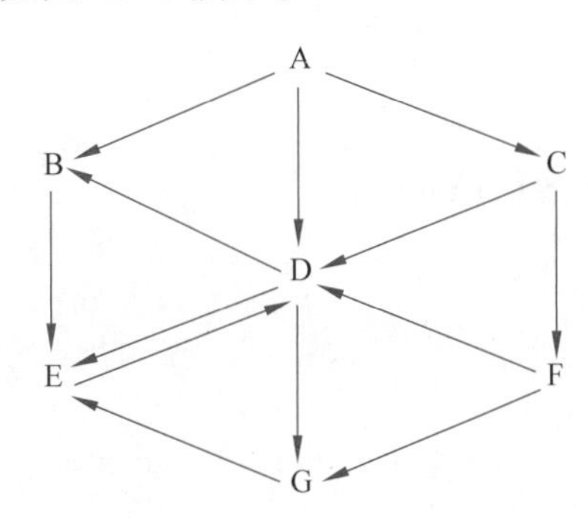

图 15-3　代码创建的有向图

运行结果：

```
The path from A to D is: ['A', 'D'];['A', 'C', 'D'];['A', 'B', 'E', 'D'];['A', 'C', 'F', 'D'];['A', 'C', 'F', 'G', 'E', 'D']
The path from A to E is: ['A', 'B', 'E'];['A', 'D', 'E'];['A', 'C', 'D', 'E'];['A', 'D', 'B', 'E'];['A', 'D', 'G', 'E'];['A', 'C', 'D', 'B', 'E'];['A', 'C', 'D', 'G', 'E'];['A', 'C', 'F', 'D', 'E'];['A', 'C', 'F', 'G', 'E'];['A', 'C', 'F', 'D', 'B', 'E'];['A', 'C', 'F', 'D', 'G', 'E']
```

例 15-15　寻找图中的最短路径。

在边赋权图中求解从一个顶点出发到另一个顶点的路径中开销（边的权值之和）最小的一个，称为最短路径问题。网络数据传输时的路由算法、迷宫游戏、计算机游戏中角色的移动策略、集成电路制造、机器人自动寻径、导航系统中的路径规划，都与最短路径问题有关。

迪杰斯特拉（Dijkstra）算法是求解最短路径问题的算法中最著名的一个，也是贪心算法的典型应用之一。假设以顶点 s 为起点、t 为终点，使用迪杰斯特拉算法求解最短路径的关键思路如下。

（1）初始化，设置已处理的顶点集合 $L=\varnothing$，$\delta(s)=0$，$\delta(v)=\infty$，其中 δ 表示从起点 s 出发到达当前顶点的最短路径的开销，v 表示图中除起点 s 之外的其他所有顶点，∞ 表示不可达或者暂不确定。

（2）将起点 s 加入集合 L，设置与 s 相邻的所有顶点 v 的距离 $\delta(v)=w(s,v)$ 并设置顶点 v 指向 s，其中 $w(s,v)$ 表示从 s 到 v 的边的权值。

（3）从尚未加入集合 L 的顶点中选择 δ 值最小的一个顶点（假设为 v）加入 L，更新与 v 相邻且尚未加入 L 的所有顶点（假设为 u）的 δ 值为 $\delta(u)=\min\{\delta(u),\delta(v)+w(v,u)\}$，如果 $\delta(v)+w(v,u)<\delta(u)$ 则设置 u 指向 v 而不再指向原来的上级顶点，否则保持原来的指向不变。

（4）重复（3），直至终点 t 加入集合 L，然后根据各顶点的指向关系从顶点 t 回溯到顶点 s 即可找到最短路径。

下面的程序使用两种方式实现了迪杰斯特拉算法，请自行分析和比较二者的时间与空间开销。

```
from heapq import heappush, heappop

def dijkstra1(graph, s, t):
    # graph 为边赋权无向图的邻接矩阵，s 和 t 为起点和终点编号
    num, L = len(graph), set()
    delta = {n:(float('inf'),n) for n in range(num)}
    delta[s] = (0, None)
    # 陆续添加顶点并更新可达顶点信息
    while True:
        # 从尚未加入 L 的顶点中选择开销最小的一个顶点 v 加入 L，第一次添加的是 s
        v = min(delta.keys()-L, key=lambda n:delta[n][0])
        L.add(v)
        # 到达终点，结束
        if v == t:
            break
        # 更新与顶点 v 相邻且尚未加入 L 的顶点信息
        for u, d in enumerate(graph[v]):
            # 顶点 u 已加入或者与 v 不相邻，跳过
            if u in L or d==0:
                continue
            dd = delta[v][0] + d
            # 松弛，从顶点 s 经过顶点 v 到顶点 u 的总开销更小，更新顶点 u 的信息
            if dd < delta[u][0]:
                delta[u] = (dd, v)
    # 从终点回溯到起点，求解最短路径
    shortest_path = [t]
```

```
    while True:
        last = shortest_path[-1]
        if last == s:
            break
        shortest_path.append(delta[last][1])
    shortest_path.reverse()
    return (shortest_path, delta[t][0])

def dijkstra2(graph, s, t):
    delta, pointer, q, visited = {s:0}, {}, [(0,s)], set()
    while True:
        # 距离起点 s 最近的顶点及其与起点 s 的距离
        d, u = heappop(q)
        # 到达终点，结束
        if u == t:
            break
        # 标记顶点 u 已访问，从起点 s 到顶点 v 的最短距离已确定
        visited.add(u)
        # 重新计算与顶点 u 相邻且尚未访问的顶点 v 到起点 s 的距离
        for v, w in enumerate(graph[u]):
            if v==u or w==0 or v in visited:
                # 忽略顶点自身、不可达顶点和已访问顶点
                continue
            dd = d + w
            # 从起点 s 出发经过顶点 u 到达 v 的总距离更近，标记 v 的上级节点为 u
            if dd < delta.get(v, float('inf')):
                delta[v], pointer[v] = dd, u
            heappush(q, (delta[v],v))
    shortest_path = [t]
    while True:
        last = shortest_path[-1]
        if last == s:
            break
        shortest_path.append(pointer[last])
    shortest_path.reverse()
    return (shortest_path, delta[t])

data = (([[0,3,5], [3,0,1], [5,1,0]], 0, 2),
        ([[0,3,5], [3,0,4], [5,4,0]], 0, 2))
for graph, s, t in data:
    print(dijkstra1(graph, s, t), dijkstra2(graph, s, t))
```

运行结果：

```
([0, 1, 2], 4) ([0, 1, 2], 4)
([0, 2], 5) ([0, 2], 5)
```

15.4 拓扑排序

拓扑排序(topological sort)属于广度优先遍历算法和贪心算法的综合，是指把有向无环图（directed Acyclic Graph，DAG）中的顶点排列为一个线性序列，对于任意两个顶点 u 和 v，如果存在从顶点 u 到顶点 v 的通路，那么在线性序列中 u 必然在 v 之前。算法步骤为：①从图中选择一个入度为 0 的顶点（如果有多个，就任选一个），输出该顶点，如果没有入度为 0 的顶点则算法结束；②从图中删除刚输出的顶点以及该顶点的所有出边，然后跳转到①。算法结束后如果输出的顶点数量小于图中顶点数量，则图中必然存在回路。容易得知，拓扑排序的结果有可能不是唯一的。

拓扑排序可能的应用有任务调度安排、课程安排、唯一性判断、状态迭代更新、环检测。例如，在选课系统中，对所有课程创建有向图，每个顶点表示一门课程，如果顶点 u 到顶点 v 有一条弧则表示课程 u 是 v 的先修课程。如果构造的有向图中有回路则表示课程之间循环依赖关系，例如课程 1 是课程 2 的先修课程、课程 2 是课程 3 的先修课程、课程 3 是课程 1 的先修课程，这样的情况下无法完成排课。

例 15-16　根据有向图的邻接矩阵对顶点进行拓扑排序。

```
from numpy import array

def topological_sort(graph):
    graph = array(graph)
    # 拓扑排序结果，顶点数量
    result, num = [], len(graph)
    rest = set(range(num))
    while True:
        # 标记本次扫描是否找到了入度为 0 的顶点
        flag = False
        # 扫描尚未处理的顶点
        for u in rest:
            # 发现入度为 0 的顶点 u，加入 result，删除从 u 出发的所有边
            if not graph[:,u].any():
                result.append(u)
                graph[u], flag = 0, True
        rest.difference_update(result)
```

```
        # 没有入度为 0 的顶点了
        if not flag:
            if len(result) < num:
                # 已处理的顶点数量小于图中全部顶点数量，说明有回路，返回空列表
                return []
            else:
                # 已处理完全部顶点，返回拓扑排序结果
                return result

graphs = ([[0,5,7,0,0,0,0,0,0], [0,0,3,8,0,0,0,0,0], [0,0,0,0,3,2,0,0,0],
           [0,0,0,0,4,0,2,0,0], [0,0,0,0,0,0,1,4,4], [0,0,0,0,3,0,0,3,0],
           [0,0,0,0,0,0,0,0,7], [0,0,0,0,0,0,0,0,5], [0,0,0,0,0,0,0,0,0]],
          [[0,3,5], [0,0,1], [0,0,0]],  [[0,3,5], [0,0,1], [1,0,0]],
          [[0,9,7,3,0], [0,0,0,0,6], [0,2,0,1,2], [0,0,0,0,10], [0,0,0,0,0]])
print(*map(topological_sort, graphs), sep=', ')
```

运行结果：

```
[0, 1, 2, 3, 5, 4, 6, 7, 8], [0, 1, 2], [], [0, 2, 3, 1, 4]
```

15.5 图着色问题

图着色问题是指为图中顶点着色，使得有边关联的两个顶点颜色不同。本节两个案例都使用贪心算法求解，只是贪心策略不同，一个追求快速确定顶点颜色，另一个追求更少的颜色数量。第一种贪心策略在顶点处理顺序不同时有可能会得到不同的结果，甚至无法得到最优解。第二种方法顶点顺序不同时着色结果可能会不同，但总是能得到最优解，也就是使用最少的颜色数量进行着色。关注作者微信公众号发送消息“图着色”可以查看全部运行结果以及回溯法图着色源码。

例 15-17　使用贪心算法进行无向图顶点着色，尽快确定每个顶点的颜色。

例 15-17

```
import networkx as nx
import matplotlib.pyplot as plt

def draw(graph, colors, position, flag):
    G, n = nx.Graph(), len(graph)
    # 把颜色编号转换为颜色名称
    colors = ['rgbymck'[c-1] for c in colors]
    # 创建图
    for i in range(n):
```

```
        for j in range(i):
            if graph[i][j] == 1:
                G.add_edge(i, j)
    # 对顶点编号排序是为了与颜色值对应
    nx.draw(G, pos=position, with_labels=True,
            node_color=colors, nodelist=sorted(G), font_color='w')
    if flag == 0:
        plt.suptitle('贪心策略 1：尽快确定顶点颜色', fontproperties='simhei')
    elif flag == 1:
        plt.suptitle('贪心策略 2：使用尽可能少的颜色数量', fontproperties='simhei')
    plt.show()

def coloring1(graph, order, position):
    # 参数 graph 为无向图的邻接矩阵，order 为顶点遍历顺序，position 为每个顶点的位置
    # color 表示颜色编号，从 1 开始
    n, color = len(graph), 1
    # 每个顶点的着色结果
    colors = [0] * n
    # 按指定顺序的编号逐个遍历图中的顶点
    for i in order:
        # 遍历当前顶点所有相邻顶点使用的颜色，确定当前顶点的颜色
        for j, value in enumerate(graph[i]):
            if j==i or value==0:
                # 跳过顶点自身以及不相邻的顶点
                continue
            if colors[j] == color:
                # 只要相邻顶点使用了这个颜色，就使用更大的颜色编号
                color = color + 1
                break
        # 为当前顶点着色
        colors[i] = color
    draw(graph, colors, position, 0)

graphs_order = (([[0,1,1], [1,0,1], [1,1,0]],
                 {0:(0,0), 1:(2,0), 2:(1,1)}, [0,1,2]),
                ([[0,0,0,1,1,1], [0,0,0,1,1,1], [0,0,0,1,1,1], [1,1,1,0,0,0],
                  [1,1,1,0,0,0], [1,1,1,0,0,0]],
                 {0:(0,1), 1:(1,1), 2:(2,1), 3:(0,0), 4:(1,0), 5:(2,0)},
                 [0,2,4,1,3,5]))
for graph, position, order in graphs_order:
    coloring1(graph, order, position)
```

运行结果中最后一个图形如图 15-4 所示。

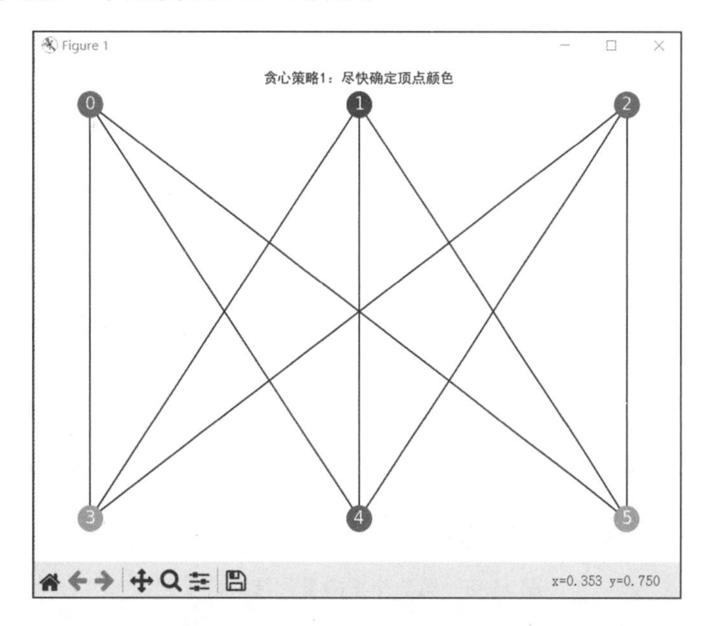

图 15-4　第 2 个图的着色结果（一）

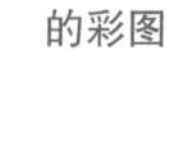

图 15-4 的彩图

例 15-18　使用贪心算法进行无向图顶点着色，使用尽可能少的颜色数量。

```
def coloring2(graph, order, position):
    n = len(graph)
    colors = [0] * n
    # 按指定顺序的编号逐个遍历图中的顶点
    for i in order:
        # 已经用过的颜色
        t = set(colors) - {0}
        color = len(t)
        # 遍历当前订单所有相邻顶点，确定当前顶点的颜色
        for j, value in enumerate(graph[i]):
            if j==i or value==0:
                continue
            # 删除相邻顶点使用的颜色
            t.discard(colors[j])
        # 用过的颜色都不能用了，使用下一种新颜色，如果有可用颜色，使用编号最小的一个
        colors[i] = min(t, default=color+1)
    draw(graph, colors, position, 1)
```

参考例 15-17 补充代码使用同样的无向图邻接矩阵，运行结果中最后一个图形如图 15-5 所示。

图 15-5
的彩图

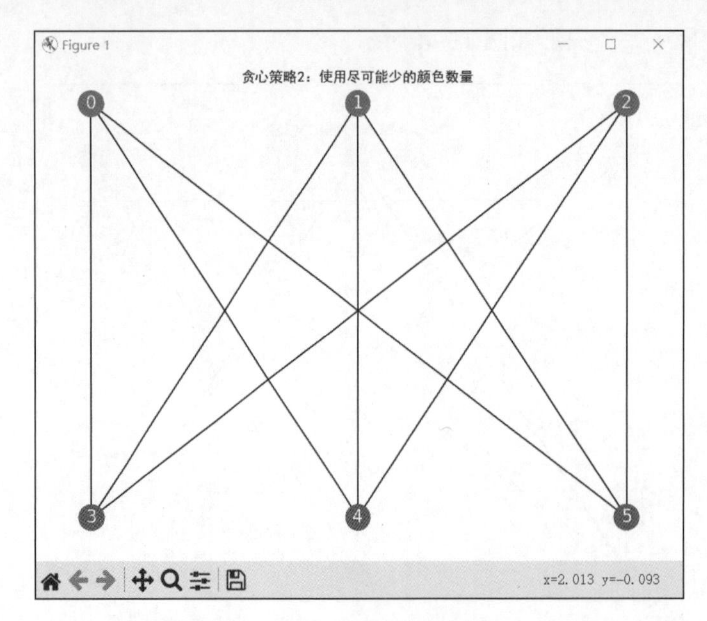

图 15-5　第 2 个图的着色结果（二）

15.6　最小生成树

从边赋权图中选择一部分边得到一个子图，子图与原图具有共同的顶点，但子图的边是原图的边的子集，且子图具有最小的开销（边的权值之和最小），符合这样要求的子图称为最小生成树（minimal spanning tree）。

求解最小生成树问题的主流算法有克鲁斯卡尔（Kruskal）算法和普里姆（Prim）算法，其中克鲁斯卡尔算法的基本思想是：按权值从小到大的顺序把边增加到子图中直到子图变为连通图，如果某条边加入后会产生圈则不加入该边。普里姆算法的基本思想是：从任意一个顶点开始逐个顶点进行判断，选择与当前顶点关联的、权值最小的边关联的顶点加入分支，不断地扩张连通分支的规模，直到所有顶点都连通起来。这两种算法都属于贪心算法。

例 15-19

例 15-19　给定边赋权无向连通图的邻接矩阵，求解其最小生成树的邻接矩阵。

```
from numpy import array, tril, zeros_like

def exist_circle(graph):
    # 存放可能的回路
    circles = []
    def nested(node, pre):
        # 参数 pre 表示到达当前顶点之前经过的所有顶点
        # 深度优先遍历无向连通图，遍历顶点 node 的相邻顶点
        for j, v in enumerate(graph[node]):
            # 跳过可能的自环边和不连通的顶点
```

```
            if j==node or v==0:
                continue
            jj = str(j)
            if jj in pre[0:-2]:
                # 当前节点在这条通路上的前面出现过，发现一条回路，记录并停止搜索
                circles.append(pre+jj)
                return
            else:
                # 忽略类似 010、202 的虚假回路
                if jj not in pre[0:-1]:
                    nested(j, pre+jj)
    nested(0, '0')
    # 存在回路时列表非空，等价于 True
    return bool(circles)

def kruskal(graph):
    graph, result = array(graph), zeros_like(graph)
    # 无向图的邻接矩阵是对称矩阵，只考虑下三角矩阵即可
    rows, cols = tril(graph).nonzero()
    weights = graph[rows,cols]
    # 按权值升序对边排序
    for w, r, c in sorted(zip(weights,rows,cols)):
        # 加入一条边
        result[r,c] = result[c,r] = w
        if exist_circle(result):
            # 构成了圈，撤销该边的加入
            result[r,c] = result[c,r] = 0
    return result

def prim(graph):
    num, graph, result = len(graph), array(graph), zeros_like(graph)
    # 已经加入子图的顶点编号和数量
    include_nodes, n = [0], 1
    while n < num:
        # 从已添加到子图的所有顶点邻接的所有边中选择权值最小的一个
        t = graph[include_nodes]
        min_weight = t[t.nonzero()].min()
        # 获取该边关联的顶点编号，也就是邻接矩阵中最小权值的行号和列号
        r, c = (graph==min_weight).nonzero()
        r, c = r[0], c[0]
        # 顶点加入子图，从原图中删除
        result[r,c] = result[c,r] = min_weight
        include_nodes.append(c)
```

```
            graph[r,c] = graph[c,r] = 0
            n = n + 1
        return result

graphs = ([[0,3,5], [3,0,4], [5,4,0]],
          [[0,9,7,3,0], [9,0,0,0,6], [7,0,0,0,2], [3,0,0,0,0], [0,6,2,0,0]],
          [[0,3,7,3,0], [3,0,0,0,6], [7,0,0,0,2], [3,0,0,0,0], [0,6,2,0,0]],
          [[0,3,1,3,0], [3,0,0,0,6], [1,0,0,0,2], [3,0,0,0,0], [0,6,2,0,0]])
for g in graphs:
    r1, r2 = kruskal(g), prim(g)
    # 请自行修改代码输出 r1 和 r2 以加深对最小生成树的理解
    print(f'{(r1==r2).all()=}')
```

运行结果：

```
(r1==r2).all()=True
(r1==r2).all()=True
(r1==r2).all()=True
(r1==r2).all()=True
```

15.7 完美匹配

假设无向图表示为 $G=(V,E)$，其中 V 表示顶点集合，E 表示边的集合。如果边集的某个子集 $M(M\subseteq E)$ 中任意两条边都没有共同顶点，或者说每个顶点最多只有一条边与之关联，则称该子集为一个匹配。如果把图中剩余边集 $E-M$ 中的任意一条边加入 M，都会使其不再是一个匹配，则称 M 是极大匹配。如果 M 是 G 的所有匹配中边的数量最多的一个，则称 M 为最大匹配。如果 M 匹配了图中全部顶点，则称 M 为完美匹配，此时 M 中边的数量必然是顶点数量的一半，并且每个顶点的出度和入度都是 1。由于篇幅限制，本节例题代码只给出了部分测试用例，更多测试代码见配套资源的程序文件。

例 15-20　给定无向图邻接矩阵，判断该图是否为完美匹配。

函数 func() 接收一个无向图的邻接矩阵 graph 作为参数，如果顶点 i 和顶点 j 之间有边则 graph[i][j]=graph[j][i]=1，要求判断邻接矩阵 graph 表示的图中的所有边是否为完美匹配，是则返回 True，否则返回 False。

```
from numpy import array

def func(graph):
    graph = array(graph)
```

```
    # 每个顶点的出度都是 1
    axis0 = graph.sum(axis=0)
    # 每个顶点的入度都是 1
    axis1 = graph.sum(axis=1)
    # 上面两个条件满足时必然同时也满足：边的数量为顶点数量的一半
    return (axis0==1).all() and (axis1==1).all()

print(func([[0, 1, 1], [1, 0, 1], [1, 1, 0]]))
```

运行结果：

```
False
```

15.8 最 大 流

给定边赋权有向图 $D=(V,A)$，边集 A 中每条弧的权值看作容量或者最大运输能力，以顶点集 V 中两个顶点 s 和 t 作为起点（也称源点）和终点（也称汇点），计算 s 与 t 之间的最大实际流量，称为最大流问题。计算某城市公路网或信息网络的总容量、电子电路中的总电流、飞机航线的最佳安排、工作分配，都可以转化为最大流问题来解决。

对于一个流而言，每条弧上的最大实际流量不能超过其本身的容量，从起点 s 流出的总流量一定等于终点 t 流入的总流量，且除 s 和 t 之外的其他任意顶点的流入流量和流出流量一定相等。例如，图 15-6 的有向图中每个弧的权值表示自己的最大容量。

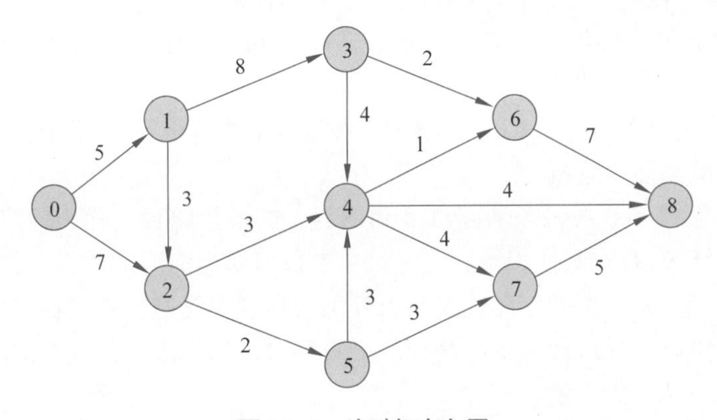

图 15-6　边赋权有向图

图 15-7 和图 15-8 都是图 15-6 的最大流，是最大流的两种不同分配方案，读者可以尝试找出更多分配方案。

求解最大流问题的诸多算法中，福特 - 福尔克森（Ford-Fulkerson）算法名气最大。该算法步骤如下。

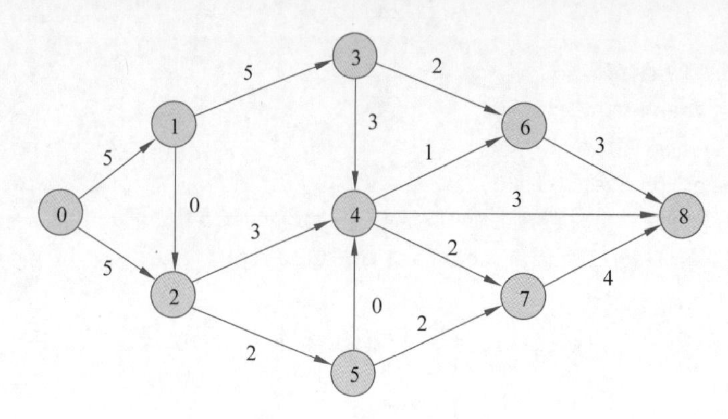

图 15-7　第一种最大流

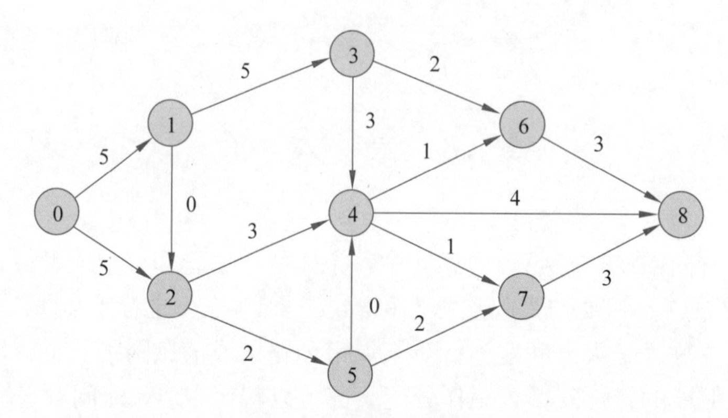

图 15-8　第二种最大流

（1）初始化，设置所有弧上的流量 $f(e)=0$，假设没有任何流动。

（2）计算流 f 的残留网络 R。残留网络是为当前流 f 定义的一个边赋权有向图，其顶点集与原图 D 相同，弧集由与 D 中的弧方向相同和方向相反的两种弧构成。假设 D 中有弧 (u,v)，那么残留网络中可能存在 (u,v) 和 (v,u) 这两种弧，其中弧 (u,v) 的权值 $w(e)-f(e)$ 表示这个方向上最多还能增加多少流量，弧 (v,u) 的权值 $f(e)$ 表示 (u,v) 方向上最多可以减小多少流量。

（3）在残留网络中寻找一条从起点 s 到终点 t 的最短路径（称为增广路），如果不存在增广路则算法结束，存在则使用增广路上最小的权值对当前流 f 进行更新，然后跳到（2）。增广路有多种选择方式，例如广度优先遍历算法或深度优先遍历算法，可以选择权值之和最小的路径，也可以选择跳数最少的路径。更新流时，如果增广路上有倒流的弧，表示应该减少流 f 中这一条弧的流量。

（4）输出最大流 f。

例 15-21　求解有向图的最大流。

```
from random import randint
from collections import deque
from heapq import heappush, heappop
```

```
from numpy import array, zeros_like

def dijkstra2(graph, s, t):
    # 寻找邻接矩阵 graph 表示的图中从顶点 s 到顶点 t 的最短路径
    delta, pointer, q, visited = {s:0}, {}, [(0,s)], set()
    # 是否发现最短路径
    found = False
    while q:
        # 距离起点 s 最近的顶点 u 及其与起点 s 的距离 d
        d, u = heappop(q)
        if u == t:
            found = True
            break
        # 标记顶点 u 已访问，从起点 s 到顶点 u 的最短距离已确定
        visited.add(u)
        # 重新计算与顶点 u 相邻且尚未访问的顶点 v 到起点 s 的距离
        for v, w in enumerate(graph[u]):
            if v==u or w==0 or v in visited:
                continue
            dd = d + w
            # 从起点 s 出发经过顶点 u 到达 v 的总距离更近
            if dd < delta.get(v, float('inf')):
                delta[v], pointer[v] = dd, u
            heappush(q, (delta[v],v))
    if not found:
        return ([], float('inf'), [])
    shortest_path, weights = [t], []
    while True:
        last = shortest_path[-1]
        if last == s:
            break
        shortest_path.append(pointer[last])
        weights.append(graph[shortest_path[-1],shortest_path[-2]])
    shortest_path.reverse()
    weights.reverse()
    return (shortest_path, delta[t], weights)

def bfs_shortest_path(graph, s, t):
    # 接收邻接矩阵，使用广度优先遍历算法寻找从 s 到 t 跳数最少的路径
    num = len(graph)
    # 顶点访问过设置为 True，否则保持为 False
    visited = [False] * num
    # 需要访问的顶点编号，路径中每个顶点到前一个顶点的指针，是否发现路径
```

```
    to_visit, pointer, found = deque([s]), {}, False
    # 广度优先遍历，返回跳数最少的路径
    while to_visit:
        i = to_visit.popleft()
        if i == t:
            found = True
            break
        for j, v in enumerate(graph[i]):
            # 顶点 i 和 j 之间有边，且顶点 j 没有访问过
            if v>0 and not visited[j]:
                # 标记已访问过，指向上一个节点
                visited[j], pointer[j] = True, i
                # 记录顶点编号，以便按广度往下扩展访问其相邻顶点
                to_visit.append(j)
    if not found:
        # 不存在增广路
        return [], float('inf'), []
    # 从终点倒推起点，查找跳数最少的路径
    shortest_path, weights, hops = [t], [], 0
    while True:
        last = shortest_path[-1]
        if last == s:
            break
        shortest_path.append(pointer[last])
        weights.append(graph[shortest_path[-1],shortest_path[-2]])
        hops = hops + 1
    shortest_path.reverse()
    weights.reverse()
    # 返回最短路径、跳数、各跳的权值
    return (shortest_path, hops, weights)

def main(graph, s, t, func_sp):
    # 接收边赋权有向图邻接矩阵 graph，返回从顶点 s 到顶点 t 的最大流的邻接矩阵
    # 参数 func_sp 为寻找增广路的函数
    graph = array(graph)
    # 初始流，假设没有流
    result = zeros_like(graph)
    while True:
        # 计算残留网络
        graph_r = (graph-result) + result.T
        # 下一行代码取消注释可以显示中间过程
        # print(graph_r, result, sep='\n')
        # 在残留网络中寻找最短路径作为增广路，没有增广路时说明流已达最大
        augmenting_path, _, weights = func_sp(graph_r, s, t)
```

```
        # print(augmenting_path, weights)
        if not augmenting_path:
            break
        # 使用增广路上权值最小的边的权值对流进行更新
        offset = min(weights)
        for u, v in zip(augmenting_path[:-1], augmenting_path[1:]):
            if graph[u,v] > 0:
                # 正向流，增加这个边的流量
                result[u,v] = result[u,v] + offset
            else:
                # 反向流，减小这个边反向的流量
                result[v,u] = result[v,u] - offset
    # 最大流的流量分配可能不唯一，与增广路的选择方式有关，但最大总容量是一样的
    return result

def check(graph, s, t):
    # 参数 graph 为有向图的邻接矩阵，检查其是否符合最大流的要求
    # 起点 s 所有出边的权值之和等于终点 t 所有入边的权值之和
    # 其他每个顶点的入边权值之和等于出边权值之和，即流量守恒
    for i in range(len(graph)):
        if i == s:
            j = t
        elif i == t:
            j = s
        else:
            j = i
        if graph[i,:].sum() != graph[:,j].sum():
            return False
    return True

graphs = ([[0,5,7,0,0,0,0,0,0], [0,0,3,8,0,0,0,0,0], [0,0,0,0,3,2,0,0,0],
           [0,0,0,0,4,0,2,0,0], [0,0,0,0,0,0,1,4,4], [0,0,0,0,3,0,0,3,0],
           [0,0,0,0,0,0,0,0,7], [0,0,0,0,0,0,0,0,5], [0,0,0,0,0,0,0,0,0]],
          [[0,3,5], [0,0,1], [0,0,0]],
          [[0,9,7,3,0], [0,0,0,0,6], [0,2,0,1,2], [0,0,0,0,10], [0,0,0,0,0]])
for g in graphs:
    print('='*10)
    num = len(g)
    s = randint(0, num//2)
    t = randint(s+1, num-1)
    r1 = main(g, s, t, dijkstra2)
    r2 = main(g, s, t, bfs_shortest_path)
    print(f'{s=},{t=}', r1, r2,
          f'{(r1==r2).all()},{check(r1,s,t)},{check(r2,s,t)}', sep='\n')
```

习　　题

1. 遍历图时，如果从一个顶点出发，可以经过图中所有顶点且每个顶点只经过一次，最后又回到出发的位置，这样就形成了一个哈密顿回路。编写程序，给定图的邻接表，分别使用穷举法、使用递归函数的回溯法和不使用递归函数的回溯法 3 种算法寻找从指定顶点出发的所有哈密顿回路。

2. 编写程序，使用 4 种颜色对任意无向图进行着色，统计有多少种着色方案。

3. 编写程序，给定无向图邻接矩阵，求解顶点着色方案数量以及所有着色方案，要求使用最少的颜色。

4. 编写程序，给定无向图邻接矩阵，使用回溯法为顶点着色，并绘制着色结果，要求使用尽可能少的颜色数量。

第 16 章　机器学习算法

机器学习（machine learning）根据已知数据来不断学习和积累经验，然后总结出规律并尝试预测未知数据的属性，是一门综合性非常强的多领域交叉学科，涉及线性代数、概率论、逼近论、凸分析、算法复杂度理论等多门学科。目前机器学习已经有了十分广泛的应用，例如数据挖掘、计算机视觉、自然语言处理、生物特征识别、搜索引擎、医学诊断、信用卡欺诈检测、证券市场分析、DNA 序列测序、语音和手写识别、推荐系统、战略游戏和机器人应用等。

16.1　线性回归算法原理与应用

16.1.1　线性回归算法原理

对于平面上任意两个不重合的点 $P(x_1,y_1)$ 和 $Q(x_2,y_2)$，可以唯一确定一条直线 $\frac{y-y_1}{x-x_1}=\frac{y_2-y_1}{x_2-x_1}$，整理后得到 $y=\frac{y_2-y_1}{x_2-x_1}\times(x-x_1)+y_1$，根据这个公式可以准确地计算任意 x 值在该直线上对应点的 y 值，如图 16-1 所示。

对于平面上若干不共线的样本点，可以确定一条最佳回归直线，使得这些点的总离差最小，确定最佳回归系数 ω，满足下面的公式：

$$\min_{\omega}\|X\omega-y\|_2^2$$

其中，X 为包含若干 x 坐标的数组，$X\omega$ 为这些 x 坐标在回归直线上对应点的纵坐标，y 为样本点的实际纵坐标。

确定最佳回归直线的方程之后，就可以对未知样本进行预测，也就是计算任意 x 值在该直线上对应点的 y 值，如图 16-2 所示。

上面的理论也适用于高维空间，在 n 维空间中，每个点具有 n 个坐标或特征，每个点可以使用一个 $1\times n$ 的向量表示，向量中的每个分量表示一个维度的坐标值。如此一来，在 n 维空间中不共线的两个点也可以唯一确定一条“直线”，对于不共线的多个点也可以计算一条“回归直线”，然后再对其他点进行预测，这正是线性回归算法的基本原理。

使用线性回归算法对实际问题进行预测时，使用一个 $m\times n$ 的矩阵或二维数组表示空间中的 m 个点（或样本）并作为参数输入给模型进行拟合和训练，每个样本是一个 $1\times n$

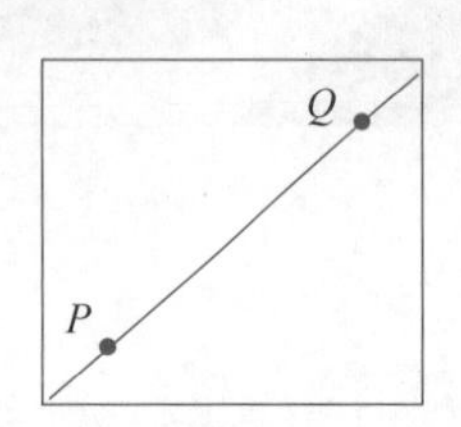

图 16-1　两点确定一条直线

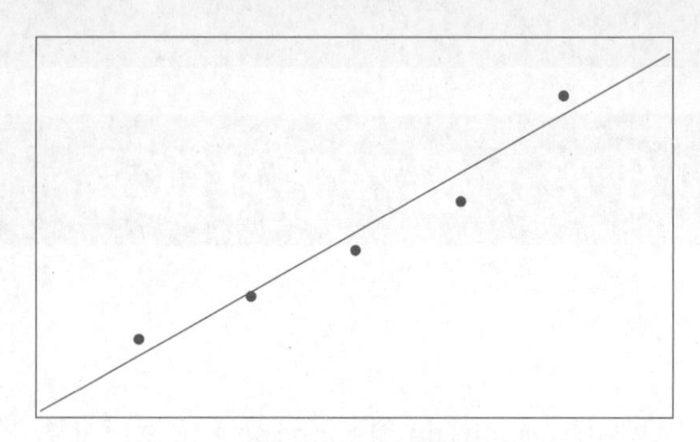

图 16-2　使用最小二乘法得到的回归直线

向量，该向量中每个分量表示样本的一个特征（假设所有特征线性无关）。使用若干样本的特征向量和对应的目标值对线性回归模型进行训练和拟合，得到最佳“直线”并用来对未知的样本进行预测。如果使用 x 表示样本的特征向量，$\overline{y}$表示预测结果，则可以用下面的线性组合公式表示线性回归模型：

$$\overline{y}(w, x) = \omega_0 + \omega_1 x_1 + \omega_2 x_2 + \cdots + \omega_p x_p$$

其中，向量 $(\omega_1,\omega_2,\cdots,\omega_p)$ 为回归系数，ω_0 为截距。在线性回归算法中，使用给定的样本特征向量和对应的目标值训练模型也就是计算最佳回归系数和截距的过程。

例 16-1　使用最小二乘法计算回归直线并进行预测。随着经济的发展，居民存款逐年增长，某地区居民连续几年的储蓄总金额如表 16-1 所示。

表 16-1　某地区居民连续几年的储蓄总金额

年份	2015	2016	2017	2018	2019	2020	2021	2022	2023	2024
第 t 年	1	2	3	4	5	6	7	8	9	10
储蓄总金额 y/ 亿元	5	6	7	8	10	13	15	17	19	23

要求：①计算 y 关于 t 的最佳回归方程$\hat{y} = \hat{k}t + \hat{b}$的斜率和截距，以及这些数据点的总离差，要求保留 3 位小数；②用所求的回归方程预测该地区第 6 年和第 13 年的年底储蓄总金额。

如果给定数据点大致分布在一条直线附近，可以对其进行拟合得到回归直线，使得已知数据点与回归直线的总离差最小。对于所有观察点 t_i，其观察值 y_i 与回归直线上的点$\hat{y}$的距离的平方和$\sum(y_i - \hat{y})^2$称为总离差。这种使得总离差最小的方法称为最小二乘法。

如果使用最小二乘法，回归直线的斜率计算公式为$\hat{k} = \frac{\sum_{i=1}^{n}(t_i y_i) - n\overline{t}\overline{y}}{\sum_{i=1}^{n} t_i^2 - n\overline{t}^2}$，其中$\overline{t}$表示观察点 t_i 的平均值，$\overline{y}$表示观察值 y_i 的平均值。回归直线的截距计算公式为$\hat{b} = \overline{y} - \hat{k}\overline{t}$。

```
t, y = tuple(range(1,11)), (5, 6, 7, 8, 10, 13, 15, 17, 19, 23)
```

```
n = len(t)
tAverage, yAverage = sum(t)/n, sum(y)/n
ly = sum(map(lambda x,y:x*y, t, y)) - n*tAverage*yAverage
lt = sum(map(lambda x:x*x, t)) - n*tAverage*tAverage
# 直线的斜率
k = round(ly/lt, 3)
# 直线的截距
b = round(yAverage - k*tAverage, 3)
print(k, b)
# 计算已知点与回归直线的距离平方和
distance = round(sum(map(lambda x,y:(k*x+b-y)**2, t, y)), 3)
print(distance, round(6*k+b,3), round(13*k+b,3), sep=',')
```

运行结果：

```
1.982 1.399
10.073,13.291,27.165
```

16.1.2　使用线性回归模型预测儿童身高

理论上，一个人的身高除了随年龄变大而增长之外，在一定程度上还受到遗传和饮食习惯以及其他因素的影响，但是饮食等其他因素对身高的影响很难衡量。我们把问题简化一下，假定一个人的身高只受年龄、性别、父母身高、祖父母身高和外祖父母身高这几个因素的影响，并假定大致符合线性关系。也就是说，在其他条件不变的情况下，随着年龄的增长，会越来越高；同样，对于其他条件都相同的儿童，其父母身高较大的话，儿童也会略高一些。但在实际应用时要考虑到一个情况，人的身高不是一直在增长的，到了一定年龄之后就不再生长了，然后身高会长期保持固定而不再变化（不考虑年龄太大之后会稍微变矮一点的情况）。为了简化问题，我们假设18岁之后身高不再变化。

Python扩展库scikit-learn的linear_model包中提供了ARD自相关回归算法（ARDRegression）、贝叶斯岭回归算法（BayesianRidge）、弹性网络算法（ElasticNet）、最小角回归算法（LARS）、随机梯度下降算法分类器（SGDClassifier）、逻辑回归（LogisticRegression）、岭回归分类器（RidgeClassifier）、普通最小二乘法线性回归模型（LinearRegression）等大量线型模型的实现，成功安装之后可以在Python安装目录的Lib\site-packages\sklearn\linear_model子文件夹中找到这些模型的实现源码，或在Python开发环境中使用from sklearn import linear_model导入包之后再使用dir(linear_model)查看所有可用对象名称，然后使用内置函数help()查看具体用法，例如help(linear_model.LinearRegression)。下面的代码演示了如何使用线性回归模型LinearRegression预测儿童身高。

例 16-2　使用线性回归模型预测儿童身高。

```
import copy
import numpy as np
from sklearn import linear_model

# 训练数据，每一行表示一个样本，包含的信息分别为：
# 儿童年龄，性别（0 表示女，1 表示男），父亲、母亲、祖父、祖母、外祖父、外祖母的身高
x = np.array([[1, 0, 180, 165, 175, 165, 170, 165],
              [3, 0, 180, 165, 175, 165, 173, 165],
              [4, 0, 180, 165, 175, 165, 170, 165],
              [6, 0, 180, 165, 175, 165, 170, 165],
              [8, 1, 180, 165, 175, 167, 170, 165],
              [10, 0, 180, 166, 175, 165, 170, 165],
              [11, 0, 180, 165, 175, 165, 170, 165],
              [12, 0, 180, 165, 175, 165, 170, 165],
              [13, 1, 180, 165, 175, 165, 170, 165],
              [14, 0, 180, 165, 175, 165, 170, 165],
              [17, 0, 170, 165, 175, 165, 170, 165]])
# 儿童身高，单位为 cm
y = np.array([60, 90, 100, 110, 130, 140, 150, 164, 160, 163, 168])
# 创建线性回归模型，然后根据已知数据训练模型拟合最佳直线
lr = linear_model.LinearRegression()
lr.fit(x, y)

# 待测的未知数据，其中每个分量的含义与训练数据相同
xs = np.array([[10, 0, 180, 165, 175, 165, 170, 165],
               [17, 1, 173, 153, 175, 161, 170, 161],
               [34, 0, 170, 165, 170, 165, 170, 165]])
for item in xs:
    # 为不改变原始数据，进行深复制，并假设超过 18 岁以后就不再长高了
    # 对于 18 岁以后的年龄，返回 18 岁时的身高
    item1 = copy.deepcopy(item)
    if item1[0] > 18:
        item1[0] = 18
    # 使用 reshape() 方法修改为二维数组，这是 predict() 方法的要求
    print(item, ':', lr.predict(item1.reshape(1,-1)))
```

运行结果：

```
[ 10   0 180 165 175 165 170 165] : [ 140.56153846]
[ 17   1 173 153 175 161 170 161] : [ 158.41]
[ 34   0 170 165 170 165 170 165] : [ 176.03076923]
```

16.2　协同过滤算法原理与电影推荐

电影推荐与商品推荐一样，常使用协同过滤算法，又分为基于用户的协同过滤算法和基于商品的协同过滤算法，分别基于用户或商品的相似度来做推荐。应用于具体的问题时，相似度（或者距离）的计算方法又有所不同。本节介绍基于用户的协同过滤算法，也就是根据用户喜好来确定与当前用户最相似的用户，然后再根据最相似用户的喜好为当前用户进行推荐。计算两个用户之间相似度时采用类似于杰卡德相似度的方法，两个用户看过的电影名称的交集中元素数量越多表示二人相似度越高，如果交集长度一样打分越接近表示相似度越高，对同一组电影打分之差的平方和越小表示越接近。

例 16-3　使用基于用户的协同过滤算法进行电影推荐。

已有大量用户对若干电影的打分数据，小明看过一些电影并进行过评分，现在想要找个新电影来看，要求根据已有打分数据为小明进行推荐。

代码采用字典来存放电影打分数据，格式为 { 用户 1:{ 电影名称 1: 打分 1, 电影名称 2: 打分 2,…}, 用户 2:{…}}，这样的数据结构设计再借助字典和集合运算使得代码非常简洁高效。正如前言中所说，合适的数据结构对于算法设计与实现来说如虎添翼。

例 16-3

```
from random import randrange

# 电影打分历史数据
data = {'user'+str(i):{'film'+str(randrange(1, 50)):randrange(1, 6)
                      for j in range(randrange(3, 20))}
        for i in range(100)}
# 小明看过的电影以及打分数据
user = {'film'+str(randrange(1, 50)):randrange(1,6) for i in range(10)}
# 计算历史数据中每个用户与小明的相似度，每个元组中前两项为原始数据
# ((key,value, 与小明共同看过的电影数量 , 与小明对同一批电影打分的差的平方和 ), ...)
new_data = tuple((key, value, len(user.keys()&value),
                  sum([(user[f]-value[f])**2 for f in user.keys()&value]))
                  for key, value in data.items())
# 最相似的用户及其对电影打分情况
# 两个用户共同打分的电影最多，并且所有电影打分差值的平方和最小
similarUser, films, *_ = min(new_data, key=lambda it: (-it[2],it[3]))
print('历史数据'.center(50, '='))
for k, v, n, dis in new_data:
    print(n, dis, (k,v), sep=':')
print('小明的信息'.center(50, '='), user, sep='\n')
print('最相似的用户及其电影打分 '.center(50, '='))
print(similarUser, films, sep=':')
```

```
print('推荐电影'.center(50, '='))
# 在当前用户没看过的电影中选择打分最高的进行推荐
print(max(films.keys()-user.keys(), key=lambda film: films[film]))
```

16.3 朴素贝叶斯算法原理与应用

分类属于有监督学习算法，根据已知样本的特征和类别训练模型，然后根据未知样本与已知样本的相似性将其划分到相似度最高的类别。

16.3.1 分类算法基本原理

本节演示分类算法的基本原理，给定 3 个元组 datasets、labels、sample，其中 datasets 中包含若干表示二维平面上点坐标的元组 (x,y)，labels 中包含若干表示标签的整数且每个整数与 datasets 中每个元组对应，sample 中包含 2 个整数表示二维平面上一个点的 x 和 y 坐标。计算每组被贴了同样标签的所有点的几何中心，然后返回与点 sample 距离最近的那个分组中心所属的类别标签。在实际使用时，不同的中心计算公式和距离计算公式会得到不同的分类结果。

例 16-4　根据已知样本的类别信息对未知样本进行分类。

```
def func(datasets, labels, sample):
    # 按标签分组
    groups = {}
    for point, label in zip(datasets, labels):
        groups[label] = groups.get(label, [])
        groups[label].append(point)
    # 计算各分组的几何中心
    centers = {}
    for label, points in groups.items():
        (x, y), n = zip(*points), len(points)
        centers[label] = (sum(x)/n, sum(y)/n)
    # 返回距离未知样本最近的分组中心所属的类别标签
    dist = lambda k: ((centers[k][0]-sample[0])**2
                      +(centers[k][1]-sample[1])**2)
    return min(centers.keys(), key=dist)

print(func(((1,2), (3,4), (8,9), (8,9.5)), (0,0,1,1), (3,4.5)))  # 输出: 0
print(func(((1,2), (3,4), (8,9), (8,9.5)), (0,0,1,1), (7,7.5)))  # 输出: 1
```

16.3.2　使用朴素贝叶斯算法进行垃圾邮件分类

关于概率的相关知识与贝叶斯算法原理见第 13 章。朴素贝叶斯算法之所以说“朴素”，是指在整个过程中只做最原始、最简单的假设，例如假设特征之间互相独立并且所有特征同等重要。

使用朴素贝叶斯算法进行分类时，分别计算未知样本属于每个已知类的概率，然后选择其中概率最大的类作为分类结果。根据贝叶斯理论，样本 x 属于某个类 c_i 的概率计算公式为

$$p(c_i \mid x)=\frac{p(x \mid c_i)p(c_i)}{p(x)}$$

然后在所有后验概率 $p(c_1|x)$、$p(c_2|x)$、$p(c_3|x)$、⋯、$p(c_n|x)$ 中选择最大的那个，例如 $p(c_k|x)$，并判定样本 x 属于类 c_k。

在扩展库模块 sklearn.naive_bayes 中提供了 3 种朴素贝叶斯算法，分别是伯努利朴素贝叶斯（BernoulliNB）、高斯朴素贝叶斯（GaussianNB）和多项式朴素贝叶斯（MultinomialNB），分别适用于伯努利分布（又称二项分布或 0-1 分布）、高斯分布（也称正态分布）和多项式分布的数据集。

以高斯朴素贝叶斯（GaussianNB）为例，该类对象具有 fit()、predict()、partial_fit()、predict_proba()、score() 等常用方法，可以使用内置函数 help() 查看具体用法，不再赘述。下面的代码在 IDLE 中演示了使用高斯朴素贝叶斯算法（GaussianNB）进行分类的方法和步骤。

```
>>> import numpy as np
>>> X = np.array([[-1, -1], [-2, -1], [-3, -2], [1, 1], [2, 1], [3, 2]])
>>> y = np.array([1, 1, 1, 2, 2, 2])
>>> from sklearn.naive_bayes import GaussianNB
>>> clf = GaussianNB()                              # 创建高斯朴素贝叶斯模型
>>> clf.fit(X, y)                                   # 拟合
GaussianNB(priors=None)
>>> clf.predict([[-0.8, -1]])                       # 分类，结果必然是数组 y 中的一个值
array([1])
>>> clf.predict_proba([[-0.8, -1]])                 # 样本属于不同类别的概率
array([[  9.99999949e-01,   5.05653254e-08]])
>>> clf.score([[-0.8,-1]], [1])                     # 评分
1.0
>>> clf.score([[-0.8,-1], [0,0]], [1,2])            # 评分
0.5
```

例 16-5

例 16-5　使用朴素贝叶斯算法进行垃圾邮件分类。

使用朴素贝叶斯算法对邮件进行分类的步骤如下：

（1）从电子邮箱中收集足够多的垃圾邮件和非垃圾邮件的文本作为样本集。

（2）读取全部样本集，删除其中的干扰字符，例如“【】*。、”等，然后分词，再删除长度为 1 的单个字，这样的单个字对于文本分类没有贡献，剩下的词汇认为是有效词汇。

（3）统计全部样本集中每个有效词汇的出现次数，截取出现次数最多的前 N（可以根据实际情况进行调整）个。

（4）根据每个经过步骤（2）预处理后的垃圾邮件和非垃圾邮件内容生成特征向量，统计步骤（3）中得到的 N 个词语分别在该邮件中出现的次数。每个邮件文本得到一个特征向量，特征向量长度为 N，每个分量的值表示对应的词语在本邮件中出现的次数。例如，特征向量 [3, 0, 0, 5] 表示第一个词语在本邮件中出现了 3 次，第二个和第三个词语没有出现，第四个词语出现了 5 次。

（5）创建朴素贝叶斯模型，根据步骤（4）中得到的特征向量和已知邮件类别进行训练。

（6）读取测试邮件，参考步骤（2），对邮件文本进行预处理，提取特征向量。

（7）使用步骤（5）中训练好的模型，根据步骤（6）提取的特征向量对邮件进行分类。

下面的代码创建多项式朴素贝叶斯分类模型，使用 151 封邮件的文本内容（0.txt~150.txt）进行训练，其中 0.txt~126.txt 为垃圾邮件的文本，127.txt~150.txt 为正常邮件的内容。模型训练结束之后，使用 5 封邮件的文本内容（151.txt~155.txt）进行测试，代码和用到的数据文件在配套资源中。

```
from re import sub
from os import listdir
from collections import Counter
from itertools import chain
from jieba import cut
from sklearn.naive_bayes import MultinomialNB

def getWordsFromFile(txtFile):
    # 假设所有存储邮件文本内容的记事本文件都使用 UTF8 编码
    with open(txtFile, encoding='utf8') as fp:
        # 使用正则表达式过滤干扰字符或无效字符
        content = sub(r'[.【】0-9、—。，！~\*\n]', '', fp.read())
        # 分词，过滤长度为 1 的词
        words = list(filter(lambda word: len(word)>1, cut(content)))
    # 返回包含当前邮件文本中所有有效词语的列表
    return words

# 存放所有文件中的单词，每个元素是一个子列表，其中存放一个文件中的所有单词
allWords = []
def getTopNWords(topN):
    # 按文件编号顺序处理当前文件夹中所有记事本文件
    # 获取训练集中所有邮件中的全部单词
```

```
    for i in range(151):
        allWords.append(getWordsFromFile(f'{i}.txt'))
    # 获取并返回出现次数最多的前 topN 个单词
    freq = Counter(chain(*allWords))
    return [w[0] for w in freq.most_common(topN)]

# 全部训练集中出现次数最多的前 600 个单词
topWords = getTopNWords(600)
# 获取特征向量，前 600 个单词的每个单词在每个邮件中出现的频率
vectors = []
for words in allWords:
    vectors.append(list(map(words.count, topWords)))
# 训练集中每个邮件的标签，1 表示垃圾邮件，0 表示正常邮件
labels = [1]*127 + [0]*24
# 创建模型，使用已知训练集进行训练
model = MultinomialNB()
model.fit(vectors, labels)

def predict(txtFile):
    # 获取指定邮件文件内容，返回分类结果
    words = getWordsFromFile(txtFile)
    vector = tuple(map(words.count, topWords))
    # 模型的 predict() 方法要求参数为二维数组或矩阵
    result = model.predict([vector])[0]
    return '垃圾邮件' if result==1 else '正常邮件'
# 151.txt~155.txt 为测试邮件内容
for i in range(151, 156):
    print(f'{i}.txt', predict(f'{i}.txt'), sep=':')
```

运行结果：

```
151.txt:垃圾邮件
152.txt:垃圾邮件
153.txt:垃圾邮件
154.txt:垃圾邮件
155.txt:正常邮件
```

在上面的实现中，每次运行程序都会重新训练模型，在一定程度上影响了速度，也浪费了资源。下面的方案把训练好的模型保存起来，进行预测时直接使用训练好的模型，不需要反复进行训练，节约了大量时间。为节约篇幅，代码中略去了注释，可以参考前面的程序。

代码一（get_words_from_file.py），该文件为公用代码，不需要单独执行。

```
from re import sub
from jieba import cut

def getWordsFromFile(txtFile):
    with open(txtFile, encoding='utf8') as fp:
        content = sub(r'[.【】0-9、—。，！ ~\*\n]', '', fp.read())
        words = list(filter(lambda word: len(word)>1, cut(content)))
    return words
```

代码二（贝叶斯垃圾邮件分类器_训练并保存结果.py），先执行该程序训练并保存模型。

```
from os import listdir
from collections import Counter
from itertools import chain
import joblib
from sklearn.naive_bayes import MultinomialNB
from get_words_from_file import getWordsFromFile

allWords = []
def getTopNWords(topN):
    for i in range(151):
        allWords.append(getWordsFromFile(f'{i}.txt'))
    freq = Counter(chain(*allWords))
    return [w[0] for w in freq.most_common(topN)]

topWords = getTopNWords(600)
vectors = []
for words in allWords:
    vectors.append(list(map(words.count, topWords)))
vectors = vectors
labels = [1]*127 + [0]*24
model = MultinomialNB()
model.fit(vectors, labels)

joblib.dump(model, "垃圾邮件分类器.pkl")
print('保存模型和训练结果成功。')
with open('topWords.txt', 'w', encoding='utf8') as fp:
    fp.write(','.join(topWords))
print('保存topWords成功。')
```

代码三（贝叶斯垃圾邮件分类器_加载并使用训练结果.py），该程序可以多次执行，直接加载训练好的模型，不需要重复训练。

```
import joblib
from sklearn.naive_bayes import MultinomialNB
from get_words_from_file import getWordsFromFile

model = joblib.load("垃圾邮件分类器.pkl")
print('加载模型和训练结果成功。')
with open('topWords.txt', encoding='utf8') as fp:
    topWords = fp.read().split(',')

def predict(txtFile):
    words = getWordsFromFile(txtFile)
    vector = tuple(map(words.count, topWords))
    result = model.predict([vector])[0]
    return '垃圾邮件' if result==1 else '正常邮件'
for i in range(151, 156):
    print(f'{i}.txt', predict(f'{i}.txt'), sep=':')
```

16.4　分类算法与聚类算法

聚类属于无监督学习算法，用于发现样本之间的关系和相似性，利用这些相似性对样本进行聚集，相似度较高的样本归为一类，然后可用于支持对未知样本进行分类。

16.4.1　使用 KNN 算法判断交通工具类型

KNN 算法是 *k* Nearest Neighbor 的简称，即 *k* 近邻算法，属于有监督学习算法，既可以用于分类，也可以用于回归，本节重点介绍分类的用法。*k* 近邻分类算法的基本思路是在样本空间中查找 *k* 个最相似或者距离最近的样本，然后根据 *k* 个最相似的样本对未知样本进行分类。如果一个未知样本周围的大多数样本都属于某个类别，那么该样本也被认为属于那个类别，即所谓“近朱者赤，近墨者黑”“如果要了解一个人，可以看一下他交往了什么样的朋友”也是使用了类似的法则。使用 KNN 算法进行分类的基本步骤如下。

（1）对数据进行预处理，提取特征向量，使用合适的形式对原始数据进行重新表示。

（2）确定距离计算公式，并计算已知样本空间中所有样本与未知样本的距离。

（3）对所有距离升序排列。

（4）确定并选取与未知样本距离最小的 *k* 个样本。

（5）统计选取的 *k* 个样本中每个样本所属类别的出现频率。

（6）把出现频率最高的类别作为预测结果，认为未知样本属于这个类别。

图 16-3　KNN 分类原理示意图

在该算法中，如何计算样本之间的距离和如何选择合适的 k 值是比较重要的两个方面，会对分类结果有一定的影响。在图 16-3 中，已知样本空间中有 3 个样本属于三角形表示的类别、4 个样本属于加号表示的类别、5 个样本属于月牙表示的类别，要求判断圆点表示的未知样本属于哪个类别。

在这个例子中，使用欧几里得距离来计算样本之间的距离，假设有两个样本的特征向量分别为 $\boldsymbol{x}(x_1,x_2,\cdots,x_n)$ 和 $\boldsymbol{y}(y_1,y_2,\cdots,y_n)$，那么它们之间的距离为 $d=\sqrt{\sum_{i=1}^{n}(x_i-y_i)^2}$。对于 k 近邻分类算法，如果选择 k 的值为 3，也就是选择与未知样本距离最近的 3 个样本（图中最内层的圆），此时选择的 3 个样本中有 2 个属于三角形的类别，1 个属于月牙的类别，三角形类别出现次数多，所以判断未知样本属于三角形的类别。继续分析可知，如果选择 k 的值为 9 则未知样本会被判断为加号的类别，选择 k 的值为 12 则未知样本将被判断为月牙的类别。

除了欧几里得距离，还经常使用曼哈顿距离和余弦相似度计算样本之间的差异。对于两个向量 $\boldsymbol{x}(x_1,x_2,\cdots,x_n)$ 和 $\boldsymbol{y}(y_1,y_2,\cdots,y_n)$，曼哈顿距离计算公式为 $d=\sum_{i=1}^{n}|x_i-y_i|$，余弦相似度计算公式为 $\text{sim}(\boldsymbol{x},\boldsymbol{y})=\cos\theta=\frac{\boldsymbol{x}\cdot\boldsymbol{y}}{\|\boldsymbol{x}\|\cdot\|\boldsymbol{y}\|}$（其中 θ 表示两个向量之间的夹角）。曼哈顿距离也称城市距离，计算方法类似于中国象棋中棋子“車”的行走（见例 12-4），而余弦相似度更加关注两个向量在方向上的相似程度，并不关心向量长度，避免了因为度量标准不同导致的分类误差。闵科夫斯基距离 $d=\sqrt[p]{\sum_{i=1}^{n}(|x_i-y_i|)^p}$，当 p 等于 1 时为曼哈顿距离，等于 2 时为欧几里得距离。

使用时应注意，KNN 算法没有使用样本空间中的所有样本，只使用其中的一部分，如果不同类别的样本数量相差较大，会影响分类结果的正确性。另外，由于要计算所有已知样本与未知样本的距离，该算法的计算量较大。

扩展库模块 sklearn.neighbors 中提供了 k 近邻分类算法（KNeighborsClassifier）、k 近邻回归算法（KNeighborsRegressor）、R 近邻分类算法（RadiusNeighborsClassifier）、R 近邻回归算法（RadiusNeighborsRegressor）、实现近邻搜索的无监督学习算法（NearestNeighbors）等。本节主要介绍 k 近邻分类算法（KNeighborsClassifier），其构造方法的语法如下，更多相关知识和用法请参考作者其他教材。

```
__init__(self, n_neighbors=5, weights='uniform', algorithm='auto',
         leaf_size=30, p=2, metric='minkowski', metric_params=None,
         n_jobs=1, **kwargs)
```

在下面代码中，首先使用已知交通工具的部分参数（这些参数故意进行了微调，与实际的交通工具参数并不完全一致）和所属类型对 KNN 模型进行拟合，然后使用拟合好的模型根据未知交通工具的参数进行分类。

例 16-6　使用 KNN 算法对交通工具进行分类。

```
from sklearn.neighbors import KNeighborsClassifier

# X 中存储交通工具的参数，总长度（米）、时速（km/h）、重量（吨）、座位数量
X = [[96, 85, 120, 400],          # 普通火车
     [144, 92, 200, 600], [240, 87, 350, 1000],
     [360, 90, 495, 1300], [384, 91, 530, 1405],
     [240, 360, 490, 800],        # 高铁
     [360, 380, 750, 1200], [290, 380, 480, 960],
     [120, 320, 160, 400], [384, 340, 520, 1280],
     [33.4, 918, 77, 180],        # 飞机
     [33.6, 1120, 170.5, 185], [39.5, 785, 230, 240],
     [33.84, 940, 150, 195], [44.5, 920, 275, 275], [75.3, 1050, 575, 490]]
# y 中存储类别，0 表示普通火车，1 表示高铁，2 表示飞机
y = [0]*5 + [1]*5 + [2]*6
# labels 中存储对应的交通工具名称
labels = ('普通火车', '高铁', '飞机')
# 创建并训练模型
knn = KNeighborsClassifier(n_neighbors=3, weights='distance')
knn.fit(X, y)
# 对未知样本进行分类
unKnown = [[300, 79, 320, 900], [36.7, 800, 190, 220]]
result = knn.predict(unKnown)
for para, index in zip(unKnown, result):
    print(para, labels[index], sep=':')
```

运行结果：

```
[300, 79, 320, 900]：普通火车
[36.7, 800, 190, 220]：飞机
```

16.4.2　使用 K-Means 算法压缩图像颜色

K-Means（K 均值聚类）属于无监督学习算法，在数据预处理时使用较多。在初始状态下，样本都没有标签或目标值，由聚类算法发现样本之间的关系，然后自动把在某种意义下相似度较高的样本归为一类并贴上相应的标签。

K-Means 算法的基本思想是：选择样本空间中 k 个样本为初始中心，然后对剩余样本

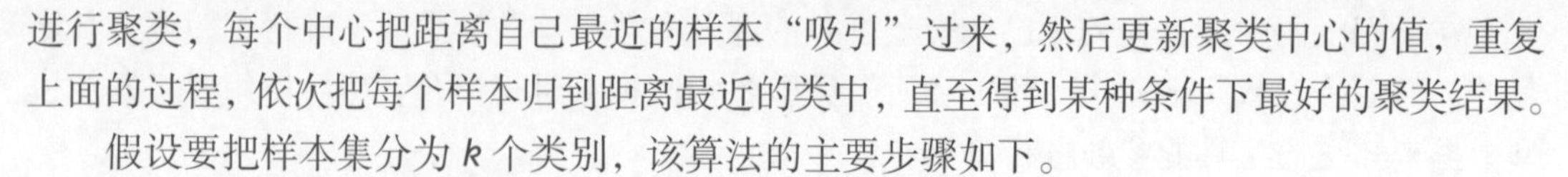

进行聚类，每个中心把距离自己最近的样本“吸引”过来，然后更新聚类中心的值，重复上面的过程，依次把每个样本归到距离最近的类中，直至得到某种条件下最好的聚类结果。

假设要把样本集分为 *k* 个类别，该算法的主要步骤如下。

（1）按照定义好的规则选择 *k* 个样本作为每个类的初始中心。

（2）遍历并处理所有样本，对于每个样本，分别计算其到 *k* 个类中心的距离，将该样本归到距离最小的中心所在的类，然后利用均值或其他方法更新该类的中心值。

（3）重复上面的过程，直到没有样本被重新分配到不同的类或者没有聚类中心再发生变化，停止迭代。

最终得到的 *k* 个聚类具有以下特点：各聚类本身尽可能紧凑，而各聚类之间距离尽可能大。该算法的关键在于预期分类数量 *k* 的确定以及初始中心和距离计算公式的选择。另外，由于每次迭代中涉及的计算量比较大，应用于大量样本时该算法速度不是很理想。

扩展库模块 sklearn.cluster 中的 KMeans 类实现了 K 均值聚类算法，其构造方法语法如下，更多相关知识与应用请参考作者其他教材。

```
__init__(self, n_clusters=8, *, init='k-means++', n_init='auto',
         max_iter=300, tol=0.0001, verbose=0, random_state=None,
         copy_x=True, algorithm='lloyd')
```

例 16-7　扩展库模块 sklearn.cluster 中 K-Means 算法的基本用法。

```
from numpy import array
from sklearn.cluster import KMeans

# 原始数据
X = array([[1,1,1,1,1,1,1], [2,3,2,2,2,2,2], [3,2,3,3,3,3,3],
           [1,2,1,2,2,1,2], [2,1,3,3,3,2,1], [6,2,30,3,33,2,71]])
# 训练模型，选择 3 个样本作为中心，把所有样本划分为 3 个类
kmeansPredicter = KMeans(n_clusters=3, n_init=10).fit(X)
print('原始数据:', X, sep='\n')
# 原始数据每个样本所属的类别标签
category = kmeansPredicter.labels_
print(f'聚类结果：{category}\n', '='*30)

def predict(element):
    result = kmeansPredicter.predict(element)
    print(f'预测结果：{result}\n 相似元素：\n{X[category==result]}')
# 测试
predict([[1,2,3,3,1,3,1]])
print('='*30)
predict([[5,2,23,2,21,5,51]])
```

例 16-8　使用 K-Means 算法压缩图像颜色。

虽然现实中物体颜色可以有百万、千万甚至更多种，但色彩中存在大量的冗余，人眼对其中很多颜色是不敏感的，甚至觉察不到一些细微的区别。基于这个考虑，可以对图像中的颜色进行聚类，每个聚类中的所有颜色统一使用聚类中心颜色替代，使用更少的颜色来表示原始图像。

下面的代码读取一个图像文件，把所有颜色聚类为 4 种颜色，使用这 4 种颜色表示原来的图像。由于图像包含的数据量太大，当参数 n_clusters 的值变大时算法速度会急剧下降，可以使用 MiniBatchKMeans 提高速度，具体参数含义请自行查阅官方文档。

```
import numpy as np
from sklearn.cluster import KMeans
from PIL import Image
import matplotlib.pyplot as plt

# 打开并读取原始图像中像素颜色值，转换为三维数组
dataOrigin = np.array(Image.open('颜色压缩测试图像 .jpg'))
# 转换为二维数组，-1 表示自动计算该维度的大小
data = dataOrigin.reshape(-1,3)
# 使用 K-Means 算法把所有像素的颜色值划分为 4 类
kmeansPredicter = KMeans(n_clusters=4, n_init=10)
kmeansPredicter.fit(data)

# 使用每个像素所属类的中心值替换该像素的颜色
labels = kmeansPredicter.labels_
dataNew = np.uint8(kmeansPredicter.cluster_centers_[labels])
dataNew.shape = dataOrigin.shape
plt.imshow(dataNew)
plt.imsave('结果图像 .jpg', dataNew)
plt.show()
```

原始图像如图 16-4 所示，算法选择的初始中心不同会导致不同的结果图像，某一次运行得到的结果图像如图 16-5 所示。

图 16-4 和
图 16-5 的
彩图

图 16-4　原始图像

图 16-5　K-Means 算法压缩颜色后的结果图像

16.4.3 DBSCAN 算法原理与应用

DBSCAN（Density-Based Spatial Clustering of Applications with Noise）为密度聚类算法，把类定义为密度相连对象的最大集合，在样本空间中不断搜索高密度的核心样本并扩展得到最大集合完成聚类，能够在带有噪点的样本空间中发现任意形状的聚类并排除噪点。DBSCAN 算法不需要预先指定聚类数量,但对用户设定的其他参数非常敏感。当空间聚类的密度不均匀、聚类间距相差很大时，聚类质量较差。

在学习和使用 DBSCAN 算法之前，首先了解几个基本概念：

（1）核心样本。在 eps 邻域内样本数量超过阈值 min_samples 的样本。

（2）边界样本。在 eps 邻域内样本的数量小于 min_samples，但是落在核心样本的邻域内的样本。

（3）噪声样本。既不是核心样本也不是边界样本的样本。

（4）直接密度可达。如果样本 q 在核心样本 p 的 eps 邻域内，则称 q 从 p 出发是直接密度可达的。

（5）密度可达。对于样本链 p_1、p_2、p_3、…、p_n，如果每个样本 p_{i+1} 从 p_i 出发都是直接密度可达的，则称 p_n 从 p_1 出发是密度可达的。

（6）密度相连。如果存在样本 o 使得样本 p 和 q 从 o 出发都是密度可达的，则称样本 p 和 q 是互相密度相连的。

DBSCAN 聚类算法的工作过程如下：

（1）定义邻域半径 eps 和样本数量阈值 min_samples。

（2）从样本空间中抽取一个尚未访问过的样本 p。

（3）如果样本 p 是核心样本，进入步骤（4）；否则根据实际情况将其标记为噪声样本或某个类的边界样本，返回步骤（2）。

（4）找出样本 p 出发的所有密度相连样本，构成一个聚类 Cp（该聚类的边界样本都是非核心样本），并标记这些样本为已访问。

（5）如果全部样本都已访问，算法结束；否则返回步骤（2）。

扩展库模块 sklearn.cluster 实现了 DBSCAN 聚类算法，其构造方法语法如下，更多相关知识与应用请参考作者其他教材。

```
__init__(self, eps=0.5, *, min_samples=5, metric='euclidean',
         metric_params=None, algorithm='auto', leaf_size=30,
         p=None, n_jobs=None)
```

例 16-9

例 16-9　使用 DBSCAN 聚类算法进行聚类。首先使用 make_blobs() 函数生成 300 个样本点，然后使用不同参数的 DBSCAN 算法进行聚类并可视化。

```
import numpy as np
import matplotlib.pyplot as plt
from sklearn.cluster import DBSCAN
from sklearn.datasets import make_blobs

def DBSCANtest(data, eps=0.6, min_samples=8):
    db = DBSCAN(eps=eps, min_samples=min_samples).fit(data)
    # 聚类标签（数组，表示每个样本所属聚类）和所有聚类，标签 -1 对应的样本表示噪点
    clusterLabels = db.labels_
    uniqueClusterLabels = set(clusterLabels)
    # 标记核心样本对应下标为 True
    coreSamplesMask = np.zeros_like(db.labels_, dtype=bool)
    coreSamplesMask[db.core_sample_indices_] = True
    # 可视化聚类结果
    colors = ['red', 'green', 'blue', 'gray', '#88ff66',
              '#ff00ff', '#ffff00', '#8888ff', 'black']
    markers = ['v', '^', 'o', '*', 'h', 'd', 'D', '>', 'x']
    for label in uniqueClusterLabels:
        # 使用最后一种颜色和符号绘制噪声样本
        # clusterIndex 是个 True/False 数组，其中 True 表示对应样本为 cluster 类
        clusterIndex = (clusterLabels==label)
        # 绘制核心对象
        coreSamples = data[clusterIndex & coreSamplesMask]
        plt.scatter(coreSamples[:, 0], coreSamples[:, 1],
                    c=colors[label], marker=markers[label], s=100)
        # 绘制非核心对象
        nonCoreSamples = data[clusterIndex & ~coreSamplesMask]
        plt.scatter(nonCoreSamples[:, 0], nonCoreSamples[:, 1],
                    c=colors[label], marker=markers[label], s=20)
    plt.show()

# 生成随机数据，然后进行聚类
data, labels = make_blobs(n_samples=300, centers=5)
DBSCANtest(data)
DBSCANtest(data, 0.8, 15)
```

使用参数 eps=0.6 和 min_samples=8 时聚类的结果如图 16-6 所示，使用参数 eps=0.8 和 min_samples=15 时聚类的结果如图 16-7 所示。

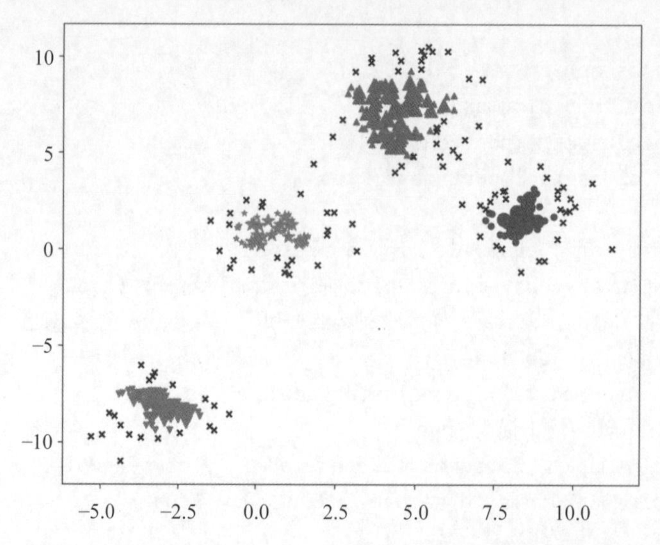

图 16-6　参数 eps=0.6 和 min_samples=8 时聚类的结果

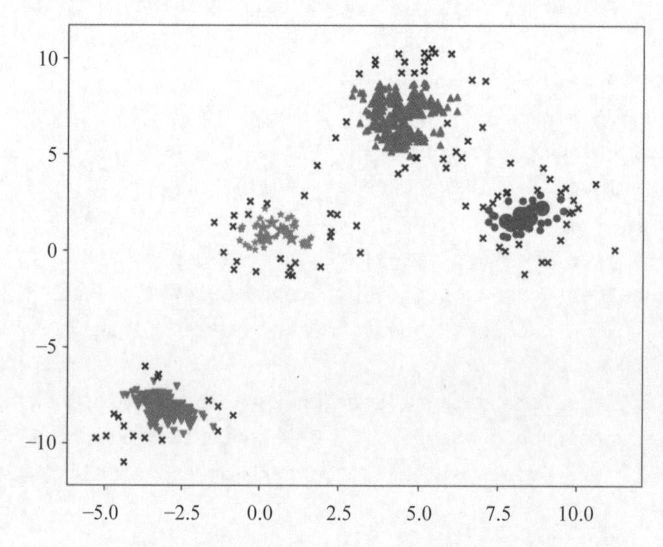

图 16-7　参数 eps=0.8 和 min_samples=15 时聚类的结果

图 16-6 和图 16-7 的彩图

16.5　关联规则分析算法原理与应用

关联规则分析或者关联规则学习算法用于从大规模数据中寻找物品之间隐含的或者可能存在的依赖关系（但不一定是因果关系），从而实现某种意义上的预测。例如，捡到鼠标垫的幸运者 3 个月内是否有可能购买笔记本电脑；正在浏览某商品页面的用户还可能对什么商品感兴趣；特别爱吃炒花生米的人喜欢喝酒的可能性有多大；在饭店吃饭时点了糖醋里脊和红烧茄子的客人再点红烧排骨的可能性有多大；把啤酒和尿不湿的货架放到一起真的可以提高销量吗？

16.5.1 基本概念与算法原理

关联规则分析有很多不同的实现，其中常用的是 Apriori 先验算法，在学习和使用该算法之前，首先了解其中的常用概念。

（1）项集：包含若干物品的集合。包含 *k* 个物品的集合称为 *k*- 项集。

（2）频繁项集：经常一起出现的物品的集合。如果某个项集是频繁的，那么它的所有子集都是频繁的；如果某个项集不是频繁的，那么它的所有超集都不是频繁的。这一点是避免项集数量过多的重要基础，使得快速计算频繁项集成为可能，类似于剪枝。

（3）关联规则：可以表示为一个蕴含式 *R*:*X*==>*Y*，其中交集 *X*&*Y* 为空集。这样一条关联规则的含义是，如果 *X* 发生，那么 *Y* 很可能也会发生。

（4）支持度：项集 *X* 的支持度是指包含该项集的记录数量在所有项集中所占的比例，也就是项集 *X* 的概率 *P*(*X*)。一条关联规则 *X*==>*Y* 的支持度是指项集 *X*|*Y*（表示 *X* 和 *Y* 的并集）的支持度，也就是包含 *X* 或 *Y* 的记录的数量与记录总数量的比。

（5）置信度：表示某条规则可信度的大小，用来检验一个推测是否靠谱。对于某条关联规则 *X*==>*Y*，置信度是指包含 *X* 或 *Y* 的项集 *X*|*Y* 的支持度与项集 *X* 的支持度的比值 *P*(*X*|*Y*)/*P*(*X*)。如果某条关联规则不满足最小置信度要求，那么该规则的所有子集也不会满足最小置信度。根据这一点可以减少要测试的规则数量。

（6）强关联规则：同时满足最小支持度和最小置信度的关联规则。根据不同的支持度和置信度阈值设置，关联规则分析的结果会有所不同。

在使用时，关联规则分析主要分两步来完成。第一步是查找满足最小支持度要求的所有频繁项集，首先得到所有 1- 频繁项集（包含 1 个元素的集合），然后根据这些 1- 频繁项集生成 2- 频繁项集，再根据 2- 频繁项集生成 3- 频繁项集，以此类推。为减少无效搜索和空间占用，每次迭代时可以对 *k*- 项集进行过滤，如果一个 *k*- 项集是频繁项集的话，它的所有 *k*-1 子集都应该是频繁项集。反之，如果一个 *k*- 项集有不是频繁项集的 *k*-1 子集，就删掉这个 *k*- 项集。第二步是在频繁项集中查找满足最小置信度的所有关联规则。

16.5.2 使用关联规则分析算法分析和预测演员关系

在使用关联规则分析解决实际问题时，需要有足够多的历史数据以供从中挖掘潜在的关联规则，然后使用这些规则进行预测。

本节通过电影主要演员数据演示关联规则分析算法的实现和应用，为方便阅读，代码中关键位置进行了必要的注释，可以调整其中的参数 minSupport 和 minConfidence 并观察对结果的影响来加深对关联规则分析算法的理解。

例 16-10 已知 Excel 文件“电影导演演员.xlsx”中包含一些演员主演电影的信息，其中部分内容如图 16-8 所示，要求根据这些信息查找关系较好的演员二人组合（经常一起参演同一个电影的两个演员，也就是频繁 2- 项集），以及演员之间存在的关联关系。

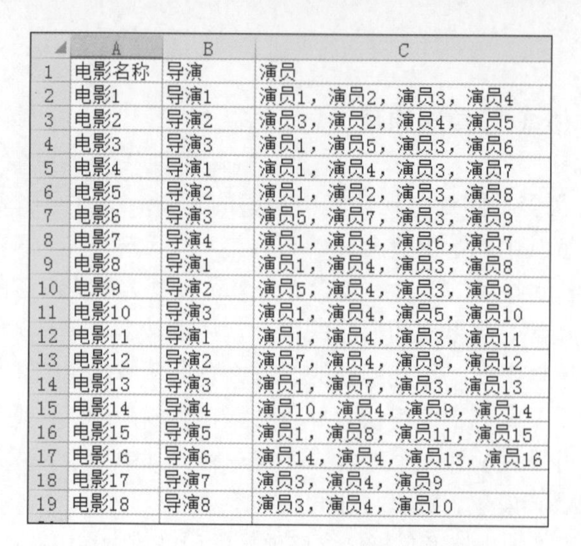

	A	B	C
1	电影名称	导演	演员
2	电影1	导演1	演员1，演员2，演员3，演员4
3	电影2	导演2	演员3，演员2，演员4，演员5
4	电影3	导演3	演员1，演员5，演员3，演员6
5	电影4	导演1	演员1，演员4，演员3，演员7
6	电影5	导演2	演员1，演员2，演员3，演员8
7	电影6	导演3	演员5，演员7，演员3，演员9
8	电影7	导演4	演员1，演员4，演员6，演员7
9	电影8	导演1	演员1，演员4，演员3，演员8
10	电影9	导演2	演员5，演员4，演员3，演员9
11	电影10	导演3	演员1，演员4，演员5，演员10
12	电影11	导演1	演员1，演员4，演员3，演员11
13	电影12	导演2	演员7，演员4，演员9，演员12
14	电影13	导演3	演员1，演员7，演员3，演员13
15	电影14	导演4	演员10，演员4，演员9，演员14
16	电影15	导演5	演员1，演员8，演员11，演员15
17	电影16	导演6	演员14，演员4，演员13，演员16
18	电影17	导演7	演员3，演员4，演员9
19	电影18	导演8	演员3，演员4，演员10

图 16-8　Excel 文件中的电影、演员数据

```
from itertools import combinations
from openpyxl import load_workbook

def loadDataSet():
    # 加载数据，返回包含若干集合的列表，返回的数据格式为
    # [{'演员 1', '演员 3', '演员 4'}, {'演员 2', '演员 3', '演员 5'}]
    result = []
    # xlsx 文件中第一个工作表有 3 列，分别为电影名称、导演、演员
    # 同一个电影的多个主要演员使用中文全角逗号分隔
    ws = load_workbook('电影导演演员.xlsx').worksheets[0]
    for index, row in enumerate(ws.rows):
        # 跳过第一行表头
        if index==0:
            continue
        result.append(set(row[2].value.split('，')))
    return result

def createC1(dataSet):
    '''dataSet 为包含集合的列表，每个集合表示一个 1- 项集
       返回包含若干元组的列表，每个元组为只包含一个物品的项集，所有项集不重复'''
    return sorted([(i,) for i in set().union(*dataSet)])

def scanD(dataSet, Ck, Lk, minSupport):
    '''dataSet 为包含集合的列表，每个集合表示一个项集
       Ck 为候选项集列表，每个元素为元组
       minSupport 为最小支持度阈值，返回 Ck 中支持度大于或等于 minSupport 的那些项集'''
    total, supportData = len(dataSet), {}
```

```
    for candidate in Ck:
        # 加速，k-频繁项集的所有 k-1 子集都应该是频繁项集
        if Lk and (not all(map(lambda item: item in Lk,
                               combinations(candidate, len(candidate)-1)))):
            continue
        # 遍历每个候选项集，统计该项集在所有数据集中出现的次数
        # 这里隐含了一个技巧： True 在内部存储为 1
        set_candidate = set(candidate)
        frequencies = sum(map(lambda item: set_candidate<=item, dataSet))
        # 计算支持度
        t = frequencies / total
        # 大于或等于最小支持度，保留该项集及其支持度
        if t >= minSupport:
            supportData[candidate] = t
    return supportData

def aprioriGen(Lk, k):
    '''根据 k-1 项集生成 k 项集'''
    result = []
    for index, item1 in enumerate(Lk):
        for item2 in Lk[index+1:]:
            # 只合并前 k-2 项相同的项集，避免生成重复项集
            # 例如，(1,3) 和 (2,5) 不会合并，(2,3) 和 (2,5) 会合并为 (2,3,5)，
            # (2,3) 和 (3,5) 不会合并，(2,3)、(2,5)、(3,5) 只能得到一个项集 (2,3,5)
            if sorted(item1[:k-2]) == sorted(item2[:k-2]):
                result.append(tuple(set(item1)|set(item2)))
    return result

def apriori(dataSet, minSupport=0.5):
    '''根据给定数据集 dataSet，返回所有支持度 >=minSupport 的所有频繁项集'''
    # 支持度大于 minSupport 的 1-项集
    C1 = createC1(dataSet)
    supportData = scanD(dataSet, C1, None, minSupport)
    k = 2
    while True:
        # 获取满足最小支持度的 k-1 项集
        Lk = [item for item in supportData if len(item)==k-1]
        # 合并生成 k 项集
        Ck = aprioriGen(Lk, k)
        # 筛选满足最小支持度的 k 项集
        supK = scanD(dataSet, Ck, Lk, minSupport)
        # 无法再生成包含更多项的项集，算法结束
        if not supK:
```

```
                break
            supportData.update(supK)
            k = k+1
        return supportData

def findRules(supportData, minConfidence=0.5):
    ''' 查找满足最小置信度的关联规则 '''
    # 对频繁项集按长度降序排列
    supportDataL = sorted(supportData.items(),
                          key=lambda item:len(item[0]), reverse=True)
    rules = []
    for index, pre in enumerate(supportDataL):
        len_pre, set_pre = len(pre[0]), set(pre[0])
        for aft in supportDataL[index+1:]:
            len_aft = len(aft[0])
            # 只查找 k-1 项集到 k 项集的关联规则
            if len_aft == len_pre:
                continue
            if len_aft < len_pre-1:
                break
            # 当前项集 aft[0] 是 pre[0] 的子集
            # 且 aft[0]==>pre[0] 的置信度大于或等于最小置信度阈值
            if set(aft[0])<set_pre and pre[1]/aft[1] >= minConfidence:
                rules.append([pre[0],aft[0]])
    return rules

# 加载数据
dataSet = loadDataSet()
# 获取所有支持度大于 0.2 的项集
supportData = apriori(dataSet, 0.2)
# 在所有频繁项集中查找并输出关系较好的演员二人组合
bestPair = [item for item in supportData if len(item)==2]
print(bestPair)
# 查找支持度大于 0.6 的强关联规则
for item in findRules(supportData, 0.6):
    pre, aft = map(set, item)
    print(aft, pre-aft, sep='==>')
```

运行结果：

```
[('演员 1', '演员 3'), ('演员 4', '演员 1'), ('演员 4', '演员 3'), ('演员 5', '演员 3'), ('演员 4', '演员 9')]
{'演员 4', '演员 1'}==>{'演员 3'}
```

```
{'演员 1'}==>{'演员 3'}
{'演员 1'}==>{'演员 4'}
{'演员 3'}==>{'演员 4'}
{'演员 4'}==>{'演员 3'}
{'演员 5'}==>{'演员 3'}
{'演员 9'}==>{'演员 4'}
```

习　题

一、判断题

1. 空间中不重合的两个点可以唯一确定一条直线。(　　)

2. 对于空间中任意一组点，可以确定一条回归直线经过所有点。(　　)

3. 在协同过滤算法中，不同的相似度计算公式会得到不同的结果。(　　)

4. 分类算法属于有监督学习算法。(　　)

5. 聚类算法属于无监督学习算法。(　　)

6. 使用机器学习算法时，训练好的模型没法保存，每次使用模型时都需要重新训练。(　　)

7. 在 KNN 聚类算法中，k 值的不同选择会对结果有所影响。(　　)

8. 在 KNN 聚类算法中，不同的距离计算公式会对结果有所影响。(　　)

9. 在 KNN 聚类算法中，如果不同类别的样本数量相差较大，会影响结果的正确性。(　　)

10. 在 K-Means 算法中，k 个初始聚类中心的选择以及聚类中心和距离计算公式很重要。(　　)

11. 在例 16-8 演示的应用中，每次聚类压缩得到的图像是完全一样的。(　　)

12. 在例 16-8 演示的应用中，聚类压缩后得到的图像文件比原图像文件体积小。(　　)

13. 在 DBSCAN 算法中，判断核心样本时邻域大小会影响最终聚类的数量。(　　)

14. 在 DBSCAN 算法中，判断核心样本时阈值 min_samples 的大小会影响最终聚类的数量。(　　)

二、操作题

1. 整理更多垃圾邮件和正常邮件的文本，修改例 16-5 的代码，使用新的数据集进行训练和分类。

2. 多准备几个图像文件，分别使用例 16-8 的代码进行压缩，对比处理前后文件大小的变化。

第 17 章 计算机图形学算法

计算机图形学主要研究如何使用计算机生成具有真实感的图形，涉及的内容包括三维建模、图形变换、三维观察、光照模型、纹理映射等，在机械制造、虚拟现实、元宇宙、AI 作图、游戏设计、漫游系统、产品展示等众多领域有着重要应用。随着 3D 打印机的快速发展，只要有模型就能快速生成实物，这大幅度扩展了计算机图形学的应用范围。本章挑选了计算机图形学中比较基本的直线生成算法与二维直线裁剪算法并借助扩展库 PyOpenGL 进行了实现，然后使用扩展库 Matplotlib 对任意点集凸包求解过程进行了可视化。

17.1 Bresenham 直线生成算法

不管多么复杂和炫丽的图形，最终也是由大量不同颜色和透明度的点构成的，由点到线、由线到面，绘制点与直线是计算机图形学中非常基本和常用的操作，但点的绘制过于基本也不需要太多研究。数学上的直线是连续的，但显示设备是离散的，像素坐标必须为整数，使用离散的像素显示连续的直线必然存在一定的失真和走样。直线经过的位置不一定恰好有像素，只能选择最近的一个像素作为直线上的点，最终使用若干像素行来显示一条直线段。

设直线斜率和截距分别为 k 和 b，直线方程为 $y = kx+b$，起点坐标、终点坐标、当前像素坐标分别为 (x_1,y_1)、(x_n,y_n)、(x_i,y_i)。当斜率在 [0,1] 区间时，x 方向每向右移动 1 像素，y 方向的增量为 $k = (y_n-y_1)/(x_n-x_1) = dy/dx$，如果计算得到的 y 坐标介于上下两点的中点上方则选择上面的点 $T(x_i+1,y_i+1)$ 作为直线上的点，如果介于中点下方则选择下面的点 $S(x_i+1,y_i)$，也就是进行简单的四舍五入。大量的实数运算和四舍五入操作会影响直线绘制速度，Bresenham 直线生成算法通过改写转化为整数运算，有效避免了这个问题。

记理想直线上的下一个点 $y = k(x_i+1)+b$ 到下面点 $S(x_i+1,y_i)$ 和上面点 $T(x_i+1,y_i+1)$ 的距离分别为 s 和 t，则有

$$\begin{cases} s = y - y_i = k(x_i+1) + b - y_i \\ t = y_i + 1 - y = y_i + 1 - k(x_i+1) - b \end{cases}$$

和

$$s-t = 2k(x_i+1)+2b-2y_i-1$$

由于 k = dy/dx，代入得

$$d_i = dx(s-t) = 2(x_i dy-y_i dx)+(2dy+2bdx-dx)$$

至此，式中全部转换为整数运算，且有 dx>0，于是可以根据 d_i 的正负来确定选择哪个点，大于 0 时选择上面的点 T，小于 0 时选择下面的点 S，等于 0 时选择哪个点都可以，可以约定统一选择上面的点 T。容易得知：

$$\begin{aligned}d_{i+1} &= 2(x_{i+1}dy - y_{i+1}dx) + (2dy + 2bdx - dx)\\ &= d_i + 2dy(x_{i+1} - x_i) - 2dx(y_{i+1} - y_i)\\ &= d_i + 2dy - 2dx(y_{i+1} - y_i)\\ &= \begin{cases} d_i + 2dy, d_i > 0\text{时}\\ d_i + 2(dy - dx), d_i \leqslant 0\text{时}\end{cases}\end{aligned}$$

当 i = 0 时，有

$$\begin{aligned}d_1 &= 2(x_1dy-y_1dx)+(2dy+2bdx-dx)\\ &= 2(x_1dy+bdx-y_1dx)+(2dy-dx)\\ &= 2(kx_1+b-y_1)dx+(2dy-dx)\\ &= 2dy-dx\end{aligned}$$

根据上面的初值和递推公式即可使用整数运算得到直线段（斜率介于 0~1）上所有点的坐标。在 Bresenham 算法的基础上，不少学者又做了很多研究来进一步提高效率，核心思想是利用了直线段上点的对称性和周期性，感兴趣的读者请参考相关教材和学术论文。

例 17-1　实现 Bresenham 直线生成算法。

```
from sys import argv
from OpenGL.GL import *
from OpenGL.GLU import *
from OpenGL.GLUT import *

class DrawLine:
    # 初始化 OpenGL 环境，指定显示模式以及用于绘图的函数
    def __init__(self, width=640, height=480,
                 title='PyOpenGL-Bresenham 画直线'.encode('gbk')):
        glutInit(argv)
        # 使用 RGBA 颜色、双缓冲
        glutInitDisplayMode(GLUT_RGBA | GLUT_DOUBLE)
        # 设置图形窗口初始大小和位置，然后创建图形窗口，顺序不能变
        glutInitWindowSize(width, height)
        glutInitWindowPosition(400, 200)
```

```
        glutCreateWindow(title)
        glutDisplayFunc(self.draw)              # 指定绘制图形时执行的方法
        glutReshapeFunc(self.reshape)           # 指定调整窗口大小时执行的方法
        glClearColor(1, 1, 1, 1)                # 初始化窗口背景为白色

    # 调整图形窗口大小时执行的方法
    def reshape(self, w, h):
        if h == 0:
            h = 1
        ratio = w / h
        # 设置视口 / 视区的左下角 x、y 坐标以及窗口宽度和高度
        # 视口是最终用来显示图形的区域
        glViewport(0, 0, w, h)
        # 切换到透视投影矩阵
        glMatrixMode(GL_PROJECTION)
        glLoadIdentity()
        # 设置世界坐标系的左下角 x 坐标、右上角 x 坐标、左下角 y 坐标、右上角 y 坐标
        # 这是需要显示到视口的图形区域
        gluOrtho2D(0, w, 0, h)
        # 修改为下面的大小可以看到直线段被放大后像素离散的状态
        # gluOrtho2D(0, 100, 0, 100)
        glMatrixMode(GL_MODELVIEW)            # 切换到模型观察矩阵
        glLoadIdentity()                      # 加载单位矩阵
        glutPostRedisplay()                   # 强制刷新窗口

    def draw_line_Bresenham(self, x1, y1, xn, yn):
        if x1 > xn:
            # 交换起点与终点，始终从左向右画
            x1, xn = xn, x1
            y1, yn = yn, y1
        dx, dy = xn-x1, yn-y1
        if dx == 0:
            # 垂直线段
            glBegin(GL_POINTS)
            for y in range(*sorted((y1,yn))):
                glVertex2f(x1, y)
            glEnd()
        elif dy == 0:
            # 水平线段
            glBegin(GL_POINTS)
            for x in range(*sorted((x1,xn))):
                glVertex2f(x, y1)
            glEnd()
        else:
```

```
            k = dy / dx
            if 0 <= k <= 1:
                d = 2*dy - dx                   # 初始值
                d1, d2 = 2*dy, 2*(dy-dx)        # 增量
                x, y = x1, y1                   # 直线段起点
                glBegin(GL_POINTS)
                while x < xn:
                    glVertex2f(x, y)
                    x = x + 1
                    if d < 0:
                        d = d + d1
                    else:
                        y, d = y+1, d+d2
                glEnd()
            elif -1 <= k < 0:
                pass                            # 其他斜率情况请自行推导和补充
            elif k > 1:
                pass
            elif k < -1:
                pass

    # 自己的绘图方法，本程序的关键
    def draw(self):
        # 每次绘制图形之前清除颜色缓冲区
        glClear(GL_COLOR_BUFFER_BIT)
        glColor3f(0, 0, 0)                      # 设置前景色为黑色
        glMatrixMode(GL_MODELVIEW)              # 切换到模型观察矩阵，才能正确绘制图形
        glLoadIdentity()
        glTranslatef(0, 0, 0)
        self.draw_line_Bresenham(500, 200, 0, 0)
        glutSwapBuffers()                       # 交换缓冲区，更新图形

    def mainloop(self):
        glutMainLoop()                          # 消息主循环

if __name__ == '__main__':
    DrawLine().mainloop()                       # 创建窗口对象，启动消息主循环
```

17.2 二维平面直线裁剪算法

在实际应用中，如果实时渲染全部场景会浪费大量资源，一般都是只渲染落在摄像机

镜头内的那部分。点的裁剪比较简单，如果点落在裁剪窗口之内则可见并显示，落在裁剪窗口之外则不可见也不需要显示。多边形裁剪是基于直线裁剪的基础上适当补边实现的，所以直线裁剪是裁剪算法的研究重点。本节介绍 Cohen-Sutherland 和 Liang-Barsky 这两个经典的直线裁剪算法，其他算法以及基于视锥体的三维裁剪算法请参考相关资料。

17.2.1 Cohen-Sutherland 裁剪算法

设裁剪窗口左下角顶点坐标为 (x_{left},y_{bottom})、右上角顶点坐标为 (x_{right},y_{top})，直线段起点为 (x_{start},y_{start})、终点坐标为 (x_{end},y_{end})，Cohen-Sutherland 裁剪算法基本思路为：①如果直线起点和终点全部在窗口之内则显示整个直线段，即“取”；②如果直线段明显全部在窗口之外则不显示，即“弃”；③如果直线段既不符合“取”也不符合“弃”的条件，就根据直线段与窗口的交点把直线段分为两段并分别检查应该“取”还是应该“弃”。

Cohen-Sutherland 裁剪算法使用编码来判断一条直线段是否在窗口内部。使用裁剪窗口边线及其延长线把二维平面分为 9 个区域并使用 4 位二进制数进行编码，窗口内部区域编码为 0，窗口左边缘左侧的 3 个区域编码最低位为 1，右边缘右侧的 3 个区域编码第 2 位为 1，下边缘下侧的 3 个区域编码第 3 位为 1，上边缘上侧的 3 个区域编码最高位为 1，如图 17-1 所示。

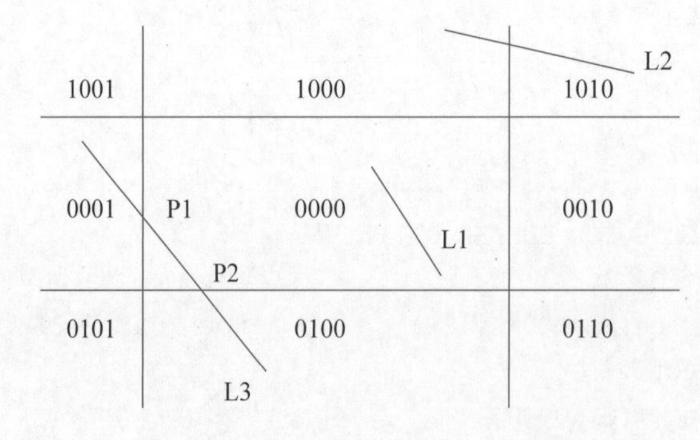

图 17-1　Cohen-Sutherland 算法中的区域编码规则

在图 17-1 中，直线段 L1 的两个端点编码均为 0，落在窗口内部，整个直线段必然也都在窗口内部，需要全部显示。直线段 L2 的两个端点编码分别为 1000 和 1010，“位与”运算后为 1000，这意味着直线段两个端点都在窗口上边缘上侧，整个直线段上所有的点也必然在窗口上边缘上侧，完全不需要显示。直线段 L3 的两个端点编码分别为 0001 和 0100，这两个都不是 0 但“位与”运算结果为 0，既不能全部“取”也不能全部“弃”，需要分段处理。丢弃直线段与窗口左边缘交点 P1 左上侧以及直线段与窗口下边缘交点 P2 右下侧的部分，只显示 P1 和 P2 之间的部分即可。

例 17-2　实现 Cohen-Sutherland 直线裁剪算法。

例 17-2

```
from sys import argv
from OpenGL.GL import *
```

```
from OpenGL.GLU import *
from OpenGL.GLUT import *

class CohenSutherland:
    def __init__(self, width=640, height=480,
                 title='PyOpenGL 直线裁剪 Cohen-Sutherland'):
        glutInit(len(argv), argv)
        glutInitDisplayMode(GLUT_RGBA | GLUT_DOUBLE)
        glutInitWindowSize(width, height)
        glutInitWindowPosition(400, 200)
        glutCreateWindow(title.encode('gbk'))
        glutDisplayFunc(self.draw)
        glutReshapeFunc(self.reshape)
        # 指定鼠标按下与抬起时执行的方法
        glutMouseFunc(self.mouse_downup)
        # 指定鼠标移动时执行的方法
        glutMotionFunc(self.mouse_move)
        # 本次绘制直线的起点和终点坐标
        self.x_start, self.y_start = None, None
        self.x_end, self.y_end = None, None
        # 定义裁剪窗口，左下角 x 坐标、左下角 y 坐标、右上角 x 坐标、右上角 y 坐标
        self.rect = (200, 150, 400, 250)
        # 左右下上编码
        self.left, self.right = 0b0001, 0b0010
        self.bottom, self.top = 0b0100, 0b1000

    def reshape(self, w, h):
        # 设置视口 / 视区的左下角 x、y 坐标以及窗口宽度和高度
        glViewport(0, 0, w, h)
        # 切换到透视投影矩阵，设置为单位矩阵
        glMatrixMode(GL_PROJECTION)
        glLoadIdentity()
        # 设置世界窗口的左下角 x 坐标、右上角 x 坐标、左下角 y 坐标、右上角 y 坐标
        # 左下角坐标为 (0,h)，右上角坐标为 (w,0)，与屏幕坐标系一致
        # 正交投影，z 轴垂直于显示器，从内指向观察者的眼睛
        gluOrtho2D(0, w, h, 0)
        glMatrixMode(GL_MODELVIEW)
        glLoadIdentity()

    def encode_point(self, x, y):
        # 以 self.rect 限定的矩形对平面进行划分，然后对点 (x,y) 进行编码
        code = 0
        if x < self.rect[0]:
```

```
            # 点 (x,y) 位于裁剪窗口左边界左侧，竖线 | 为“位或”运算符
            code = code | self.left
        elif x > self.rect[2]:
            # 点 (x,y) 位于裁剪窗口右边界右侧
            code = code | self.right
        if y < self.rect[1]:
            # 点 (x,y) 位于裁剪窗口下边界下侧
            code = code | self.bottom
        elif y > self.rect[3]:
            # 点 (x,y) 位于裁剪窗口上边界上侧
            code = code | self.top
        return code

    def clip(self):
        # 根据 self.rect 定义的窗口对直线进行裁剪
        # 计算直线起点与终点的编码
        code1 = self.encode_point(self.x_start, self.y_start)
        code2 = self.encode_point(self.x_end, self.y_end)
        # 编码不等于 0，表示端点在裁剪窗口外部，需要裁剪
        while code1 or code2:
            dx, dy = self.x_end-self.x_start, self.y_end-self.y_start
            if (code1 & code2) != 0:
                # 两个端点都在窗口某边界外侧同一侧，不显示
                self.x_end, self.y_end = None, None
                return
            # code 表示直线落在裁剪窗口外侧的端点的编码
            code = code1 or code2
            if code & self.left:
                # 线段与裁剪窗口左边界相交，计算交点坐标
                x = self.rect[0]
                y = self.y_start + dy*(self.rect[0]-self.x_start)/dx
            elif code & self.right:
                # 线段与裁剪窗口右边界相交
                x = self.rect[2]
                y = self.y_start + dy*(self.rect[2]-self.x_start)/dx
            if code & self.bottom:
                # 线段与裁剪窗口下边界相交
                y = self.rect[1]
                x = self.x_start + dx*(self.rect[1]-self.y_start)/dy
            elif code & self.top:
                # 线段与裁剪窗口上边界相交
                y = self.rect[3]
                x = self.x_start + dx*(self.rect[3]-self.y_start)/dy
```

```
            if code == code1:
                # 修改直线起点，截掉直线最开始的一部分，重新计算起点编码
                self.x_start, self.y_start = x, y
                code1 = self.encode_point(self.x_start, self.y_start)
            else:
                # 修改直线终点，截掉直线最后的一部分，重新计算终点编码
                self.x_end, self.y_end = x, y
                code2 = self.encode_point(self.x_end, self.y_end)

    def mouse_downup(self, button, state, x, y):
        if button != GLUT_LEFT_BUTTON:
            return
        if state == GLUT_DOWN:
            # 鼠标按下，设置直线起点坐标，以窗口左上角为坐标原点
            self.x_start, self.y_start = x, y
            self.x_end, self.y_end = None, None
        elif state == GLUT_UP:
            # 鼠标抬起，结束绘制直线，然后进行裁剪并强制刷新屏幕
            self.clip()
            glutPostRedisplay()

    def mouse_move(self, x, y):
        # 设置直线的终点坐标为鼠标当前位置，即以窗口左上角为坐标原点的偏移量
        self.x_end, self.y_end = x, y
        glutPostRedisplay()

    def draw(self):
        glClearColor(1, 1, 1, 1)
        # 每次绘制图形之前清除颜色缓冲区，清除之前绘制的图形
        glClear(GL_COLOR_BUFFER_BIT)
        glColor3f(0, 0, 0)
        # 切换到模型观察矩阵，才能正确绘制图形
        glMatrixMode(GL_MODELVIEW)
        glLoadIdentity()
        # 绘制矩形裁剪窗口，内部不填充
        # 也可以使用 GL_LINE_LOOP 或 GL_LINE_STRIP 模式逐点绘制，不会自动填充内部
        # 第一个参数还可以为 GL_FRONT 或 GL_BACK
        # 第二个参数还可以为 GL_POINT 或 GL_FILL
        glPolygonMode(GL_FRONT_AND_BACK, GL_LINE)
        # 设置裁剪窗口线宽为 3，绘制裁剪窗口
        glLineWidth(3)
        glRectf(*self.rect)
        # 恢复默认的 1 像素线宽
```

```
        glLineWidth(1)
        if self.x_start and self.x_end and self.y_start and self.y_end:
            # 确认直线端点坐标有效后再绘制
            glBegin(GL_LINES)
            glVertex2f(self.x_start, self.y_start)
            glVertex2f(self.x_end, self.y_end)
            glEnd()
        glutSwapBuffers()

    def mainloop(self):
        glutMainLoop()

if __name__ == '__main__':
    CohenSutherland().mainloop()
```

运行程序后，显示一个矩形裁剪窗口，通过鼠标左键按下和移动来绘制直线，鼠标左键抬起时进行裁剪，只显示落在裁剪窗口内部的部分直线段。

17.2.2 Liang-BarSky 裁剪算法

Liang-BarSky 直线裁剪算法首先把直线表示为参数化方程，然后计算直线与裁剪窗口 4 条边线交点的参数，最终确定并显示落在裁剪窗口内部的部分直线段。

设直线起点和终点分别为 $P_1(x_1,y_1)$ 和 $P_2(x_2,y_2)$，直线参数方程为

$$\begin{cases} x = x_1 + t \cdot dx \\ y = y_1 + t \cdot dy \end{cases}$$

其中，$dx = x_2 - x_1$ 且 $dy = y_2 - y_1$，当 $dx>0$ 时 $x_2>x_1$，说明直线从左向右绘制，此时把裁剪窗口左边缘看作始边而右边缘看作终边；当 $dx<0$ 时 $x_2<x_1$，说明直线从右向左绘制，此时把裁剪窗口右边缘看作始边而左边缘看作终边。类似地，$dy>0$ 时 $y_2>y_1$，说明直线从下向上绘制，此时把裁剪窗口下边缘看作始边而上边缘看作终边；$dy<0$ 时 $y_2<y_1$，说明直线从上向下绘制，此时把裁剪窗口上边缘看作始边而下边缘看作终边。

令

$$\begin{cases} l_1 = -dx, m_1 = x_1 - x_L \\ l_2 = dx, m_2 = x_R - x_1 \\ l_3 = -dy, m_3 = y_1 - y_B \\ l_4 = dy, m_4 = y_T - y_1 \end{cases}$$

其中，裁剪窗口左下角坐标为 (x_L, y_B)，右上角坐标为 (x_R, y_T)。可得直线段与裁剪窗口左、右、下、上 4 个边缘或其延长线的交点参数

$$t_k = \frac{m_k}{l_k}, k = 1,2,3,4$$

当 $l_k<0$ 时得到的 t_k 是直线段与裁剪窗口始边交点的参数，$l_k>0$ 时得到的 t_k 是直线段与裁剪窗口终边交点的参数，并且对应于左右边缘交点的两个参数 t_1 和 t_2 是互斥的，对应于上下边缘交点的两个参数 t_3 和 t_4 是互斥的。$l_k = 0$ 时为水平直线或竖直直线，需要做特殊处理，详见本节后面的代码。

最后，从两个始边交点参数和 0 这 3 个数字中选择最大的一个作为裁剪后直线段起点参数 t_{start}，从两个终边交点参数和 1 这 3 个数字中选择最小的一个作为裁剪后直线段终点参数 t_{end}。如果 $t_{start}<t_{end}$ 则显示这两个参数对应点之间的直线段作为裁剪结果，否则不显示直线段 P_1P_2 上的任何部分。

以图 17-2 中的直线为例，直线段 P_1P_2 与裁剪窗口 4 条边缘分别交于 A、B、C、D，对应的参数分别为 t_1、t_4、t_2、t_3，由于 dx>0 所以 A 为始边交点、C 为终边交点，由于 dy<0 所以 B 为始边交点、D 为终边交点。另外，直线段起点 P_1 对应的参数为 0、终点 P_2 对应的参数为 1，所以有

$$\begin{cases} t_{start} = \max(t_1, t_4, 0) \\ t_{end} = \min(t_2, t_3, 1) \end{cases}$$

从 A、P_1、B 这 3 个点中选择最靠近 P_2 的一个点，也就是 B。从 P_2、C、D 这 3 个点中选择最靠近 P_1 的一个点，也就是 P_2。最终显示 B 和 P_2 之间的部分作为裁剪结果。

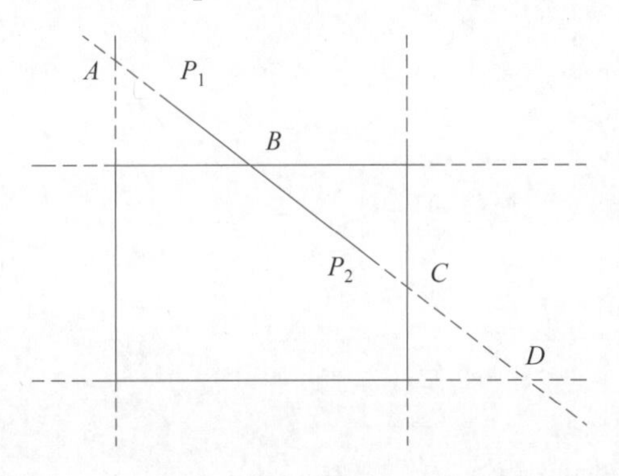

图 17-2　Liang-BarSky 直线裁剪算法原理示意图

例 17-3　实现 Liang-BarSky 直线裁剪算法。

```
from sys import argv
from OpenGL.GL import *
from OpenGL.GLU import *
from OpenGL.GLUT import *

class LiangBarSky:
    def __init__(self, width=640, height=480, title='直线裁剪 Liang-BarSky'):
```

```
        glutInit(len(argv), argv)
        glutInitDisplayMode(GLUT_RGBA | GLUT_DOUBLE)
        glutInitWindowSize(width, height)
        glutInitWindowPosition(400, 200)
        glutCreateWindow(title.encode('gbk'))
        glutDisplayFunc(self.draw)
        glutReshapeFunc(self.reshape)
        glutMouseFunc(self.mouse_downup)
        glutMotionFunc(self.mouse_move)
        glClearColor(1, 1, 1, 1)

        # 本次绘制直线的起点和终点对应的参数，初始为整个直线段
        self.t1, self.t2 = {0}, {1}
        # 直线起点与终点坐标
        self.x_start, self.x_end = None, None
        self.y_start, self.y_end = None, None
        # 定义裁剪窗口，左下角 x 坐标、y 坐标和右上角 x 坐标、y 坐标
        self.rect = (200, 150, 400, 250)

    def reshape(self, w, h):
        glMatrixMode(GL_PROJECTION)
        glLoadIdentity()
        # 设置世界窗口的左下角 x 坐标、右上角 x 坐标、左下角 y 坐标、右上角 y 坐标
        # 左下角坐标为 (0,h)，右上角坐标为 (w,0)，与屏幕坐标系一致
        gluOrtho2D(0, w, h, 0)
        # 切换到模型观察矩阵
        glMatrixMode(GL_MODELVIEW)

    def compute_t(self, lk, mk):
        if lk == 0:
            # 平行于裁剪窗口边界的直线
            if mk < 0:
                # 在裁剪窗口外侧同一侧
                self.t1.add(float('inf'))
                self.t2.add(float('-inf'))
            else:
                # 与始边交点参数为负无穷，与终边交点参数为正无穷
                self.t1.add(float('-inf'))
                self.t2.add(float('inf'))
        else:
            # 计算直线与裁剪窗口边界交点的参数
            tk = mk / lk
            if lk < 0:
                # lk<0 时计算的是直线与始边交点参数
```

```
                self.t1.add(tk)
            else:
                # lk>0 时计算的是直线与终边交点参数
                self.t2.add(tk)

    def clip(self):
        self.t1, self.t2 = {0}, {1}
        dx, dy = self.x_end-self.x_start, self.y_end-self.y_start
        # 处理窗口左边界与右边界，计算与直线段交点的参数
        self.compute_t(-dx, self.x_start-self.rect[0])
        self.compute_t(dx, self.rect[2]-self.x_start)
        # 窗口下边界与上边界，计算与直线段交点的参数
        self.compute_t(-dy, self.y_start-self.rect[1])
        self.compute_t(dy, self.rect[3]-self.y_start)
        # 起点以及与始边交点中距离终点最近的端点参数
        # 终点以及与终边交点中距离起点最近的端点参数
        t1, t2 = max(self.t1), min(self.t2)
        if t1 > t2:
            # 直线完全落在裁剪窗口之外
            self.x_start, self.x_end, self.y_start, self.y_end = [None] * 4
        else:
            # 计算裁剪窗口之内的线段终点和起点坐标
            # 不能先计算起点坐标，因为计算终点坐标时会用到起点坐标
            self.x_end = self.x_start + t2*dx
            self.y_end = self.y_start + t2*dy
            self.x_start = self.x_start + t1*dx
            self.y_start = self.y_start + t1*dy

    def mouse_downup(self, button, state, x, y):
        if button != GLUT_LEFT_BUTTON:
            # 只响应鼠标左键，其他按键直接返回
            return
        if state == GLUT_DOWN:
            # 鼠标按下，设置直线起点坐标，以窗口左上角为坐标原点
            self.x_start, self.y_start = x, y
            self.x_end, self.y_end = x, y
        elif state == GLUT_UP:
            # 鼠标抬起，结束绘制直线，开始裁剪
            self.clip()
            glutPostRedisplay()

    def mouse_move(self, x, y):
        # 修改直线的终点坐标为鼠标当前位置，即以窗口左上角为坐标原点的偏移量
```

```
            self.x_end, self.y_end = x, y
            glutPostRedisplay()

    def draw(self):
        # 每次绘制图形之前清除颜色缓冲区
        glClear(GL_COLOR_BUFFER_BIT)
        # 设置前景色为黑色
        glColor3f(0, 0, 0)
        glMatrixMode(GL_MODELVIEW)
        glLoadIdentity()
        # 绘制矩形裁剪窗口，内部不填充
        glPolygonMode(GL_FRONT_AND_BACK, GL_LINE)
        # 设置裁剪窗口线宽为 3
        glLineWidth(3)
        glRectf(*self.rect)
        # 恢复默认的 1 像素线宽
        glLineWidth(1)
        # all() 函数没有惰性求值的特点，不如使用逻辑表达式效率高
        # if all((self.x_start, self.y_start, self.x_end, self.y_end)):
        if self.x_start and self.y_start and self.x_end and self.y_end:
            glBegin(GL_LINES)
            glVertex2f(self.x_start, self.y_start)
            glVertex2f(self.x_end, self.y_end)
            glEnd()
        # 交换缓冲区，更新图形
        glutSwapBuffers()

    def mainloop(self):
        glutMainLoop()

if __name__ == '__main__':
    LiangBarSky().mainloop()
```

17.3 求解点集的凸包

凸包（convex hull）可以理解为能够包围给定点集的最小凸多边形，是计算机图形学及其相关领域中的一个重要问题，在游戏中进行物体碰撞检测时使用的包围盒其实就是凸包。

求解给定点集的凸包可以使用分治法来高效实现，每次使用点集中左右跨度最大的两点构成的直线把点集分为上下两部分，然后在上侧点集中寻找距离直线最远的点，与直线

两端点构成三角形，以三角形新增的两条边继续对点集进行分隔，直到没有更外侧的点为止，类似于分形算法生成雪花形状或者使用正多边形逼近圆周的过程。对直线下方的点集也做同样的处理，最终得到原始点集的凸包。

例 17-4　求解二维平面上给定点集的凸包。

为方便理解，下面代码的核心思路已经进行了注释，这里单独解释一下使用三角形顶点齐次坐标行列式计算三角形面积和判断顶点位置关系的原理。设二维平面上三角形顶点分别为 $P_1(x_1,y_1)$、$P_2(x_2,y_2)$ 和 $P_3(x_3,y_3)$，那么三角形面积为下面行列式的绝对值的 1/2。并且，当行列式的值大于 0 时点 P_3 在向量 $\overrightarrow{P_1P_2}$ 的左侧（此时 3 个顶点方向为逆时针），小于 0 时在右侧（此时 3 个顶点方向为顺时针）。

$$M=\begin{vmatrix} x_1 & y_1 & 1 \\ x_2 & y_2 & 1 \\ x_3 & y_3 & 1 \end{vmatrix}=(x_2\times y_3-x_3\times y_2)-(x_1\times y_3-x_3\times y_1)+(x_1\times y_2-x_2\times y_1)$$

例 17-4

为了更直观地观察凸包的求解结果，代码中使用了扩展库 Matplotlib 进行可视化，可视化是数据分析、数据挖掘、决策支持、科学计算等相关领域的重要辅助技术，感兴趣的读者可以阅读作者另一本教材《Python 数据分析与数据可视化》（微课版）。

```
from random import sample
import matplotlib.pyplot as plt

def triangle_area_plus2(p1, p2, p3):
    # 返回值为三角形三个顶点齐次坐标的行列式，其绝对值的一半等于三角形的面积
    # 行列式大于 0 时 p3 在向量 p1p2 左侧，小于 0 时在右侧
    (x1,y1), (x2,y2), (x3,y3) = p1, p2, p3
    return (x2*y3-x3*y2)-(x1*y3-x3*y1)+(x1*y2-x2*y1)

def sort_points(points):
    points.sort()
    # 最左下侧点坐标和最右上侧点坐标
    (x1,y1), (x2,y2) = points[0], points[-1]
    # 分别存储直线上方的点和直线下方的点
    up, down = [], []
    # 从左向右检查每个点，依次代入 y-kx-b，值为正则在直线上方，为负则在直线下方
    for x, y in points[1:-1]:
        # 下面代码中内置函数的功能可以提到循环前面，避免重复计算
        if y > max(y1,y2):
            # y 坐标大于直线端点最大 y 坐标，一定位于直线上方
            up.append((x,y))
        elif y < min(y1,y2):
            # y 坐标小于直线端点最小 y 坐标，一定位于直线下方
            down.append((x,y))
```

```
        else:
            t = triangle_area_plus2(points[0], points[-1], (x,y))
            if t > 0:
                # 值大于0，在直线上方
                up.append((x,y))
            elif t < 0:
                # 值小于0，在直线下方
                down.append((x,y))
    # 返回顺时针排列后的点
    return [(x1,y1)] + up + [(x2,y2)] + down[::-1]

def find_borders(points):
    def nested(start_point, end_point, ps):
        # 左侧点能够构成的最大三角形面积，构成最大三角形面积的点，左侧所有点
        max_area, max_point, positive_points = 0, (), []
        for p in ps:
            area = triangle_area_plus2(start_point, end_point, p)
            if area > 0:
                positive_points.append(p)
                if area > max_area:
                    max_area, max_point = area, p
        if not max_point:
            # 左侧没有点能构成更大凸包，结束递归
            return
        border_points.append(max_point)
        # 分解，不断缩小点集，只处理进一步分割前直线左侧也就是凸包外侧的点
        nested(start_point, max_point, positive_points)
        nested(max_point, end_point, positive_points)
    points.sort()
    # 初始点集的最大跨度分隔直线段两个端点
    border_points = [points[0], points[-1]]
    # 处理上凸包
    nested(points[0], points[-1], points)
    # 处理下凸包，分隔直线反向，这样可以只处理左侧的点
    nested(points[-1], points[0], points)
    # 返回整个点集的最小凸包上的端点，顺时针排列
    return sort_points(border_points)

# 生成原始点集，绘制散点图显示原始点集
X, Y = sample(range(1000),100), sample(range(1000),100)
points = list(zip(X, Y))
plt.scatter(X, Y)
# 寻找最小凸包边界点，顺时针排列，绘制折线图显示凸包
```

```
border_points = find_borders(points)
border_points.append(border_points[0])
# 凸包多边形顶点的 x、y 坐标
X, Y = zip(*border_points)
plt.plot(X, Y, 'r-o')
plt.show()
```

多次运行程序，其中两次运行结果如图 17-3 和图 17-4 所示。作为扩展，读者可以关注微信公众号“Python 小屋”，发送消息“凸包”可以阅读和学习如何改写代码实现凸包求解过程的动画演示。

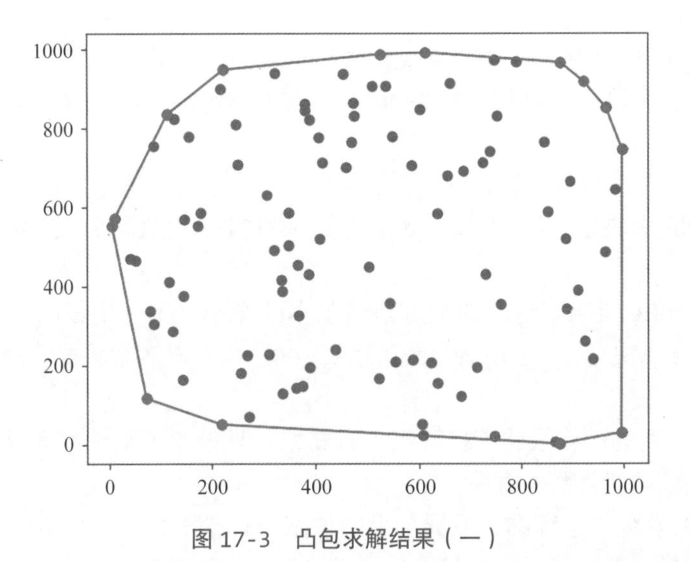

图 17-3　凸包求解结果（一）

图 17-3 和图 17-4 的彩图

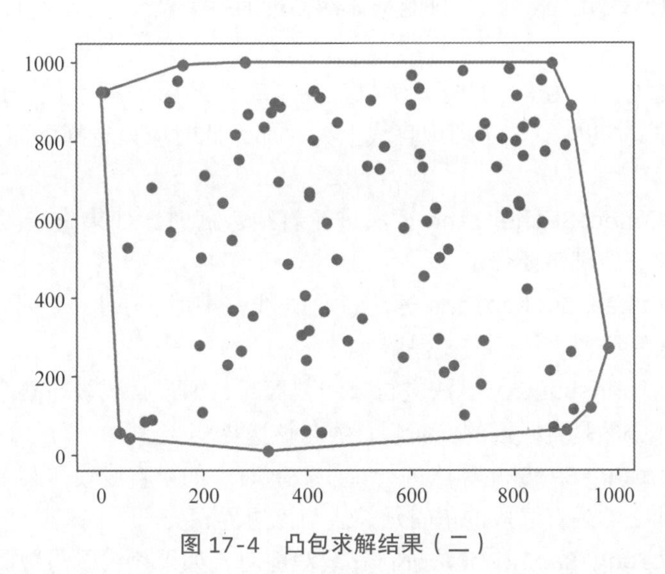

图 17-4　凸包求解结果（二）

习　题

一、判断题

1.Bresenham 算法只能用来绘制直线，不能用来绘制圆。(　　)

2.Bresenham 直线生成算法只能适用于斜率介于 0~1 的直线，不适用于其他斜率的直线。(　　)

3. 在命令提示符 cmd 或 PowerShell 环境中使用 pip install pyopengl 可以安装扩展库 PyOpenGL。(　　)

4. 使用 OpenGL 绘制图形时，画点是最基本的操作，具体生成的图形由 glBegin() 函数指定的 mode 来决定。例如，mode 值为 GL_TRIANGLES 时表示将要绘制多个独立的三角形。(　　)

5. 使用 OpenGL 绘制图形时，画点是最基本的操作，具体生成的图形由 glBegin() 函数指定的 mode 来决定。例如，mode 值为 GL_POINTS 时表示将要绘制多个独立的点。(　　)

6. 使用 OpenGL 绘制图形时，画点是最基本的操作，具体生成的图形由 glBegin() 函数指定的 mode 来决定。例如，mode 值为 GL_POLYGON 时表示将要绘制闭合的多边形并自动填充内部。(　　)

7.OpenGL 采用的"有限状态机"工作方式，一旦设置了某种状态以后，除非显式修改该状态，否则该状态将会一直保持。(　　)

8. 数学上的直线是连续的，但屏幕上的像素坐标是离散的，所以绘制直线时很有可能会经过不存在像素的位置，此时只能选择最临近的一个像素进行绘制，所以失真是难免的。(　　)

9. 假设某直线斜率为 k，且有 $0<k<1$，如果直线经过的某个位置没有对应的像素，且已知上下两个像素的中点位于理想直线上方，那么此时应该选择下面的像素进行绘制。(　　)

10. 在使用 Cohen-Sutherland 算法进行直线裁剪时，如果直线段两个端点的编码均为 0，表示整段直线都需要保留。(　　)

11. 在使用 Cohen-Sutherland 算法进行直线裁剪时，如果直线段两个端点的编码相等但不为 0，表示整段直线都需要保留。(　　)

12. 在使用 Liang-BarSky 算法进行直线裁剪时，如果直线段与某个边界的交点对应的参数小于 0，那必然是直线段的反向延长线与该边界相交。(　　)

13. 在使用 Liang-BarSky 算法进行直线裁剪时，如果直线段与某个边界的交点对应的参数大于 1，那必然是直线段的正向延长线与该边界相交。(　　)

14. 在使用 Liang-BarSky 算法进行直线裁剪时，如果直线段与裁剪窗口两条始边的交点参数为 -0.3 和 0.3，与两条终边交点的参数为 1.3 和 1.7，那么裁剪后得到的直线

段为原直线段参数区间 [0.3,1] 对应的部分。（　　）

15.OpenGL 函数 glTranslatef(0, 50, 0) 的作用是向 y 轴正方向移动 50 个单位。（　　）

16.OpenGL 函数 glLineWidth(2) 用来把调用该函数之后绘制的所有线条宽度都设置为 2，直到下次调用该函数设置为其他宽度，不会影响前面已经绘制完成的直线宽度。（　　）

17.OpenGL 函数 glPolygonMode(GL_FRONT_AND_BACK, GL_LINE) 的作用是设置多边形正面与反面都为线框模式，内部不填充。（　　）

18.OpenGL 函数 gluPerspective(45, 1, 1, 300) 设置的视景体中，上下两条视线的最大夹角为 45°。（　　）

二、编程题

1. 改写本章最后的例 17-4，不使用行列式计算三角形面积，改用点到直线的距离计算公式寻找距离直线最远的点，实现任意点集凸包求解与可视化。设直线方程为 $y-kx-b=0$，则任意点坐标代入直线方程后，值大于 0 表示在直线上方，小于 0 表示在直线下方，等于 0 表示恰好在直线中。

2. 编写程序，运行后使用左键模拟画笔绘制线条，单击右键时以当前位置为中心进行填充。

第 18 章　密码学算法

信息加密和信息隐藏是实现信息安全与保密的主要手段。其中信息隐藏或隐写术具有悠久的历史，常用于版权保护和信息保密等相关领域，近几年来与之有关的研究呈上升趋势。作为传统的信息安全技术，加密和解密算法则一直都是业内研究的重点。

18.1　安全哈希算法

安全哈希算法也称报文摘要算法，对任意长度的消息可以计算得到固定长度的唯一指纹。理论上，即使是内容非常相似的消息也不会得到相同的指纹。安全哈希算法是不可逆的,无法从指纹还原得到原始消息,属于单向变换算法。安全哈希算法常用于数字签名领域。另外，很多管理信息系统把用户密码的哈希值存储到数据库中而不直接存储密码，可以更好地保护用户密码。文件完整性检查和防篡改检查也经常用到 MD5 或其他安全哈希算法。

Python 标准库 hashlib 实现了 SHA1、SHA224、SHA256、SHA384、SHA512 以及 MD5 等多个安全哈希算法，标准库 zlib 提供了 adler32 和 crc32 算法的实现，标准库 hmac 实现了 HMAC 算法。下面代码在 IDLE 交互模式下演示了如何使用标准库 hashlib 计算任意字节串的安全哈希值。

```
>>> import hashlib
>>> hashlib.md5(b'abcdefg').hexdigest()                    # 使用 MD5 算法
'7ac66c0f148de9519b8bd264312c4d64'
>>> import pickle              # 标准库 pickle 可以把任意类型的对象序列化为字节串
>>> hashlib.md5(pickle.dumps([1,2,3,4])).hexdigest()
'a5bea5c98bd9e47b9fbafc297c11bcea'
>>> hashlib.md5(pickle.dumps((1,2,3,4))).hexdigest()
'80beae5a01a0fa7fb5faf2a44462f462'
>>> hashlib.sha512(b'abcdefg').hexdigest()                 # 使用 SHA512 算法
'd716a4188569b68ab1b6dfac178e570114cdf0ea3a1cc0e31486c3e41241bc6a76424e8c37ab2
6f096fc85ef9886c8cb634187f4fddff645fb099f1ff54c6b8c'
>>> hashlib.sha256('Python 小屋'.encode()).hexdigest()      # 使用 SHA256 算法
'c2b7bfde584b826d3c59a27d22902e49f74d30ec2acf0690fb81260d6d254bb3'
```

Python 扩展库 PyCryptodome 和 cryptography 提供了 MD2、MD4、MD5、HMAC、RIPEMD、SHA、SHA224、SHA256、SHA384、SHA512 等系列算法和 RIPEMD160 等多个安全哈希算法，以及 DES、AES、RSA、DSA、ElGamal 等多个加密算法和数字签名算法的实现。下面代码在 IDLE 交互模式下演示了如何使用扩展库 PyCryptodome 计算字节串的哈希值。

```
>>> from Crypto.Hash import SHA256
>>> h = SHA256.SHA256Hash('Python 程序设计（第 4 版），董付国 '.encode())
>>> h.hexdigest()
'b0b16602970889917bddaf682c3ee81f2290fa632ffbf895eb50e2be45a1db2b'
```

18.2 对称密钥密码算法 DES 和 AES

DES（Data Encryption Standard）于 20 世纪 70 年代由美国 IBM 公司设计，被美国国家标准局宣布为数据加密标准。DES 属于分组加密算法，也是对称密钥密码算法中非常经典的一个，其安全性不取决于算法本身，而是取决于密钥的保密性。每个分组大小为 64 位，最后一个分组不足 64 位时右补 0。密钥长度也为 64 位，但其中有 8 位用作奇偶校验，真正起作用的只有 56 位。DES 加密和解密都是由初始置换、16 轮迭代和初始逆置换构成，只是子密钥顺序不同。为了提高安全性，学者提出了很多改进方案，其中三重 DES 是比较成功和广受认可的一个。

AES（Advanced Encryption Standard）算法最早由美国国家标准与技术研究所（NIST）1997 年开始征集并计划作为 DES 算法的替代产品，经过几轮选拔，最终于 2000 年确定采用集安全性、性能、效率、可实现、灵活性于一体的 Rijndael 算法。AES 算法的分组长度为 128 位，密钥长度可以为 128 位、192 位和 256 位。

由于 DES 和 AES 算法非常复杂且已有非常成熟的实现，本节直接使用扩展库 PyCryptodome 演示其用法，更多原理请阅读密码学相关书籍和学术论文。

例 18-1 使用扩展库 PyCryptodome 提供的 DES 算法实现消息加密和解密。

```
from Crypto.Cipher import DES

# 创建加密与解密对象，设置密钥和模式，其中密钥必须为 8 字节长度
# 可用模式有 'MODE_CBC', 'MODE_CFB', 'MODE_CTR', 'MODE_EAX', 'MODE_ECB',
# 'MODE_OFB', 'MODE_OPENPGP'
des_encrypt_decrypt = DES.new(b'PyDongfg', DES.MODE_ECB)
p = '《Python 网络程序设计》，董付国，清华大学出版社'.encode()
# 按 8 字节对齐后加密
c = des_encrypt_decrypt.encrypt(p.ljust((len(p)//8+1)*8, b'0'))
# 解密
```

```
cp = des_encrypt_decrypt.decrypt(c)
print(cp[:len(p)].decode())
```

例 18-2　使用扩展库 PyCryptodome 提供的 AES 算法实现消息加密和解密。

```
import string
import random
from Crypto.Cipher import AES

def keyGenerater(length):
    # 生成指定长度的密钥，长度单位为字节，分别对应二进制位 128、192、256
    if length not in (16, 24, 32):
        return None
    x = string.ascii_letters + string.digits
    return ''.join(random.choices(x, k=length))

def encryptor_decryptor(key, mode):
    if mode == AES.MODE_ECB:
        return AES.new(key, mode)
    return AES.new(key, mode, b'0'*16)

def AESencrypt(key, mode, text):
    # 使用指定密钥和模式对给定信息进行加密
    encryptor = encryptor_decryptor(key, mode)
    return encryptor.encrypt(text)

def AESdecrypt(key, mode, text):
    # 使用指定密钥和模式对给定信息进行解密
    decryptor = encryptor_decryptor(key, mode)
    return decryptor.decrypt(text)

if __name__ == '__main__':
    text = 'Python 小屋是一个非常棒的微信公众号，由董付国老师维护。'
    key = keyGenerater(16).encode()
    # 随机选择 AES 的模式
    mode = random.choice((AES.MODE_CBC, AES.MODE_CFB,
                          AES.MODE_ECB, AES.MODE_OFB))
    if not key:
        print('Something is wrong.')
    else:
        print(f'key:{key}\nmode:{mode}')
        print('加密前:', text)
```

```
# 明文必须为字节串形式，且长度为16的倍数
text_encoded = text.encode()
text_length = len(text_encoded)
padding_length = 16 - text_length%16
text_encoded = text_encoded + b'0'*padding_length
text_encrypted = AESencrypt(key, mode, text_encoded)
text_decrypted = AESdecrypt(key, mode, text_encrypted)
print('解密后：', text_decrypted[:text_length].decode())
```

18.3　非对称密钥密码算法RSA与数字签名算法DSA

在非对称密钥密码算法中，密钥由公钥和私钥组成且二者互相之间无法推导得到，其中公钥可以自由公开而不需要任何保密措施。一般来说，非对称密钥密码算法不用于大量数据加密，常用于传输其他密码系统中的密钥以及数字签名、防伪造、防篡改等类似场景。

18.3.1　RSA算法

RSA是一种典型的非对称密钥密码算法，可以用于数据加密和数字签名。RSA的安全性建立在“大数因数分解和素性检测”这一著名数论难题的基础上，从加密密钥和解密密钥中的任何一个推导出另一个在计算上是不可行的。公钥可以完全公开，不需要保密，但必须提供完整性检测机制以保证不受篡改；私钥由用户自己保存。通信双方无须实现交换密钥就可以进行保密通信。

RSA算法加密与解密原理如下。

（1）由用户选择两个互异并且距离较远的大素数 p 和 q。

（2）计算 $n = p\times q$ 和 $f(n) = (p-1)\times(q-1)$。

（3）选择正整数 e 使其与 $f(n)$ 的最大公约数为1；然后计算正整数 d，使得 $e\times d = 1 \bmod f(n)$，最后销毁 p 和 q。

（4）经过以上步骤，得出公钥对 (n,e) 和私钥对 (n,d)。设 m 为明文，c 为对应的密文，则加密变换为 $c = m^e \bmod n$，解密变换为 $m = c^d \bmod n$。

在实践中，RSA算法往往用来为其他加密系统传递密钥，很少使用RSA直接进行加密和解密，因为计算量实在太大了，加密与解密速度比较慢。

例18-3　使用rsa模块实现消息加密和解密。

```
import rsa

key = rsa.newkeys(3000)          # 生成随机密钥，3000为算法中n的二进制位数
publicKey, privateKey = key      # 公钥和私钥
```

```
message = '《Python 数据分析与数据可视化》，董付国，清华大学出版社'
print('加密前:', message)
message = message.encode()
cryptedMessage = rsa.encrypt(message, publicKey)
print('加密后: \n', cryptedMessage)
message = rsa.decrypt(cryptedMessage, privateKey).decode()
print('解密后:', message)
```

例 18-4　使用扩展库 PyCryptodome 提供的 RSA 算法进行加密和解密。

```
from Crypto.PublicKey import RSA
from Crypto.Cipher import PKCS1_OAEP

key = RSA.generate(2048)                        # 生成密钥，长度越大越安全，攻击难度越大
print(key.n, key.p, key.q, key.e, key.d, sep='\n')   # 查看密钥各分量
p = '微信公众号“Python 小屋”，董付国老师维护，开通于 2016 年 6 月 29 日。'
encryptor = PKCS1_OAEP.new(key)
c = encryptor.encrypt(p.encode('utf8'))                 # 编码，加密
print(encryptor.decrypt(c).decode('utf8'))              # 解密，解码，得到原始信息
with open('key.pem', 'wb') as fp:                       # 导出密钥，保存至文件
    fp.write(key.exportKey('PEM'))
with open('key.pem', 'rb') as fp:                       # 从文件中导入密钥
    key1 = RSA.importKey(fp.read())
print(key1 == key)                                      # 与初始密钥相同
encryptor1 = PKCS1_OAEP.new(key1)                       # 使用导入的密钥进行解密
print(encryptor1.decrypt(c).decode('utf8'))
```

例 18-5　利用扩展欧几里得算法实现字符串加密与解密。

关于最大公约数、乘模逆和扩展欧几里得算法的介绍请参考第 11 章，这里我们学习如何使用这些算法实现英文字符串加密与解密。首先选择一个介于 1~25 且与 26（因为只有 26 个英文字母）互素的自然数 *k*，然后计算字母偏移量（待加密字母的 ASCII 码与字母 a 或字母 A 的 ASCII 码之差）与 *k* 的乘积对 26 的余数，把余数转换为字母即可实现加密，把上面的 *k* 替换为其乘模逆重新计算即可实现解密。例如，假设选择 *k*=19，字母 M 的偏移量为 ord('M')-ord('A')=12，加密结果为 12*19%26=20，将其转换为字母得到 chr(20+ord('A'))=chr(85) 即字母 U。如果解密的话，先使用扩展欧几里得算法计算 19 对 26 的乘模逆得到 11，然后计算字母 U 的偏移量 ord('U')-ord('A')=20，计算 20*11%26=12，将其转换为字母得到 chr(12+ord('A'))=chr(77) 即字母 M，解密成功。

```
def encrypt(s, k):
    result = ''
    for ch in s:
```

```
        if 'a'<=ch<='z':
            result = result + chr((ord(ch)-97)*k%26+97)
        elif 'A'<=ch<='Z':
            result = result + chr((ord(ch)-65)*k%26+65)
        else:
            result = result + ch
    return result

print(encrypt('Python小屋', 17))
print(encrypt('Readability counts.', 19))
print(encrypt('Readability counts.', 7))
print(encrypt('Readability counts.', 5))

def ext_uclid(a, b):
    # 函数代码见11.5节，此处略

def decrypt(s, k):
    k = ext_uclid(k, 26)[1]
    result = ''
    for ch in s:
        if 'a'<=ch<='z':
            result = result + chr((ord(ch)-97)*k%26+97)
        elif 'A'<=ch<='Z':
            result = result + chr((ord(ch)-65)*k%26+65)
        else:
            result = result + ch
    return result

print(decrypt('Vslpen小屋', 17))
print(decrypt('Lyafatwbwxo mgqnxe.', 19))
print(decrypt('Pcavahezedm oukndw.', 7))
print(decrypt('Huapafodorq kswnrm.', 5))
```

运行结果：

```
Vslpen小屋
Lyafatwbwxo mgqnxe.
Pcavahezedm oukndw.
Huapafodorq kswnrm.
Python小屋
Readability counts.
Readability counts.
Readability counts.
```

18.3.2 DSA 算法

DSA（Digital Signature Algorithm）是基于公钥机制的数字签名算法，其安全性基于离散对数问题（Discrete Logarithm Problem, DLP）：给定一个循环群中的两个元素 g 和 h，很难找到一个整数 x 使得 $g^x=h$。

Python 扩展库 PyCryptodome 中提供了 DSA 算法的实现，并在 DSS 模块中使用 DSA 密钥对实现了签名和验证的功能，适用于需要较短签名长度和高性能的场景。下面代码演示了基本用法，其中扩展库 PyCryptodome 版本大于或等于 3.18.0。

例 18-6 使用扩展库 PyCryptodome 的 DSA 算法实现数字签名与验证。

```
from Crypto.Random import random
from Crypto.PublicKey import DSA
from Crypto.Signature import DSS
from Crypto.Hash import SHA256

# 原始消息及其哈希值
message = 'Simple is better than complex.'
h = SHA256.new(message.encode())
# 生成密钥
key = DSA.generate(1024)
# 创建签名对象
signer = DSS.new(key, 'fips-186-3')
# 进行数字签名
sig = signer.sign(h)
try:
    # 验证签名是否有效，成功
    signer.verify(h, sig)
    print('通过验证')
except:
    print('验证失败')
# 模拟篡改和伪造消息
h1 = SHA256.new(message.encode()+b'3')
try:
    # 验证失败的话会引发异常
    signer.verify(h1, sig)
    print('通过验证')
except:
    print('验证失败')
```

习　题

一、判断题

1. 根据安全哈希值可以准确还原原始的消息内容。(　　)

2. 原始数据改动不大的时候，其 MD5 值也变化不大。(　　)

3.Python 标准库 hashlib 中提供了 MD5 算法的实现。(　　)

4. 导入标准库 hashlib 之后，可以使用 hashlib.md5('Python 小屋').hexdigest() 计算并返回字符串 'Python 小屋' 的十六进制形式的 MD5 值。(　　)

5. 安全哈希算法对原始消息的修改非常敏感，即使是微小的修改也会使得安全哈希值有非常大的变化。(　　)

6.DES 算法使用 56 位密钥对 64 位数据块进行加密，并对 64 位数据块进行 16 轮编码，最终完成变换。(　　)

7. 高级加密标准 AES 算法的加密数据块分组长度必须为 128 位，密钥长度可以是 128、192 或 256 位，数据块和密钥长度不足时需要补齐。(　　)

8. 使用 RSA 算法进行通信时，双方不需要事先交换密钥即可实现安全传输和保密传输。(　　)

9.RSA 算法的安全性主要取决于密钥的长度和私钥的保密程度。(　　)

10.RSA 算法的公钥可以完全公开，不需要任何保密措施。(　　)

二、编程题

1. 设计例 4-23 中凯撒加密算法对应的解密算法，并编写程序实现。

2. 查阅资料，理解维吉尼亚密码算法原理，编写程序实现加密与解密。

3. 编写程序，参考例 18-6 的代码对给定文件“系列教材.txt”的内容进行签名，把签名信息追加至文件最后，然后读取文件内容并对文件内容和签名信息进行验证。

4. 参考 18.3.1 节关于 RSA 算法的描述，编写程序实现 RSA 算法并对给定字符串进行加密和解密。

5. 根据 18.3.1 节对 RSA 算法的描述容易得知，把密钥中的自然数 n 分解为两个素数相乘，也就是得到自然数 p 和 q，这是破解和攻击 RSA 算法的关键。分解 n 得到 p 和 q 之后，再根据公钥 (n,e) 计算得到私钥 (n,d) 就很容易了。编写程序，结合第 11 章 miller-rabin 素性检测算法和计算乘模逆的扩展欧几里得算法，根据给定的公钥 (n,e) 计算私钥 (n,d)。

参考文献

[1] 卢开澄. 计算机算法导引——设计与分析 [M].2 版 . 北京 : 清华大学出版社，2006.

[2] 王红梅. 算法设计与分析 [M].3 版 . 北京 : 清华大学出版社，2022.

[3] 王秋芬. 算法设计与分析（Python 版）[M]. 北京 : 清华大学出版社，2021.

[4] 徐庆丰. Python 常用算法手册 [M]. 北京 : 中国铁道出版社，2020.

[5] 罗勇军，郭卫斌 . 算法竞赛 [M]. 北京 : 清华大学出版社，2022.

[6] KLEINBERG J，TARDOS E. 算法设计 [M]. 张立昂，屈婉玲，译 . 北京 : 清华大学出版社，2007.

[7] HETLAND M L. Python 算法教程 [M]. 凌杰，陆禹淳，顾俊，译 . 北京 : 人民邮电出版社，2016.

[8] 宫崎修一 . 程序员的数学——图论入门 [M]. 卢晓南，译 . 北京 : 人民邮电出版社，2022.

[9] 徐恪，李沁 . 算法统治世界——智能经济的隐形秩序 [M]. 北京 : 清华大学出版社，2017.

[10] CHRISTIAN B，GRIFFITHS T. 算法之美 [M]. 万慧，胡小锐，译 . 北京 : 中信出版集团，2018.

[11] SCHNEIER B. 应用密码学——协议、算法与 C 源程序 [M]. 吴世忠，祝世雄，张文政，等译 . 北京 : 机械工业出版社 ,2004.

[12] 董付国. Python 程序设计（微课版 · 在线学习软件版）[M].4 版 . 北京 : 清华大学出版社，2024.

[13] 董付国. Python 程序设计基础（微课版 · 公共课版 · 在线学习软件版）[M].3 版 . 北京 : 清华大学出版社，2023.

[14] 董付国. Python 网络程序设计（微课版）[M]. 北京 : 清华大学出版社，2021.

[15] 董付国. Python 数据分析与数据可视化（微课版）[M]. 北京 : 清华大学出版社，2023.

[16] 董付国. Python 程序设计实验指导书 [M].2 版 . 北京 : 清华大学出版社，2024.

[17] 董付国. Python 数据分析、挖掘与数据可视化（慕课版）[M].2 版 . 北京 : 人民邮电出版社，2024.

[18] 董付国. Python 程序设计与数据采集 [M]. 北京 : 人民邮电出版社，2023.

[19] 董付国. Python 程序设计基础与应用 [M].2 版 . 北京 : 机械工业出版社，2022.

[20] 董付国. Python 程序设计实例教程 [M].2 版 . 北京 : 机械工业出版社，2023.

[21] 董付国. Python 程序设计实用教程 [M].2 版 . 北京 : 北京邮电大学出版社，2024.